刘培生
梅乐夫
程 伟 编著

多孔材料
基础与应用

Fundamentals and Applications of Porous Materials

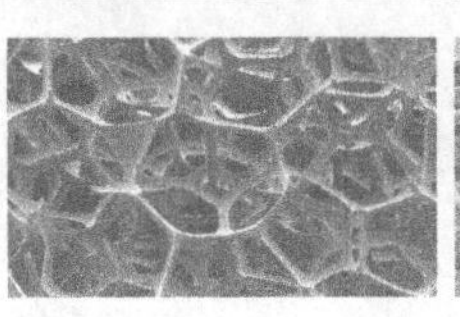
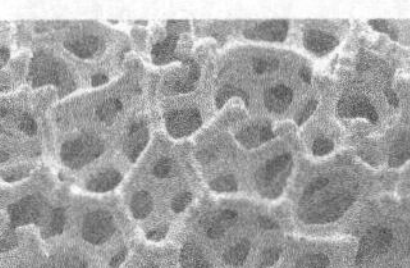
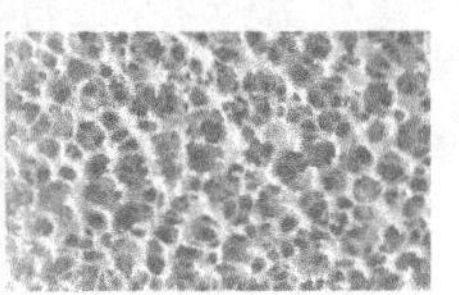

化学工业出版社
·北京·

内容简介

多孔材料是一种综合性能优异的功能结构一体化材料，用途涉及航空、航天、能源、交通、电子、通信、冶金、机械、化工、生物、医学、环保、建筑等诸多领域。全书内容分为多孔材料基础部分和多孔材料应用部分两个主题。其中，第1章至第5章为多孔材料基础部分，主要介绍多孔材料的有关概念、基本结构和常用制备方法等基础知识，以及其基本参量和性能的表征和检测方法；第6章至第8章为多孔材料应用部分，主要介绍泡沫金属、泡沫陶瓷和泡沫塑料三大类多孔材料的具体应用；第9章则对多孔材料重要应用之一的吸声性能进行了专题介绍。

本书内容系统、全面，突出科学性和前瞻性，兼顾实用性。本书可作为多孔材料的入门读物或导读资料，既可作为高等院校材料类和相关专业（如物理、化工、生物、医学、机械、冶金、建筑、环保等专业）师生的教学参考书，也可供有关多孔材料的科研人员、工程技术人员以及广大材料工作者参考。

图书在版编目（CIP）数据

多孔材料基础与应用/刘培生，梅乐夫，程伟编著.—北京：化学工业出版社，2022.10（2024.6重印）

ISBN 978-7-122-42042-8

Ⅰ.①多…　Ⅱ.①刘…②梅…③程…　Ⅲ.①多孔性材料-研究　Ⅳ.①TB383

中国版本图书馆CIP数据核字（2022）第153642号

责任编辑：朱　彤　　文字编辑：陈　雨
责任校对：王　静　　装帧设计：刘丽华

出版发行：化学工业出版社（北京市东城区青年湖南街13号　邮政编码100011）
印　　装：北京科印技术咨询服务有限公司数码印刷分部
787mm×1092mm　1/16　印张16½　字数437千字　2024年6月北京第1版第2次印刷

购书咨询：010-64518888　　售后服务：010-64518899
网　　址：http://www.cip.com.cn
凡购买本书，如有缺损质量问题，本社销售中心负责调换。

定　　价：98.00元　

前言

在一些重要的领域或行业，比如航空航天、交通运输、能源等，不但希望有能够承受一定载荷的轻质结构，同时希望这种轻质结构可以有缓冲、降噪等功能。泡沫金属等多孔材料可以满足这样的综合要求。因此，近些年来随着相关行业发展的需要，多孔材料的开发研究得到了持续推进。在这种形势下，涉及其研究的科研院所、高等院校以及生产企业也在不断增加，相关领域的从业人数则有较大幅度的上升。所以，对于多孔材料方面的书籍也不断提出新的需求。本书作者在该领域耕耘多年，收集了不少文献资料，也积累了一定的工作经验；根据自身的需求体会，先后写作、编译和出版了一系列多孔材料方面的著作，方便了研究工作的开展。这次根据新形势的需要，又编写了这本《多孔材料基础与应用》。

在本书编写过程中，作者以前期发表的相关论文和出版的若干著作为基础，汲取相关内容进行修订、整理和编纂，力图对多孔材料基础知识和多孔材料的主要应用进行更为系统和完整的介绍。全书共分 9 章，主要内容如下：第 1 章首先提出多孔固体的概念并对其进行一个简单的概述，使读者对该类结构体有一个基本的了解；第 2 章介绍一些天然多孔结构，包括木材、网状骨质和软木等，以加强读者对多孔固体结构的认识；第 3 章概述了多孔材料的主要制备工艺方法，包括泡沫金属的制备、泡沫陶瓷的制备和泡沫塑料的制备等；第 4 章介绍多孔材料的几个基本参量表征，主要涉及孔率、孔径及其分布、孔隙形貌等孔隙因素以及比表面积指标；第 5 章则介绍多孔材料的基本物理性能表征，包括其电阻率、吸声系数和热导率等参量的表征和检测；第 6 章～第 8 章分别介绍泡沫金属、泡沫陶瓷和泡沫塑料三大类多孔材料的主要应用，涵盖结构方面的用途和功能方面的用途，但主要还是功能用途和功能-结构一体化用途，如使用多孔材料作为一种重要的消声降噪方式等；第 9 章对该类材料的吸声性能进行了一个比较简单的专题介绍，以突出其在该方面的应用。

在本书的编写和形成过程中，李信、申奇、宋帅和陈靖鹤等对全书的资料整理、图表处理和文稿内容核查校订等付出了大量的辛勤劳动。本书的出版还要感谢一直以来大力支持和热情鼓励本人的多孔界同仁，以及相关领域广大读者对本人作品长期以来持有的兴趣和给予的肯定。这些都是弥足珍贵的。

由于作者本身学术水平和时间、精力有限，书中难免存在不妥之处，还望读者批评、指正。

作者
Liu996@263. net
2023 年 3 月

目录

第1章 多孔固体的概念 / 01

第2章 天然多孔固体 / 015

第3章 多孔材料制备方法 / 029

第4章 多孔材料基本参量表征 / 059

第5章 多孔材料基本物理性能检测 / 106

第6章 泡沫金属的应用 / 131

第7章 泡沫陶瓷的应用 / 174

第8章 泡沫塑料的应用 / 199

第9章 多孔材料吸声性能 / 215

参考文献 / 254

第1章 多孔固体的概念

1.1 引言

多孔固体普遍存在于人们的周围并广泛出现在日常生活中，起着不同的作用，在结构、缓冲、减振、隔热、消声、过滤等方方面面，发挥着重要的作用。例如人们身体里的骨骼，人们经常接触到的花草树木，这些都具有多孔固体的形态。其实，自然界到处都有多孔固体，像树叶、木材、软木、海绵、珊瑚、浮石等，它们都是天然的多孔固体。高孔率固体刚性高而体密度低，故天然多孔固体往往作结构体之用，如木材和骨骼；而人类对多孔材料的使用，除了结构方面的之外，更多的是功能方面的用途，而且开发了许多功能与结构一体化的应用。

1.2 何谓多孔固体

顾名思义，多孔固体是一种内部包含大量孔隙的固体，它们由形成孔隙的孔棱或孔壁组成多孔的结构，孔隙中则包含着气态或液态物质。不过，并不是所有含有孔隙的固体都能够称为多孔固体，只有其中包含的孔隙能够发挥有用功能时才属于人们所说的多孔固体。比如在固体材料使用过程中经常遇到的孔洞、裂隙等以缺陷形式存在的孔隙，这些孔隙的出现会降低材料的使用性能，因而这些固体材料就不能称为多孔固体。可见，多孔固体要具备两个要素：一是固体中包含有大量的孔隙；二是所含孔隙可以用来满足某种或某些使用性能或功能。

1.3 多孔固体的形式

不同的多孔固体不但可以有不同的相对孔隙含量（即孔隙体积百分比，称为孔率），也可以有不同的孔隙形貌；可以有天然存在的形式，也可以有人造的产品。

多孔固体包括天然多孔固体和人造多孔材料两大类。

1.3.1 天然多孔固体

天然多孔固体的存在是十分普遍的，例如鲸和人的骨骼（图 1.1）、植物的叶片（图 1.2），还有木材（图 1.3）、海绵、珊瑚（图 1.4）、浮石（图 1.5）和火山岩（图 1.6 和图 1.7）等。植物叶片和活树干中的孔隙内所含流体相都是液体，即所说的树液，而人造多孔材料的孔隙内所含流体相多为气体。

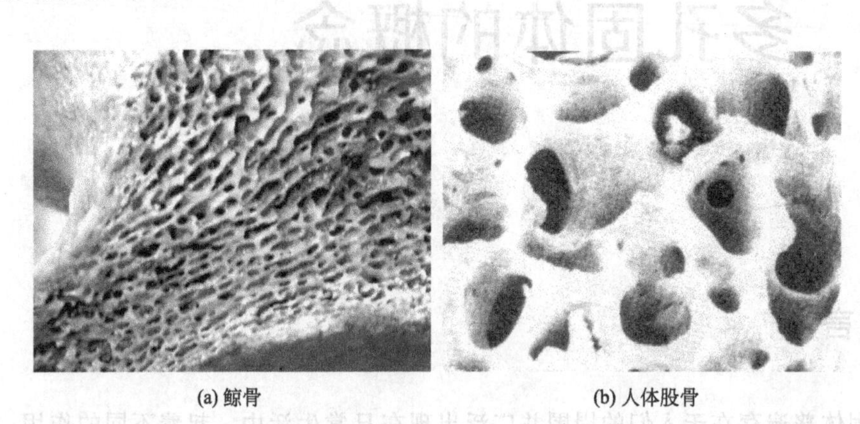

(a) 鲸骨　　(b) 人体股骨

图 1.1 多孔骨质形貌示例

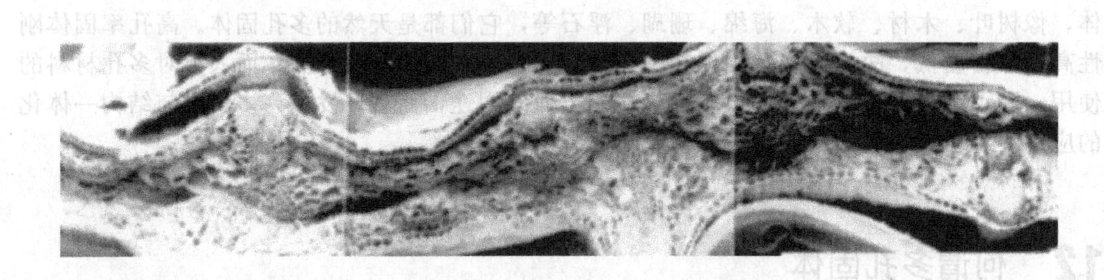

图 1.2 植物叶片多孔结构示例（鸢尾属植物叶片）

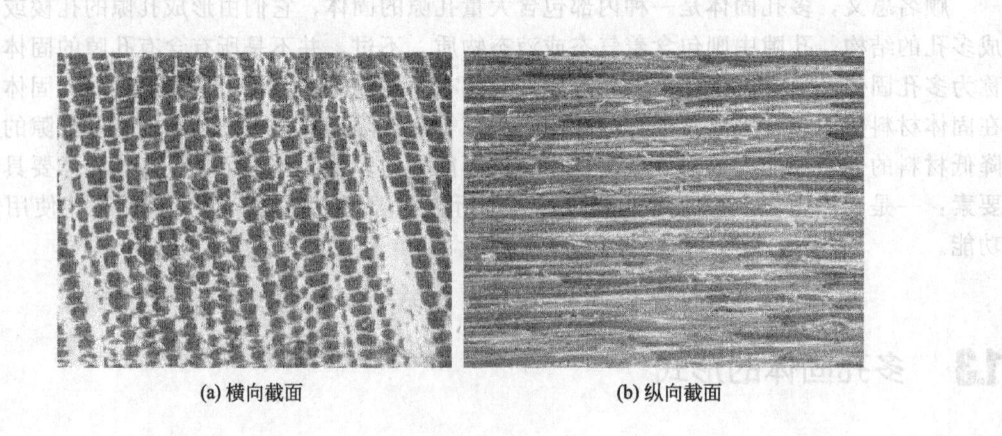

(a) 横向截面　　(b) 纵向截面

图 1.3 松木中的多孔结构

图 1.4　珊瑚多孔形貌示例

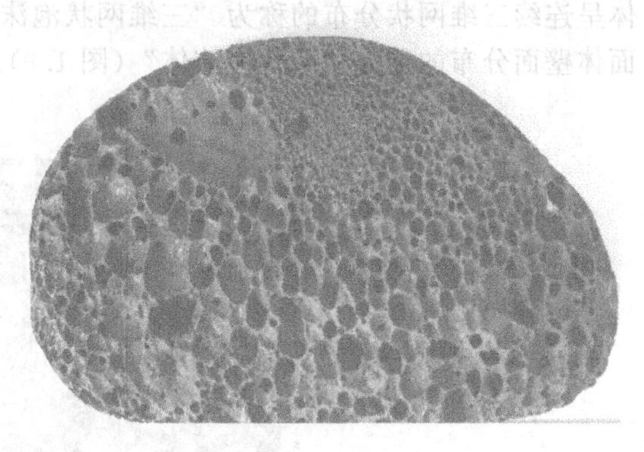

图 1.5　浮石表观多孔形貌示例

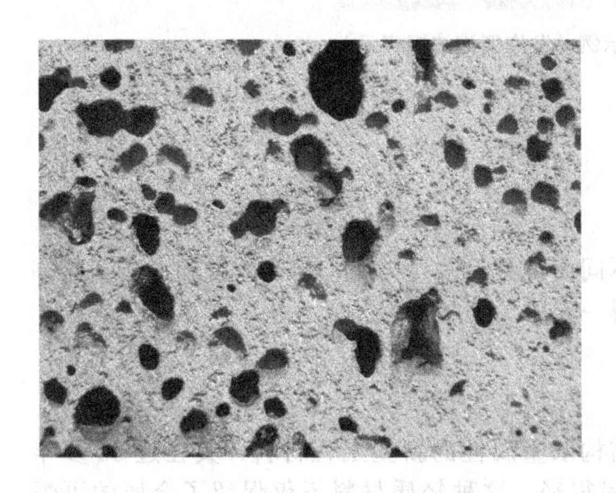

图 1.6　火山岩截面多孔形貌示例

图 1.7　火山岩制作的艺术品示例

1.3.2　人造多孔材料

人类应用天然多孔固体的历史相当悠久。在埃及金字塔中已发现有至少 5000 年以前的木材制品，早在古罗马时代人们就将软木用于酒瓶塞。目前人类已经制造出各种各样的人造多孔材料，最为人们所熟悉的是聚合物泡沫材料即泡沫塑料，它们可用于许多场合，从可处理的咖啡杯到飞机座舱的冲击垫。利用现有的技术，人们不但可以制造泡沫塑料，而且还可制造出具有多孔结构的金属、陶瓷和玻璃。这些新型多孔材料在结构方面的应用在不断增加，用于吸声、隔热、缓冲以及耐冲击功能的吸收系统等。这些用途开辟了多孔固体所具备性能的独特综合优势，这些性能最终都源自多孔结构。

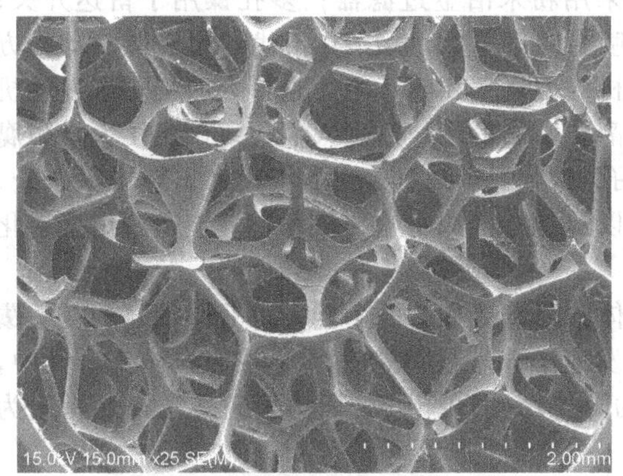

图 1.8　三维网状泡沫体形貌示例
（聚氨酯泡沫塑料产品）

在人造的多孔材料中，孔隙一般由三维空间填充的多面体构成，人们将这样的三维多孔固体称为“泡沫体”（foams）。其中，固体呈连续三维网状分布的称为“三维网状泡沫体”（图 1.8），固体呈连续球形、椭球形或多面体壁面分布的称为“胞状泡沫体”（图 1.9）。

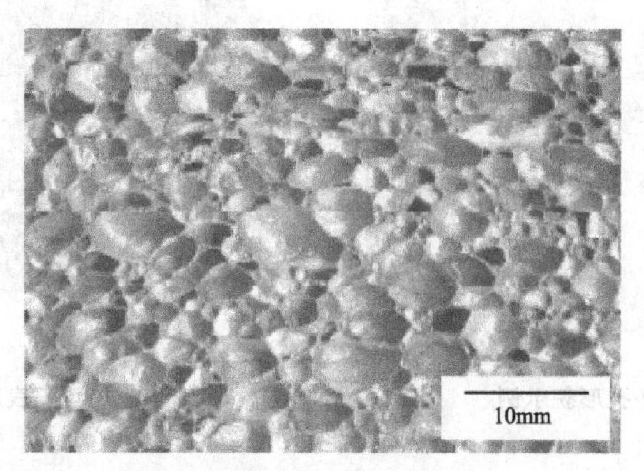

图 1.9 胞状泡沫体形貌示例（发泡型泡沫铝产品）

1.4 人造多孔产品

对于人造多孔材料，还可按材质组成的不同而再分为多孔金属、多孔陶瓷和泡沫塑料等几个类型。下面予以简单概括，由此可以获得一定的了解和认识。

1.4.1 泡沫金属

多孔形态的泡沫金属是一种兼具功能和结构双重属性的新型工程材料，其在近 30 多年来得到了迅速的发展。由于孔隙的存在而变得很轻，这种轻质材料不仅保留了金属的可焊性、导电性及延展性等金属特性，而且具备体密度低、比表面积大、吸能减振、消声降噪、电磁屏蔽、热导率较低、通孔体可以透气透水等自身的特性。因此，其应用不断扩大，其研究是国际材料界的一个前沿热点。

早在 1909 年，国外专利就已经提到过粉末冶金多孔制件，到 20 世纪 20 年代末至 30 年代初出现了若干制取粉末冶金过滤器的专利。第二次世界大战期间，由于军事上的目的，粉末冶金多孔材料得到迅速发展。飞机、坦克上采用粉末冶金过滤器；多孔镍用于雷达开关；多孔铁代替铜作为炮弹箍；铁过滤器用于灭焰喷射器等。20 世纪 50 年代利用发散冷却的方法将能够抗氧化的多孔材料用于飞机喷气发动机的燃烧室和叶片上，这样大大提高了发动机的效率。随着化工、冶金、原子能、航空与火箭技术的发展，后来人们还研制出了大批耐腐蚀、耐高温、耐高压、透气性高的粉末冶金多孔材料。到 20 世纪 60 年代又出现了钛合金、不锈钢等抗腐蚀、耐高温的粉末烧结多孔产品以及具有特殊用途的多孔钨、钽及难熔金属化合物等多孔金属材料。

由熔融金属或合金冷却凝固后形成的多孔体，随铸造方式的不同，可获得很宽的孔率覆盖范围和具备各种形状的孔隙，其典型代表是发泡法和熔模铸造法所制备的泡沫铝。其中，发泡法制备的产品大多为闭孔隙和半通孔的多孔材料（图 1.10），而熔模铸造法产品一般为三维网状连通孔隙的高孔率产品（图 1.11）。

金属沉积型多孔金属系由原子态金属在有机多孔基体内表面沉积后，除去有机体并烧结而成，其主要特点是孔隙连通，孔率高（一般在 80％以上），具有三维网状结构（图 1.12）。

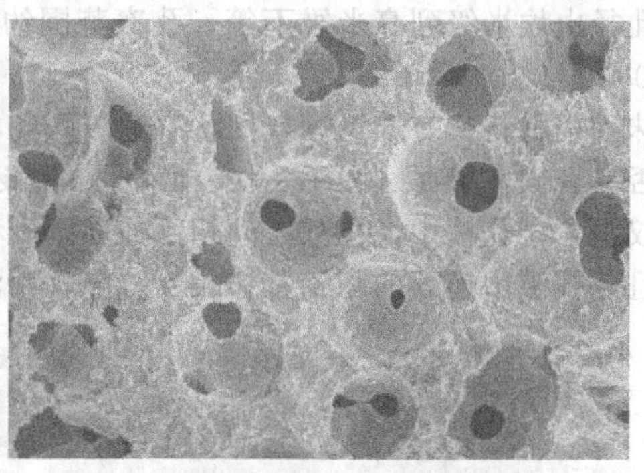

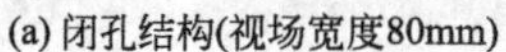

(a) 闭孔结构(视场宽度80mm)　　(b) 半通孔结构(视场宽度40mm)

图 1.10　发泡法所得泡沫铝制品形貌示例

这类多孔材料是一种性能优异的新型功能结构材料，在多孔金属领域占据非常重要的位置。这类多孔材料在 20 世纪 70 年代就已开始批量制作与应用。而应用范围的拓宽和更多使用的需要，促进其在 20 世纪 80 年代得到迅速发展。目前在国内外均已经大规模批量生产，其典型产品是电沉积法制备的泡沫镍和泡沫铜。

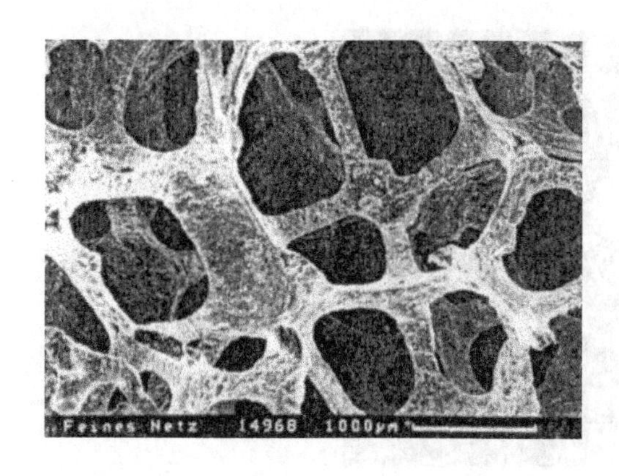

图 1.11　熔模铸造法所得泡沫铝制品形貌示例（网状结构）

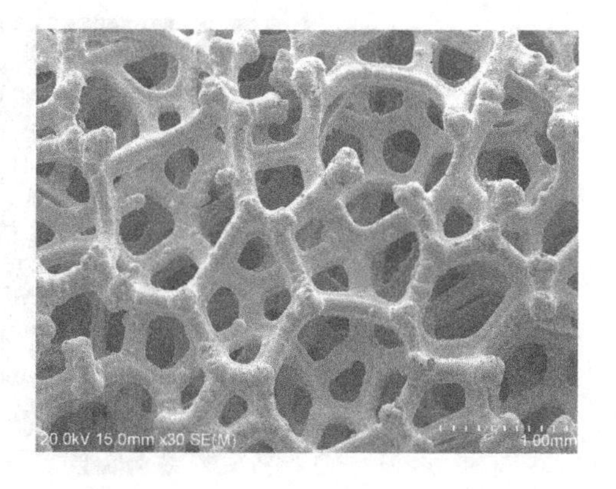

图 1.12　金属沉积法所得三维网状泡沫制品形貌示例（一种泡沫镍产品）

此外，还有定向凝固型的多孔金属。这类多孔材料由溶解在金属熔体中的气体在定向冷却过程中析出气泡所形成，因其制品的构造十分类似于植物藕根，因此被形象地称为“藕状金属”，也称“定向孔隙多孔金属”。

多孔金属复合材料是将不同金属之间或将金属与非金属之间复合在一起制成同一件多孔体，如在石墨毡上电镀一层镍制成的石墨-镍复合多孔材料，三维网状泡沫镍注入熔融铝合金形成的泡沫镍铝合金复合材料；也可由多孔金属作芯体制成夹合的金属复合多孔体，如用不锈钢纤维毡与丝网复合制作的复网毡，泡沫铝与金属面板复合制作的夹层结构等。通过复合，使产品获得了不同材料各自的优点，并具有综合基础上的提高，从而产生一种全新的综合性能，更好地满足产品的使用要求。

1.4.2　泡沫陶瓷

该类多孔材料的发展始于 20 世纪 70 年代，主相为气孔，是一种具有高温特性的多孔材料。其孔径由埃米级到毫米级不等，孔率范围约在20%～95%之间，使用温度可由常温一直到1600℃。

泡沫陶瓷材料又有开孔（或网状）泡沫陶瓷材料以及闭孔泡沫陶瓷材料，这取决于各个孔隙是否具有固体壁面（图1.13)。此外，当然还有半开孔泡沫陶瓷材料。如果形成泡沫体的固体仅包含于孔棱中，孔隙之间相互连通，则称之为开孔泡沫陶瓷材料；如果存在着孔隙壁面，且各孔隙由连续的陶瓷基体相互分隔，则泡沫体称为闭孔陶瓷材料。

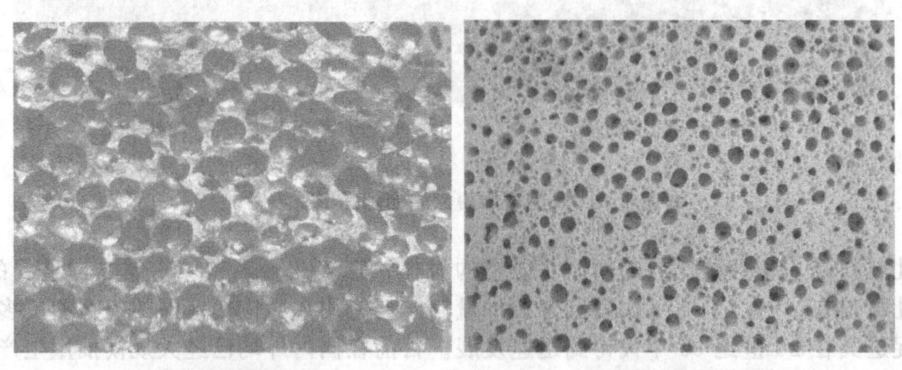

(a) 均匀胞状球孔结构　　(b) 分散性胞状孔隙结构

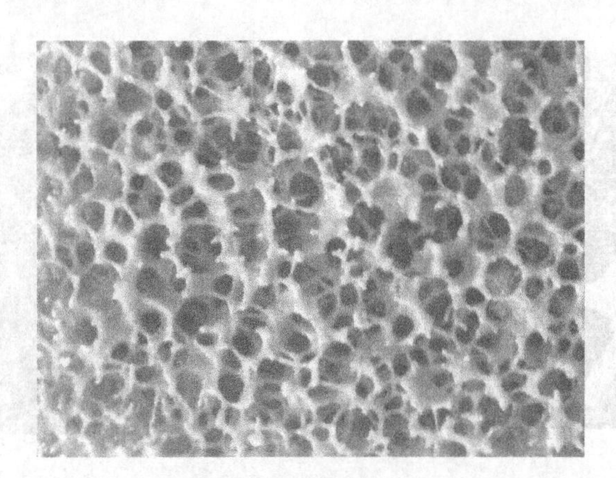

(c) 网状开孔结构

图1.13　泡沫陶瓷制品孔隙形貌示例（视场宽度30mm）

按具体材质的不同，多孔陶瓷主要有以下几类：①高硅质硅酸盐材料，具有耐水性、耐酸性，使用温度达700℃；②铝硅酸盐材料，具有耐酸性和耐弱碱性，使用温度达1000℃；③精陶质材料，它以多种黏土熟料颗粒与黏土等混合烧结，得到微孔陶瓷材料；④硅藻土质材料，它主要以精选硅藻土为原料，加黏土烧结而成，用于精滤水和酸性介质；⑤纯碳质材料，用于耐水介质、冷热强酸介质、冷热强碱介质以及空气的消毒和过滤等；⑥刚玉和金刚砂材料，具有耐强酸、耐高温特性，使用温度可达1600℃；⑦堇青石、钛酸铝材料，其特点是热膨胀系数小，因而广泛用于热冲击环境；⑧其他材料，视原料组成的不同而具有不同的应用。

泡沫陶瓷是多孔陶瓷材料的重要组成部分，开孔泡沫陶瓷广泛应用于冶金、化工、环保、能源、生物等领域，如用于金属熔体过滤、高温烟气净化、催化剂载体和化工精滤材料等。

多孔陶瓷材料具有下面一些共同的特性：①化学稳定性好，选择合适的材质和工艺，可制成适应于各种腐蚀环境的多孔制品；②机械强度和刚度高，在气压、液压或其他应力负载下，孔道形状与尺寸不易发生变化；③耐热性佳，由耐高温陶瓷制成的多孔体可对熔融钢水或高温燃气等进行过滤。

多孔陶瓷的这些优良特性赋予其广阔的应用前景，适应于化工、环保、能源、冶金、电子等领域。而其具体的应用场合又是由多孔体自身不同的结构状态来决定的。它们初期仅仅作为细菌过滤材料使用，随着控制材料细孔水平的提高，逐渐具备分离、分散、吸收功能和流体接触功能等，而被广泛应用于化工、石油、冶炼、纺织、制药、食品机械、水泥等工业部门。此类材料在用于吸声材料、敏感元件和人工骨、齿根等方面也越来越受到重视。随着它们使用范围的扩大，其材质也由普通黏土质发展到耐高温、耐腐蚀、抗热冲击性的材质，如 SiC、Al_2O_3、堇青石等。

1.4.3 泡沫塑料

泡沫塑料是一种以塑料为基本组分，内部含有大量气泡孔隙的多孔塑料制品。一般通用塑料、工程塑料和特种塑料如耐高温塑料等均可制成泡沫塑料，该类多孔体是目前塑料制品中用量最多的品种之一，在塑料工业中占有重要地位。

按泡体的孔隙结构，可将泡沫塑料分为网状开孔泡沫塑料和胞状闭孔泡沫塑料。开孔泡沫塑料中的泡孔相互连通，其气体相与聚合物相均各自呈连续分布［图 1.14(a)］。流体在多孔体中通过的难易程度与开孔率和聚合物本身的特性均有关。闭孔泡沫塑料的泡孔则相互分隔，其聚合物相呈连续分布，但气体是孤立存在于各个不连通的孔隙之中的［图 1.14(b)］。实际的泡沫塑料中往往同时存在着两种泡孔结构，即开孔泡沫塑料中含有一些闭孔结构，而闭孔泡沫塑料中也含有一些开孔结构。一般而言，在被称为开孔结构的泡沫塑料体中，含有的开孔结构约占 90%～95%之多。

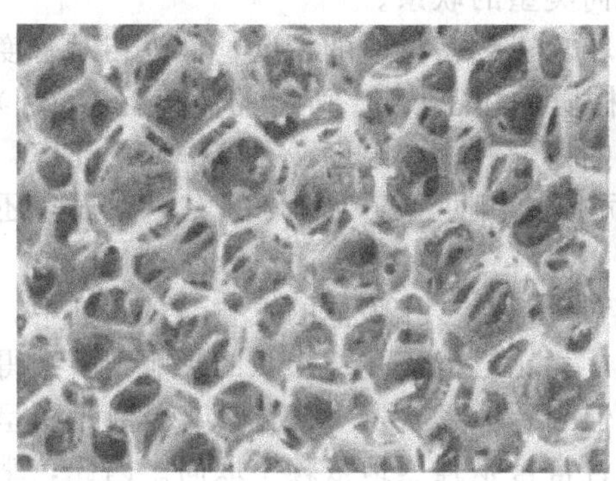
(a) 网状开孔泡沫体

(b) 胞状闭孔泡沫体

图 1.14 泡沫塑料形貌示例

按泡沫体质地的软硬程度，可将泡沫塑料分为硬质、半硬质和软质泡沫材料三类。在常温下，泡沫塑料中的聚合物处于结晶态，或其玻璃化转变温度高于常温，这类泡沫塑料的常温质地较硬，称为硬质泡沫塑料；而泡沫塑料中聚合物晶体的熔点低于常温，或无定形聚合物的玻璃化转变温度低于常温，这类泡沫塑料的常温质地较软，称软质泡沫塑料；介于这两类之间的则为半硬质泡沫塑料。

尽管泡沫塑料的品种很多，但都含有大量气孔，所以具有一些共同的特点，如密度小、热导率低、隔热性好、可吸收冲击载荷、缓冲性能佳、隔声性能优良，以及比强度高等。

泡沫塑料的相对密度低，这也是所有多孔材料的共性。泡沫塑料中含有大量的泡孔，其相对密度一般仅为对应致密塑料制品的几分之一到几十分之一。加之塑料本身是一种密度较小的材料，所以泡沫塑料产品的密度可以很小，是所有多孔材料中体密度最小的一类。

由于泡沫塑料中存在着许许多多的气泡，泡孔内气体的热导率比固体塑料要低一个数量级，因此泡沫塑料的热导率比对应的致密塑料大大降低。另外，闭孔泡沫体中气体相互隔离，相应减少了气体的对流传热，也有利于提高泡沫塑料的隔热性。

泡沫塑料在冲击载荷作用下，泡孔中的气体会受到压缩，从而产生滞流现象。这种压缩、回弹和滞流现象会消耗冲击载荷能量。此外，泡沫体还可以以较小的负加速度，逐渐分步地终止冲击载荷，因而呈现出优良的减振缓冲能力。

泡沫塑料的隔声效果好，这一效果是通过以下两种方式来实现的：一是吸收声波能量，从而终止声波的反射传递；二是消除共振，降低噪声。当声波到达泡沫塑料泡孔壁面时，声波冲击泡体，使泡体内气体受到压缩并出现滞流现象，从而将声波冲击能耗散掉。此外，增加泡体刚性，可消除或减少泡体因声波冲击而引起的共振及产生的噪声。

虽然泡沫塑料的机械强度随孔率增大而下降，但总体上其比强度（材料强度与相对密度的比值）要远远高于孔率相当的多孔金属和多孔陶瓷。

1.5 多孔固体结构

多孔固体的性能直接依赖于孔隙的形状和结构，因此人们需要表征其尺寸、形状和结构特性，即其孔壁或孔棱、孔隙空间及其分属几何类型的联系。

对于多孔固体来说，其最重要的参量就是相对于致密材质的密度，称为相对密度。这个参量是多孔固体的体密度 ρ^* 除以其对应固体材质的体密度 ρ_s 所得的商值（ρ^*/ρ_s），以一个纯小数或者百分数来表示。与相对密度相当的概念称为孔隙度、孔隙率或气孔率，简称为孔率，其值为（$1-\rho^*/\rho_s$）。一般来说，多孔固体的相对密度小于 0.3 左右，很多还远远小于此值。

除了孔率指标外，孔隙的尺寸和形状等因素也都是多孔固体的重要参量。其中，孔隙尺寸对许多力学性能和热性能都没有明显的影响，相比之下，孔隙形状的影响则要大得多。当为等轴孔隙时，多孔体的性能是各向同性的。但当孔隙形状发生变化，甚至只是稍呈拉长或扁平状时，多孔体的性能就会依赖于取向，而且常常是强烈地依赖于取向。因此，掌握孔隙的结构对于人们认识多孔固体是非常有帮助的。

1.5.1 孔隙结构

天然多孔体展现出很多的变化形态（图 1.15）。其中，一些天然泡沫体，如海绵［图 1.15(a)］或网状骨质［图 1.15(b)］，它们是由孔棱构成的开孔网络；而另一些天然泡沫体，它们呈现出明显的各向异性，孔隙在特殊方向拉长或排成一线，这使得该类多孔体的性能依赖于其检测方向。例如木材、树叶和植物茎［图 1.15(c)和(d)］，它们的各向异性主要由其孔隙拉长的形状所引起。

除以上所述，许多食物也都是泡沫体结构（图 1.16）。例如，面包［图 1.16(a)］通常具有闭孔结构，这些闭孔是由发酵粉的发酵作用或由小苏打（碳酸氢钠）分解出的二氧化碳

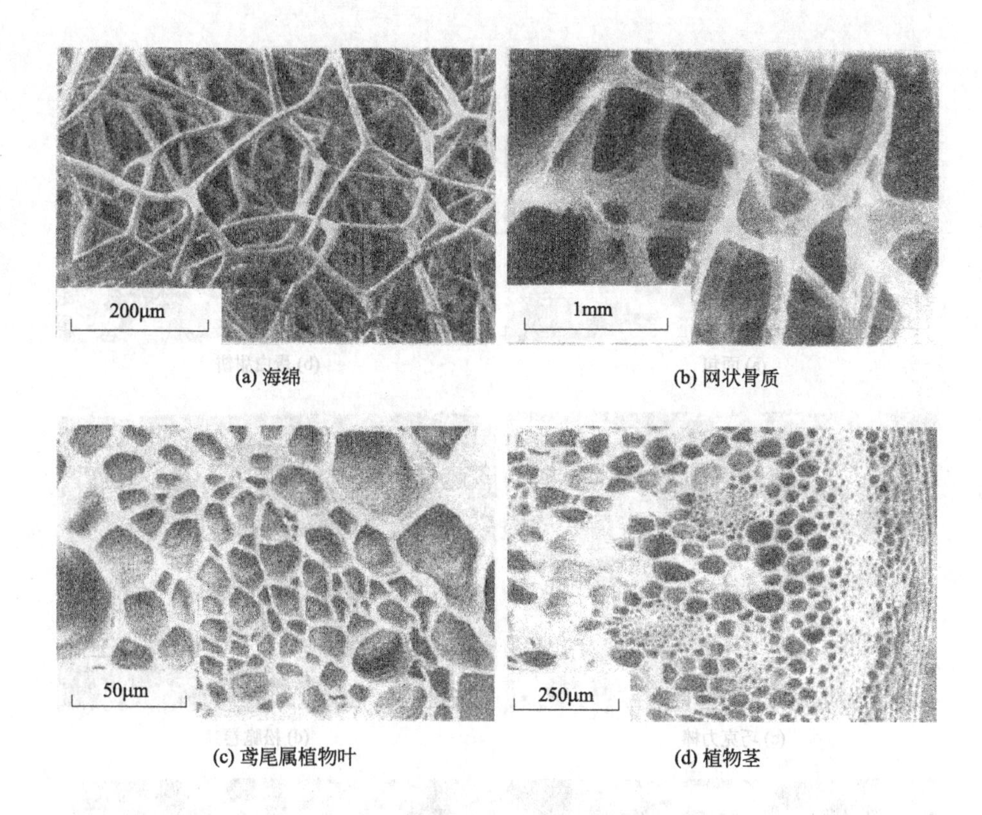

(a) 海绵　(b) 网状骨质　(c) 鸢尾属植物叶　(d) 植物茎

图 1.15　天然多孔固体中的孔隙结构

膨胀而成。蛋白甜饼［图 1.16(b)］则是由发泡的蛋白和糖组成。巧克力棒［图 1.16(c)］和其他硬而脆的甜饼，通过膨化对人们产生更大的诱惑力，膨化的同时还减少了单位体积的原料用量，从而降低了产品的成本。一些食品工业中利润最高的种类，如早餐谷类食物和点心食物，都是靠蒸汽发泡来获得其松脆组织的。

1.5.2　孔隙形状

在空间作三维延伸时，孔隙具有多种可能形态。图 1.17 展示了一些可能的孔隙形状。一些孔隙形状可以各自堆积在一起而填满空间，所得到的多孔排列见图 1.18。当然，大多数泡沫体不是由等同的孔隙单元作规则堆积而成，而是包含由不同数量的面和棱围成的具有不同大小和形状的孔隙集合体。

上面所述孔隙的规则形状以及孔隙的规则堆积方式都是理想的状态，实际上所有泡沫体的孔隙尺寸都有一个分布的范围。其尺寸分布可以很窄，也可以分布很宽，以至于最大孔隙大于最小孔隙数百倍。当然，孔隙尺寸的分散并不意味着多孔体的各向异性。但是，人造多孔材料的孔隙分散性和各向异性，两者最终都与它们的制备方法有关。

大多数泡沫塑料都是通过液态聚合物发泡的方法制备的。当这个过程在模具内进行时，聚合物体积的膨胀会引起沿着某一个方向的长大，由于黏滞力的作用，孔隙一般也沿着同一长大方向被拉长。这种情况下，泡沫体不但是各向异性的，而且每个孔隙的孔棱或孔壁的平均数量也会改变。在天然多孔固体中，如骨质和木材，还有更多的因素需要考虑：孔隙的形状明显地受到它们需要承受的载荷的影响。例如，骨小梁的孔壁就是顺着整个骨骼所受主应力迹线方向的。力学上的自适应性决定了木材内孔隙的取向，并可能决定着植物叶片和昆虫

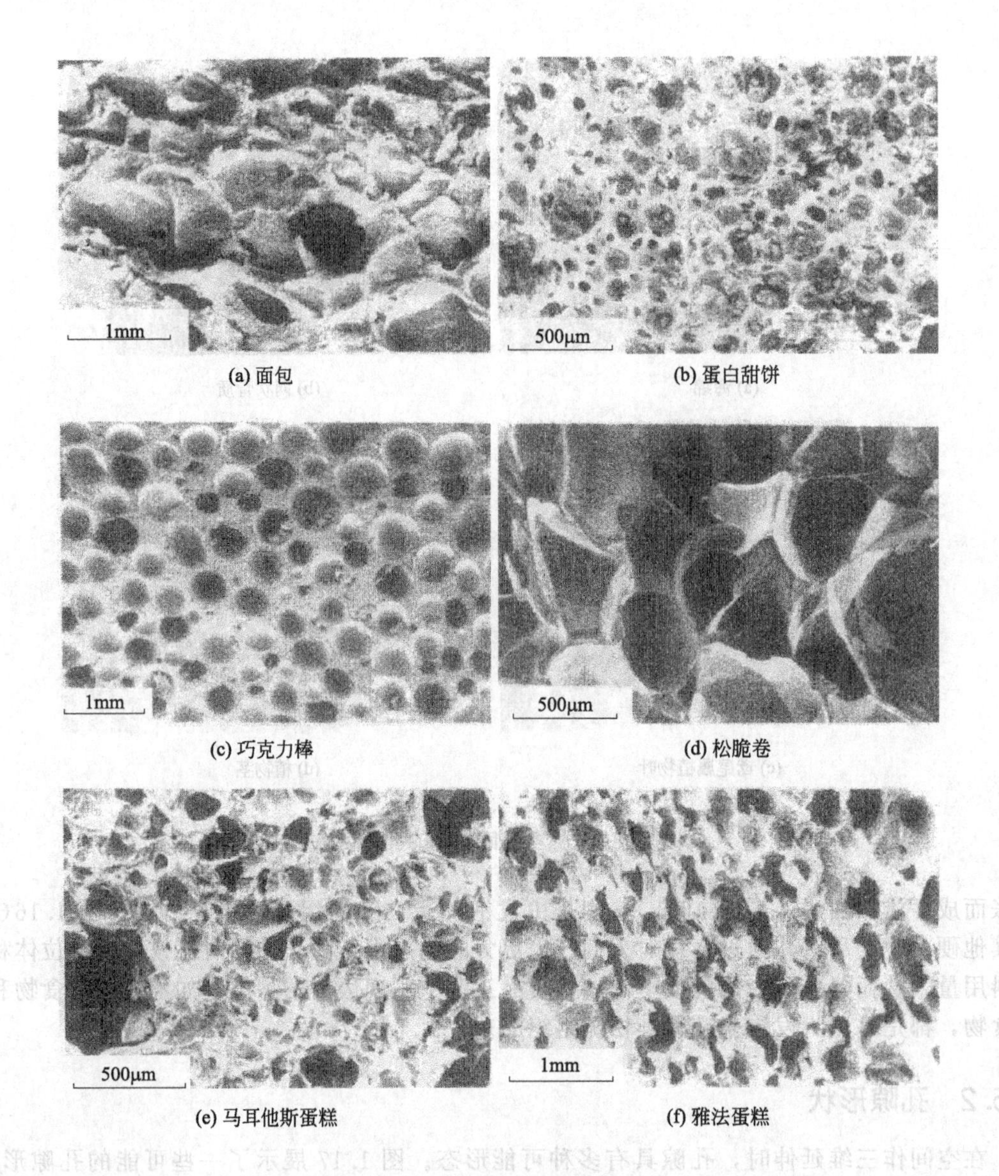

(a) 面包　(b) 蛋白甜饼　(c) 巧克力棒　(d) 松脆卷　(e) 马耳他斯蛋糕　(f) 雅法蛋糕

图 1.16　一些食物的泡沫体结构

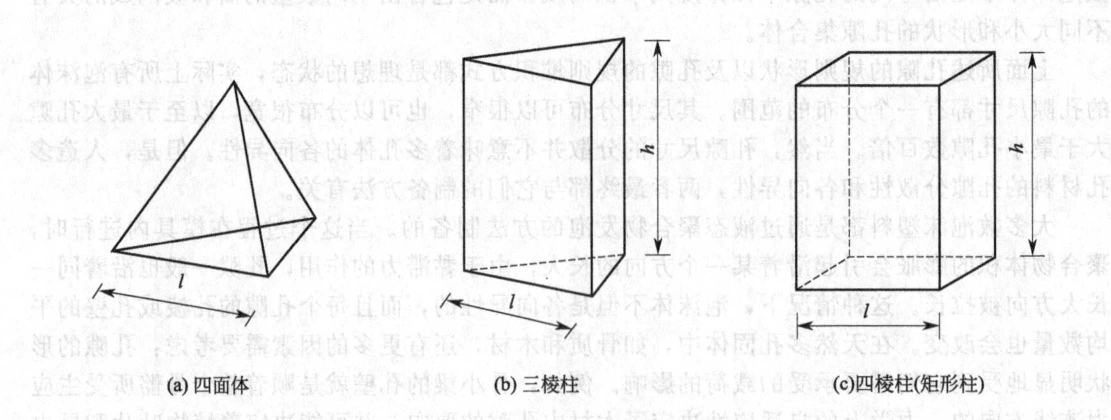

(a) 四面体　(b) 三棱柱　(c)四棱柱(矩形柱)

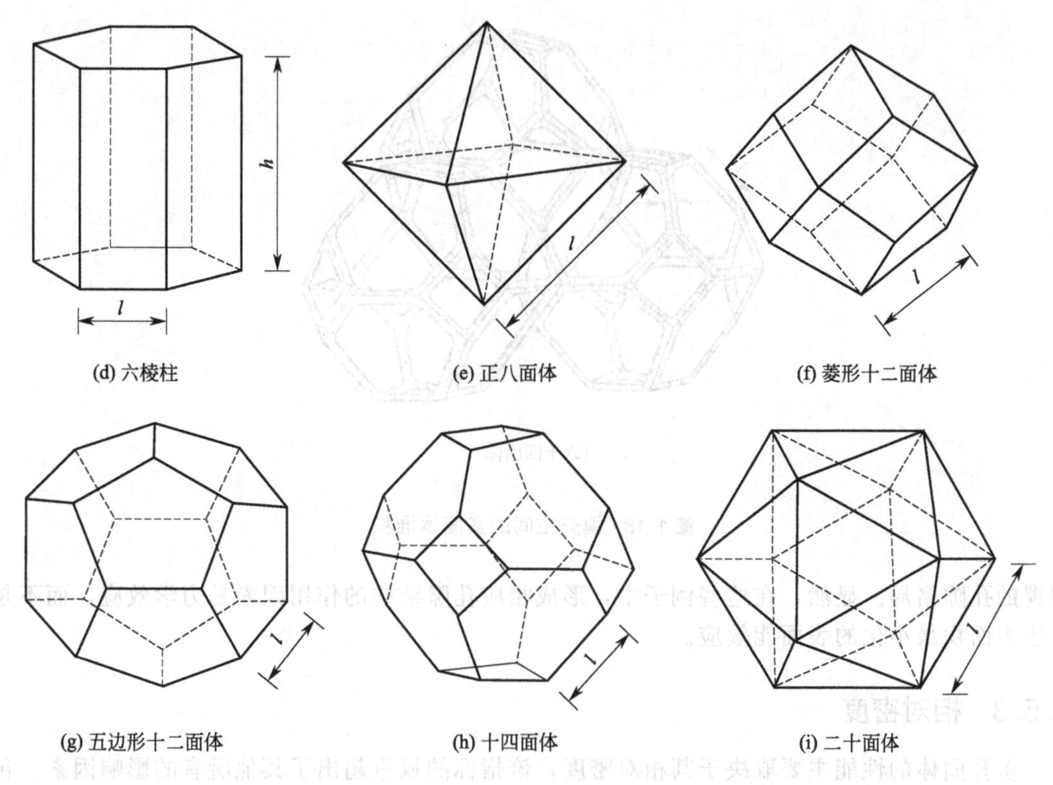

(d) 六棱柱　(e) 正八面体　(f) 菱形十二面体

(g) 五边形十二面体　(h) 十四面体　(i) 二十面体

图 1.17 三维多面体孔隙

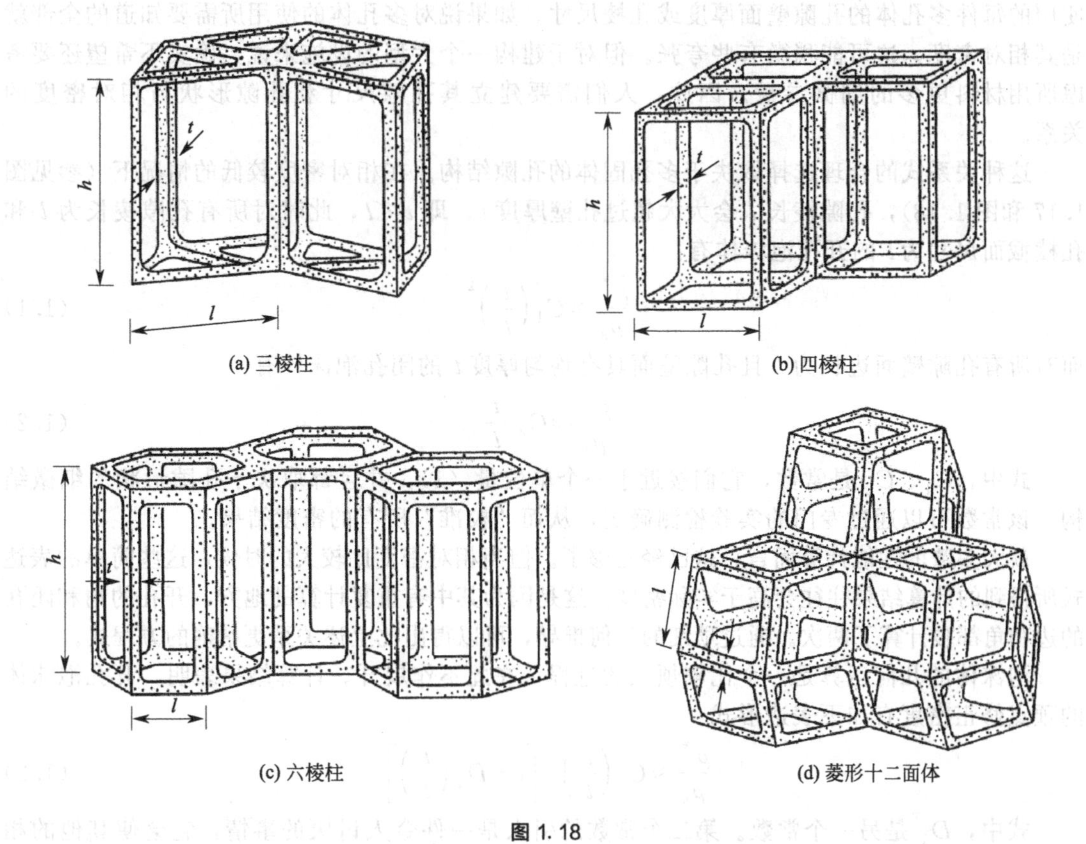

(a) 三棱柱　(b) 四棱柱

(c) 六棱柱　(d) 菱形十二面体

图 1.18

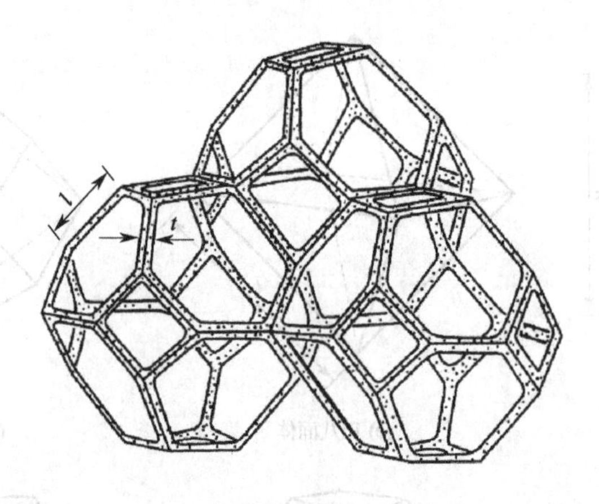

(e) 十四面体

图 1.18 填充空间的多面体堆积

翅翼的孔隙格局。显然，在这些例子中，形成相应孔隙结构的作用因素是力学效应，而不是出于表面积最小化的表面能效应。

1.5.3 相对密度

多孔固体的性能主要取决于其相对密度，该指标的权重超出了其他所有的影响因素。包含显微参数的模型对实际应用是没有帮助的，或者说是作用很小。因为人们不能期望去检测使用的每件多孔体的孔隙壁面厚度或孔棱尺寸。如果说对多孔体的使用所需要知道的全部就是其相对密度，这可能稍微有些夸张。但对于建构一个大型的设施来说，确实不希望还要考虑所用材料更多的细微参量。因此，人们需要建立其孔隙尺寸和孔隙形状与相对密度的关系。

这种关系式的合理选择取决于多孔固体的孔隙结构。在相对密度较低的情况下（参见图1.17和图1.18），孔隙棱长 l 会大大超过孔壁厚度 t，即 $t \ll l$，此时对所有孔隙棱长为 l 和孔棱截面尺寸为 t 的开孔泡沫体有：

$$\frac{\rho^*}{\rho_s} \approx C_1 \left(\frac{t}{l}\right)^2 \tag{1.1}$$

而对所有孔隙壁面边长为 l 且孔隙壁面具有均匀厚度 t 的闭孔泡沫体有：

$$\frac{\rho^*}{\rho_s} \approx C_2 \frac{t}{l} \tag{1.2}$$

式中，C_1、C_2 是常数，它们接近于一个单位量（1），并且都取决于孔隙形状的细微结构。该常数可以通过专门的实验检测确定，从而“校准”所有的密度结果。

就大多数的性能计算而言，这已经足够了。但当相对密度比较大的时候，这些简单的表达式所得到的计算结果往往会高于实际密度。这是因为其中有重复计算的地方，开孔的角和闭孔的边和角都被计算了两次。通过琐细的几何推导，可以得出比上述关系更精确的方程式。

泡沫体的几何运算是一个比较烦琐的过程，在此不作展开。计算结果表明，开孔泡沫体的顶点修正密度有如下表达形式：

$$\frac{\rho^*}{\rho_s} \approx C_1 \left(\frac{t}{l}\right)^2 \left[1 - D_1 \left(\frac{t}{l}\right)\right] \tag{1.3}$$

式中，D_1 是另一个常数。第二个常数的引入是一件令人讨厌的事情，它会使其他的相关换算过程变得困难得多，视情况可作省略。只有当 t/l 的值比较大时，括号中的修正项才会变得重要起来。对于闭孔泡沫体，上述简单的表达式(1.2) 重复计算了棱和角的数量，修正形式为：

$$\frac{\rho^*}{\rho_s} \approx C_2 \frac{t}{l}\left[1-D_2 \frac{t}{l}\left(1-D_3 \frac{t}{l}\right)\right] \tag{1.4}$$

对于任意给定的孔隙形状，修正因子 D_1、D_2 和 D_3 都可以估算出来。但只有在相对密度比较大（0.2 或更大）的时候，修正才有意义。通常情况下，实验的分散性和其他类别的各种修正，掩饰了重复计算带来的这种比较小的差异。其中，一项是固体在孔棱和孔面之间的分布。在许多具有闭孔的泡沫材料中，固体被优先拽至孔隙棱边处，这些孔棱比孔隙壁面更厚实。

在某些情况下，知道常数 C_1 和 C_2 的值对人们来说很重要。即使是确信它们接近于 1，尽量准确地测试其量值也是值得的。只有对于规则的充填结构，比如十四面体泡沫材料，C_1 和 C_2 的值才好确定。而二维五边形或三维正八面体和二十面体的孔隙形状就不能通过堆积而充满空间，即使将它们扭曲后也不能堆满空间。这就意味着没有确定的理论方法来计算由它们构成的假想多孔材料的相对密度。然而，它们可以与其他形状混合在一起去充满空间，例如五边形与七边形混合、二十面体与四面体混合，但即使如此，也需要扭曲变形。因此，计算这些混合结构的相对密度是相当困难的。对于能够充满空间的多面体，其相对密度则能够被计算，这些结果都一同列在了表 1.1 中。但应该注意到，对于开口孔隙的常数 C_1［式(1.1) 和式(1.3)］以及闭合孔隙的常数 C_2［式(1.2) 和式(1.4)］，都有一个较宽的取值范围。其中，对于不同形状的孔隙有其各自的最佳值选取。表 1.1 中的方程推导表明，如前面所述，当多孔体的相对密度 $\rho^*/\rho_s>0.2$ 时，$t \ll l$ 这一近似将开始被打破。所以，人们可以在上述方程中增加如该式所示的修正项，但它只有在性能数据特别精确时才是适用的。通常情况下，由于实验分散性太大，因而这种修正没有太大的实际意义。

表 1.1　多孔固体的相对密度

网状孔隙结构泡沫材料:开口孔隙	(形态比率 $A_r=h/l$,参见图 1.17 和图 1.18)
孔隙为三角棱柱形	$\frac{\rho^*}{\rho_s} \approx \frac{2}{\sqrt{3}} \frac{t^2}{l^2}\left(1+\frac{3}{A_r}\right)$
孔隙为正方棱柱形	$\frac{\rho^*}{\rho_s} \approx \frac{t^2}{l^2}\left(1+\frac{2}{A_r}\right)$
孔隙为六方棱柱形	$\frac{\rho^*}{\rho_s} \approx \frac{4}{3\sqrt{3}} \frac{t^2}{l^2}\left(1+\frac{3}{2A_r}\right)$
孔隙为菱形十二面体	$\frac{\rho^*}{\rho_s} \approx 2.87 \frac{t^2}{l^2}$
孔隙为十四面体	$\frac{\rho^*}{\rho_s} \approx 1.06 \frac{t^2}{l^2}$
胞状孔隙结构泡沫材料:闭合孔隙	(形态比率 $A_r=h/l$,参见图 1.17 和图 1.18)
孔隙为三角棱柱形	$\frac{\rho^*}{\rho_s} \approx 2\sqrt{3} \frac{t}{l}\left(1+\frac{1}{2\sqrt{3}A_r}\right)$
孔隙为正方棱柱形	$\frac{\rho^*}{\rho_s} \approx 2 \frac{t}{l}\left(1+\frac{1}{2A_r}\right)$
孔隙为六方棱柱形	$\frac{\rho^*}{\rho_s} \approx \frac{2}{\sqrt{3}} \frac{t}{l}\left(1+\frac{\sqrt{3}}{2A_r}\right)$
孔隙为菱形十二面体	$\frac{\rho^*}{\rho_s} \approx 1.90 \frac{t}{l}$
孔隙为十四面体	$\frac{\rho^*}{\rho_s} \approx 1.18 \frac{t}{l}$

总之，闭孔泡沫材料的相对密度一般可以用 t/l 来表征，而开孔泡沫材料的相对密度则通常用 $(t/l)^2$ 来表征，比例系数都接近于 1。

1.6 结语

固体的多孔化赋予其崭新的优异性能。这种广阔的性能延伸，使多孔固体具备了致密固体难以胜任的用途，同时也提供了工程创造的潜力，大大拓宽了其在工程领域的应用范围。多孔固体对其致密体具有相对密度小、比表面积大、比强度高、热导率低、吸能性能好等共同属性。低密度多孔固体可以作为轻质刚性部件，低热导率可进行隔热，吸能性可以起到减振缓冲方面的作用等。

第2章 天然多孔固体

2.1 引言

在自然界中，存在着许许多多的天然多孔固体。活体天然多孔固体中的孔隙形成往往具有主动的意义，一般行使结构和传输两方面的功能。例如，在最常见的活体树木中，多孔形态的树干不但具有支撑整棵树重量的良好力学结构，而且其中的孔隙还是树木生长所需养分的传输通道。树叶的情况与之类似。又如，活体动物和我们人类自身，其多孔形态的骨骼不但具备了合适的力学结构，以支撑身体的重量和适应不同运动方式的载荷，而且其中的孔隙还是生物组织生长的场所。对比之下，像珊瑚、火山石这些天然多孔固体中的孔隙形成则含有被动的意义。其中的孔隙并不体现什么主动的功能，它们一般为无机物质，可以作为人们观赏的天然艺术品或经人工加工制作的艺术品，也可以用于某些条件下的天然多孔材料。

2.2 木材

木材是活体树木自然死亡或被人类砍伐后所形成的一种最常见的天然多孔材料，它是人类使用历史最长、应用最广泛的天然结构材料。木材在建筑物上的使用已经有数千年的历史，此外的早期应用还包括船只和工具等方面。

2.2.1 木材结构

木材有三个对称的正交面，分别为径向的、切向的和轴向的（图 2.1）。在轴线方向上，即平行于树干的方向上，刚度和强度最大；在径向和切向两个方向上，它们是轴向的 1/2～1/20，具体取值决定于树木的种类。如果木材样品是从离开树木中心足够距离处切取的，则树木的年轮曲率可以忽略，而样品的性能呈正交各向异性。

这些差异都与木材的结构有关。作为例子，图 2.2 和图 2.3 分别示出了软杉木和硬橡木中的截面结构。在毫米量级的尺度上，木材呈现为多孔固体，细胞的柱形孔壁围成孔隙空间。相对密度 ρ^{*}/ρ_{s}（木材的密度除以孔壁材质的密度）可以低至轻木的 0.05，也可以高达铁梨木的 0.80。在木材的微结构中，木材的整体结构由拉长的细胞孔隙所构成，在软木中称为管胞，在硬木中称为纤维。木材的射髓构成了更小的、更接近矩形的薄壁组织细胞孔隙，它们呈现出径向排列。树液的通道是具有薄壁和大孔隙空间的细胞孔隙，通过它们可以把液体传输到整个树体。

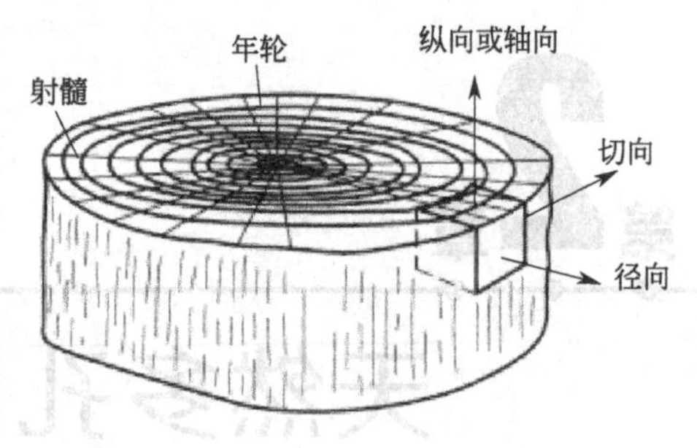

图 2.1　树干结构分析图

当然，在软木和硬木之间也存在着结构上的差异。软木的细胞孔壁厚度为 2～7μm，硬木的细胞孔壁厚度为 1～11μm。软木中的射髓是狭小的，仅在轴向延伸到少数几个细胞孔隙；而硬木中的射髓较宽大，在轴向上可延伸到数百个细胞孔隙。在软木内，树液通道占木材体积的 3%甚至更少；而在硬木内，它们所占体积可达 55%之高。

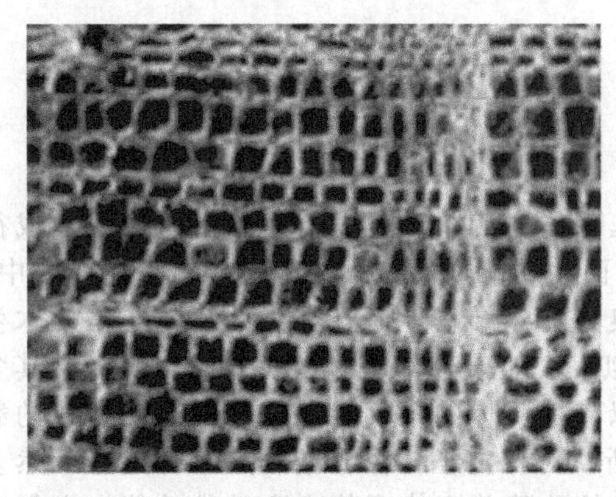

(a) 横向截面

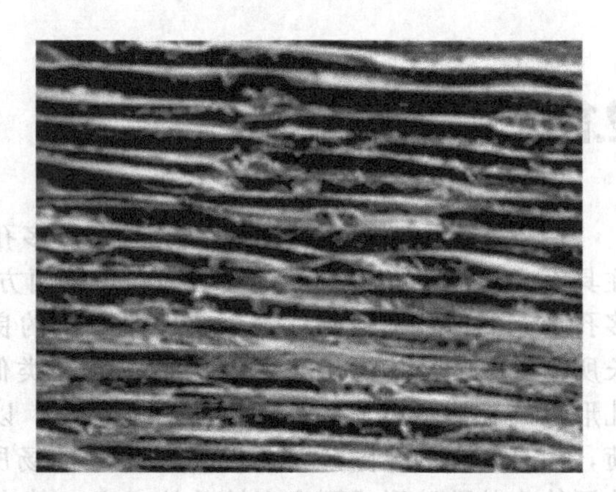

(b) 纵向截面

图 2.2　软杉木中的多孔结构

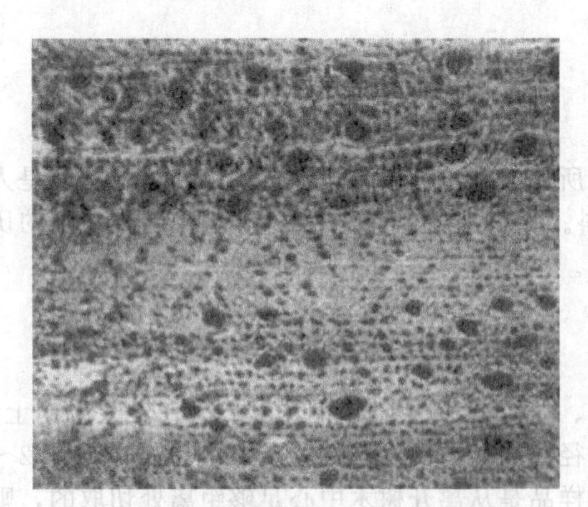

(a) 横向截面

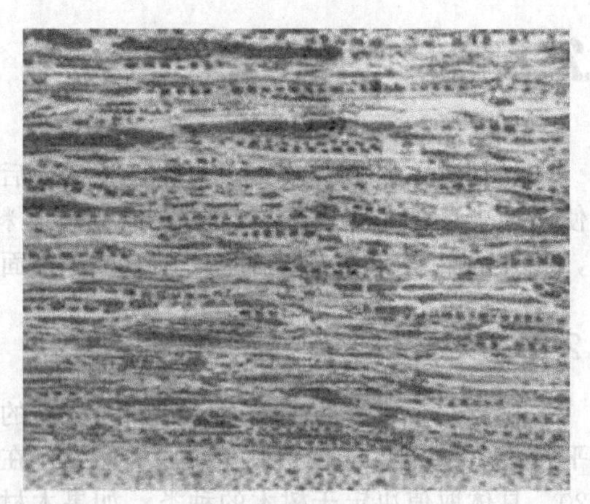

(b) 纵向截面

图 2.3　硬橡木中的多孔结构

从微米尺度上看，木材是一种纤维增强的复合物，细胞孔壁由嵌入非晶态半纤维素和木质素的基质中的晶态纤维素纤维所构成。细胞孔壁内纤维素纤维的接合形态非常复杂，这是木材呈现显著各向异性的成因之一，这种各向异性就是木材性能在沿纹理方向和横截纹理方向上表现得各不相同。孔壁的模量和强度在平行于孔隙轴线时大，而在垂直于孔隙轴线时变小，仅为前者的三分之一。木材各向异性还有一个重大成因，那就是木材内部孔隙的形状。拉长态孔隙在沿孔隙长轴方向承载时表现的刚度和强度均比横向于孔隙长轴承载时要大。

尽管木材在其密度和力学性能方面存在着巨大的差异，但其孔壁密度都接近于 $1500kg/m^3$，粗略近似时还可认为孔壁的性能对所有的木材都是相同的。

2.2.2 木材性能

如同所有多孔固体的性能都主要取决于其孔壁材质、相对密度和孔隙形状那样，木材的性能也主要是取决于其细胞孔壁性能、相对密度和细胞孔隙形状。此外，使用期限和水分含量等其他因素也会产生一定的影响。

（1）压缩

木材的强度受使用时间和内部水分含量的影响，并依赖于测试温度。研究者采用充分风干的木材，并将水分含量稳定在 12%左右，测试温度为 18℃±2℃，应变速率接近于 $10^{-3}s^{-1}$。相对密度范围在 0.05～0.5 之间的木材压缩应力-应变曲线表明，径向加载曲线非常类似于切向加载曲线，这两者与轴向加载曲线则差异较大（参见图 2.4，桦木、柳木等与之类似）。观察到的现象大体如下：当小应变时（小于 0.02 左右）在所有三个方向上的行为均为线弹性；轴向杨氏模量（一个弹性模量指标）远大于切向和径向，切向和径向两者则大致相等；在线弹性区之外，所有三个方向上加载的应力-应变曲线均表现出一个应力平台，它延伸的应变范围为 0.2～0.8，这取决于木材的相对密度；在平台的终点，应力陡然上升。在切向上的压缩具有光滑的应力-应变曲线，它通过平台而缓慢上升；沿径向压缩的明显特征是线弹性区域终点的屈服降落，接着是略微不规则或呈波状的应力平台；切向的和径向的屈服应力近似相等，轴向的屈服应力则要高得多，接着是明显的锯齿形平台。随着木材密度的增大，模量和平台强度会提高。

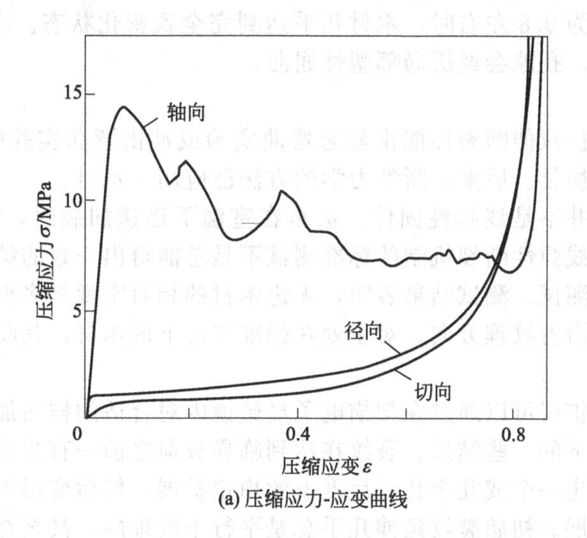

(a) 压缩应力-应变曲线

图 2.4

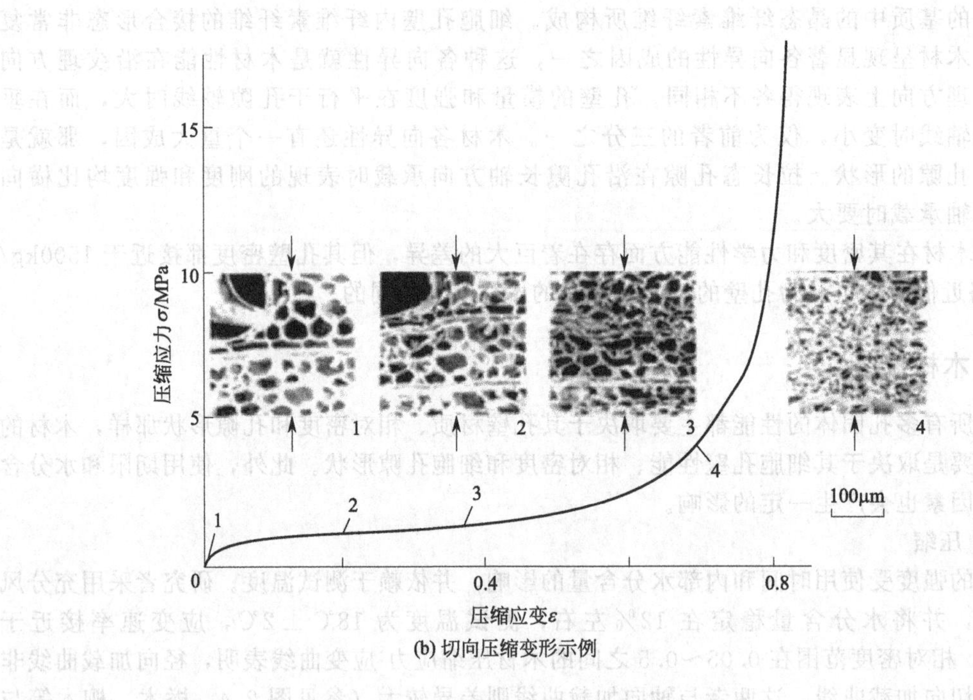

(b) 切向压缩变形示例

图 2.4 轻木的压缩曲线和孔隙变形示例

木材在受到径向压缩时，如在切向加载时一样，首先发生的也是孔壁的均匀弯曲。孔壁的塑性坍塌是非均匀的，它始于加载压板的表面处，并沿样品的长度方向向内蔓延。轴线方向上的压缩变形机制则完全不同，线弹性区内几乎没有孔壁弯曲的迹象，显示的只有孔隙的单向压缩。在足够高的应变下，材料的平面屈服和断裂会造成孔隙坍塌，此时坍塌处孔隙的毗连层边缘接合在一起。在低密度的木材中，孔壁之间互相紧压，就像两套啮合在一起的梳牙。应力下降，直到孔隙边缘的下一层交叉，一个孔隙的长度被压塌。应力增加，直到该孔隙边缘次层发生破坏，然后又随着孔隙的啮合而下降。这个过程不断重复，产生戏剧性的锯齿形平台，直至应变为 0.8 左右时，木材几乎达到完全致密化状态。在密度较高的木材中，其机制可能是不同的，孔隙会经历局部塑性屈曲。

（2）断裂

传统上，木材的抗拉伸断裂性能由静态弯曲实验或冲击弯曲实验的断裂功（载荷-挠度曲线下面的面积）来衡量。后来，断裂力学的方法已应用于木材。

严格来说，木材并不是线弹性固体；甚至在室温下迅速加载时，它也仍然呈现出黏弹性。由于这个原因，线弹性断裂机制的标准测试不是总能得出一致的结果，通常可采用凹口三点弯曲样品来进行测试。测试结果表明，无论木材的相对密度是多少，垂直于纹理方向的断裂韧性值都远大于沿着纹理方向。对于处在标准状态下的木材，其断裂韧性主要取决于它的密度。

穿过木材的裂纹扩展可以通过在扫描电子显微镜内对合适的样品加载来进行研究，从这一研究中观测到了如下的一些结果。裂纹在达到临界载荷之前一直是稳定的。随着临界载荷的接近，裂纹首先发生一个或几个孔径尺度上的稳定扩展，然后变得不再稳定，并越过大量孔径的尺度而迅速扩展。初始裂纹延伸几乎总是平行于纹理的，甚至在始发裂纹垂直于纹理时也是这样。在低密度木材（$\rho_c^*/\rho_s<0.2$）和高密度的薄壁木材中，裂纹普遍是通过孔壁断裂而扩展的（图 2.5）。而较高密度（$\rho_c^*/\rho_s>0.2$）木材中的裂纹扩展，涉及孔壁断裂和孔壁剥离两个方面：后者是沿中心壳层解离的孔壁两半的拉离（图 2.6）。树液通道簇和普遍性较小的单一树液通道，均可作为吸收裂纹的陷阱（图 2.7）。裂纹的发生倾向于靠近树液通道，或者进入树液通道内部，或者围绕着树液通道。

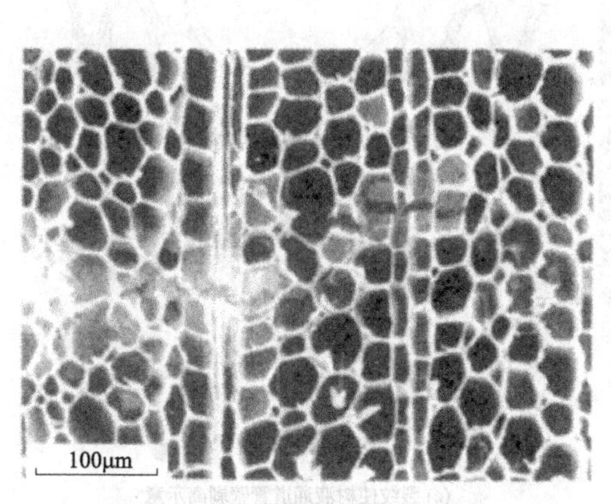

(a) 轻木孔壁断裂引起裂纹扩展的显微照片

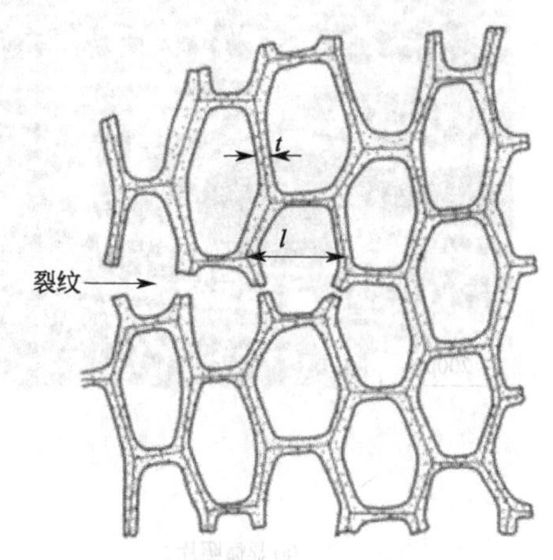

(b) 孔壁断裂引起裂纹扩展示意

图 2.5 低密度木材（$\rho_c^* / \rho_s < 0.2$）中的裂纹扩展

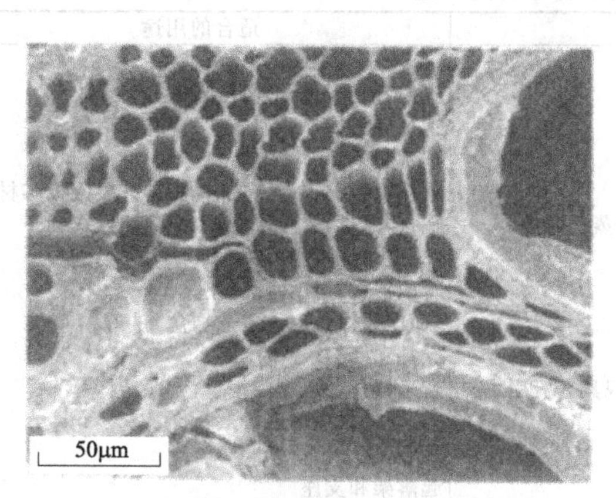

(a) 槐木孔壁剥离引起裂纹扩展的显微照片

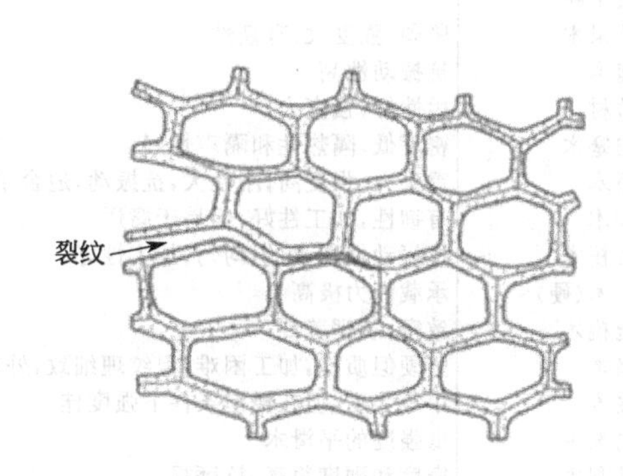

(b) 孔壁剥离引起裂纹扩展示意

图 2.6 较高密度（$\rho_c^* / \rho_s > 0.2$）木材中的裂纹扩展

树干长出树枝的地方都会含有木节，木节的存在会降低木材的刚度和强度，特别是断裂强度。环绕木节的纹理受到扭曲，木节与绕其扭曲的纹理是木材的薄弱中心，并可能表现得像初始裂纹一样，以致当木材承载时，破坏往往就从木节开始。此外，木节本身与木材其他处的结合也可能并不好。

2.2.3 木材用途

木材的用途很多，从一些结构的临时支架、工具的手柄等比较原始的应用一直到高档家具、高品质乐器和精密器具等比较先进的应用。表 2.1 列出了一些适合于不同用途的木材种类。其中，有许多用在结构方面，如承受载荷的梁、栅、地板和支撑体等。

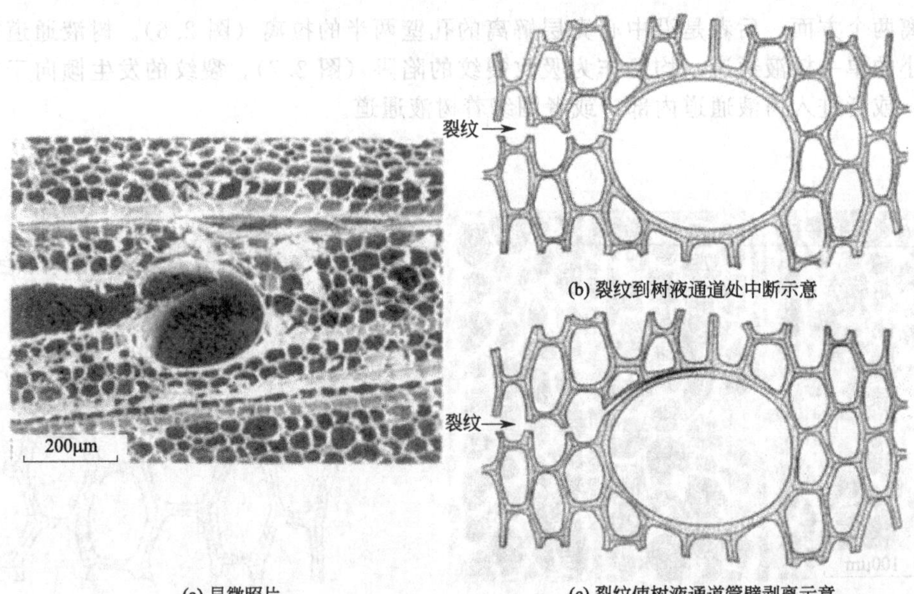

(a) 显微照片

(b) 裂纹到树液通道处中断示意

(c) 裂纹使树液通道管壁剥离示意

图 2.7　树液通道处的裂纹捕获

表 2.1　各类木材适合的用途

木材种类	木材性能	适合的用途
硬质木材		
苹果木	坚硬,强度大,有韧性	木槌,凸榫,梭子,高尔夫球杆
槐木	抗振动性高	把手,桨,棒球球棍
竹材	柔性好,强度大	建筑支架
白塞木	密度低,隔热性和隔声性好	漂浮物,筏,隔层,垫子,模型,夹层镶板芯材
榉木	重量大,强度高,刚性大,抗振动,适合于蒸汽弯曲	地板,家具,层板木椅,木勺,画笔,木桶
桦木	有韧性,加工性好,但易于腐烂	胶合板,地板和家具
黄杨木	抗振动性高,组织均匀,加工性好	管乐器材,运动物品,家具
杉木(硬)	承载能力极高	家具,船体,镶板,雪茄烟盒
樱桃木	致密,纹理美观	家具和橱柜
乌木	坚硬但质脆,加工困难;但纹理细致,外观具有吸引力	音乐器材,手杖,门把手,台球球杆
榆木	中等强度,但在浸泡条件下强度佳	船,船坞,棺材,家具
马栗木	低强度的平滑木	箱子,把手
铁梨木	密度和硬度很高,抗磨损	起落架和支座
椴木	强度大,易于加工	船体,雕刻品,钢琴件
硬红木	质轻,承载力中等	家具,门,镶板,船体,胶合板
枫木	重量大,强度高,刚性好,抗振动	地板,滚动通道,钢琴键,小提琴构件
红橡木	重量大,强度高,刚性好	木条,层板,地板,家具
白橡木	重量大,强度高,刚性好,抗腐性佳	酒桶,层板,船体,家具
柚木	与金属接触时不会引起生锈或腐蚀	船只,家具,工作台
胡桃木	重量大,刚性好,强度高,纹理直,易加工,稳定	家具,建筑用木制品,壳件,步枪枪托,枪架
柳木	无分裂吸能,加工性好	人造肢体,板球球拍,地板
软质木材		
杉木(软)	抗腐性好	铅笔,塞子,木瓦
枞木(美国)	刚度和强度高	建筑物构架,胶合板
枞木(西欧)	强度佳,收缩小	建筑物构架,收缩体
松木(东欧)	刚度和强度中等	容器和包装,家具
松木(红)	刚度和强度中等	建筑物构架(尤其是圆木架)
红杉木(东欧)	刚度和强度中等,收缩小,抗腐蚀	栅栏杆,家具
红杉木(西欧)	强度和刚度低,但极抗腐蚀	建筑物构架,木瓦,外舷,船体
云杉木	刚度中等,强度高	建筑物构架,家具,小提琴构件

2.3 网状骨质

骨质的外观是致密的，但这不过是其表面状态。实际上，大多数骨质都是一种精细构造，它们由外部呈致密骨质的外壳和内部呈多孔骨质的芯部所组成（图 2.8）。在某些场合，比如在脊骨之间的关节处或在长骨的端头处，这种夹芯结构可以使骨质的重量达到最小化，而仍具备大的承载面积，这是一种减小关节处承受应力的构造。在另外一些情况下，比如在头盖骨的拱顶处或髂嵴处，它形成了低重量的夹层壳体。在这两种情形中，网状骨质的存在形态都在降低重量的同时仍能满足其主要的力学功能。

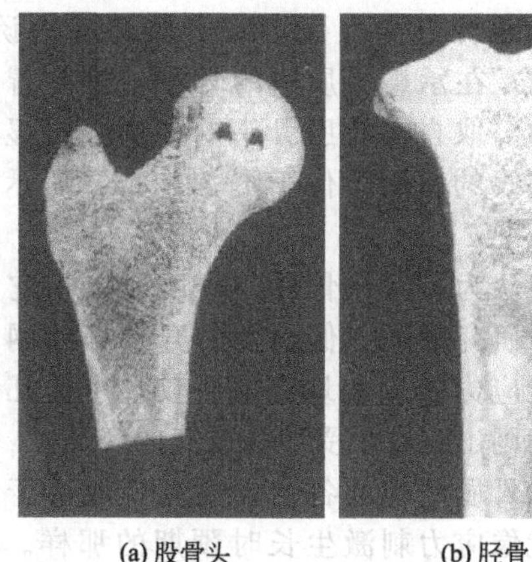
(a) 股骨头

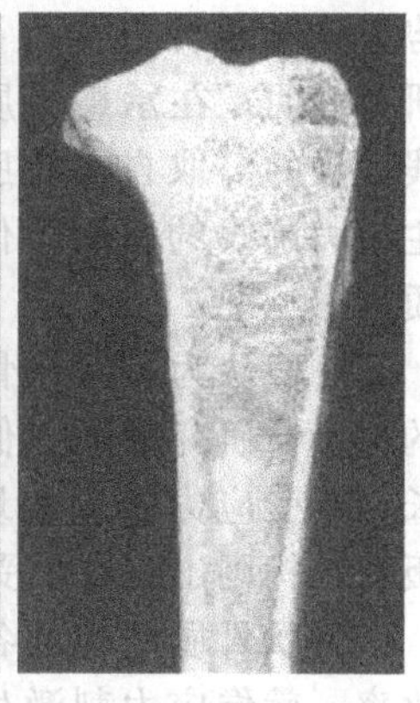
(b) 胫骨

图 2.8　网状骨质夹芯结构的横截面图像

了解网状骨质的力学行为，关系到生物医学科学方面的若干应用。在上了年纪的患有骨质疏松症的病人当中，体内骨质的质量会随着时间推移而减少。最后导致的结果是，在承受健康人看来为正常载荷的情况下，骨头会产生断裂。这种断裂在脊骨、髋骨和腕骨中普遍存在，其原因之一就是由于在这些地方的网状骨质的质量已经减小了。病人体内的骨质损失程度可用无损检测技术进行测量，获得的骨质密度与强度之间的关系有助于预测断裂危险性变高的时间，同时也有助于人造骨的设计。对骨质结构与性能关系的深层次认识，可以促进具有更好匹配代换骨骼性能的人造骨设计。

图 2.9 示出了网状骨质的多孔结构。它由互相连接的骨干［图 2.9(a)］或骨板［图 2.9(b)］的网络组成。骨干的网络形成的多孔结构密度较低，而骨板的网络得出的多孔结构密度较高。实际上，网状骨质的相对密度可在 0.05 至 0.7 之间变化。

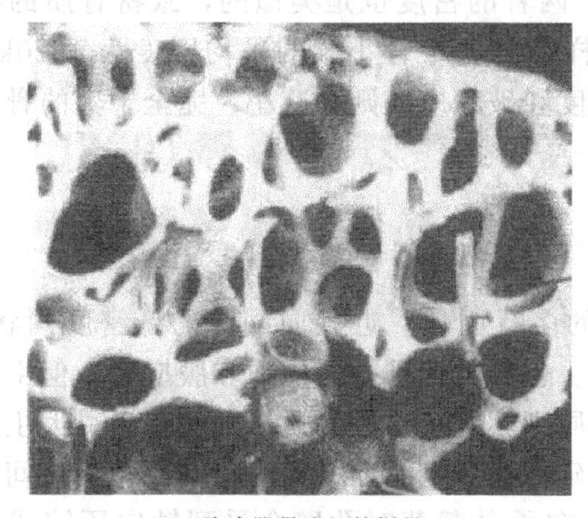
(a) 取自股骨头部的样品

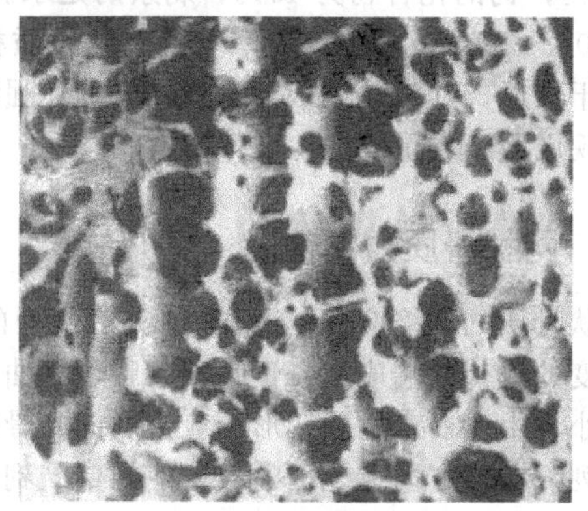
(b) 取自股骨骨节的样品

图 2.9　显示网状骨质多孔结构的扫描电子显微照片

2.3.1 网状骨质结构

低倍率显微照片（图 2.9）揭示了网状骨质的多孔结构。在较低的密度下，它们呈现出三维网状的开口孔隙。随着密度的增加，骨干逐渐延展而平坦，变得更像板状，最后融合起来得到更接近于胞状形态的孔隙。

人们很早就知道骨质生长与应力的状态有关。骨质具有压电性，即它在受压时会产生电势，这在某种方式上决定着骨质的应力诱发生长。研究表明，在承载骨质中的骨小梁是沿着主应力迹线发展的。取自人类股骨头的样例分析显示，这种主应力迹线的格局类似于图 2.8 (a) 所示的网状骨质（参见图 2.10）。

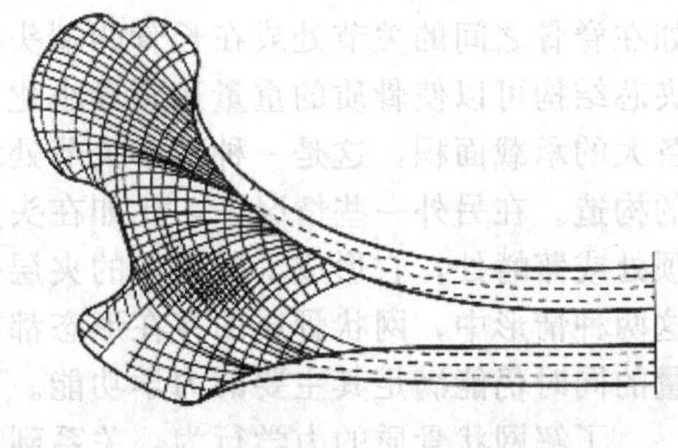
图 2.10 人类股骨头部内主应力迹线示意

一般认为，网状骨质的密度取决于它经受载荷的大小。研究表明，低密度的开孔杆状网络结构生长在承受应力较低的地方，而较致密的几乎闭合的板状结构则出现在承受应力较高的区域。

网状骨质结构的各向异性主要取决于主应力的比率，就像应力刺激生长时预期的那样。例如，在股骨头内，主应力大致相等，骨质就如同具有等轴孔隙的泡沫材料那样生长［图 2.9(a)］。但在膝盖处的股骨节内，某个方向上的载荷远大于另外两个方向上的载荷，因而骨质在排列于较大载荷方向上的平行板内生长；正交于这些骨板，它形成用于隔棒的细杆［图 2.9(b)］。

由于骨质的质量随着老化而减少，所以网状骨质的结构会随着生物体的年龄而变化。例如，人类脊椎梁骨的相对密度在 20 岁到 80 岁之间会减少 50%左右。骨质密度降低的起因，一来是通过孔壁的变薄，二来是通过孔壁穿孔的扩大以及某些孔壁的消失。

在更细的结构水平上，骨质是一种由晶态羟基磷灰石 $Ca_{10}(PO_4)_6(OH)_2$ 和非晶态磷酸钙等无机钙化合物充满纤维质蛋白有机基体（主要是胶原蛋白）的复合物。这赋予了骨质的刚性。致密骨质和网状骨质的成分几乎是相同的。在这两者中，有机基质构成了骨质湿重的大约 35%，钙的化合物为 45%，剩余的是水。两者的密度也是类似的，致密骨质的密度范围在 1800～2000kg/m^3 之间，取自网状骨质样品的各个骨小梁的平均密度为 1820kg/m^3。当骨质干燥后，其弹性模量会增加，但破坏强度和破坏应变则会减小。完全干爽的骨质根本就不出现屈服，它是线弹性破坏的。

2.3.2 网状骨质力学性能

网状骨质的压缩应力-应变曲线属于典型的多孔固体。近各向同性的低密度网状骨质，其小应变的线弹性响应来自于孔壁的弹性弯曲。也可能出现轴向应力和膜应力，但由此产生的变形小于由弯曲产生的变形。应力取向的骨质则不同，这种骨质中的孔壁沿最大主应力的方向排列，在该方向上施加的载荷使孔壁受到延伸或压缩，而横向载荷则在骨板之间的连接杆中产生弯曲变形。木材也像这样，沿纹理方向承受载荷时孔壁会受到轴向压缩或轴向延伸，而垂直于纹理方向加载则会使它们发生弯曲。

线弹性区域终止于孔隙开始发生坍塌之时。低密度骨质中的孔壁通过弹性屈曲而破坏，较高密度下的屈曲更为困难，此时骨样品会产生微裂纹，甚至发生脆性断裂。弹性屈曲和剪切断裂也是可能发生的两种破坏模式。渐进式压缩坍塌在应力-应变曲线上产生一个长的水平平台，这个平台一直延续到相对的孔壁交汇接触在一起，从而引起应力的陡然上升（图 2.11）。

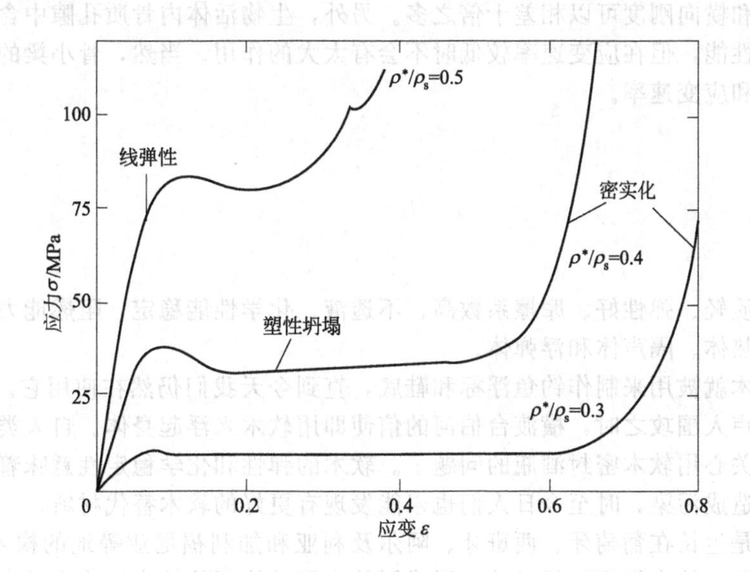

图 2.11　不同相对密度的网状骨质的压缩应力-应变曲线示例

图 2.12 示例了网状骨质的拉伸应力-应变曲线。曲线的初始线弹性部分缘于骨小梁的弹性弯曲或延伸，如同在压缩过程中一样。在应变达到 1%左右时，应力-应变曲线变成非线性化了，因为此时骨小梁开始产生不可逆变形并开裂。越过峰值后，随着骨小梁由撕裂和断裂的不断破坏，应力-应变曲线逐渐下降。早期的研究指出，网状骨质的抗拉强度和抗压强度大致相等。然而后来的研究又表明，当相对密度增大时，网状骨质的抗拉强度表现出低于抗压强度的趋势。

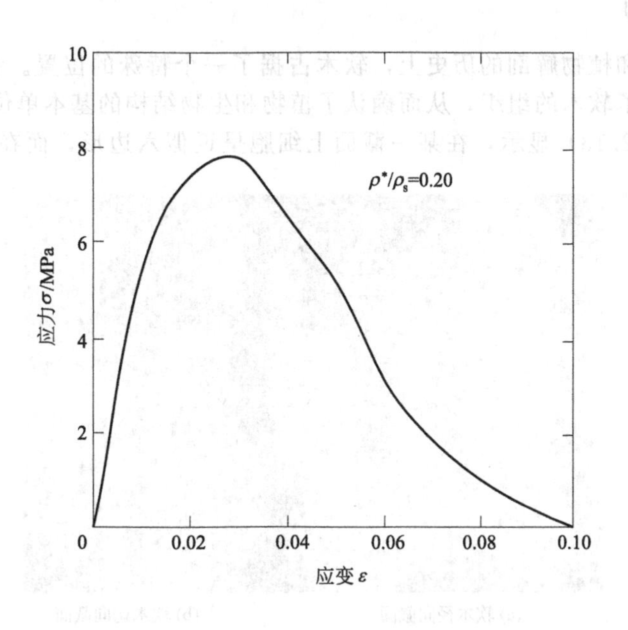

图 2.12　网状骨质的拉伸应力-应变曲线示例

密度在决定网状骨质的刚度和强度方面起着关键的作用，但其他因素的影响也是重要的。例如，由于骨小梁的应力引入方向会在性能方面产生较大的各向异性，人类胫骨网状骨质的纵向刚度和横向刚度可以相差十倍之多。另外，生物活体内骨质孔隙中含有的骨髓也会影响到其力学性能，但在应变速率较低时不会有太大的作用。当然，骨小梁的力学性能还依赖于骨质湿度和应变速率。

2.4 软木

软木具有质轻、弹性好、摩擦系数高、不透液、化学性能稳定、阻燃能力强等特点，可以作为优质隔热体、隔声体和浮弹体。

公元前软木就被用来制作钓鱼浮标和鞋底，直到今天我们仍然在使用它。在公元前400年当罗马被高卢人围攻之时，横渡台伯河的信使即用软木来浮起身体。自人类喜欢上葡萄酒以来，就开始关心用软木密封酒瓶的问题了。软木的弹性和化学稳定性意味着它能够密封酒瓶而不会对酒造成污染，时至今日人们也未能发现有更好的软木替代材料。

商用软木是生长在葡萄牙、西班牙、阿尔及利亚和加利福尼亚等地的橡木（槲属木栓）树皮。软木细胞（软木组织）经过软木形成层的中间结构而从外皮细胞内长出来，细胞壁除了覆盖有一层薄薄的不饱和脂肪酸（软木脂）外，还覆盖有不透气、不透水并能防止很多种酸侵蚀的树蜡层。所有树木都在它们的树皮中含有一薄层的软木，而槲属木栓树是唯一能在成熟期围绕树干形成一层几个厘米厚的软木树种。软木层的天然功能是为树木隔热和防止水分损失，此外还能保护树木不受动物的损害，因为软木脂尝起来口味不是太好。我们今天将它用于现代设备的隔热，用于潜水艇和录音室的隔声，用于木管乐器和内燃机配合表面之间的密封，以及用于地板、鞋类和包装的能量吸收介质。

2.4.1 软木结构

在显微镜使用和植物解剖的历史上，软木占据了一个特殊的位置。在1660年左右，研究者用显微镜观测了软木的组织，从而确认了植物和生物结构的基本单位，即细胞。软木细胞的排列结构（图2.13）显示，在某一截面上细胞呈近似六边形，而在另外两个截面上是

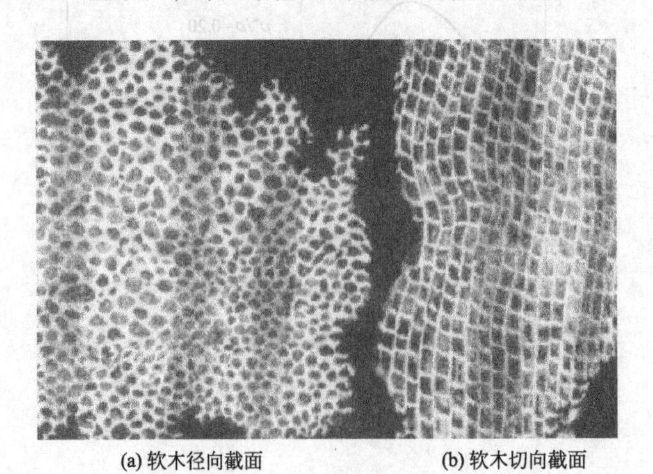

(a) 软木径向截面　　(b) 软木切向截面

图2.13 显微镜下看到的软木细胞

盒状。细胞堆积成长排，细胞壁极薄，就像蜂窝的蜡巢。图 2.14 示出了软木块体的三组细胞壁面。其中，在某一截面上细胞大致呈六边形，而在另外两个截面上则为小砖状，堆积如同建筑物的墙壁。

从诸如这些显微照片可以推断出细胞的形状。大致说来，这些细胞为成列堆积的闭合多边柱形。细胞的尺度可与光波相比拟，每个细胞的大部分细胞壁都是起皱的（图 2.15）。

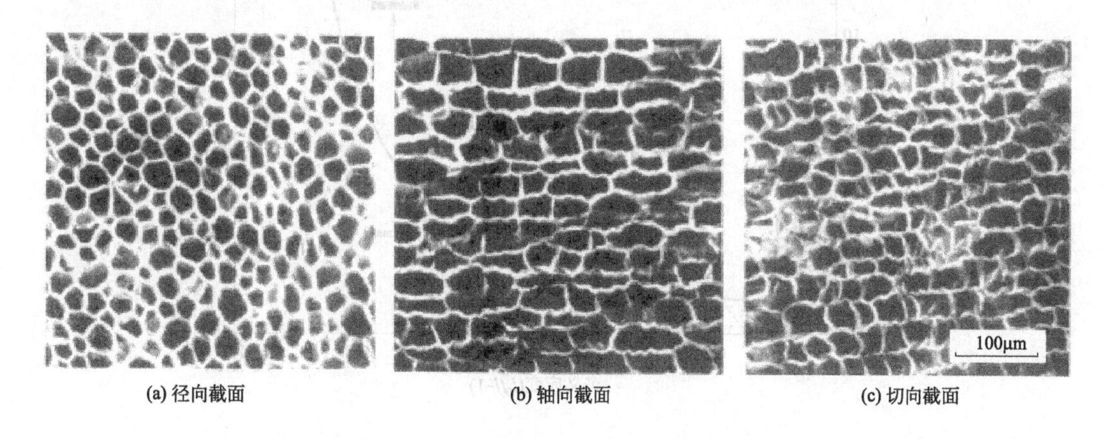

(a) 径向截面　(b) 轴向截面　(c) 切向截面

图 2.14　软木内部组织的扫描电子显微照片

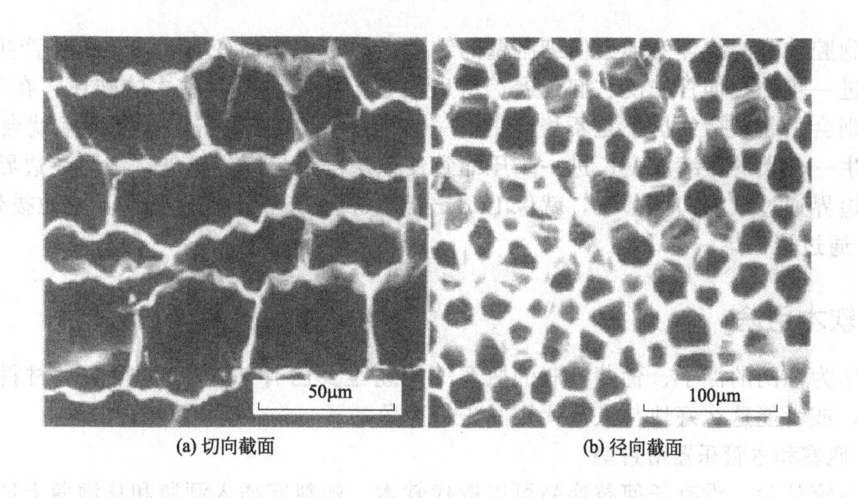

(a) 切向截面　(b) 径向截面

图 2.15　显示皱褶的软木细胞扫描电子显微照片

软木的平均密度大约为 $170kg/m^3$，其细胞壁的材质密度接近于 $1150kg/m^3$，得出的相对密度是 0.15。软木细胞结构的径向截面一般表现为六方形，但也有五边形、七边形和八边形。但在径向截面中每个细胞的平均边数为 6。当然，这是 Euler 定律运用的一个例子，该定律应用于三连网络时，要求每个孔隙的平均边数是 6。其细胞本身非常小，远小于常态泡沫塑料中的孔隙。它们在一个立方毫米内的数量约为 20000 个。

2.4.2　软木力学性能

图 2.16 是软木完整的压缩应力-应变曲线，它具有我们对多孔固体所预期的所有特性。它一直到应变为 7%左右时都是线弹性的，在该应变点开始产生一个几乎水平的平台，一直延伸到 70%左右的应变，这时细胞的完全坍塌引起曲线陡然上升。当软木发生变形时，其

细胞壁就会产生弯曲和屈曲。

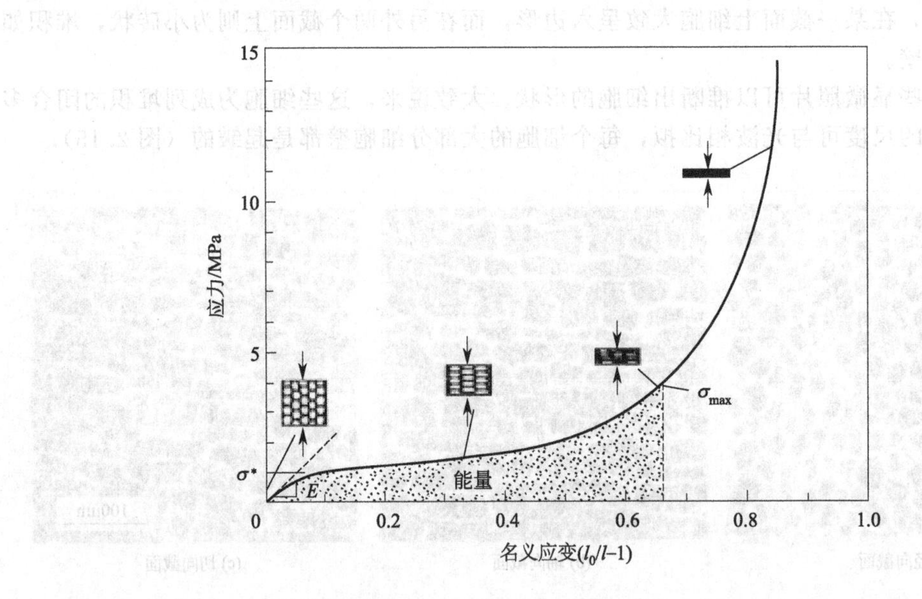

图 2.16 软木的压缩应力-应变曲线

沿细胞腔轴线的拉伸变形会使细胞壁的皱褶展开，使壁面变直。由此可能产生大约 5% 的延伸，进一步的拉伸首先使它们延展，然后使它们断裂，引起软木的破坏。在另一方面，压缩变形则会引起皱褶。折叠是不稳定的；一旦它达到 10%左右，一层细胞就会发生完全坍塌，产生一个大的压缩应变。进一步压缩致使该层的边界产生扩展；细胞在边界处发生坍塌，这个边界通过软木向前移动，就像 Luders 带（吕德斯带）通过钢材，或拉拔带（drawingband）通过聚乙烯一样。

2.4.3 软木用途

软木作为渔网的浮子、葡萄酒瓶的瓶塞等用途至少已有 2000 年。很少有材料具有这么长的历史，或者能这么好地与人造代用品进行竞争。

（1）瓶塞和木管乐器密封垫

品酒专家认为，没有任何替换品可以取代软木。塑料塞插入酒瓶和从酒瓶上取出时都比较费劲，密封性能也不是很好，而且还可能污染瓶里的酒。软木塞则完全不存在这些问题。密封的优异性能来自于软木自身的弹性和结构特点。

但天然软木含有皮孔，这是一种连接树皮外表面和内表面的管状通道，它们让氧进入长在那里的新细胞内，而让二氧化碳出来。皮孔平行于细胞腔的轴线，平行于该轴的软木切割将引起渗漏。这就是为什么商用软木塞的切割要以细胞腔轴线（和皮孔）与塞子轴线交成直角的方式。

软木可以制成好塞子，同样的原因，软木还可用来制出很好的密封垫。它可接受大的弹性扭曲和体积变化，而且它的闭合细胞腔不透水，也不透油。例如，软木薄片可用于木管乐器和铜管乐器的连接。这种薄片以正交于其平面的细胞腔轴线（和皮孔）进行切割，所以薄片在它的平面内呈各向同性。更吸引人的地方是沿细胞腔轴线压缩的泊松比等于零，这样在乐器连接匹配时薄片就没有在它的平面内发生延展和起皱的趋势。

（2）防滑地板和能量吸收

软木地板材料甚至在抛光状态或潮湿时都能保持其摩擦性。鞋底和软木地板之间的摩擦有两个来源。一个是黏结：在两个接触表面之间会产生原子黏结力，当鞋底滑动时，打破和重新形成这种黏结力需要做功。在硬质鞋底和砖石地板之间，这是摩擦的唯一来源；因为它是表面效应，所以完全可以被抛光剂或肥皂膜所破坏。另一个摩擦的来源出于滞弹性损失。当粗糙的鞋底在软木地板上滑动时，鞋底上的凸起使软木发生变形。如果软木为纯弹性的，那就无需做净功，因为在软木变形过程中所做的功可以在凸起继续移动时得以恢复。但真实的情况却不是这样。实际上，软木的损失系数很高，使材料变形过程中做的功不能得到恢复，因而出现很大的摩擦系数。这就像骑着自行车在松软的沙地上驶过一样。当粗糙表面在软木上滑动时，这种滞弹性损失是摩擦的主要来源。因为它取决于发生在表面下的过程，所以不受抛光剂或肥皂膜的影响。当圆柱体或球体在软木上滚过时，会发生同样的事情，所以软木表现出高的滚动摩擦系数。

软木的许多用途都是取决于它吸收能量的能力。软木在地板和鞋底方面的应用是诱人的，因为它不但具有摩擦性能，而且在足下产生回弹力可吸收步行时的振动。此外，利用其缓冲功能可制造良好的包装，以减小作用于包装物体上的应力。它还可用于工具的手柄，将手从施加于工具的冲击载荷中隔离开来。在这些用途中，必须将冲击产生的应力保持在低值，而吸收掉显著的能量。

（3）隔热材料

软木树由软木将自身包裹起来，以防止在较热气候下的水分损失。软木所具有的这种低热导率和低透水性，使它成为防冷、隔热、防潮的优秀材料。穴居人的洞穴就充分利用了软木的这种特性。例如，葡萄牙南部过隐居生活人的洞穴，就是用充足的软木衬上一层里。由于同样的原因，有时箱子也用软木作衬里。

在多孔体内部的热流中，由传导作用引起的热流仅仅取决于固体的数量（ρ^*/ρ_s），所以它与孔隙尺寸没有关系。由对流作用引起的热流却依赖于孔隙大小，因为在大孔隙中的对流将热量从孔隙的一侧输送到另一侧。但当孔隙在尺寸上小于 10mm 左右时，对流将不会有显著的作用。由辐射作用引起的热流也依赖于孔隙尺寸。孔隙越小，热量需要吸收和再辐射的次数就越多，而热流速率就越低。

因此，小孔是软木的一项重要特性。它们远远小于普通泡沫塑料的孔隙，显然正是这个赋予材料以独特的隔热性能。

2.5 结语

木材是一类结构复杂的材料，具有纤维增强的复合结构，属于各向异性孔隙的天然多孔材料。在大多数木材中，纤维增强孔壁的组成和接合方式都是相类似的，主要差异在于其多孔结构的不同。这首先是孔壁的相对厚度，因而是相对密度，它决定了木材的力学性能。当然，使用期限、水分含量、应变速率和温度也都会有一定的影响；但实验表明，相对密度是最重要的参量。

网状骨质也具有多孔结构，孔隙的形状和密度取决于生物活体的负载情况。如果载荷在所有的三个主方向上均大致相等，则骨质会趋向于形成大致的等轴孔隙。但若某个方向的载荷远大于其他两个方向的载荷，则孔壁趋于在最大载荷方向上进行排列并厚化。骨质的相对密度依赖于载荷的大小，承载较小的骨质密度较低，承载较大的骨质密度较高。施加于骨质上的载荷依赖于它在体内的位置，因此网状骨质的密度和结构变化程度很大，而且结构有时是等轴的，有时又是强烈取向的。网状骨质的力学行为属于典型的多孔固体，大致等轴的孔隙起先由骨小梁（孔壁或孔棱）的弯曲或延展而发生变形，导致其性能行为呈线弹性。

软木是代表性的弹性多孔固体。它的低密度和闭合孔隙，以及其化学稳定性和回弹性，赋予了它特别的性能，人类对这些性能的开发利用已进行了至少 2000 年之久。这些性能来自其多孔结构。软木内部细胞的奇妙形状，使软木获得了各向异性的弹性性能。

第3章 多孔材料制备方法

3.1 引言

多孔材料的性能决定于其材质和孔隙结构，而其孔隙结构（包括孔隙形貌、孔体尺寸以及孔率等因素）则是取决于对应的制备工艺，包括工艺方法和工艺条件。因此，制备工艺的方案设计是多孔产品性能指标的一个重要的关键性环节，甚至是决定性环节。多孔材料优秀的综合性能吸引了国内外相关领域研究人员的广泛兴趣，对多孔材料的制备工艺开展了大量研究，发展了丰富多样的多孔材料制备工艺方法。自20世纪初期开始用粉末冶金方法制备多孔金属材料以来，人类走过了百年的多孔金属制造史。在这一个世纪的时间里，制备技术日益发展，新的方法不断出现，所得产品从原仅百分之十几、二十几的低孔率到现在可达百分之九十以上的高孔率。目前，已有很多制备多孔金属的工艺方法。其中，较早的主要是通过金属粉末烧结工艺制备过滤用多孔金属材料以及利用金属熔体发泡方式制备轻质泡沫铝。多孔陶瓷则以其热导率低、硬度高、耐高温和抗腐蚀等优良性能而可以很好地应用到环保、化工等领域，典型的多孔陶瓷组成是氧化铝、氧化锆、氧化硅、氧化镁、氧化钛、碳化硅和堇青石等。泡沫塑料是应用更为常见的多孔材料，其日用品的生产工艺已非常成熟和稳定。

3.2 泡沫金属制备

泡沫金属是一类非常重要的多孔材料。制备不同孔隙结构的多孔泡沫金属，目前已有很多可行的工艺方法，主要包括粉末冶金法、金属沉积法、熔体发泡法、熔模铸造法、渗流铸造法等技术方式。

3.2.1 粉末冶金法

用粉末形式的固态金属物质制备多孔金属材料是一种较早的工艺方法，工艺过程中金属粉末经历烧结处理或其他固态操作，所得制品可以是低孔率的孤立性闭孔结构，也可以是高孔率的连通性开孔结构。粉末烧结多孔材料通常由球形粉末制作，采用典型的粉末冶金工艺，由此可获得孔率高达98%的高孔率泡沫金属制品。

粉末冶金制备多孔金属的工艺过程包括金属粉末制备、多孔体成型及多孔体烧结三大步骤。金属粉末的制备方法很多，不外乎使金属、合金或金属化合物从固态、液态或气态转变成粉末状态。其中，应用较广泛的包括粉碎法、雾化法、还原法、气相法等。固态工艺方式有固态金属及合金的机械粉碎和电化腐蚀法，以及固态金属氧化物及盐类的还原法等；液态工艺方式有液态金属及合金的雾化法、金属盐溶液的置换还原法、金属盐溶液和金属熔盐的电解法等；气态工艺方式有金属蒸气冷凝法、气态金属羰基物的热离解法、气态金属卤化物的气相还原法等。

粉末多孔体的成型方法可概括为加压成型、无压成型和特殊成型三类。粉末在一定压力作用下的加压成型可采用模压、挤压和轧制等方式，在此过程中粉末产生一定的变形，压坯强度较高；粉末在没有压力作用下的无压成型包括粉浆浇注和粉末松装烧结等方式；此外还有喷涂、真空沉积和其他成型工艺等一些特殊的成型方法。不同方法的选择取决于制件的形状、尺寸和原材料的性质等因素。

烧结是多孔制品工艺中的关键步骤，其主要目的是控制产品的组织结构和性能。这种热处理方式是将粉末毛坯加热到低于其中主要组分熔点之下保温一定时间后冷却，粉末聚集体变成晶粒聚结体，从而获得具有一定物理和力学性能的材料或制品。其中，烧结温度通常指最高烧结温度，即保温时的温度，烧结时间则为保温时间。

本书作者实验室采用改进的粉末冶金工艺，制备了几种微米孔隙网络结构的泡沫金属制品（图 3.1），并通过添加造孔剂的方式制得了一种毫米级胞状球形孔隙结构的泡沫钛制品（图 3.2）。

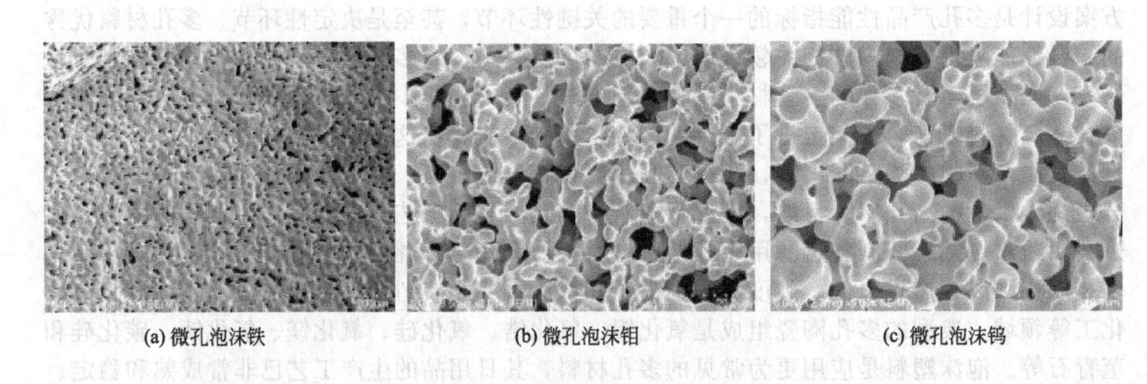

(a) 微孔泡沫铁　　(b) 微孔泡沫钼　　(c) 微孔泡沫钨

图 3.1　粉末冶金工艺所得微孔网状泡沫金属制品的孔隙结构形貌示例

用金属纤维代替粉末冶金工艺中的部分或全部金属粉末，则可制成金属纤维桥架结构的多孔材料。这也是一种早期的多孔金属制备方法，称为纤维烧结法。虽然这种金属纤维烧结法与粉末烧结法类似，但也有自身特点。该工艺制备多孔体的主要工艺过程包括制丝、制毡（或成型）和烧结三个部分。

制备金属纤维可采用拉拔法、纺丝法、切削法、镀覆金属烧结法等方式。其中，拉拔法有质量较高的普通单线拉拔和生产效率较高的集束拉拔。纺丝法则有熔体纺丝法、玻璃包覆熔纺法及熔体抽拉法等多种形式。切削法以固态金属为原料，用刀具切削成纤维屑或短的金属纤维，有振动切削法和刮削法等。研磨法是将金属件在装有高硬度磨料的磨床上进行研磨，通过咬入量、送料量的调节以及磨床上磨料粒度的选择就能得到所需粗细的金属纤维。镀覆金属烧结法是通过真空蒸镀、化学镀、浆料浸润等方式在有机纤维上附上金属，或有机纤维表面导电处理后电镀，再在还原性气氛中热解除去有机物并烧结，从而获得中空结构的金属纤维。将金属粉末或金属氧化物加有机黏结剂调制成浆料，从微孔喷丝头挤出成纤维，高温除去黏结剂后，在还原性气氛中烧结，或直接在还原性气氛中热解除去黏结剂，也可得

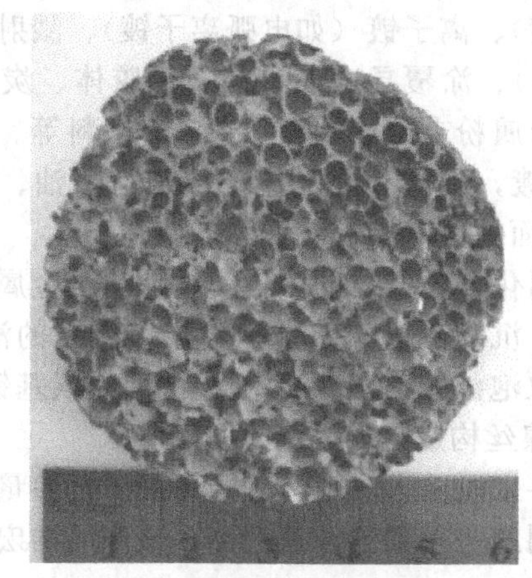

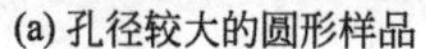

(a) 孔径较大的圆形样品

(b) 孔径较小的圆形样品

图 3.2　粉末冶金工艺所得胞状泡沫钛制品的宏观结构形貌示例

到金属纤维。

按一定长度分布、直径分布和长径比范围的金属纤维混合均匀并分布成纤维毡，在还原性气氛中烧结即制得金属纤维多孔材料。这种工艺可用于 Cu、Ni、Ni-Cr 合金和不锈钢等多孔金属的制备，所得产品呈三维网状，孔率可达 98%或更高。其制品特点是柔韧性好、弹性高、耐伸缩循环性好。该法易于制取高孔率产品，且孔隙连通，可制备金属纤维式多孔电极材料等。

3.2.2　金属沉积法

泡沫金属也可通过气态金属或气态金属化合物以及金属离子溶液来制备，主要有金属蒸发沉积、电沉积和反应沉积三种方式。其中，需要固体预制结构以确定待制多孔材料的几何形态，如采用三维网状聚氨酯泡沫塑料作为预制基材，将获得网状孔隙结构的泡沫金属。

真空蒸镀法是用电子束、电弧、电阻加热等方式进行加热，在真空环境下蒸发欲蒸镀的物质而产生蒸气，并使其沉积在冷态多孔基材上，凝固的金属覆盖于聚合物泡沫基材的表面，形成具有一定厚度的金属膜层，其厚度依赖于蒸气密度和沉积时间。蒸镀后在氢气等还原性气氛中热分解除去多孔基材，烧结，制成所需的多孔金属材料。基体可为聚酯、聚丙烯、聚氨基甲酸乙酯等合成树脂以及天然纤维、纤维素等组成的有机材料，制取复合多孔体时也可用玻璃、陶瓷、矿物质等组成的无机材料。可镀的金属有 Cu、Ni、Zn、Sn、Pd、Pb、Co、Al、Mo、Ti、Fe、SUS304、SUS430、30Cr 等。在真空蒸镀后，还可加镀 Cu-Sn、Cu-Ni、Ni-Cr、Fe-Zn、Mo-Pb、Ti-Pd 等复合镀层。在氢气等还原性气氛中进行脱除有机物基体和烧结处理，同时提高强度和延性。

电沉积技术是将离子态的金属还原电镀于开孔的聚合物泡沫基体上，然后去除聚合物而得到泡沫金属。目前在国内外普遍采用该法进行高孔率金属材料的大规模制备，其产品不但孔率高（达 80%～99%），而且孔结构分布均匀，孔隙相互连通。该法以高孔率开口结构为基体，一般采用三维网状的有机泡沫，常用的有聚氨酯（包括聚醚和聚酯两大系列）、聚酯、烯类聚合物（如聚丙烯或聚乙烯）、乙烯基和苯乙烯类聚合物及聚酰胺等。主要过程分基材预处理、导电化处理、电镀和还原烧结四步。

在实施电沉积之前，首先应将基体材料进行碱（或酸）溶液的预处理，以达到除油、表面粗化和消除闭孔的目的，然后清洗干净。对通常采用的有机泡沫等基体，均需做导电化处理。导电化处理可用金属蒸镀（如电阻加热蒸镀）、离子镀（如电弧离子镀）、溅射（如磁控溅射）、化学镀（如镀 Cu、Ni、Co、Pd、Sn 等）、涂覆导电胶（如石墨胶体、炭黑胶体）、涂覆导电树脂（如聚吡咯、聚噻吩等）和涂覆金属粉末（如铜粉、银粉）浆料等。其中，常用的方法是化学镀和涂覆导电胶。若采用化学镀，则在其前还应依次进行除油、粗化、敏化、活化和还原（解胶），这在塑料电镀工艺方面的文献中有较详尽的叙述。

反应沉积是将开孔泡沫结构体置于含有金属化合物气体的容器中，加热至金属化合物的分解温度，金属元素则从其化合物中分解出来，沉积到泡沫基体上形成镀金属的泡沫结构，然后烧结成开孔金属网络即得泡沫金属。如制取泡沫镍时的金属化合物可为羰基镍（nickel carbonyl），所得产品由具备均一横截面的中空镍丝构成。

本书作者早期协同某企业工艺主管人员和各工段工人一道，确定不同工艺参量，在其生产线上采用电沉积技术制备了孔棱粗细各不相同的一系列泡沫镍产品。该产品的宏观结构形貌示例于图 3.3。

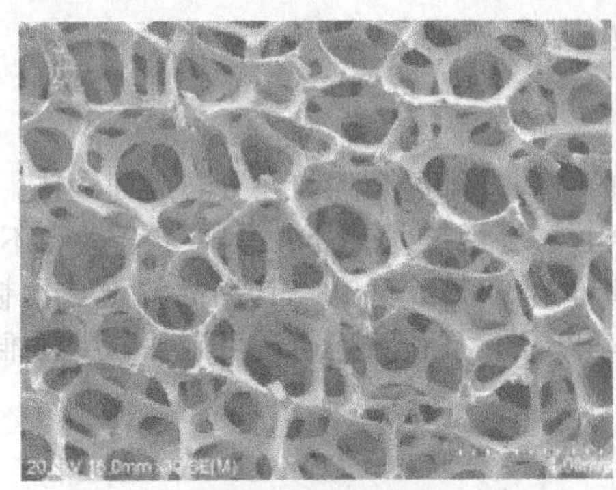

(a) 孔棱较细的产品形貌状态

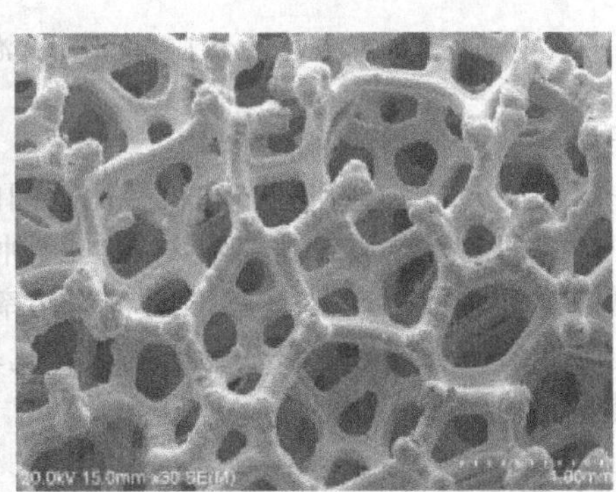

(b) 孔棱较粗的产品形貌状态

图 3.3　金属沉积法所得泡沫镍产品的宏观结构形貌示例

3.2.3 熔体发泡法

利用熔体发泡制备泡沫金属最早是通过熔体内部直接发泡的方式，该工艺一直发展沿用至今，已成为泡沫金属一种比较成熟的常用制备方法。本法获得的多孔产品是具有胞状孔隙结构的泡沫金属，其工艺原理是将释气发泡剂掺入具有一定黏度的熔融金属，发泡剂受热分解放出气体，从而引起熔体发泡，冷却后即形成胞孔泡沫金属。适合于通过本工艺制备泡沫体的材料主要有铝和铝合金，以及铅、锡、锌等低熔点金属。其工艺流程包括熔化合金锭、熔体增黏、加入发泡剂搅拌、保温发泡、冷却等过程。其中，关键技术是发泡剂的选择，应使其与合金熔点温度相匹配，另外熔体黏度控制以及均匀分散添加剂等方面都很重要。目前使用的发泡剂有 TiH_2、ZrH_2 等金属氢化物以及 $CaCO_3$、$MgCO_3$、$CaMg(CO_3)_2$ 等盐类发泡剂，还有兼具增黏作用的新型发泡剂等；增黏剂则包括金属 Ca 粉、Al 粉以及 SiC、MnO_2、Al_2O_3 颗粒等。

通常使用的金属氢化物发泡剂包括 TiH_2、ZrH_2、CaH_2、MgH_2、ErH_2 等粉状物料。其中，制备泡沫铝一般用 TiH_2、ZrH_2 或 CaH_2，制备泡沫锌和泡沫铅则常用 MgH_2 和 ErH_2。TiH_2 在加热到大约 400℃以上时即释放出氢气。发泡剂一旦接触到熔融金属，就会迅速分解，故释气粉末的均匀分布应在瞬间完成。而将 MgH_2 这样的金属氢化物粉末掺入铝熔体时可能会产生问题，如形成 Al-Mg 低熔共晶合金。由于此时体系温度低于发泡剂的发泡温度，发泡剂可与之结合而不进行分解。

在熔体发泡法制备泡沫金属时，要获得尺寸和形状都均匀的孔隙结构，就必须控制好熔体的黏度。在实际操作过程中，投放增黏剂是一种更加可行的简便措施。增黏剂可为气体、液体或固体，加入的方法有熔体氧化法、加入合金元素法和非金属粒子分散法等。在金属熔体中加入陶瓷细粉或合金化元素（如向铝熔体中加入金属钙）以形成稳定化粒子，可增加熔体的黏度。铝、镁、锌及其合金等很多金属材料均可通过这种方式进行熔体发泡，甚至铁合金也能采用类似的方法发泡（此时可用钨粉作为泡沫“稳定剂”，与发泡剂混合均匀后加入铁熔体）。选择合适的金属发泡剂是该制备方法的技术难点之一，一般要求发泡剂在金属熔点附近能迅速起泡。

3.2.4 熔体吹气发泡法

另一种通过金属熔体发泡的工艺是熔体吹气发泡法，其产品为具有胞状孔隙结构的泡沫金属。该法原理是在熔融金属底部直接吹入气体使金属熔体产生气泡，吹入的气体可以是空气、水蒸气、二氧化碳和稀有气体等。本法主要用来制备泡沫铝，后来也有研究者通过吹入水蒸气制备了 Pd-Cu-Ni-P 非晶态泡沫合金，通过吹入氦气结合粉末法与等温退火处理工艺成功制备出 Zr-Cu-Al-Ag 非晶态泡沫材料。

相对于熔体发泡法需要严控发泡温度范围和加工时间，熔体吹气法具有较简便易控的工艺操作过程。其技术关键是熔体应有合适的黏度，以及足够宽的发泡温区，所形成的泡沫应有良好的稳定性。本法可制取的孔隙尺寸范围大，制品孔率高（可达百分之九十几）。

根据这种方法，可将细分的固态稳定剂粒子与金属基体组成复合物，加热到金属基体的液相线温度以上，再向熔融金属复合物中引入气体，气泡上浮产生闭孔，然后冷却到金属的固相线温度以下即得到含有大量闭孔的泡沫金属。适合于作为稳定剂的材料有氧化铝、钛、氧化锆、碳化硅、氮化硅等，可吹泡的金属如铝、钢、锌、铅、镍、镁、铜和它们的合金等。应选择合适的稳定剂颗粒尺寸大小和用量比例以达到良好的气泡稳定效果，泡沫体的孔隙尺寸则可通过气体流速的调节来控制。

在该工艺过程中，工序的第一步即是制备含有增黏物质颗粒的金属熔体，工序的第二步是利用旋转式推进器或振动式喷嘴等方式向液态金属基复合材料熔体中注入气体（空气、氮气、氩气）使其起泡。

3.2.5 熔模铸造法

在可去除的多孔结构预制型中浇入熔融金属，冷却凝固后除去模材料（如通过压水等方式），即得到与预制型多孔结构相对应的泡沫金属材料。预制型的制备是将耐火材料浆料充入可去除的通孔结构（如三维网状泡沫塑料）中，风干、硬化后去除原通孔结构材料（如通过焙烧使泡沫海绵产生热分解而得以去除），从而形成与原通孔结构一致的预制型。这种方法可获得高孔率的泡沫金属制品，原理上采用合适的预制体材料适合于任何可铸合金。

例如，首先将通孔泡沫塑料（如聚氨酯泡沫）填入具有一定几何形状的容器中，然后充入具有足够耐火性能的材料的浆料（如莫来石、酚醛树脂和碳酸钙的混合物，也可简单地采用石膏或 NaCl 等液态盐类），风干、硬化后焙烧使泡沫海绵产生热分解而得以去除，形成复现原泡沫塑料三维网状结构的预制型。再在这种预制型的开口空腔中浇入熔融金属，冷却凝固后通过压水等方式除去模材料，最后即可获得再现原聚合物海绵结构的泡沫金属材料。如果空隙过于狭窄而不能以简单的重力铸造方式充入液态金属，则需采用加压和模具加热等措施。

可用本法制备多孔体的金属应具有较低的熔点，如铝、铜、镁、铅、锡、锌以及它们的合金。本法的困难是难于实现细微之处的完整充入，难于在对细微结构不造成太多损害的前提下去除模材料。

3.2.6 渗流铸造法

在装有可去除的耐高温颗粒的铸模中渗入金属熔体，冷却后除去颗粒即可得到类似三维网状的通孔泡沫金属。在本工艺过程中，金属熔体的表面张力可造成渗流困难，为此发展了压力渗流法和真空渗流法等工艺形式。

根据本法，首先将无机颗粒甚至有机颗粒或低密度的中空球直接堆积置于铸模内，或制成多孔预制块后再放入铸模中，然后在这些堆积体或预制体的空隙中渗入金属熔体进行铸造，除去预制型即得到多孔金属材料。为加快熔体的渗流，还可借助于加压或负压的方式。预制型颗粒的去除方式有利用合适溶剂的溶解滤除法和热处理法。耐热的可溶性无机盐颗粒适合于作为这种预制型，如常用的 NaCl 粒子即既有一定的耐火度，同时又能被水溶解而得以去除。

由此法可制备多种泡沫金属，包括铝、镁、锌、铅、锡和铸铁等，所得多孔材料均为海绵态。由于液态金属的表面张力作用，阻碍了金属熔体向预制型颗粒间隙的快速流入，并可能会造成颗粒的浸润问题，使得颗粒间的空隙不能被完全充满。为了克服此类现象，可在颗粒之间制造一定的真空状态以产生负压，或采取对熔体施加外部压力的措施。此外，为了避免熔体过早凝固，可对预制型块料进行预热或采用过热熔体。

渗流铸造法的熔体加压方式有固体压头加压法、气体加压法、差压法和真空吸铸法等。其中，差压法和真空吸铸法所得泡沫金属的质量较高，因为此时金属液的渗流距离较长，结晶出的金属骨架较致密，故产品的力学性能较高。

本书作者实验室借助于渗流铸造工艺的方法思路，首先研制出一种钛合金空心球，将空心球颗粒堆积后在堆积体的缝隙中渗入钛合金熔体，从而得到了一种胞状球孔结构的多孔钛制品，其结构形貌示例于图 3.4。

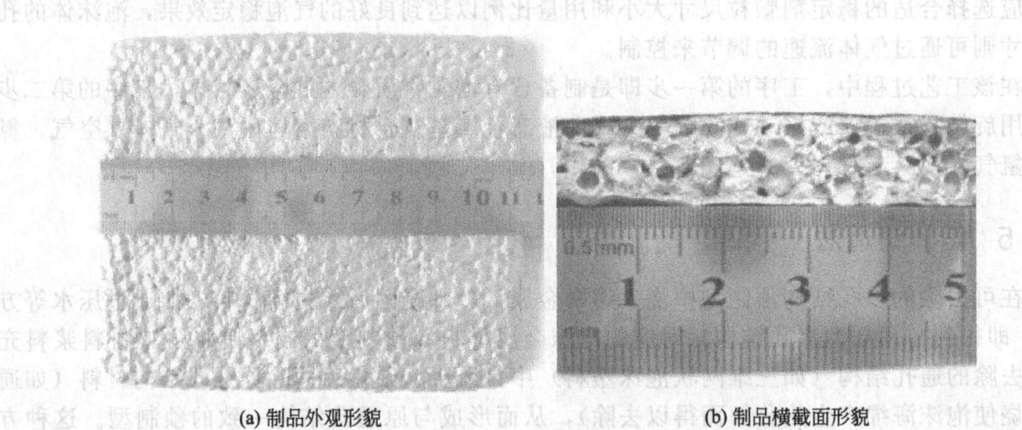

(a) 制品外观形貌　　(b) 制品横截面形貌

图 3.4 一种胞状球孔结构的多孔钛制品形貌示例

3.2.7 粉体熔化发泡法

本工艺类似于固态烧结工艺中的金属粉末烧结法，不同之处在于本法的加热温度高于金属的熔点（即液相烧结），而固态工艺则是在金属熔点以下进行（即固相烧结）。在本法的工艺过程中，首先是将金属粉末（单元金属粉末、合金粉末或金属粉末混合体）与粒状发泡剂混合，并进行密实化以形成几乎致密的可发泡半成品，然后将密实体加热到对应合金的熔点以上（接近熔点），同时发泡剂产生分解并释放出气体，使密实体发生膨胀而形成高度多孔的泡沫材料。产品一般为闭孔结构的泡沫体，孔率主要取决于发泡剂含量、热处理温度和加热速率等几个关键工艺参数。金属粉末与发泡剂的混合可采用转筒混合器等常规方式，故可实现气体释放物质在粉末混合物中的均匀分布。致密化技术有直接粉末挤压、轴向热压、粉末轧压或热等静压等，可根据所需形状进行选择：挤压方法较经济，薄片通常用轧压。半成品中的发泡剂颗粒必须埋置在气密性金属基体内，否则释出的气体会在膨胀开始之前即经由相互连通的孔隙而逃逸，从而对孔隙的产生和长大不再具有作用。还可通过在合适形状的中空模具中填充可发泡材料，将模具和可发泡材料两者均加热到所需温度，从而制造出形状相当复杂的部件。

本法除常用于制备铝和铝合金外，锡、锌、黄铜、铅、金以及其他一些金属和合金也可通过选择合适的发泡剂和工艺参数进行发泡。但最常用本法来发泡的还是纯铝或精铸合金，如 2×××或 6×××系列的合金。因为像 AlSi7Mg（A356）和 AlSi12 等铸造合金的熔点低，故它们也常由此法发泡。

本书作者实验室采用改进的粉体熔化发泡工艺，制备了一种高孔率的胞状球孔泡沫钛合金制品，其宏观结构形貌示例于图 3.5。根据产品孔率的设定，在钛合金粉末中加入一定量的自制球形发泡剂、自制无毒黏结剂以及适量的所需添加剂。混合均匀，在模具中加压制作预制型，烘干。将预制型（连同模具）放入非氧化环境中，快速加热到设定温度，保温一定时间后迅速冷却，发泡剂在该过程中产生热分解并释放气体而形成球形胞状孔隙，炉冷至室温取样，得到高度多孔的泡沫钛合金制品。

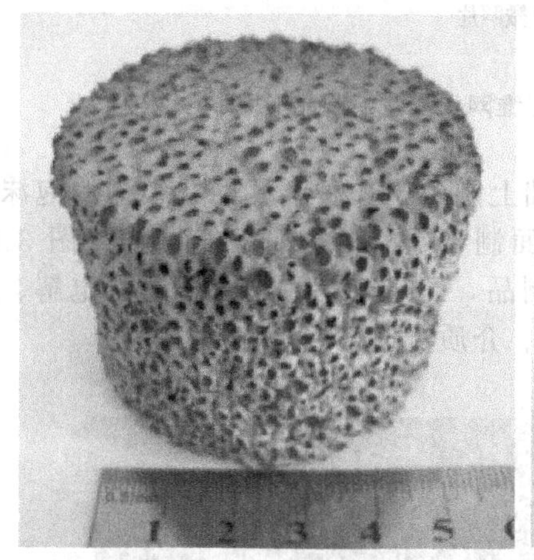

(a) 圆柱形泡沫钛制品自然表面状态

(b) 圆柱形泡沫钛制品磨去表层状态

图 3.5　改进粉体熔化发泡法所得泡沫金属制品的宏观结构形貌示例

3.2.8　有机泡沫浸浆法（泡沫塑料挂浆法）

泡沫塑料挂浆法即有机海绵浸浆烧结法。先将通孔的海绵状有机材料即三维网状泡沫塑料切割成所需形状，浸泡含有所需金属粉末的浆料（浆料载体可为水或有机溶剂），挤出多余的浆料后干燥以除去其中的溶剂，然后将坯体进行热处理，去除有机基体并烧结留下的金属网络，冷却后即得到孔隙连通的泡沫状多孔金属体。利用这种通孔泡沫塑料浸浆干燥烧结工艺（挂浆工艺），可以方便地获得与熔模铸造法类似的泡沫金属产品结构，图 3.6 为本书作者通过这种方式制出的泡沫铁。

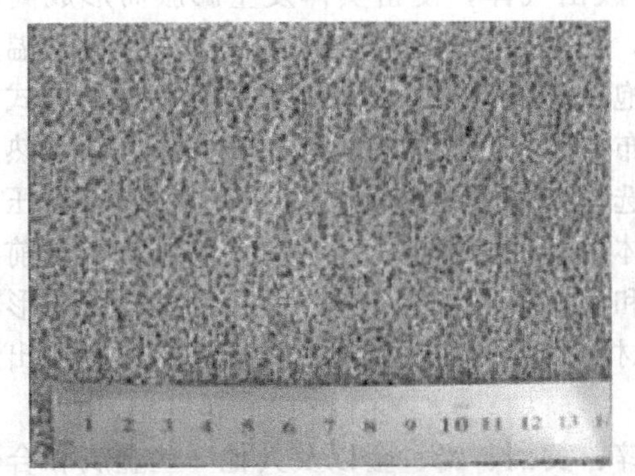

(a) 块体表面光学照片

(b) 切样整体图像光学照片

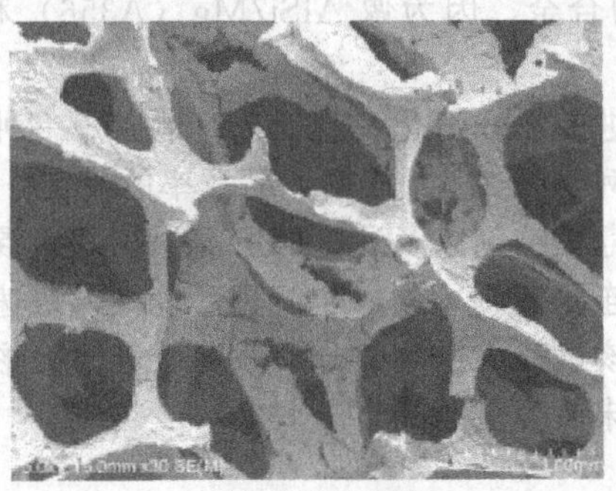

(c) 孔隙形貌显微照片

图 3.6　泡沫塑料挂浆法所得三维网状泡沫铁制品形貌

本书作者实验室还在改进该工艺方法的基础上制备了一种开孔网状结构的泡沫钛制品（图 3.7），并通过水热法在所得泡沫钛孔隙表面制备了 TiO_2 纳米线结构（图 3.8）。该 TiO_2 纳米线负载于泡沫钛孔隙表面的复合结构制品，可用于污水中有机物的电解、光电能量转换以及一些催化场合，具有表面作用面积大、介质流通性好等优点。

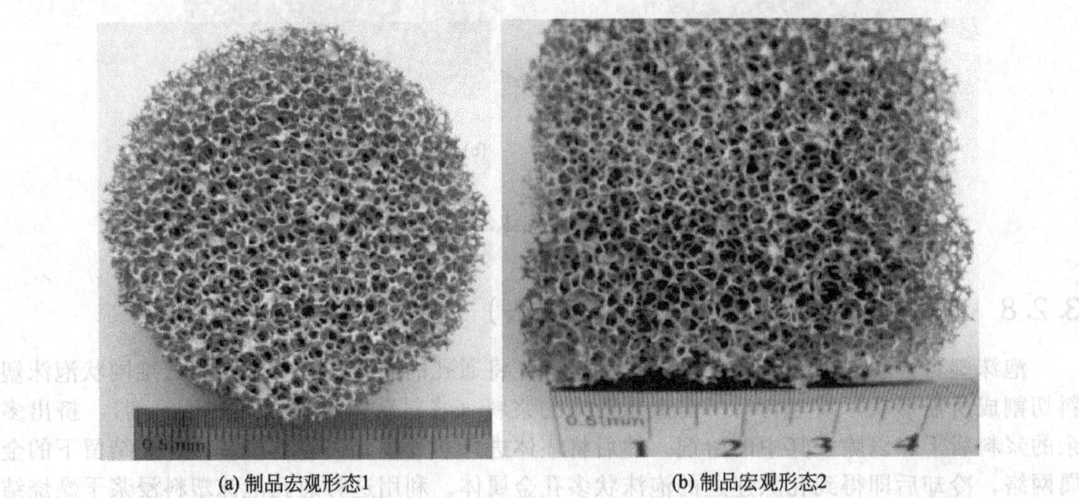

(a) 制品宏观形态1

(b) 制品宏观形态2

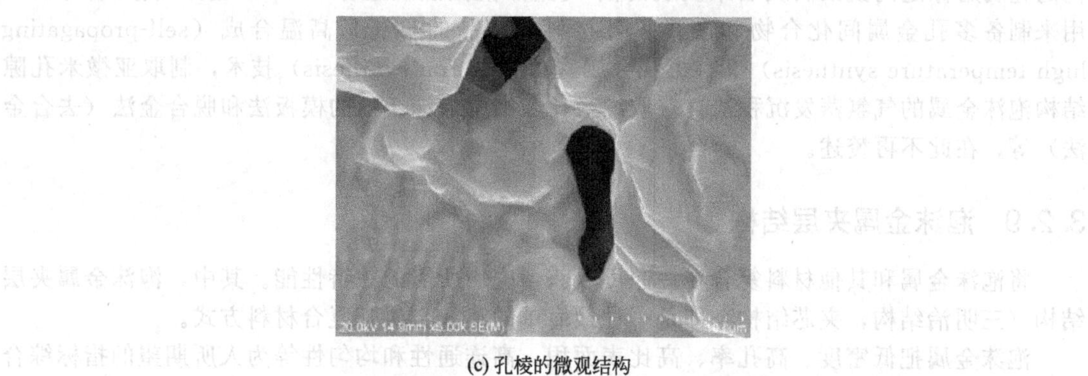

(c) 孔棱的微观结构

图 3.7 改进的有机泡沫浸浆工艺所得网孔泡沫钛制品形貌示例

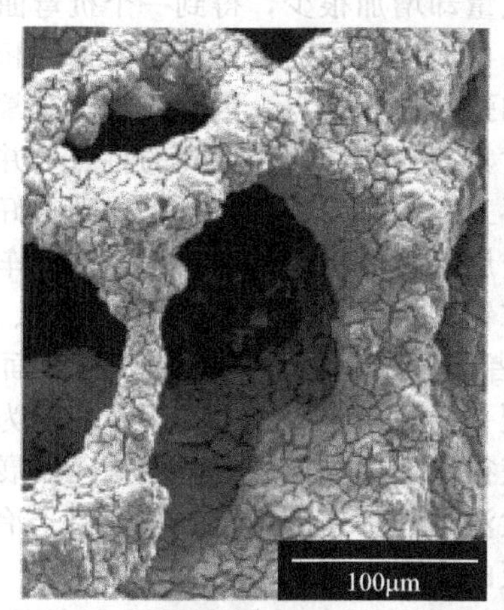

(a) 多孔系统宏观形貌

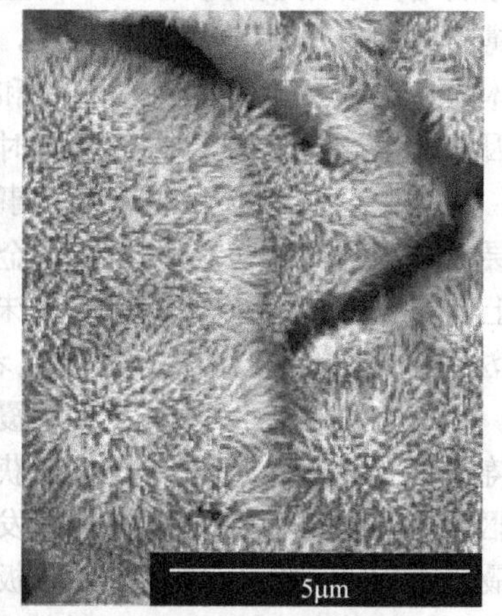

(b) 二氧化钛纳米线分布状态

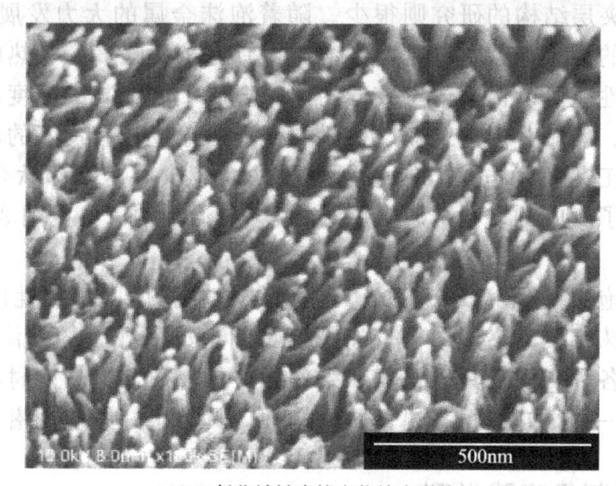

(c) 二氧化钛纳米线高倍放大形貌

图 3.8 泡沫钛表面生长的二氧化钛纳米线阵列

此外，还有专门用以制备特殊孔隙结构的工艺技术，如：获得定向孔隙分布多孔金属结构的金属熔体定向凝固法及后来发展的固-气共晶凝固法（通称 GASAR 法，俄文缩写词），用来制备多孔金属间化合物和多孔复合材料等产品的自蔓延高温合成（self-propagating high temperature synthesis）又称燃烧合成（combustion synthesis）技术，制取亚微米孔隙结构泡沫金属的气氛蒸发沉积法，获取纳米孔隙结构泡沫金属的模板法和脱合金法（去合金法）等，在此不再赘述。

3.2.9 泡沫金属夹层结构

将泡沫金属和其他材料复合在一起可以获得应用所需的独特性能。其中，泡沫金属夹层结构（三明治结构，夹芯结构）即是一种最简单的泡沫金属基复合材料方式。

泡沫金属把低密度、高孔率、高比表面积、高连通性和均匀性等为人所期望的指标综合在一起，但其特性也决定其强度性能会受到限制。泡沫金属作为结构材料通常要与致密壳层组成复合体使用，这样才能实现在一定载荷条件下的最佳力学性能。以泡沫金属为芯体做成夹合结构（三明治结构），则可在充分发挥泡沫材料自身优势的同时解决其强度低的问题。芯体对外壳的分隔增大了镶板的惯性矩，而重量却增加很少，得到一个抗弯曲和屈曲载荷的有效结构；金属面板则由于其良好的延展性，可通过结构的变形吸收能量。相对于泡沫金属来说，其多孔体的夹层镶板更是具有高刚度和强韧性等特点，因此该结构非常适用于减轻构件重量为关键因素的场合。这种结构不但同时具有轻质和比刚度高的特点，并且减振性能良好，在船舶业、汽车业、航空航天业以及军事工程等许多领域都可以得到很好的应用。

泡沫铝夹层板是以泡沫铝为芯体、致密金属板为面板的层合结构，在汽车面板、电梯面板等轻量结构上有很好的应用前景。制备泡沫铝夹层结构的方法包括胶黏法、焊接法、发泡法、轧制-包覆法和粉末复合轧制法等。研究者们开始是将泡沫铝芯体的表面加工平整后与金属面板粘接、利用热喷涂在发泡体表面涂覆一层致密金属体以及用金属作为压力铸造的核心并通过压力铸造得到泡沫金属芯等方式来获得泡沫铝夹层结构，后来还发展了将金属面板与可发泡的前驱体轧制复合后对复合体进行发泡处理等新的工艺方法。由于冶金结合的效果好，应用性能最佳，因此对冶金结合的夹芯板的研究实际上很有意义。

在泡沫金属夹层结构的研制方面，尽管对于以泡沫铝为芯材的夹层结构已有一定的工作，但非铝泡沫芯材夹层结构的研究则很少。随着泡沫金属的大力发展，泡沫铁/泡沫不锈钢也引起了研究人员的注意，这主要是由于泡沫铁具有抗压强度高、热膨胀系数低、热稳定性好等特点，其一些性能可以优于熔点较低的泡沫金属，如更高的强度、吸能缓冲性和耐高温性，因而在汽车业、船舶业、建筑业、桥梁及交通运输业具有良好的应用前景。本书作者采用具有自身特色的工艺技术方法，制备了泡沫铁、泡沫不锈钢和钛合金空心球及其烧结体，以此为芯体获得了对应的多孔金属夹层结构/三明治结构（参见图 3.9～图 3.12），面板和芯体为冶金结合。

在结构用途中，泡沫铁/泡沫不锈钢及其夹层结构在强度、焊接性以及耐高温性能等方面都可以对应优于泡沫铝及其夹层结构。如果能够制备成高孔率的泡沫铁/泡沫不锈钢及其夹层结构，则可用于各种交通工具、机器和结构元件的轻质、高功能材料。钛合金空心球烧结体的夹层结构则是一种很好的耐高温轻质结构件，具有很好的应用潜力。

3.2.10 泡沫金属制备实践举例

下面我们比较具体和详细地介绍一个泡沫金属制备过程的实例。本书作者以聚氨酯泡沫塑料为基体，采用电沉积法制备了适合于多孔电极的泡沫镍。以碳基导电胶进行导电化处理，以普通镀镍工艺进行镀镍处理，电镀后形成结晶细致的镀镍层（图 3.13）。

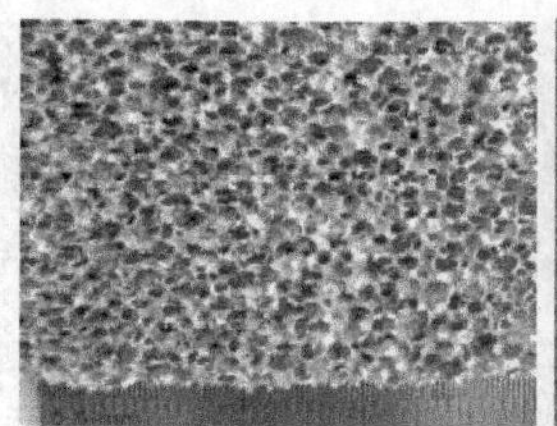

(a) 金属铁泡沫体

(b) 泡沫铁夹层结构的曲面样品

(c) 泡沫铁夹层结构的平板样品

图 3.9 泡沫铁及其与 304 不锈钢面板的夹层结构示例

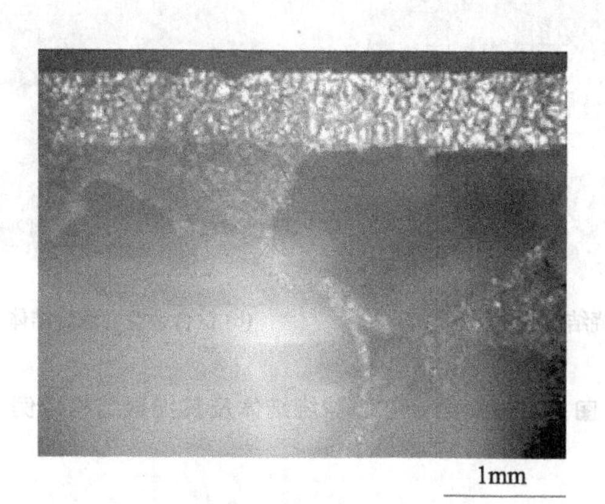

(a) 切割边缘局部光学照片

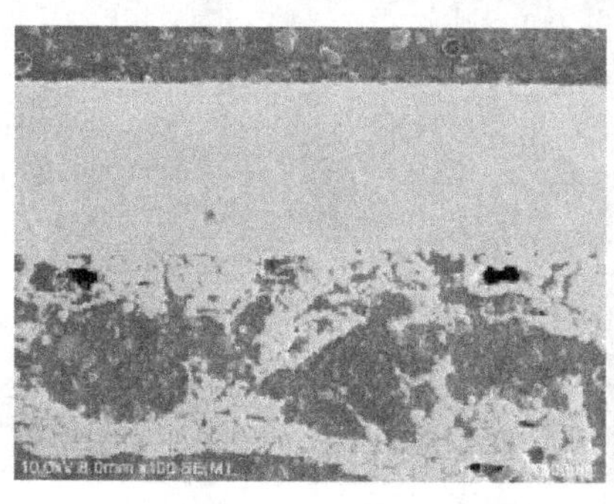

(b) 树脂镶样截面金相SEM低倍图像

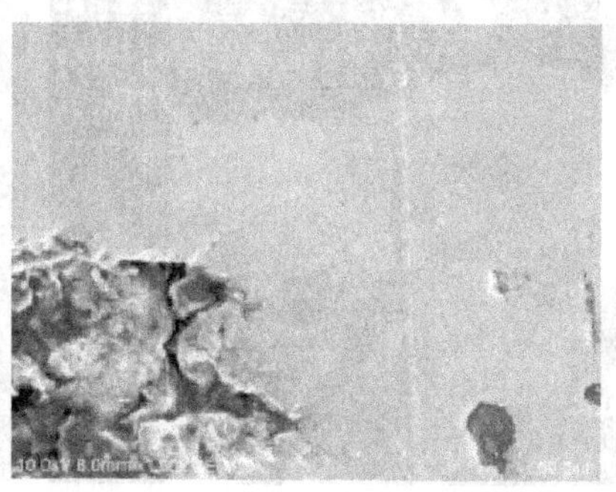

(c) 对应(b)截面金相SEM高倍图像

图 3.10 泡沫铁中间夹层结构/芯结合界面的截面形貌示例

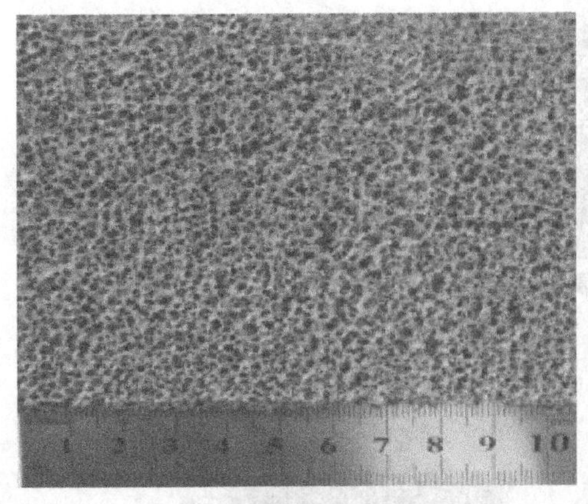

(a) 304不锈钢泡沫体

(b) 304不锈钢泡沫体与304不锈钢面板夹层结构

图 3. 11　泡沫不锈钢及其夹层结构示例

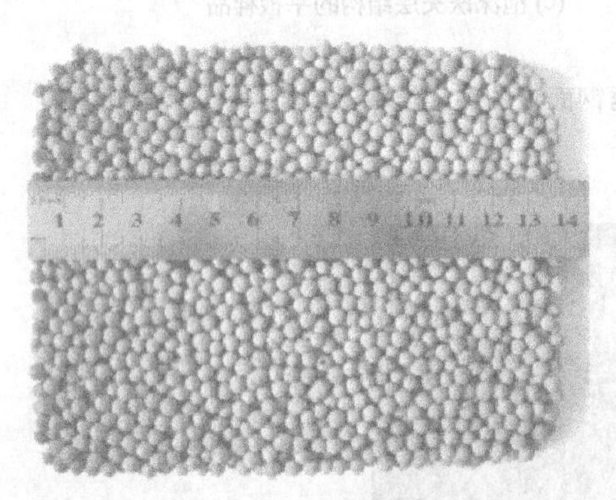

(a) 钛合金空心球烧结体板块

(b) 钛合金空心球烧结体与钛合金面板夹层结构

图 3. 12　钛合金空心球烧结体及其夹层结构示例

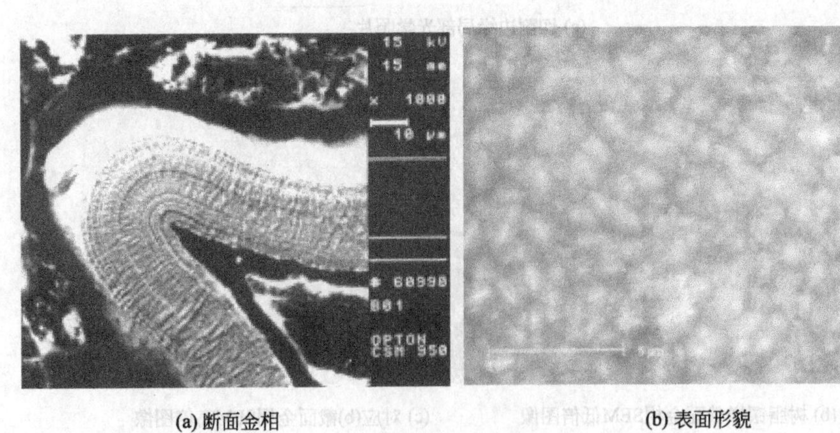

(a) 断面金相

(b) 表面形貌

图 3. 13　电镀镍层示例

在去除有机物并烧结热处理的过程中，采用“有机基体烧除＋金属多孔体还原烧结”两步法时，600℃电热空气炉预烧 4min 后镍层表面留下薄层 NiO 氧化膜［图 3.14(a)］。由于 NiO 是金属不足的负型半导体氧化物，属于 Ni 向外扩散生长机制，故形成比原镀层［图 3.14(a)］更粗糙的表面［图 3.14(b)］。烧除有机基体后，在 850～980℃氨分解的还原性气氛中进行烧结，镍层表面氧化物（NiO）被还原为金属镍。经 40min 的热处理，晶粒尺寸增大并致密化，形成外表面平整且无氧化物残留的泡沫镍产品（图 3.15）。

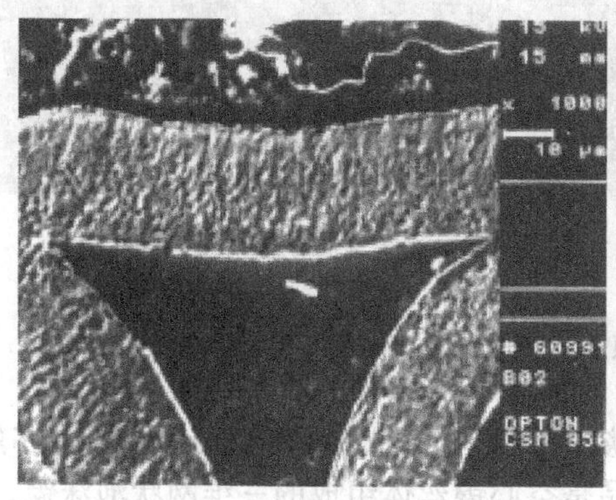

(a) 断面金相

(b) 表面形貌

图 3.14　经 600℃空气预烧 4min 后的镍层示例

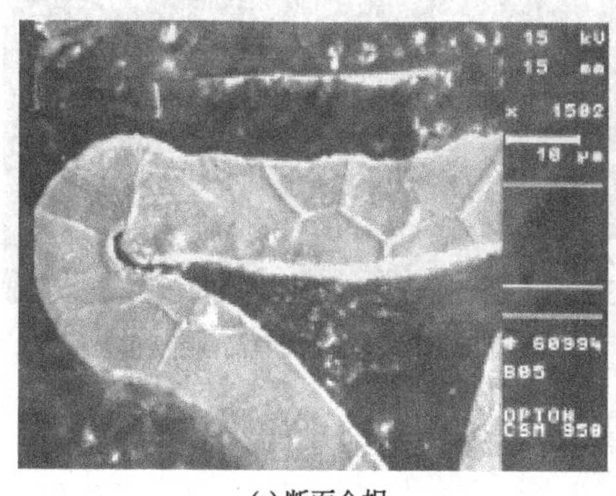

(a) 断面金相

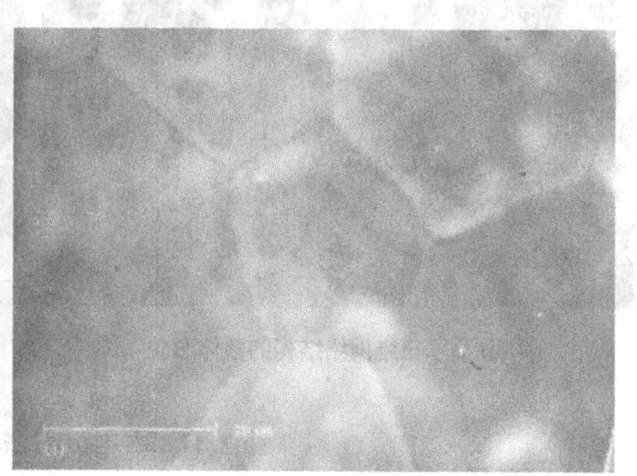
(b) 表面形貌

图 3.15　经空气预烧再还原烧结后形成的镍层示例

采用“电镀后直接烧结热解”一步法时，没有上述两步法中的 NiO 形成和还原过程，但存在有机物的热分解（生成 CH_4、H_2O 等气态产物）和碳层的还原（生成 CH_4、C_2H_6 等气态产物），其余与两步法中的烧结过程相同。最后所得镍层组织结构和形态与上述两步法工艺所得相似（图 3.16）。

经上述两种途径最终所得产品宏观上均为三维网状的泡沫体［图 3.17(a)］，其截面形态是大量空心三角形组合［图 3.17(b)］。其中，空心是由有机基体分解而形成的。

可见，采用有机多孔体电沉积工艺制备泡沫镍，电镀后的镍层是具有明显缺陷的细晶组织，600℃空气预烧 4min 后表面生成薄层 NiO 氧化膜，内部细晶组织不变。电镀后不管是否经空气预烧的过程，在 980℃的氨分解气氛烧结 40min，晶粒均显著长大、组织结构趋于稳

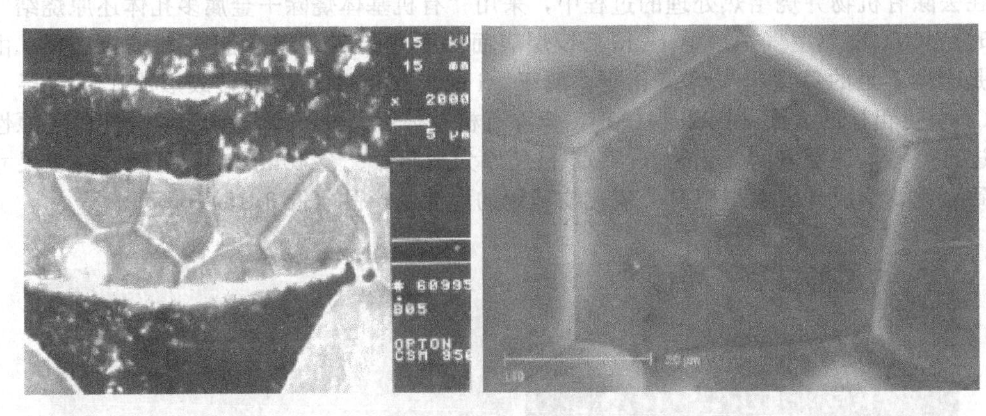

(a) 断面金相　　　　(b) 表面形貌

图 3.16　电镀后直接还原烧结形成的镍层示例

定，最后得到粗晶粒致密、表面平整的镍层。将烧结温度降至 850℃，产品组织结构亦然，说明 850℃经历 40min 烧结也已充分。最后所得产品是空心镍丝体组成的三维网状泡沫镍。

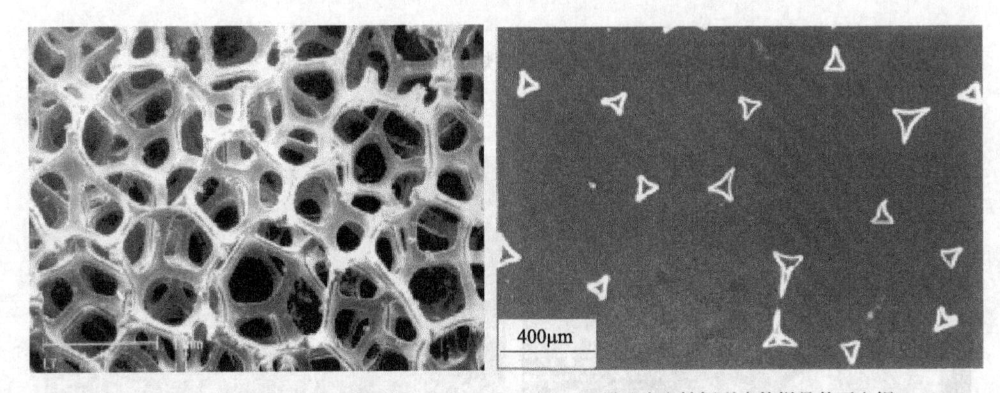

(a) 显示三维网络结构的整体形貌　　　　(b) 显示中空棱杆形态的样品截面金相

图 3.17　由电沉积法制得的泡沫镍示例

3.3 泡沫陶瓷制备

泡沫陶瓷的突出优点是热导率低、硬度高、耐磨损、耐高温、抗腐蚀等，其应用主要涉及环保、能源、化工、生物等多个领域。制备泡沫陶瓷的方法包括颗粒堆积烧结法、添加造孔剂法、发泡法、有机泡沫浸渍法等应用较早、工艺较成熟、使用较多且比较成功的主要制备技术，后来又发展了冷冻干燥、木质陶瓷化、自蔓延高温合成等新的工艺方法。多孔制品的结构和性能受其制备工艺所控制：如发泡工艺制得的多为闭孔结构，其隔热性能良好；有机泡沫浸浆工艺制得的则是完全连通的开孔结构，其孔率高、孔径大，最适于熔融金属的过滤。

3.3.1 颗粒堆积烧结法

本工艺是利用骨料颗粒的堆积烧结而连接形成泡沫陶瓷，骨料颗粒间的连接可以通过添加与其组分相同的细微颗粒，利用其易于烧结的特点而在一定温度下将大颗粒连接起来；也可以使用一些高温下能与骨料间发生固相反应而将颗粒连接起来的添加剂，或是一些在烧结过程中可形成膨胀系数与化学组分都与骨料相匹配，并且能在高温下形成与骨料相浸润的液相的添加剂。如用粗氧化铝颗粒和超细氧化硅颗粒混合，烧成过程中 Al_2O_3 与 SiO_2 部分反应生成莫来石而将氧化铝颗粒连接起来，从而制得多孔氧化铝泡沫陶瓷。

本法利用陶瓷颗粒自身具有的烧结性能将陶瓷颗粒堆积体烧结在一起而形成泡沫陶瓷。每一个骨料颗粒仅在几个点上与其他颗粒发生连接，因而可形成大量的三维贯通孔道结构。一般而言，形成的泡沫陶瓷平均孔径随骨料颗粒增大而增大，孔隙分布的均匀度则随骨料颗粒尺寸范围的减小而提高。低密度的细磨陶瓷粉末素烧坯体通过低温短时间的焙烧或反应烧结，也可获得均匀分布的固态烧结孔隙。此工艺可以通过调整颗粒级配而控制孔隙结构，制品孔率一般为20%～30%左右；如果同时加入炭粉、木屑、淀粉等成孔剂使其高温下燃烧、挥发，可将产品孔率提高到75%左右。

3.3.2 添加造孔剂法

（1）粉末添加造孔剂

本工艺在泡沫陶瓷制备中具有广泛的应用，它是通过在陶瓷配料中添加挥发性或可燃性造孔剂，利用这些造孔剂在高温下挥发或燃尽而在陶瓷体中留下孔隙。由此法可制得形状复杂、孔隙结构各异的多孔制品。其工艺类似于普通陶瓷工艺，关键是选择造孔剂的种类和用量。陶瓷粉料与备选的有机粉料（如萘粉、石蜡、面粉、淀粉等）、炭粉、木屑、纤维等混合、压制，然后烧结制得泡沫陶瓷，其孔隙体积的含量、尺寸和分布等取决于这些易消失相的数量和尺寸，且开口气孔率随造孔剂用量的增大而提高。当造孔剂达到一定含量时，开孔率即与总孔率十分接近。其中的淀粉还可同时作为黏结剂和造孔剂。另外，也可由陶瓷粉料与难熔而易溶的无机盐混合成型，烧结后通过溶剂浸蚀而得到泡沫陶瓷制品。一般而言，提高烧结温度和延长保温时间会降低孔率，从而使密度增大，由此提高了孔壁强度和整体强度。

本书作者实验室采用混合型陶瓷粉末添加造孔剂的工艺形式，通过改进的成型方式，成功制备了多孔复合氧化物陶瓷颗粒（图3.18）和块体（图3.19），产品具有优良的吸附性能和吸声性能。

(a) 大颗粒制品

(b) 中颗粒制品

图 3.18

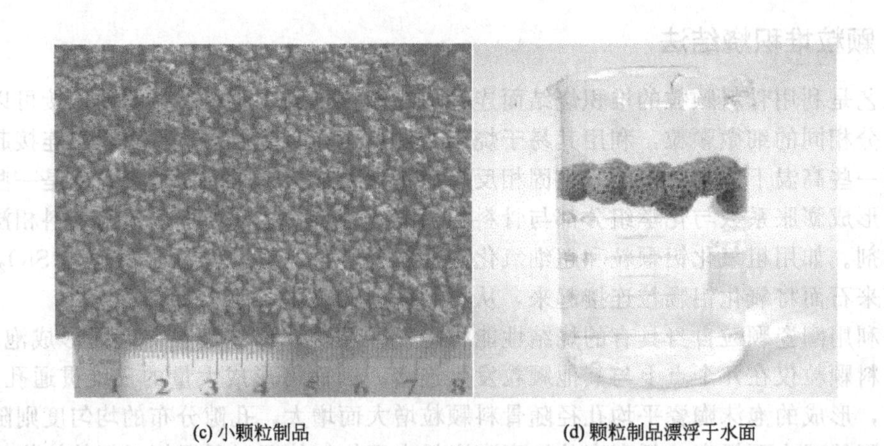

(c) 小颗粒制品　　(d) 颗粒制品漂浮于水面

图 3.18　由粉末添加造孔剂工艺所得多孔复合氧化物陶瓷颗粒示例

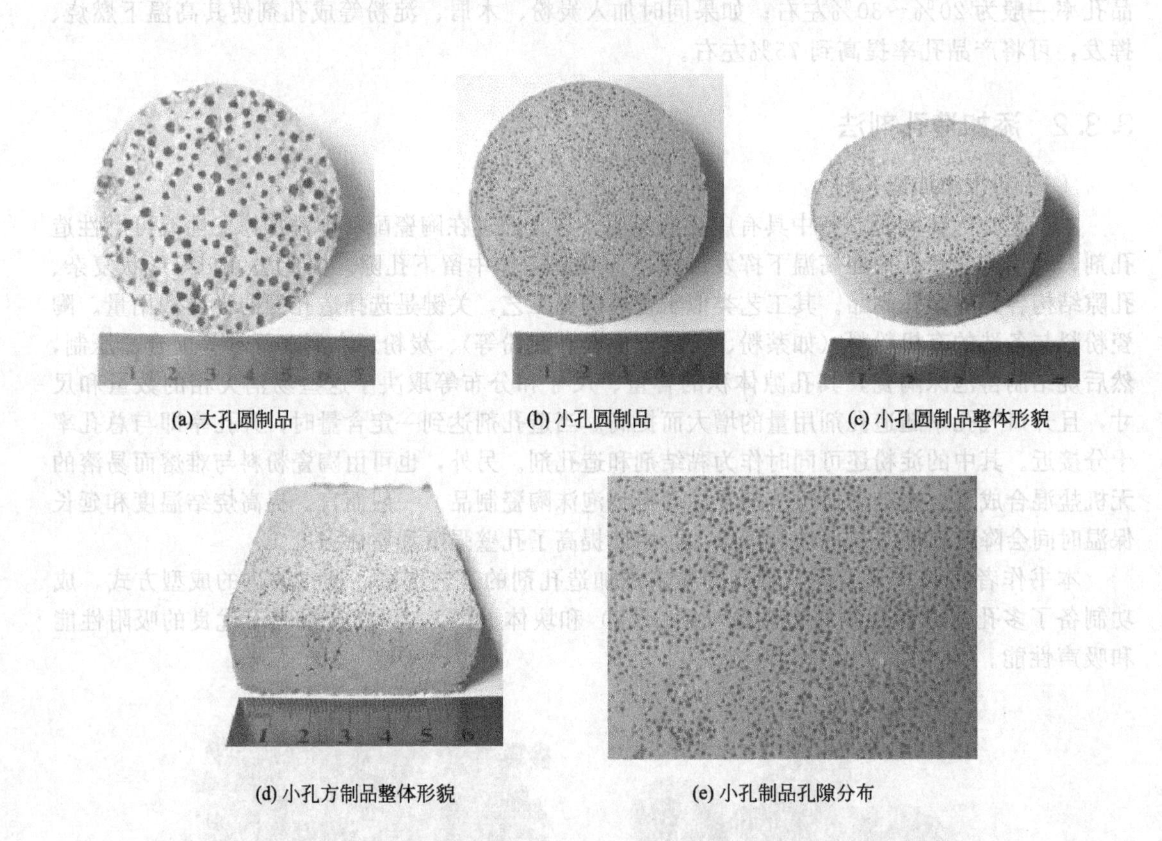

(a) 大孔圆制品　　(b) 小孔圆制品　　(c) 小孔圆制品整体形貌

(d) 小孔方制品整体形貌　　(e) 小孔制品孔隙分布

图 3.19　由粉末添加造孔剂工艺所得多孔复合氧化物陶瓷块体示例

（2）浆料添加造孔剂

本法是在陶瓷浆料（又称“料浆”，系一种悬浮液）的制备过程中加入可燃性或挥发性造孔剂，如混入某些有机物或炭粉等（组成分散系），这些造孔剂在浆料固化后的烧结过程中被烧除或挥发掉，从而在陶瓷体中留下大量的孔隙，得到孔隙结构与造孔剂形状和尺寸对应（但有所变化）的泡沫陶瓷材料。如以莫来石、铁粉为原料，硅酸乙酯水解为黏结剂，同时作为造孔剂，通过注浆成型，在氧化气氛中烧结，可制得莫来石基透气性多孔材料。

后来又开展了以淀粉为造孔剂的环境友好型制备工艺研究。首先配制出陶瓷粉末和淀粉的分散性水质浆料，然后倒入无渗透的模具中，加热至50～70℃。在该温度下发生淀粉颗粒与水之间的反应，从而造成颗粒的膨胀，并从浆料中吸收水分。这两种作用都可使液态浆料无逆转变成复制模具形状的刚硬体。卸模、干燥后，通过焙烧除去淀粉并使坯体得到烧结。淀粉烧去后留下的孔隙结构保持了原来淀粉颗粒的尺寸及其分布，因此由加入初始浆料的淀粉颗粒尺寸和数量可控制产品最后的孔径和孔率。淀粉固结工艺具有易操作、孔率可控、原料成本低廉等优点，因此成为制造泡沫陶瓷的诱人方法。稻米粉、玉米粉、土豆粉以及它们的混合物，均可用于这种固结剂和造孔剂。获得的泡沫陶瓷孔隙尺寸与淀粉颗粒尺寸的关系十分明显。孔率与淀粉的体积分数有关，也与固结过程中的膨胀量有关，另外还受到孔隙可在烧结时消除的细微淀粉颗粒浓度的影响。

本书作者实验室采用此种添加造孔剂工艺，制备了一种均匀胞状球孔结构的复合氧化物泡沫陶瓷制品，其宏观结构形貌示例于图3.20。该制品质地坚硬、结构强度高：可以轻易切割钢板的水切割，不能切动本制品。

3.3.3 有机泡沫浸浆法

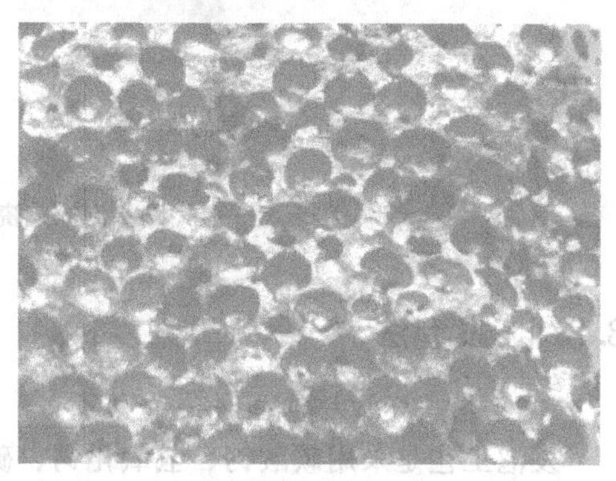

图3.20 添加造孔剂工艺所得泡沫陶瓷制品宏观结构形貌示例（视场宽度30mm）

有机泡沫浸浆工艺（泡沫塑料浸浆工艺）目前已成为制备泡沫陶瓷应用最广泛的技术（之一）。这种工艺方法在制备开孔三维网状结构的泡沫陶瓷制品时最为常用，是制备高孔率（70%～95%）泡沫陶瓷的有效工艺。它首先由配制好的陶瓷浆料浸渍有机泡沫，然后烧除有机物并烧结陶瓷体即得泡沫陶瓷产品。也可利用溶胶-凝胶或胶体溶液代替陶瓷浆料来浸涂有机泡沫。

本工艺的独特之处在于其借助有机泡沫体的开孔三维网状骨架结构，所得多孔制品的孔隙结构与所用有机泡沫前驱体近乎相同，制品孔隙尺寸主要取决于有机泡沫体的孔隙尺寸，同时也与浆料在有机多孔基体上的涂覆厚度以及浆料的干燥、烧结收缩有关。一般而言，制得的泡沫陶瓷孔隙尺寸会略小于原有机泡沫体的孔隙尺寸。

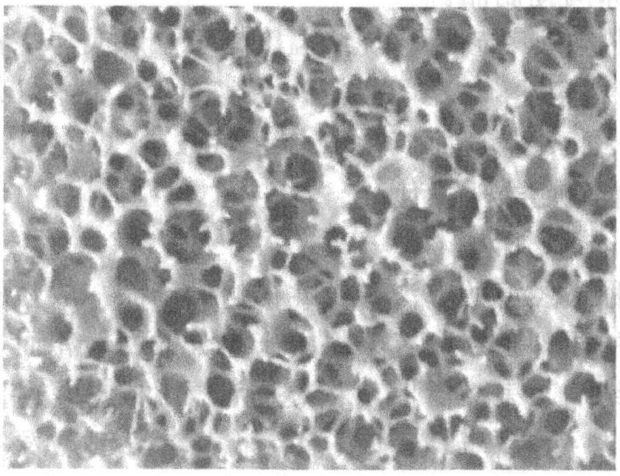

图3.21 有机泡沫浸浆工艺所得泡沫陶瓷制品宏观结构形貌示例（视场宽度30mm）

在有机泡沫浸浆法中，还可采用反复喷涂浆料再干燥、纤维增强浆料等方式，来改善制品的结构和性能。本工艺是制备泡沫陶瓷的理想方法。增加挂浆量、渗硅和改进烧结工艺都可以提高泡沫陶瓷制品的强度。目前提高挂浆量的常用手段是在陶瓷料浆中加入黏结剂、流变剂、分散剂等添加剂以及浆料表面活性剂等，从而增大有机泡沫对料浆的黏附作用；也可由表面活化剂来活化有机泡沫表面，以降低其表面能，从而增加有机泡沫对料浆的黏附量；还可通过在泡沫陶瓷中渗入其他物质来填补有机泡沫孔棱（孔筋）在高温烧结挥发后留下的孔洞。改进泡沫陶瓷性能的方法包括二次挂浆、渗硅处理、第二相增韧以及烧结工艺改进等措施。

本书作者实验室采用该有机泡沫浸浆工艺，制备了一种开孔网状结构的复合氧化物泡沫陶瓷制品，其宏观结构形貌示例于图3.21。通过在该网状制品块体表面负载普鲁士蓝类似物（图3.22），可用于重金属离子吸附。

(a) 未负载的块体　　(b) 经负载的块体

图3.22　网状泡沫陶瓷制品表面负载普鲁士蓝类似物

3.3.4　发泡法

（1）粉末坯体发泡法

发泡工艺是采用碳酸钙、氢氧化钙、硫酸铝和过氧化氢等作发泡剂的一种泡沫陶瓷制备技术。首先将经过预处理的原料颗粒置于模具内，在氧化气氛和压力作用条件下加热（约为900～1000℃）使颗粒相互黏结，里面的发泡剂则释气发泡而使材料充满模腔，冷却后即得泡沫陶瓷。传统上通过碳酸钙与陶瓷粉末的混合并形成适合形状的预制块，在烧制过程中碳酸盐由煅烧而放出一氧化碳/二氧化碳气体，并在陶瓷体中留下对应于发泡剂颗粒的孔隙结构。这类多孔产品已有多年的工业应用，经济的制造方法是将陶瓷粉末与樟脑和增塑剂等混合后挤压成管、棒、块等各种形状，最后烧成泡沫陶瓷制品。

泡沫玻璃材料的发泡机理则是由于发泡剂在加热到基础原料烧结温度时可分解或与基料成分反应而产生大量气体，这些气体被软化的基料包裹，冷却后即形成稳定的泡沫体。其中，碳元素发泡剂是由其还原基料中某一组分（如 SO_3）而产生气体，碳酸盐（$CaCO_3$、$MgCO_3$）发泡剂则是在高温下分解放出 CO_2 气体而使材料发泡。

（2）浆料发泡法

利用陶瓷浆料进行发泡来制备泡沫陶瓷是一种最经济的方法。由此得出的产品一般为胞状的闭合孔隙结构，通常都有较高的强度。本法的原理是在陶瓷浆料中产生分散的气相而发泡。其中，浆料一般由陶瓷粉料、水、聚合物黏结剂、表面活性剂和凝胶剂等组成。浆料中泡沫的产生方式有通过机械发泡、注气发泡、放热反应释放气体发泡、低熔点溶剂蒸发发泡、发泡剂分解发泡等。其中，用于发泡剂的化学物质主要有碳化钙、氢氧化钙、硫酸铝、过氧化氢、铝粉等，也可用硫化物和硫酸盐混合发泡剂等，还可由亲水性聚氨酯塑料和陶瓷浆料同时发泡制作泡沫陶瓷。在发泡过程中，有些气泡可能收缩和消失，有些则可以长大。包围气泡的浆料膜可保持完整直至稳定，形成闭孔泡沫；也可发生破裂，形成部分或全部开孔的泡沫。

浆料发泡工艺的特点是通过陶瓷浆料中的气相来形成多孔结构，其孔隙形成包括气泡核的形成、气泡的膨胀和泡体的固化定型三个阶段。孔隙大多为闭孔，而当膨胀速度过快或材料收缩速率过快时就易得到开孔泡体。在原材料配方确定后，温度和压力是控制泡沫陶瓷制备过程中气泡膨胀的主要参数。其发泡剂体系有物理发泡剂和化学发泡剂两大类。

通常气体在液相中可分散成很细的泡体，但由于表面能以及气液两相密度差的原因，液相中的气体会自动逸出，所以发泡体是一个热力学不稳定体系。加入表面活性剂（起泡剂）有助于形成较稳定的泡体研究还表明，阴离子型表面活性剂的起泡能力及获得的泡沫稳定性较好。除常见的化学表面活性物质外，可用的天然表面活性物质还有皂角苷、骨胶、蛋白素、干酪等。

对不溶于酸或碱的原料，可通过有机表面活性物质的吸附使其悬浮来制取浆料；而对溶于酸或碱的粉料，则可通过其与酸或碱起作用进行悬浮来制取浆料。有研究者在研究浆料pH值对氧化铝泡沫陶瓷孔结构的影响后发现：在碱性范围内调节pH值可制得孔径分布较均匀的泡沫陶瓷产品。

本书作者实验室采用这类发泡工艺，通过改进方法，制备了一种质轻的复合氧化物泡沫陶瓷制品（图3.23）。该制品的体密度在0.35g/cm³ 左右，可漂浮于水面［图3.23(a)］，其内部呈分散性胞状孔隙结构［图3.23(b)］。产品具有如下特点：一是其热导率低，在0.15W/(m·K)左右；二是其吸声性能好，在人耳敏感区的主要频段其吸声系数可达0.8以上。

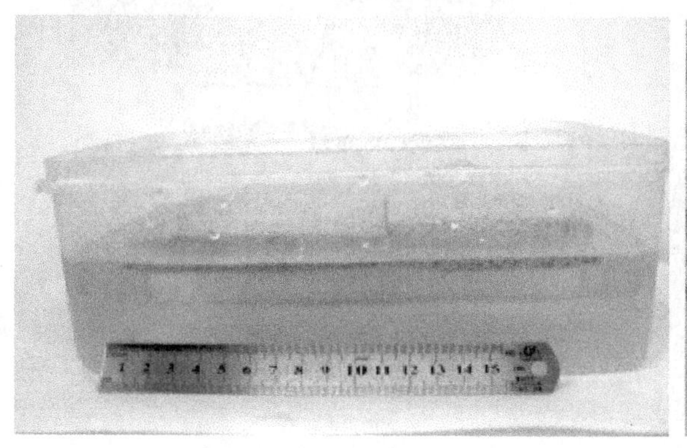

(a) 宏观形貌(漂浮于水面)

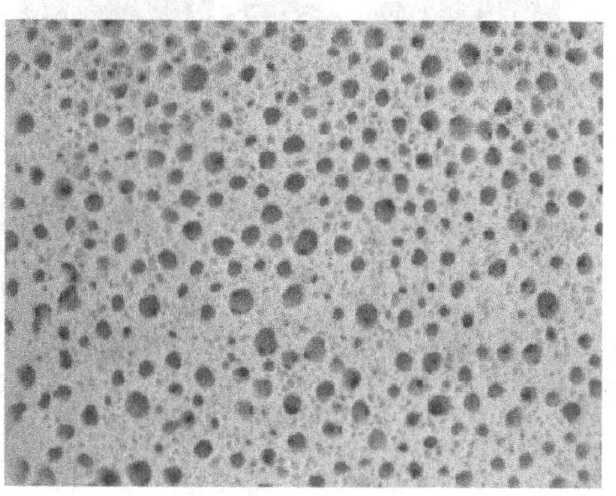
(b) 孔隙结构形貌(视场宽度30 mm)

图 3.23 发泡工艺所得泡沫陶瓷制品示例

3.3.5 中空球烧结法

闭孔陶瓷通常可由原位发泡工艺来制备，也可通过中空球烧结法来制备。通过烧结中空球来形成多孔陶瓷的方式是相当直接的多孔陶瓷制备技术，因为该法取决于烧结。当将球体压入模具制取生坯时，关键是采用适当的压力以防压碎球体。中空球的烧结方法可采用微波加热，烧结可在微波炉内的空气环境中进行。

微波加热技术是通过物料吸收微波能并转换成热能，同时升温到一定的温度，从而使水分蒸发而获得多孔陶瓷。如将25%（质量分数）的玻璃珠（30～130μm）、2%的金属珠（400～600μm）和73%的有机黏结剂进行充分均匀的混合，制成坯体。在微波炉中加热5～30min，即可制得泡沫多孔陶瓷。在多孔陶瓷的微波加热工艺中，可添加一定量的纤维来改善多孔制品的强度，还可添加微波耦合剂（如甘油等）来提高坯件的微波吸收能力。黏结剂在常温下应具有一定的黏度，而在一定的温度（如水沸点以下）出现凝固并具有一定的弹性。

多孔陶瓷微波加热工艺的优点是：①加热均匀，在加热过程中材料内部的温度梯度很小或几乎没有，因而材料内部的热应力可以减少到最低；②加热速度极快，在微波电磁能作用下，材料内部扩散系数提高，加之微波加热是材料内部整体同时加热而不受体积影响，故升温速度极快，一般可达 500℃/min 以上；③改进多孔陶瓷的微观结构和宏观性能；因微波加热速度极快，时间极短，从而避免了微波处理过程中的晶粒长大，可获得具有高强度和高韧性的超细晶粒结构。

本书作者对陶瓷空心球进行了大量研究，获得了一系列产品。图 3.24 所示为本实验室制备的硬质系列陶瓷空心球，粒度覆盖 2～10mm。图 3.24(c) 为其镶嵌磨样球体的截面形貌示例，因照片中的样品截面不能正好处在半球位置，所以不能正好显示孔壁厚度，但从中可见其孔壁结构均匀。该产品强度高，韧性好，可用力在水泥地面上摔打而不破损，更是能够像拍打篮球那样回弹到一定高度。图 3.25 所示为本实验室制备的超轻质陶瓷空心球，不但完整的球体可漂浮于水面，其球体切割后仍可漂浮于水面［图 3.25(b)］。图 3.26 所示为本实验室制备的复合氧化物中空球烧结多孔陶瓷制品，产品兼具强度和隔

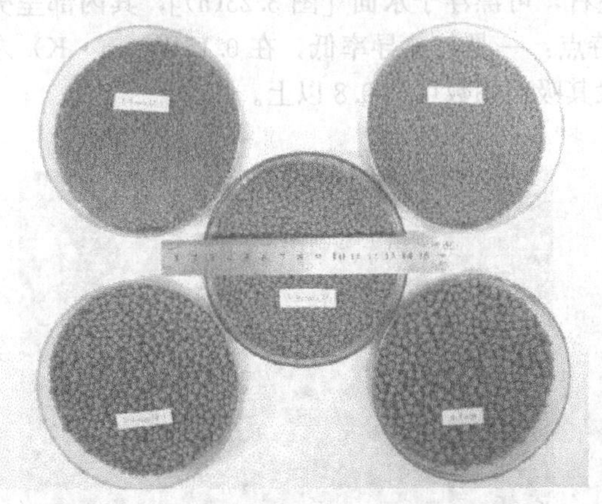

(a) 小粒级和中小粒级

(b) 大粒级和中大粒级

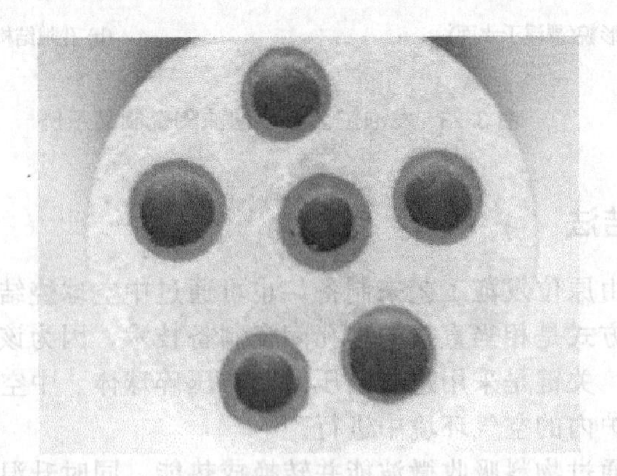

(c) 样品截面形貌

图 3.24　系列粒度的陶瓷空心球颗粒产品

热的良好性能。

(a) 产品颗粒形貌

(b) 完整球体及球体切割体均漂浮于水面

图 3.25　超轻质陶瓷空心球颗粒产品

(a) 制品正面光学照片　　(b) 制品斜侧面光学照片

图 3.26　中空球烧结多孔陶瓷制品示例

3.3.6　其他制备工艺

除上面介绍的泡沫陶瓷常用制备方法外，还有一些工艺方法也可获得不同结构类型的泡沫陶瓷产品。

（1）凝胶注模法

凝胶注模（gel-casting）工艺可用来制造近网状结构的多孔陶瓷材料。该方法是利用陶瓷料浆内部或少量添加剂的化学反应使料浆原位凝固，形成微观均匀性良好和密度较高的坯体。其可使浆料泡沫化以及浆料泡沫原位聚合固化，固化后形成的素坯为强度较高的网状结构。这种凝胶注模成型烧结的工艺方式，主要包括预混液（由单体、交联剂和溶剂组成）配制、注模、干燥和烧结几道工序。此法开始是为制备致密体而发展起来的，后来通过对陶瓷浆料发泡工艺的改进来生产泡沫陶瓷。发泡后包含在浆料内的单体进行快速原位聚合，可形成能阻止发泡体坍塌的凝胶结构。干燥并烧结后，即可获得具有高致密孔壁和球形孔隙的多孔材料。所得制品的强度-孔率比远高于由其他工艺制得的泡沫陶瓷。将凝胶和发泡工艺结合起来，不难让泡沫结构生坯保持一个较高的强度。与以前使用的凝胶剂和增塑剂不同，泡沫体中的单体原位聚合使生坯强度足以维持孔率高于 90% 的结构。其中，宏观结构和微观结构均得以保留。后面的进一步烧制需要小心进行，这有助于保持多孔体的孔隙。

工艺过程首先是制备陶瓷粉末、水、分散剂和单体溶液等混合物的均质浆料，在避免氧气接触的容器内加入表面活性剂并产生泡沫，然后加入引发剂和催化剂等化学物质以促进聚合作用。将具有橡胶态织构的凝胶体进行干燥，烧制除去聚合物，陶瓷基体得以致密化。已证实该工艺能成功地用于大多数陶瓷粉末，如氧化铝、氧化锆、煅烧黏土和羟基磷灰石等。本工艺所得泡沫体的力学性能优势来自孔棱的较高强度，这是特定微结构和缺陷最小化的结果。而有机泡沫浸浆法所得网状陶瓷则存在沿中空孔棱的大裂缝，故强度较低。

本工艺已成为一种近网状复杂型先进材料的新型陶瓷发泡方法，并可进一步发展用来制备多孔的单组分和多组分陶瓷。此法通过原位聚合而生成大分子网络以将陶瓷颗粒支撑在一起。在有机单体存在的情况下，用于此工艺的浆料可于低黏度下获得高的固含量。单体聚合化产物作为黏结剂在干燥固体中所占含量少于4%（质量分数），存在于交联聚合物网络之中的干燥体强度相当高，并能通过机加工以获得形状更为复杂的产品。因此，本工艺已用于生产电子、汽车、国防等工业所需的近网状复杂型先进材料。

（2）木质陶瓷化法

木质陶瓷化是对木材原料进行适当的物理、化学处理而得到多孔碳材料、多孔碳化物、多孔氧化物或多孔陶瓷基复合材料等产物的工艺过程，这种最终产物被称为木质陶瓷或木材陶瓷，它们传承了所用木材原料的结构。木质陶瓷的原料可以是木材、竹材、木屑、废纸张、甘蔗渣等，因而来源十分广泛。木质陶瓷主要分为碳木材陶瓷和 SiC 木材陶瓷。其中，碳木材陶瓷是以木材或木质材料为基体（如木粉），浸渍热固性树脂（如酚醛树脂），干燥、固化后在保护气氛下高温炭化而得到的碳质多孔材料。具有多孔结构的木质材料炭化得到无定形碳。这种玻璃态的碳具有较高的强度而保证了木质陶瓷的力学性能，而高温炭化过程中木材的多孔结构得到保存，最终获得泡沫陶瓷制品。SiC 木材陶瓷的制备是将天然木材在稀有气体环境中进行高温裂解，得到与木材多孔结构相同的碳预制体，然后以此为模板在1600℃下通过液态硅的渗透反应而得到多孔碳化硅陶瓷。

天然木材预制体可制备微米级水平的定向孔隙结构的泡沫陶瓷，孔隙直径从几个微米到几百个微米。而用传统的陶瓷制备工艺，则不能获得这种结构的泡沫陶瓷。这种不能由人工措施而复制的各向高度异性多孔形态，赋予了从木材转化而得到的陶瓷材料在过滤、催化、膜等方面的吸引力。为了使木质结构转变为陶瓷，首先需将木材转变为碳质构架，然后再进行陶瓷化。

（3）冷冻干燥法

该工艺是利用水基浆料的冰冻作用，同时控制冰生长方向，并通过减压干燥使冰产生升华，所得生坯经烧结，即获具有复杂孔隙结构的多孔陶瓷：作宏观排列的是尺寸超过 10μm 的开口孔隙，其孔壁含有 0.1μm 左右的微孔。改变初始浆料的浓度，可得到较大范围的孔率（可达 90%以上）。孔隙尺寸分布以及微观结构实质上受结冰温度和烧结温度的影响。

与化学溶液的冷冻过程比较，本法具有如下几个优点：烧结收缩小；烧结控制简单；孔率可控制范围宽；力学性能佳；对环境友好。浆料浓度强烈地影响着孔率，但对收缩的作用很小。这表明孔率来自浆料的含水量，故其可通过浆料浓度的调节在较大的范围内加以控制。另一方面，坯体的收缩几乎整个地由氧化铝本身的收缩所决定，而与浆料浓度的关系较小。冷冻干燥后可观察到宏观开口孔隙在整个坯体中得以均匀地形成，这些孔隙由冰的升华而产生，并沿其生长方向排列。压汞法所测制品孔率几乎等于由相对密度计算出的结果，这也从另一个角度证明了绝大多数孔隙为开口孔隙。实验结果显示，在−80℃时冷冻所获得的宏孔尺寸大约是−20℃时冷冻所获得的一半，并发现在孔率无改变的情况下可通过冷冻温度的变化来控制孔隙尺寸。本技术还可用来制备氮化硅和碳化硅等多孔陶瓷，而且无有机结合剂的水基浆料是出于环境考虑的优选方案。

(4) 自蔓延高温合成

自蔓延高温合成(SHS)工艺制备泡沫陶瓷的本质是一种高放热的无机化学反应，其基本过程是首先向体系提供“点火”的能量而诱发体系局部产生化学反应，然后这一反应过程在自身放热的支持下继续进行，最后燃烧(反应)波蔓延到整个体系而得到所需制品。该技术效率高、能耗小、成本低，产物的孔率可以很高，能够用来制备具有网状结构的多孔泡沫陶瓷，添加造孔剂可进一步提高产物的开孔率。由于自蔓延反应速度很快，这种短暂的高温过程难以完全烧结，因此所得产物可附加一个烧结进程以进一步提高制品强度。

(5) 有机泡沫颗粒堆积

堆积树脂颗粒，可使陶瓷浆料流入堆积体所形成的空隙，然后干燥成型、烧结。所得制品孔率可达95%左右，孔径可由树脂颗粒的粒径来调节。根据球体紧密堆积原理，选用等大的球粒子使其尽可能形成立方密积或六方密积，避免注浆时两球粒分离而在其间形成薄膜，造成开口气孔率下降。例如，选用聚苯乙烯泡沫颗粒，对其温度制度而言，由于聚苯乙烯泡沫基体在80～90℃会逐渐软化，内部物质挥发，故在此阶段升温速度一定要慢，否则发泡剂急剧膨胀导致坯体破裂。实验发现，在此阶段的升温速度最好控制在0.5℃/min以下。

根据上面介绍的各种方法，通过选用其中适当的工艺方式，可以将各种陶瓷材料制备成不同孔隙结构的多孔制品，根据骨料材质的不同可制造的制品主要有铝硅酸盐质泡沫陶瓷材料、硅藻土质泡沫陶瓷材料、刚玉和金刚砂质泡沫陶瓷材料等。目前广泛应用的泡沫陶瓷大多仍由传统方法制备，因为这些方法的工艺比较成熟。

对于上述这些工艺方法，典型的泡沫陶瓷组成是氧化铝、氧化锆、氧化硅、氧化镁、氧化钛、碳化硅、堇青石和硅的氧碳化物等，不同制备工艺结果的主要差异在于所得多孔体的结构形态。这些不同的形态特点会不同程度地影响泡沫陶瓷的性能。另外，产品的孔径及其分布范围也依赖于所采用的制备工艺技术。而所有这些依赖于制备工艺的因素(包括孔率、孔隙形态、连通水平、孔径及其分布、孔壁或孔棱的致密度等)以及陶瓷材料本身的属性，都会深深地影响或决定着多孔制品的各项性能。一般来说，目前可得泡沫陶瓷的体密度约为0.1～1g/cm^3(相对密度0.5～0.95)，杨氏模量约为0.1～8GPa，抗弯强度约为0.5～30MPa，抗压强度约为0.5～80MPa，最高使用温度约为1000～2000℃，热导率在0.1～1W/(m·K)左右。

3.4 泡沫塑料制备

泡沫塑料的制备工艺一般均可归结为混料和成型两大步骤，在成型过程中同时形成气孔而得到多孔的泡沫产品，产品通常具有高孔率的网状或胞状孔隙结构。其中，常用的成型方式有注塑发泡、挤出发泡、模压发泡、浇注发泡、反应注塑、旋转发泡和低发泡中空吹塑等技术。所用设备与普通塑料制品的加工设备基本相同。相对于泡沫金属和泡沫陶瓷来说，泡沫塑料的制备显得较为快捷。

3.4.1 泡沫塑料发泡

(1) 原材料

泡沫塑料的原材料包括多类高分子聚合物和各种添加剂(含填料和助剂)，按配方配制后进入成型工艺。其中，高聚物是泡沫塑料的主要组分，其性能决定了泡沫塑料的基本特性，泡沫塑料的加工和使用性能即主要取决于高聚物的化学及物理性能。加入添加剂的目的是改善高聚物的成型性能与制品的使用性能。其中，填料主要是降低成本和改进性能，助剂则主要是改善或增加性能。因此，泡沫塑料的成型工艺主要是根据所选高聚物的种类和含量而制定的，同时也考虑到填料和助剂的作用。

原材料配方中几种常用的高聚物包括聚苯乙烯（PS，热塑性聚合物）、聚乙烯（PE，热塑性晶体聚合物）、聚丙烯（PP，热塑性晶体聚合物）、聚氯乙烯（PVC，热塑性线型聚合物）、丙烯腈-丁二烯-苯乙烯共聚物（ABS，热塑性聚合物）、聚氨酯（PU，热固性聚合物）、酚醛树脂（热固性聚合物）和脲甲醛树脂（热固性聚合物）等，不同高聚物有其各自的性质，可对应泡沫塑料制品设计性能来选用；常用填料有玻璃纤维（长度6～12mm）、玻璃球（直径6～50μm）、空心玻璃球（球径10～100μm）、碳酸钙粉末、炭黑、硫酸钡、硅酸盐、石棉（纤维状天然硅酸盐）、木粉、金属粉等，不同种类的填料可以为泡沫塑料制品改善不同的物理、力学性能；常用助剂有发泡剂、增塑剂、润滑剂、稳定剂、阻燃剂、交联剂、着色剂和起泡成核剂等。其中，发泡剂包括物理发泡剂和化学发泡剂，物理发泡剂主要有惰性气体、低沸点液体和固态空心球等，化学发泡剂有偶氮类、亚硝基类和磺酰肼类等有机类主发泡剂与碳酸氢钠、碳酸铵以及草酸脲和硼氢化钠等无机类助发泡剂。加入发泡剂的活化剂可降低发泡剂的分解温度，能作这种活化剂的物质包括有机酸及其盐类，如硬脂酸、硬脂酸铅、硬脂酸锌、脲类、联二脲、硼砂、氧化锌、氧化镉、碱式铅盐等。

（2）发泡方法

泡沫塑料的成型过程一般均要经历气泡的成核、气泡核的膨胀和泡沫体的固化定型三个阶段。其中，第一个阶段即为发泡过程。发泡方法各异，最常用的是物理发泡法、化学发泡法及机械发泡法。其中，物理发泡法包括：①惰性气体（稀有气体）发泡法，它是在压力下将惰性气体溶于聚合物熔体或糊状物料中，然后升温或减压使已溶解的气体逸出、膨胀而发泡；②可发性珠粒法，它是将低沸点液体发泡剂（常用的如丙烷、丁烷、戊烷、己烷、一氯甲烷、二氯甲烷、二氯四氟乙烷、三氯氟甲烷、三氯二氟乙烷、二氯二氟甲烷等，它们的沸点大约在－42.5～70℃之间）与聚合物充分混合，或在一定压力下加热使其溶渗到聚合物颗粒内，然后加热软化使液体气化发泡；③中空球法，它是将玻璃或塑料的中空微球加入树脂后模塑成型，固化后即得泡沫塑料。化学发泡法包括发泡剂法和原料反应法：前者是将发泡剂加入树脂后加热加压分解出气体而发泡，这是最常用的发泡方法，其常用发泡剂有偶氮二甲酰胺（ADCA）、偶氮二异丁腈（ABIN）、1,3-苯二磺酰肼、苯磺酰肼、N,N'-二甲基-N,N'-二亚硝基对苯二甲酰胺、N,N'-亚硝基五次甲基四胺（DPT，DNPT）等，其分解温度大致在90～200℃之间，分解气体一般为氮气；后者是通过原料配制使其不同组分之间产生反应而放出对塑料呈惰性的气体（如氮气和二氧化碳），形成气泡。机械发泡法则是利用机械搅拌使空气卷入树脂体系而发泡。该法与上述物理发泡法和化学发泡法有一个共同的特点，即待发泡的树脂须处于液态或黏度较低的塑性状态才能发泡。

（3）气泡核的形成

由气体或化学发泡剂加入树脂熔体而形成的溶液，当温度、压力、气体含量发生变化而成为气体的过饱和溶液时，气体就会从溶液中逸出而形成原始微泡继而长大。气泡核就是指这种最初形成的微泡，即气相气体分子最初在聚合物熔体或液体中聚集之处。气泡核的形成阶段对泡孔密度和分布以及固化所得泡沫产品的质量均具有决定性的作用，成核机理可归纳为以下三类。

① 高聚物分子中的自由空间作为成核点　高聚物的体积由大分子占据的体积和未被占据的“自由体积”两部分组成，后者由大分子链的堆砌而形成。当高聚物从高于玻璃化转变温度（T_g）开始冷却时，自由体积逐渐缩小，到T_g时自由体积达到最低值。该机制主要采用的是物理发泡剂（惰性气体或低沸点液体）在聚合物分子中的自由体积空间形成气泡核，在低于T_g时加压渗入，然后在常压下加热使树脂软化和低沸点液体气化并膨胀发泡。

② 高聚物熔体中的低势能点作为成核点　在熔体中形成低势能点的方式很多，用得较多的是加入成核剂，使其与聚合物熔体分子间形成势能较低的界面，熔体中的过饱和气体（由升温或降压而得）即易于从此处析出而形成气泡核。金属粒子、SiO_2、Fe_2O_3、硅酸铝钠、滑石粉等均可作为这种成核剂。

③ 气液相混合直接形成气泡核　通过物理发泡剂（惰性气体或低沸点液体）和聚合物液体直接混合形成气泡核，成核气体直接来自发泡剂，不用先溶入熔体、液体或集于聚合物的自由空间。热固性泡沫塑料多用此法发泡（如脲甲醛泡沫塑料的发泡成型）。

以上三种成核机理具有各自的适用范围：第一种适于高分子中的自由体积较大的聚合物，如聚乙烯（PE）、聚丙烯（PP）、聚苯乙烯（PS）、聚氯乙烯（PVC），聚碳酸酯（PC）、聚对苯二甲酸乙二酯（PET）等；第二种适用范围广，因为得到熔体中低势能点的方法很多；第三种主要用于热固性塑料以及可反应成型的塑料。

（4）气泡的长大

气泡长大可通过气体膨胀和气泡合并等方式来实现。气泡膨胀的动力来自气泡内气体的压力，该内压与泡径成反比，气泡愈小则内压愈高。两泡相遇，气体可从小泡扩散到大泡中而引起气泡合并。当然，气泡内压还与气体分子量和所处温度有关。气泡膨胀的阻力来自聚合物熔体或液体的黏弹作用和表面张力，它们太大则会过分阻碍气泡胀大，太小则会造成气体冲破泡壁，甚至发生泡沫塌陷。因此，由升高温度来增加气泡内压的同时，也应注意不要升温太高而过分地降低熔体黏度和表面张力。

泡沫体的孔隙结构主要取决于膨胀阶段的工艺条件：膨胀过快或材料收缩率过大时易形成开孔结构，而膨胀过程有外力（拉伸力或剪切力）作用则泡孔将沿外力方向延伸而得到各向异性结构。影响气泡膨胀的因素有原材料的性能和用量、成型工艺条件、设备的结构和性能等。其中，一些主要参数包括熔体的黏性、气体的扩散系数、气液界面张力、发泡剂、温度、压力等。为了获得泡孔均匀、细密的泡沫塑料产品，在发泡成型过程中首先要在熔体中同时形成大量分布均匀的气泡核与过饱和气体。在上述几个主要参数中，作为基本流变性能的熔体黏度是影响气泡成核和长大的关键性因素，故它成为确定发泡成型工艺和原料配方的重要依据。气体在熔体中可呈溶解状态和悬浮气泡两种形式而存在，它们对熔体流变性能的影响具有很大的差别。

（5）泡体的稳定和固化

气泡长大时表面积增大且泡壁减薄而变得不稳定，稳定泡沫的方法：一是用表面活性剂（如硅油）降低表面张力以生成细泡，从而减少气体扩散以使泡沫稳定；二是提高熔体黏度以防止泡壁的进一步减薄而使泡沫稳定，实践中的物料冷却或固化交联均有助于黏度的提高。应视熔体的具体状态而采用其中之一的稳定方法。

气液相共存体系大多不稳定，已成气泡可继续膨胀，也可能合并、塌陷或破裂，这些可能性的实现主要取决于气泡所处条件。造成气泡塌陷和破裂的原因很多，解决的办法：一是提高熔体黏弹性以赋予泡壁足够的强度；二是控制膨胀速度并兼顾泡壁应力松弛所需时间。

尽管热塑性塑料和热固性塑料所经历的固化过程均为液相黏弹性逐渐增加，最后失去流动性而固化定型，但其机理完全不同。热塑性泡沫塑料的固化是纯物理过程，一般由冷却而引起熔体黏度提高，逐步失去流动性而固化定型。其固化速度主要受熔体冷却、熔体中的气体析出、发泡剂的分解和气化等条件的影响。热固性泡沫塑料的发泡成型与缩聚反应同时并进。随着缩聚反应的进行，增长的分子链逐渐网状化，熔体的黏弹性则相应地逐渐提高，紧跟着流动性的逐渐丧失，最后反应完成，达到固化定型。加快热固性塑料泡体的固化速度，一般是通过提高加热温度和加入催化剂等方式，以加速分子结构的网状化。

3.4.2 泡沫塑料成型

实践中常用的泡沫塑料成型工艺是挤出、注塑、浇注、模压、反应注塑、旋转、吹塑等技术，所用设备基本上与非发泡塑料制品的加工设备相同。下面主要是以浙江科技出版社出版的《泡沫塑料入门》作参考，对这些常用工艺进行简单介绍。相应的系统性论述还可查阅化学工业出版社出版的《泡沫塑料成型》等专著与文献。

（1）挤出发泡成型

挤出发泡成型技术是加工泡沫塑料制品的主要方法之一，可进行连续性生产，适用品种多、范围广，能制备板材、管材、棒材、异型材、膜片、电缆绝缘层等泡沫产品。其使用的主要设备是挤出机，辅助设备一般由机头、冷却定型、牵引、切断、收卷或堆放等部分组成。工艺过程主要有混料、挤出发泡成型和冷却定型三大工序。

挤出发泡成型的基本原理类似于普通的挤出成型，在挤出过程中塑料与发泡剂等各种助剂在挤出料筒内完成塑化、混合、发泡剂分解（化学发泡法）或发泡剂气化（物理发泡法），或惰性气体加压注入（机械发泡法），且挤出机头压力应足够大以抑制发泡料在挤出口模附近提前发泡。发泡料进入口模即释压发泡成型，已成型的发泡制品继续由冷却定型部分以完成制品的冷却和最后变形。其主要工艺参数包括挤出压力、挤出温度、滞留时间等。

（2）注塑发泡成型

注塑发泡成型技术为一次性成型法，其主要设备是注塑机，由塑化注塑装置、锁模装置和传动装置等部分组成。该工艺生产效率高，产品质量好，适于形状复杂、尺寸要求较严格的泡沫塑料制品，同时也是生产结构泡体的主要方法。本法主要用于聚苯乙烯、ABS、聚乙烯、聚丙烯、聚氯乙烯、苯乙烯-丙烯酸共聚物、尼龙（聚酰胺）等品种，制品主要有轻质结构材料、工业制品，如冷藏箱、集装箱、线轴、容器、绝缘材料、隔声材料、隔热制品、家具、建材和仿木制品等。

注塑发泡工艺主要是根据原料性能、成型设备结构和制品的使用要求来确定工艺条件，工艺过程包括原料配制、喂料、加热塑化、计量、闭模、注塑、发泡、冷却定型、开模顶出制品及后处理等步骤。其工艺原理是聚合物及各种助剂（含化学发泡剂）混合均匀后加入注塑机的塑化料筒，加热塑化并进一步混合均匀。若用物理发泡剂，则发泡剂直接注入塑化段末混合均匀，然后高压高速注入模腔。塑料熔体进入模腔后因突然降压，使熔体中形成大量过饱和气体而离析出来，形成大量气泡。泡体在模腔中膨胀并冷却定型，最后打开模腔即可取出泡沫制品。其主要工艺参数有注塑压力、背压、模腔压力、料筒温度、模具温度和注塑速度等。

（3）浇注发泡成型

浇注发泡成型技术也是生产泡沫塑料的主要工艺方法之一。该工艺对物料和模具的施加压力小，设备和模具的强度要求低，制品内压力小，适于生产大型制品，且可现场浇注。但产品强度低，尺寸精度差，故不能制备结构件。

本工艺主要用于高发泡热固性塑料的发泡成型。在浇注过程中高聚物的缩聚反应与发泡成型同时并进，故在浇注前应对原料作充分混合，浇注时使流体和模具处于自由状态或只施加很小的压力。主要应用品种有聚氨酯泡沫塑料和脲甲醛泡沫塑料，另外还有酚醛泡沫塑料、聚乙烯醇缩甲醛泡沫塑料、环氧泡沫塑料和有机硅泡沫塑料等。

（4）模压发泡成型

模压发泡成型就是将可发性物料直接放入模腔内，然后加热加压进行发泡成型。本工艺操作简单，生产效率高，产品质量好，适于中小企业。其工艺设备包括混合和成型两部分。其中，混合设备可采用捏合机（如Z形桨式捏合机及高速捏合机等）、塑炼机、密炼机和挤出机等，成型设备则有液压机、蒸缸和模具（模具材料可用铸铝等且应注意设计好出气孔）。

根据发泡过程的不同，本工艺又可分为一步法和二步法两类：前者是将含有发泡剂的塑料直接放入模腔内加热加压进行发泡成型，一次性得出发泡制品；后者则是将含有发泡剂的塑料先作预发泡处理，然后将得到的预发泡塑料放入模腔进行加热加压发泡成型。其中，二步法主要用于塑料的高发泡成型。

本工艺主要用于热塑性塑料（如 PS、PE、PVC 等），可生产高发泡、厚壁、大平面积、多层黏结等类模制品。在该方面模压法独占优势，从而广泛应用于建筑、包装及日用品等领域。

（5）反应注塑成型

反应注塑成型（RIM）技术是一种生产结构泡沫塑料的新工艺：首先将多种组分的高反应性液状可塑原料在高压下进行高速混合，然后注入模腔内进行反应聚合并发泡，从而形成泡沫塑料。本工艺可用于聚氨酯、脲醛、尼龙（聚酰胺）、苯乙烯类树脂及环氧树脂等品种的泡沫塑料加工，制品用途涉及汽车零部件、办公用品、音响和计算机壳体以及家具等。

本工艺实际上是化工过程与注塑过程的组合，但与注塑具有两个主要区别：一是反应注塑所用模具压力很低，使系统能耗和设备费用均低于常规注塑成型；二是反应注塑所用原料不是配制好的化合物，而是各化学组分，它们在注塑成型为制件后才形成化合物。

还可进行泡沫塑料的增强反应成型，即在反应注塑成型的基础上，在物料中添加增强剂（如玻璃纤维、玻璃球、矿物填料等）来提高制件的力学性能。其中，增强剂用偶联剂进行表面处理，以增强与树脂的界面黏结强度。

（6）旋转发泡成型

旋转模塑发泡成型技术适于成型厚度均匀、无飞边、批量小的大型泡塑（泡沫塑料常简称为泡塑）产品，其设备简单、投资少，但生产周期长，目前还在逐步发展。本工艺成型过程为：将预先配制好的定量原料加入模具并紧固，再将紧固的模具置于加热炉内不断加热旋转，直至塑料熔融并流延到模具的型腔表面，模具进一步加热到发泡剂产生分解，制件发泡胀满型腔而成型为最终形状，然后移出模具冷却（如风冷、水冷等），待制件冷却固化后即可取出。

与其他泡沫塑料成型工艺相比，本技术具有三个主要特点：①使用原料大多为粉末状，或是细小颗粒状甚至是液状，这样便易于加热熔化，且熔融均匀而形成光滑表皮；②原料必须在模腔内熔融、流延，并充满模腔，而不能在压力下以熔融状态注入模具；③模具需绕单轴或双轴（大多数模具）旋转，且模具压力很低。

（7）低发泡中空吹塑成型

低发泡中空成型技术由德国发明，近些年来正在发展之中。本工艺可加工聚苯乙烯、聚乙烯和聚丙烯等低发泡中空制品，成型设备一般采用双头式中空成型机。其产品具有珠光光泽，白度高，气泡独立，绝缘性、缓冲性、柔软性好。

本工艺的基本过程类似于普通塑料的中空吹塑成型，其主要步骤为：①用挤出法或注塑法制出预成型坯件，其中，挤出法所得坯件为未发泡或少量发泡，而注塑法所得坯件为已发泡；②将预制的坯件放入中空成型模具，进一步加热使坯件变软并完成发泡；③通入压缩空气吹胀成型；④冷却定型后开模取出。

（8）微波烧结成型

传统加热烧结制备多孔塑料的方法，是先将高聚物粉末和樟脑粉、萘粉等分解型造孔剂或氯化钠、硫酸钠等水溶性造孔剂等混合均匀，然后将混合粉料倒入金属模具内，在炉子里烧结几个小时。这种为保证颗粒均匀熔化的长时间烧结，需要大量的模具并形成生产的高成本，而且不能进行如棒材和板材等多孔体的连续性制备。利用微波能量取代传统加热方式的微波技术，可大大减少烧结时间（只需几分钟），且均匀性也得到改善。烧结法适合于那些熔融黏度太高而缺乏流动性的聚合物，如聚四氟乙烯。纯净的聚乙烯不能吸收微波，可在其塑料颗粒上涂覆一层炭黑。然后将具有涂覆层的聚乙烯粉末压入由可透微波材料（如玻璃或某些聚合物）制造的模具内，即可进行微波加热烧结。涂层可确保在微波辐射下仅为颗粒表面熔化在一起，从而形成尺寸和形状均与模具型腔相同的多孔制品。孔率可通过原始的聚乙烯颗粒尺寸改变而加以控制。

浇注发泡成型工艺所得网状开孔泡沫塑料产品的宏观结构形貌示例于图 3.27。

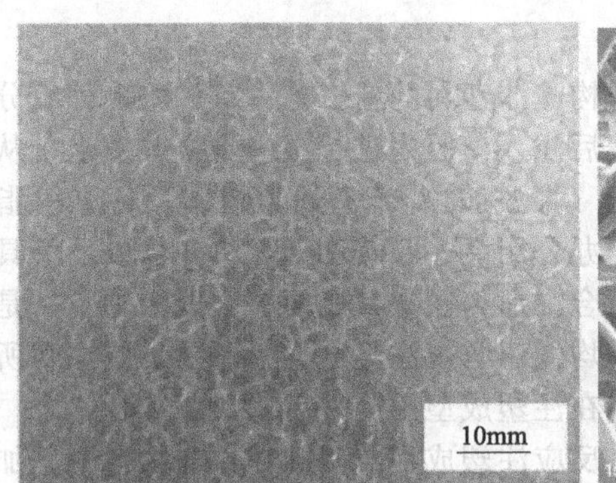

(a)宏观结构形貌状态

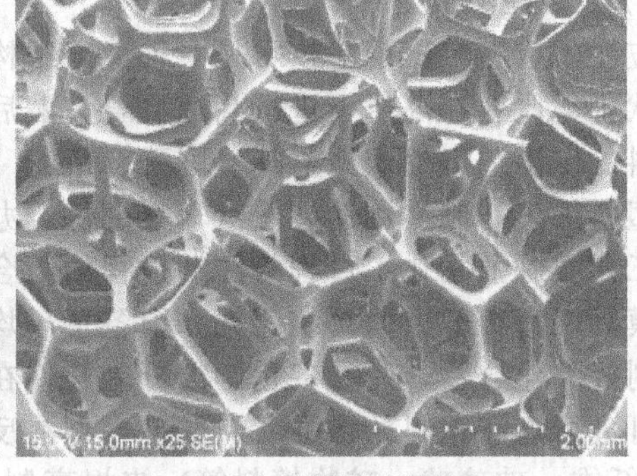

(b)放大孔隙结构形貌状态

图 3.27 通过浇注发泡成型工艺制备的网状聚氨酯泡沫塑料产品形貌示例

3.4.3 阻燃型泡沫塑料

泡沫塑料广泛应用于国民经济的各个部门，但其易燃性在使用过程中易引起火灾。高聚物的燃烧过程大体可分为固体降解、析出可燃性气体、火焰燃烧和生成燃烧产物四个连续的作用阶段。高聚物中一般加入 $Al(OH)_3$，在火焰的作用下，填充到高聚物中的 $Al(OH)_3$ 会产生分解，同时吸收燃烧过程中放出的部分热量，从而降低高聚物温度，减慢其降解速度。这是 $Al(OH)_3$ 阻燃的主要作用。另外，$Al(OH)_3$ 填充到高聚物中有助于燃烧时形成碳化物，该碳化物既可阻挡热量和氧气进入，又可阻挡小分子可燃气体的逸出。再有，$Al(OH)_3$ 在固相中促进炭化过程，取代了烟灰形成过程，从而可限制或制止可燃性气体的产生。

提高泡沫塑料阻燃性能的主要途径是加入阻燃剂，分为添加型和反应型两种。添加型阻燃剂又分为无机阻燃剂和有机阻燃剂，其以物理分散方式分散于基体网络中，与基体无化学反应。无机阻燃剂阻燃机理一般有“冷却效应”和“隔断效应”两种形式。前者是当 PU 燃烧时受热分解吸收大量热量、降低表面温度而减缓燃烧速率，后者（如可膨胀石墨）是泡沫塑料燃烧时在高温下形成隔离膜而阻断挥发性可燃气体和热量的传递。添加阻燃剂是使用最早的阻燃方法。其中，无机阻燃剂用得最多的是氧化锑、氢氧化铝、磷酸铵、硼酸盐等含锑、铝、磷、硼元素的化合物，而有机阻燃剂主要是含磷、卤素等的有机化合物，如卤化石蜡、三氯乙基磷酸酯、磷酸三（2,3-二氯丙基）酯、磷酸三（2,3-二溴丙基）酯以及甲基磷酸二甲酯等。有机阻燃剂是硬质泡沫塑料制备中广泛应用的一种阻燃剂，其随阻燃剂成分的变化而呈现出不同的阻燃机理。其中，有机磷系阻燃剂可以消耗泡沫塑料燃烧释放的可燃性气体，并减少可燃物质的释放；有机硅阻燃剂的阻燃机理是硅氧烷在燃烧时生成硅-碳阻隔层，隔断氧气与树脂的接触而达到阻燃的目的。

反应型阻燃剂发挥作用的因素：一是通过与原料反应使PU泡沫塑料具有阻燃性能；二是通过与原料反应而提高基体的热稳定性。该阻燃剂具有与原料混溶性好、对材料性能影响小、阻燃性能稳定、添加量少、阻燃效率高等优点。目前，硬质PU泡沫塑料所用反应型阻燃剂研究较多的是含阻燃元素的醇和胺。

阻燃剂之间具有协同作用：不同种类的阻燃剂配合使用时，阻燃效果远好于其单独使用。由聚氨酯分子结构的改性来提高硬质聚氨酯泡沫阻燃性的研究也很多，如在聚醚或聚酯多元醇中引入磷、卤素等具有阻燃作用的基团，即可大幅度提高聚氨酯泡沫的阻燃性。另外还有聚异氰脲酸酯改性、引入有机硅改性（如将有机硅氧烷单体接枝到聚醚多元醇结构中）、酚醛改性以及引入卤素基团等。

常用阻燃泡沫塑料一般通过硬质聚氨酯（PU）泡沫塑料、聚乙烯泡沫塑料、聚苯乙烯（PS）泡沫塑料以及一些复合型泡沫塑料进行阻燃改性得到。

3.4.4 生物降解泡沫塑料

泡沫塑料在包装、建筑和运输等部门具有十分重要的应用地位，但经使用丢弃后无法被环境所消纳的废品，会成为严重的“白色污染”，而解决这一问题的重要途径之一即是降解，特别是生物降解。淀粉产量丰富，价格低廉，具有天然的生物降解性。它可通过物理方法填充至普通泡沫体系中，也可通过化学反应参与泡沫基体的合成，还能够以自身为主体进行发泡成为泡沫制品。由此出发，制得了生物降解性的淀粉填充聚苯乙烯泡沫塑料和淀粉基聚氨酯泡沫塑料等。

有研究者以淀粉-聚乙烯（St-PE）复合降解树脂为基料，进行了其发泡工艺的研究，所得泡沫塑料可制作泡沫餐具（如饭盒、碗、碟等）、果品蔬菜的包装网和包装箱、微泡环保袋、玻璃仪器和其他有关用品的装垫材料等。另有研究者则以生物降解聚合物-聚乳酸（DL-PLA）为原料，应用溶剂投放、颗粒沥滤技术制备了单片方形或圆形的DL-PLA多孔生物降解膜，并采用层压技术，将23层DL-PLA多孔性膜状物加工成三维立体聚合物泡沫体，得到均匀多孔、可用于细胞移植的支架材料。

3.4.5 增强型泡沫塑料

有文献综合介绍了热塑性和热固性两类纤维增强泡沫塑料的制备方法。其中，可采用的增强纤维有玻璃纤维、石墨纤维、石英纤维、合成纤维［如尼龙（聚酰胺）、聚丙烯等］、短切纤维毡和纺织毛毡等。另有研究者则使用非反应性的无机填料（氢氧化铝粉末）对甲阶酚醛树脂泡沫进行物理填充改性，在降低成本的同时改善了泡沫体的力学性能，提高了其抗压强度，增大了其耐燃烧能力，而且又不损害其绝热保温性能。此外，还有研究者利用纸质蜂窝材料对聚氨酯进行增强，制备了蜂窝增强聚氨酯硬泡（硬质泡沫塑料常简称为硬泡）复合材料，产品的压缩强度与弯曲强度均得到大大提高。

3.5 结语

① 随着多孔金属应用领域的向前发展，其制备工艺也在不断推陈出新，其孔隙结构也在不断改进。获得结构均匀的高孔率多孔产品是其生产技术发展的总体方向。除作夹层板芯等结构材料等少数用途需要闭孔隙外，绝大多数应用均是在保证基本强度使用要求的基础上

追求高孔率、高通孔率和高比表面积，以使产品的使用性能达到最佳状态。这就促成了三维网状结构的高孔率多孔金属材料之大规模生产。除金属沉积法（如电沉积法）、特殊的粉末冶金工艺和渗流铸造法等技术外，采用一定的手段，各种制备多孔金属的方法，也都可以制备出高孔率的多孔金属材料。

② 多孔陶瓷的生产方法很多，但不同制备工艺中均可能存在各自的不尽如人意之处。例如，加入可燃物造孔剂的方法在燃烧后可能会留下灰分而影响制品性能，利用晶相结构的差异则可能在制品内部产生微裂纹，而加入可蒸发溶剂则形成的气孔率较低，低温煅烧时制品的强度又难以保证，溶胶-凝胶工艺较复杂、成本较高、产量较低且一般只能制膜等。这些问题都有赖于研究者们的不断探索而逐步得到解决，特别是在多孔陶瓷强化韧化以及多孔陶瓷用于生物材料等方面。

③ 科技和社会的快速发展对泡沫塑料的制备和性能均提出了越来越高的要求，特别是人类生存环境要求最终实现全面的零 ODP（臭氧消耗潜值）发泡制备工艺以及最佳的废料回收利用途径。目前，泡沫塑料的制备工艺一直在不断改进，其生产过程的环境友好性和投入使用的环境友好性也正在不断提高。此外，在整个多孔材料体系内，泡沫塑料不仅是其中应用广泛的一种，同时还可作为多孔金属和多孔陶瓷的预制体。可见，泡沫塑料制备工艺的改善和优化，包括原材料的选择和加工过程的控制等，不仅密切关系到人们的日常生活，而且在多孔材料的整体领域内也会产生相应的作用。

第4章 多孔材料基本参量表征

4.1 引言

孔隙因素是多孔材料设计的基本考量指标，而孔隙因素中包含的基本参量为孔率、孔隙形貌、孔径及其分布等。因此，多孔材料的孔率、孔隙形貌、孔径及其分布等因素即是此类材料设计的基本参量，这些基本参量极大地影响着整个多孔材料的使用性能，甚至可以起到决定性的作用。特别是对于强度、疲劳等力学性能以及电导率、热导率、吸声系数等物理性能，还有其内部孔隙表面的界面作用等。例如，当材质一定时，孔率即是对多孔材料强度影响最大的关键性指标。本章介绍多孔材料实际应用选材和设计所需涉及的几个最基本的结构参量指标的表征和检测方法，包括孔率、孔径及分布、孔隙形貌和内部孔隙比表面积等项。

4.2 孔率的表征和检测

多孔材料的孔率，又称孔隙率、孔隙度或气孔率，系指多孔体中孔隙所占体积与多孔体表观总体积之比率，一般以百分数来表示，也可用小数来表示。该指标既是多孔材料中最易测量、最易获得的基本参量，同时也是决定多孔材料导热性、导电性、光学行为、声学性能、拉压强度、蠕变率等物理、力学性能的关键因素。多孔体中的孔隙有开口和闭合等形式，相应地，孔率也可分为开孔率和闭孔率。开孔率和闭孔率的总和就是总孔率，即平时所说的多孔材料“孔率”。其中，开口孔隙包括贯通孔和半通孔，这两种孔隙内部的表面都是开放的形态。多孔材料的大多数用途都要利用其开口孔隙，只有在作为漂浮、隔热、包装及其他结构应用时才需要较高的闭孔率。

对于相关的概念名称，不同领域的学者在综合考虑多孔材料的开口孔隙和闭合孔隙时对于“孔隙率”“孔隙度”“气孔率”的使用各有倾向（相应的英文用词均为“porosity”），但在需要区分开口孔隙和闭合孔隙时则没有发现对应使用“开孔隙度”“开孔隙率”“开气孔率”和“闭孔隙度”“闭孔隙率”“闭气孔率”等对应的概念，而几乎都是使用了“开孔率”和“闭孔率”的概念。这或许是出于概念简洁化的原因。考虑到多孔材料的很多应用都是利用开口孔隙而需要注重所谓“开孔率”和“闭孔率”的概念，同时也考虑到概念的简洁化，因此本书作者在早期一开始写作《多孔材料引论》时就在表述“孔隙率”“孔隙度”“气孔率”等术语时对应地直接使用了“孔率”这个概念。这一来与“开孔率”和“闭孔率”等概念相呼应，二来是最简洁的表达，同时也符合诸如“速率”“概率”“效率”等最常见的表达方式。更多地出于写作连贯性的考虑，本书继续使用“孔率”这一用词。

研究表明，多孔材料的性能主要取决于孔率，其权重超出所有的其他影响因素。因此，孔率指标对于泡沫金属等多孔材料来说十分重要，本节即介绍多孔材料孔率测定的若干方法。

4.2.1 基本数学关系

根据孔率的定义，多孔体的孔率（%）为：

$$\theta=\left(\frac{V_p}{V_t}\right)\times 100\%=\left(\frac{V_p}{V_s+V_p}\right)\times 100\% \tag{4.1}$$

式中，V_p（下标 p 是英文单词孔隙“pore”的首写字母）表示多孔体中孔隙的体积，cm^3；V_t（下标 t 是英文单词总数“total”的首写字母）为多孔体的表观总体积，cm^3；V_s（下标 s 是英文单词固体“solid”的首写字母）为多孔体中致密固体的体积，cm^3。

与孔率相当的概念是“相对密度”，其为多孔体表观密度与对应致密材质密度的比值：

$$\rho_r=\left(\frac{\rho^*}{\rho_s}\right)\times 100\% \tag{4.2}$$

式中，ρ_r（下标 r 是英文单词相对“relative”的首写字母）为多孔体的相对密度（无量纲的小数）；ρ^* 为多孔体的表观密度，g/cm^3；ρ_s 为多孔体对应致密固体材质的密度，g/cm^3。而且不难发现孔率 θ 与相对密度 ρ_r、表观密度 ρ^* 以及多孔体对应致密固体密度 ρ_s 等量有如下关系：

$$\theta=(1-\rho_r)\times 100\%=\left(1-\frac{\rho^*}{\rho_s}\right)\times 100\% \tag{4.3}$$

4.2.2 显微分析法

可以用来对多孔材料的孔率进行检测的方法很多，如显微分析法、质量/体积直接计算法、浸泡介质法、真空浸渍法、漂浮法等。其中，涉及排液衡量样品质量和体积的方法都利用了阿基米德原理，相关方法也往往被称为阿基米德法。

显微分析法是用显微镜观测出多孔样品截面的总面积 S_t（cm^2）和其中包含的孔隙面积 S_p（cm^2），再通过如下关系式计算出多孔体的孔率：

$$\theta=\left(\frac{S_p}{S_t}\right)\times 100\% \tag{4.4}$$

该法要求多孔样品的观察截面要尽量平整，泡沫金属和泡沫陶瓷的观测截面可采用研磨抛光等方式加以制作。本法可较有效地检测孔隙尺寸较大（如大于 100nm）的多孔试样。在利用显微镜时，样品准备通常要经过切割、镶嵌、抛光等处理过程。为使孔隙结构层次分明，可将多孔试样镶嵌深色树脂后制作抛光面。在孔隙面积的求取过程中，可将孔隙视为等效的圆孔，根据视场内孔隙的平均孔径和孔隙的个数来计算孔隙部分的面积，也可以根据孔径的分布和不同孔径的孔隙个数来计算。对于形状不规则的孔隙，其截面面积的计算有一定的困难。

当然，通过这种方法直接测出的孔隙尺寸存在一定的失真性，因为通过各个孔隙的交叉点在空间是任意取向的，故得到的结果需作某些诠释或修正。

4.2.3 质量/体积直接计算法

本法是根据已知体积的多孔材料样品的质量，直接计算出样品的孔率：

$$\theta=\left(1-\frac{m}{V\rho_s}\right)\times 100\% \tag{4.5}$$

式中，m 为试样的质量，g；V 为试样的体积，cm^3；ρ_s 为多孔体对应致密固体材质的密度，g/cm^3。

该法要求待测样品应有规则的形状以及合适的大小，以便于进行样品尺寸的测量和体积的计算。切割试样时应注意不使材料的原始孔隙结构产生变形，或尽量不使孔隙变形。试样的体积应根据孔隙大小而大于某一值，并尽可能取大些，但也要考虑称重仪器的适应程度。在样品尺寸的测量过程中，每一尺寸至少要在3个分隔的代表性位置上分别测量3次，取各尺寸的平均值，并以此算出试样的体积。然后在天平上称取试样的质量。整个测试过程应在常温或规定的温度和相对湿度下进行。

尺寸测量可采用量具检测法（如游标卡尺、千分尺、测微计等检测）、显微观测法、投影分析法等，校准尺寸使用校准块规。测量时检测量具对试样产生的压力应尽可能小，如将检测压力控制在远低于大气压的范围，这样产生的受压变形误差最小，甚至可以忽略。

根据测试数据和多孔材料样品对应致密体的理论密度，就可按照上述关系计算出样品的孔率。此法的优点是简便、快捷，对样品无破坏，不足之处是只能够适用于外形规整的多孔材料样品。满足本法试样要求的规则形状有立方体、长方体、球体、圆柱体、管材、圆片等，减小相对误差的做法是采用大体积的试样。当然，不规则样品的体积也可以通过表面封孔的排液法测出（阿基米德排水法）。用于表面封孔的涂膜材料可为凡士林、石蜡等。

有研究者采用的做法则是将泡沫试样浸入熔融的石蜡液中，待蜡液充分充填试样的空隙后冷却，石蜡全部凝固后修整试样表面并对试样进行称重，得出的数据减去充填石蜡前的试样质量，即可由石蜡的密度求出石蜡的体积。此体积即泡沫试样中的开孔体积，由开孔体积除以试样表观总体积即可求得开孔率。由试样本身的质量、试样的表观总体积可计算出试样密度，由试样密度和对应致密体的密度则可求出总孔率。

4.2.4 浸泡介质法

本法测量采用流体静力学原理：将试样浸泡于液体介质中使其饱和，然后在液中称重来确定试样的总体积，进而算出多孔体的孔率（图4.1）。其测量步骤是：先用天平称量出试样在空气中的质量 m_1，然后浸入介质（如除气的油、水、二甲苯或苯甲醇等）使其饱和，采用加热鼓入法（煮沸）或减压渗透法使介质充分填满多孔体的孔隙。浸泡一定时间充分饱和后取出试样，轻轻擦去表面的介质，再用天平称出其在空气中的总质量 m_2。然后将饱含介质的试样放在吊具上浸入工作液体中称量，此时试样连同吊具的总质量为 m_3，而无试样时吊具悬吊于工作液体中的质量为 m_4。由此可得多孔体孔率如下：

$$\theta=\left(1-\frac{V_s}{V_t}\right)\times 100\%=\left[1-\frac{m_1/\rho_s}{(m_2-m_3+m_4)/\rho_L}\right]\times 100\% \tag{4.6a}$$

由此整理即有：

$$\theta=\left[1-\frac{m_1\rho_L}{(m_2-m_3+m_4)\rho_s}\right]\times 100\% \tag{4.6b}$$

式中，V_s 为多孔体中致密固体的体积，cm^3；V_t 为多孔体的总体积，cm^3；ρ_s 为多孔体对应致密固体材质的密度，g/cm^3；ρ_L 为工作液体的密度，g/cm^3。

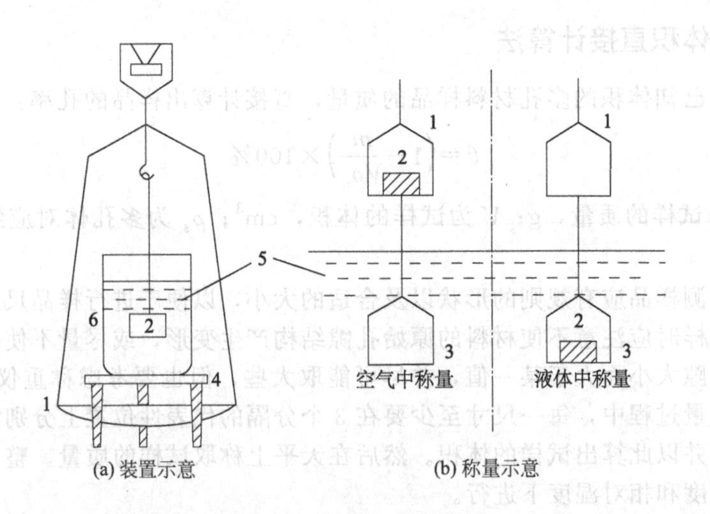

图 4.1　液中称量装置图

1—天平盘；2—试样；3—液中称量盘；4—托架；5—工作液体；6—盛液容器

对应得出多孔材料的开孔率为：

$$\theta_o = \left[\frac{(m_2 - m_1)\rho_L}{(m_2 - m_3 + m_4)\rho_{me}}\right] \times 100\% \tag{4.7}$$

式中，θ_o（下标 o 是英文单词开放“open”的首写字母）表示开孔率；ρ_{me}（下标 me 是英文单词介质“medium”的前两个字母）为饱和介质的密度，g/cm^3；其他符号意义同上式。

称量试样的具体悬挂方式见图 4.2。其中，使用的金属吊丝应尽可能细（最大直径参见表 4.1）。

表 4.1　金属吊丝最大直径参照值

试样质量/g	金属丝径/mm	试样质量/g	金属丝径/mm
<50	0.12	200～600	0.40
50～200	0.25	600～1000	0.50

测试体积减去吊丝体积得到试样体积，吊丝体积可通过在空气中称量一段长度与其测试过程中浸入深度相同的吊丝质量而获得。为消除附着在试样和称样装置上的气泡，可在水中滴加少许湿润剂，推荐采用体积分数为 0.05%～0.10% 的六偏磷酸钠。试样和水应处于相同的温度，通常的测试温度为 18～22℃。其中，对应各温度的水密度参见表 4.2。

表 4.2　不同温度下脱气水的密度

温度/℃	密度/(g/cm^3)	温度/℃	密度/(g/cm^3)
18	0.9986	25	0.9970
19	0.9984	26	0.9968
20	0.9982	27	0.9965
21	0.9980	28	0.9962
22	0.9978	29	0.9959
23	0.9975	30	0.9956
24	0.9973		

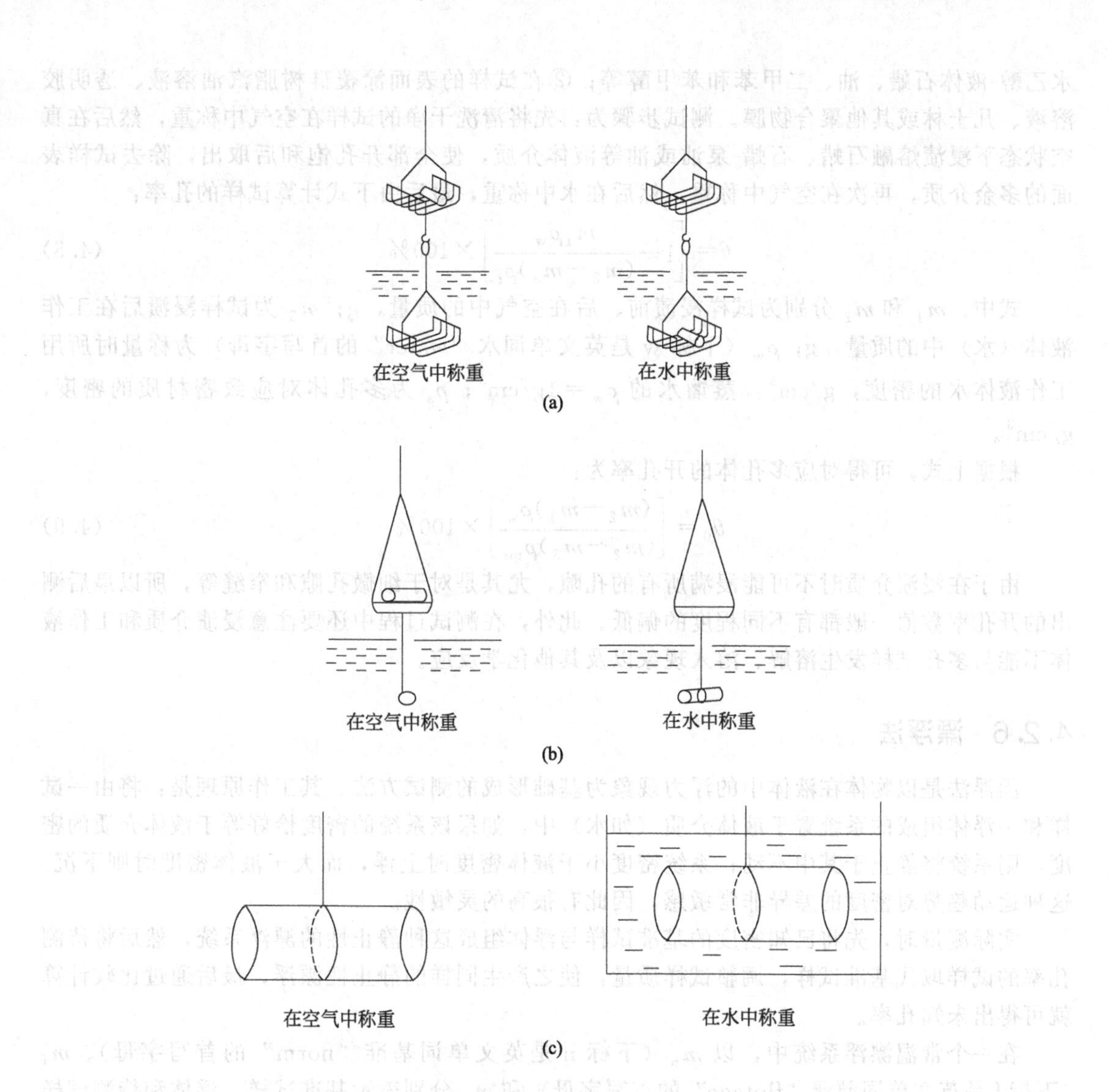

图 4.2 称量试样的悬挂方式

(a) 方式Ⅰ；(b) 方式Ⅱ；(c) 方式Ⅲ

测量时应使用密度已知的液体作为工作介质，并尽可能满足如下条件：①对试样不反应、不溶解；②对试样的浸润性好（以利于试样表面气体的排除）；③黏度低、易流动；④表面张力小（以减少液中称量的影响）；⑤在测量温度下的蒸气压低；⑥体膨胀系数小；⑦密度大。常用的工作液体有纯水、煤油、苯甲醇、甲苯、四氯化碳、三溴乙烯、四溴乙炔等。浸润所用液体应根据多孔材料孔隙尺寸来选择，孔隙较大的选用黏度较高的油液，孔隙较小的选用黏度较低的油液。

4.2.5 真空浸渍法

真空浸渍法测量原理与上述“浸泡介质法”基本相同，主要差别是在试样浸充介质时采取了真空渗入，所以也可视为浸泡介质法的一个特例。其体积测量仍然是通过测量试样在已知密度的液体中的浮力而进行计算的。对于具有开口孔隙的多孔体，为了不让液中称量时的工作液体进入孔隙，可采取如下方式使开孔饱和或堵塞：①浸渍熔融石蜡、石蜡-泵油、无水乙醇-液体石蜡、油、二甲苯和苯甲醇等；②在试样的表面涂覆硅树脂汽油溶液、透明胶溶液、凡士林或其他聚合物膜。测试步骤为：先将清洗干净的试样在空气中称重，然后在真空状态下浸渍熔融石蜡、石蜡-泵油或油等液体介质，使全部开孔饱和后取出，除去试样表面的多余介质，再次在空气中称重，然后在水中称重，最后由下式计算试样的孔率：

$$\theta=\left[1-\frac{m_1\rho_w}{(m_2-m_3)\rho_s}\right]\times100\% \tag{4.8}$$

式中，m_1 和 m_2 分别为试样浸渍前、后在空气中的质量，g；m_3 为试样浸渍后在工作液体（水）中的质量，g；ρ_w（下标 w 是英文单词水“water”的首写字母）为称量时所用工作液体水的密度，g/cm^3，蒸馏水的 $\rho_w=1g/cm^3$；ρ_s 为多孔体对应致密材质的密度，g/cm^3。

根据上式，可得对应多孔体的开孔率为：

$$\theta_0=\left[\frac{(m_2-m_1)\rho_w}{(m_2-m_3)\rho_{me}}\right]\times100\% \tag{4.9}$$

由于在浸渍介质时不可能浸满所有的孔隙，尤其是对于细微孔隙和窄缝等，所以最后测出的开孔率数值一般都有不同程度的偏低。此外，在测试过程中还要注意浸渍介质和工作液体不能与多孔试样发生溶解、溶入现象以及其他化学反应。

4.2.6 漂浮法

漂浮法是以物体在液体中的浮力现象为基础形成的测试方法。其工作原理是：将由一试样和一浮体组成的系统置于液体介质（如水）中，如果该系统的密度恰好等于液体介质的密度，则系统将静止于其中不动；系统密度小于液体密度时上浮，而大于液体密度时则下沉。这种运动趋势对密度的差异非常敏感，因此有很高的灵敏性。

实际测量时，先将已知密度的基准试样与浮体组成这种静止性的漂浮系统，然后将待测孔率的试样取代基准试样，调整试样质量，使之产生同样的静止性漂浮，最后通过比较计算就可得出未知孔率。

在一个常温漂浮系统中，以 m_n（下标 n 是英文单词基准“norm”的首写字母）、m_f（下标 f 是英文单词漂浮“flotage”的首写字母）和 m_x 分别表示基准试样、浮体和待测试样的质量（g），而以 ρ_n、ρ_f、ρ_x 和 ρ_w 分别表示基准试样、浮体、待测试样和工作介质水的密度（g/cm^3），以 V_{nf} 表示基准试样加浮体的体积和（cm^3），以 V_{xf} 表示待测试样加浮体的体积和（cm^3），则当基准试样与浮体一起发生静止性漂浮时，有：

$$\frac{m_n}{\rho_n}+\frac{m_f}{\rho_f}=V_{nf} \tag{4.10}$$

而

$$V_{nf}=\frac{m_n+m_f}{\rho_w} \tag{4.11}$$

因此有

$$\frac{m_n}{\rho_n}+\frac{m_f}{\rho_f}=\frac{m_n+m_f}{\rho_w} \tag{4.12}$$

类似地，对于待测试样与浮体组成的静止性漂浮系统有：

$$\frac{m_x}{\rho_x}+\frac{m_f}{\rho_f}=V_{xf} \tag{4.13}$$

而

$$V_{xf}=\frac{m_x+m_f}{\rho_w} \tag{4.14}$$

因此有
$$\frac{m_x}{\rho_x}+\frac{m_f}{\rho_f}=\frac{m_x+m_f}{\rho_w} \tag{4.15}$$

联立式(4.12)和式(4.15)得待测试样的表观密度：

$$\rho_x=\frac{m_x\rho_w\rho_n}{m_x\rho_n+m_n(\rho_w-\rho_n)} \tag{4.16}$$

因此待测试样的孔率为：

$$\theta=\left(1-\frac{\rho_x}{\rho_s}\right)\times 100\%=\left\{1-\frac{m_x\rho_w\rho_n}{[m_x\rho_n+m_n(\rho_w-\rho_n)]\rho_s}\right\}\times 100\% \tag{4.17}$$

如果采用的基准试样材质与待测多孔试样材质相同，则有 $\rho_n=\rho_s$，从而由上式得出：

$$\theta=\left[\frac{(m_n-m_x)(\rho_w-\rho_n)}{m_x\rho_n+m_n(\rho_w-\rho_n)}\right]\times 100\% \tag{4.18}$$

本法的测试精度比真空浸渍法要高，对低孔率试样的孔率测定较为合适。对于孔率较高的开孔试样，只要用一涂层包覆起来（以免进入水等工作液体），即可采用本法测试。另外，也应注意工作液体不要与多孔试样产生溶解、溶胀以及其他任何化学作用。

最后要说的是，作为常用来测试多孔试样孔率的压汞法，由于其同时可测孔率、孔径、孔径分布、比表面积等多项参数，因此本章将其放到后面独作一节进行介绍。

4.3 孔径及其分布的表征和检测

孔径及其分布是多孔材料重要的基本指标之一，虽其对多孔体的许多力学性能和热性能等依赖关系较小，但对多孔体的透过性、渗透速率、过滤性能等其他一系列的性质均具有显著的影响，因而其表征方法受到很大关注。例如，多孔材料过滤器的主要功能是截留流体中分散的固体颗粒，而其孔径及孔径分布就决定了过滤精度和截留效率；又如，电极反应动力学与多孔电极的孔结构参数有着密切的关系。其中，孔径大小即是一个十分重要的结构参量。

多孔材料的孔径指的是多孔体中孔隙的名义直径，一般都只有平均或等效的意义。其表征方式有最大孔径、平均孔径、孔径分布等，相应的测定方法也有很多，如断面直接观测的显微分析法、气泡法、透过法、压汞法、气体吸附法、离心力法、悬浮液过滤法、X射线小角度散射法等。其中，直接观测法只宜用于测量个别或少数孔隙的孔径，而其他间接测量均是利用一些与孔径有关的物理现象，通过实验测出各有关物理参数，并在假设孔隙为均匀圆孔的条件下计算出等效孔径。下面分别介绍上面提及的各种常用测定方法（压汞法将在后面单独介绍）。

4.3.1 显微分析法

显微分析法是利用样品放大后直接观测多孔材料孔径的方法。在一定放大倍数下观测试样断面的孔隙结构，通过标准刻度来度量视场中的孔隙个数和孔隙尺寸，从而计算出试样的孔径及其分布。其中，孔径分布是不同孔径范围内孔隙个数的百分数。

首先得出断面尽量平整的多孔材料试样，然后通过显微镜（如用电镜观察不导电试样时可先行喷金处理）或投影仪读出断面上规定长度内的孔隙个数，由此计算平均弦长（L），再将平均弦长换算成平均孔隙尺寸（D）。大多数孔隙并非球形，而是接近于不规则的多面体构型，但在计算时为方便起见仍将其视为具有某一直径（D）的球体。这样便可得到如下的关系公式：

$$D=L/(0.785)^2=L/0.616 \tag{4.19}$$

式中，D 为多孔体的平均孔径；L 为测算出的孔隙平均弦长。

显微分析法是一种统计方法，为使测试结果具有代表性，观测应有一定的数量。

还有文献也介绍了利用断面光学显微观测分析多孔材料孔隙尺寸分布的方法，其在给定光学图像内考虑的孔隙处于图形确定的平面内，每个被观测孔隙的横截面积 S 均近似成直径为 d_p 的圆面积。这样得出的 d_p 值具有不确定性，因为图片平面的开孔面可能发生倾斜。

4.3.2 气泡法

在测试多孔样品孔径及其分布等参数的方法中，气泡法是得到长期使用并且比较成熟的一种。该法适合于通孔检测，不能用于闭孔检测。气泡法测试多孔材料通孔的孔径及其分布是目前国内外普遍采用的方法，特别适合于较大孔隙（大于 100μm）的最大孔径测量。测试过程安全、环保、快捷，结果稳定，因此受到普遍采用，并已形成了相应的国际标准和国家标准。

（1）基本原理

气泡法的测量原理是毛细管现象。该法是测量孔径的最普遍方法，其利用对通孔材料具有良好浸润性的液体浸渍多孔样品，使之充满开口孔隙空间，然后以气体将连通孔中的液体推出，依据所用气体压力来计算孔径值。

利用毛细管作用原理，气泡法的测试基于测量经通孔型多孔材料气体逸出所需压力和流量，样品预先抽空排气并用已知表面张力的液体浸透。样品中所浸透的液体，由于表面张力作用而产生毛细力。若将孔的界面考虑为圆形，沿该圆周长度液体的表面张力系数为 σ，孔的半径为 r，液体和多孔材料的接触角为 α，则驱使液体流入孔内而垂直于该界面的力为 $2\pi r\sigma\cos\alpha$。与此相反的力，即外界施加的气体压力 p 而引起的力，在此圆面积上的值是 $\pi r^2 p$。当这两个力平衡时，孔中的液体就会被排出，于是将有气泡逸出：

$$2\pi r\sigma\cos\alpha=\pi r^2 p \tag{4.20}$$

根据气泡逸出的相应压力值，即可求出对应的孔径尺寸。

气泡法测定通孔型多孔材料最大孔径的方式，是利用对材料具有良好浸润性的液体（常用的有水、乙醇、异丙醇、丁醇、四氯化碳等）浸润试样并使其中的开口孔隙达到饱和，然后以另一种流体（一般为压缩气体）将试样孔隙中的浸入液体吹出。当气体压力由小逐渐增大到某一定值时，气体即可将浸渍液体从孔隙（视为毛细管）中推开而冒出气泡，测定出现第一个气泡时的压力差，就可按下式计算出多孔试样的毛细管等效最大孔径：

$$r=\frac{2\sigma\cos\alpha}{\Delta p} \tag{4.21}$$

式中，r 为多孔样品的最大孔隙半径，m；σ 为浸渍液体的表面张力，N/m；α 为浸渍液体对被测材料的浸润角/接触角，(°)，完全浸润时 $\alpha=0°$；Δp 为静态下试样两面的压力差，Pa。

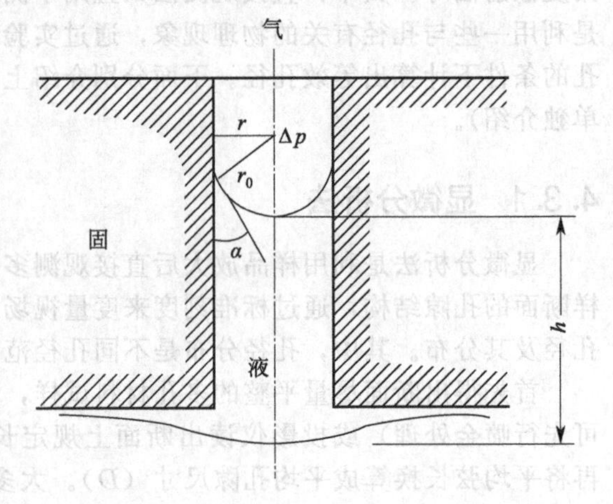

图 4.3 液体浸润毛细孔产生的附加压力

当毛细管吸入液体时，由于液体对管壁的浸润作用，液面在毛细管中形成一个“弯月面”（图 4.3），该弯月面在表面张力和浸润角的作用下产生一个指向气相的附加压力 Δp（图 4.3 中状态）。若气相压力大到等于或稍大于 Δp 时，气体就会将毛细管中的液体挤出，气体透过此毛细管，并在管口形成气泡。故由式(4.21) 即可得出对应的毛细管半径 r。如果测出每级孔径所对应的 Δp 及通过相应孔隙的气体流量，则可得到该材料的孔径分布情况。相关的数理关系在下面介绍。

在层流条件下，黏性气流通过圆柱形导管（毛细管）的流动服从 Poiseuille 定律：

$$q=\frac{\pi}{8}\cdot\frac{\Delta p}{\eta L}\cdot r^4 \tag{4.22}$$

式中，q 为通过毛细管的流量，m^3/s；Δp 为毛细管两端的压力差，Pa；L 为毛细管的长度，m；η 为通过毛细管的流体介质的黏滞系数，Pa·s；r 为毛细管的内孔半径，m。

对于实际多孔材料，其孔径大小各异，形状也各不相同，但可设想其为等效的毛细管，其长度等于试样的厚度乘以弯曲因子。设半径为 r_i 的毛细管有 n_i 个，可知气体通过多孔试样的流量为：

$$Q=\sum_i n_i\frac{\pi}{8}\cdot\frac{\Delta p}{\beta L\eta}\cdot r_i^4 \tag{4.23}$$

式中，Q 为通过多孔试样的气体流量，m^3/s；Δp 为多孔体两端的压力差，Pa；L 为多孔试样厚度，m；β 为多孔体的弯曲因子（等于气体所经实际路程与试样厚度之比）；η 为通过多孔试样的流体介质的黏滞系数，Pa·s。

在雷诺数 $Re=10\sim60$ 时层流过渡到湍流的过程十分缓慢，而且是孔隙越不相同就越缓慢，从而可避免湍流。测量时气体通过的孔随着压力的增加而被逐渐打开，孔径和压力的对应关系可由式(4.21) 求得，此时在各种压力下所测得的流量取决于两个因素：①已打开的孔，流量随着压力的增加而增加，其与压力的关系应为线性；②随着压力的增加，有新的较小的孔被打开，从而也会对流量有所贡献，由式(4.23) 可知这部分流量的增加与压力呈非线性关系。两个因素的综合结果表明流量随着压力的变化是一个曲线关系，但当所有的孔全部被打开后，此时孔径为一固定值。所以，这时 Q 随着 p 的变化关系为一直线，以后流量的增加就只取决于第一个因素了。

在测定孔径分布时，是继试样冒出第一个气泡后，再不断增大气体压力使浸渍孔道从大到小逐渐打通冒泡，同时气体流量也随之越来越大，直至压差增大到液体从所有的小孔中排出。根据气体流量与对应压差的关系曲线（图 4.4），即可求出多孔材料的孔径分布。

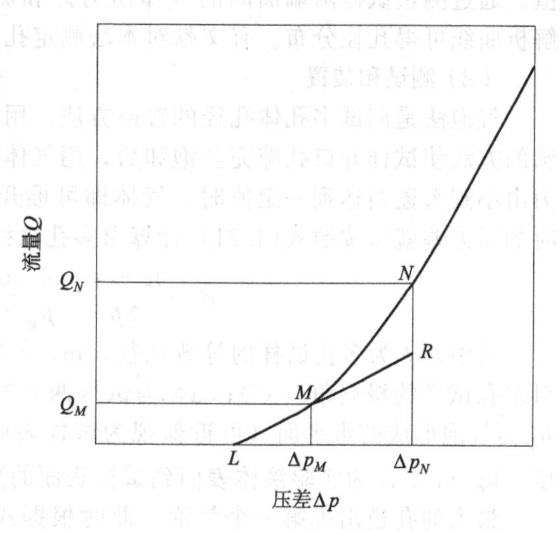

图 4.4　气体流量与压差的关系曲线

在流量 Q 与压差 Δp 的测试曲线上（图 4.4），当压差由 Δp_M 增大到 Δp_N 时，相应的流量则从 Q_M 增加到 Q_N，而新透气的孔隙半径即从 r_M 减小至 r_N。若半径在 $r_N\sim r_M$ 之间的孔隙个数为 n_i 个，对应的平均半径为 r_i，视实际孔道为圆柱形毛细管，并假设气体在毛细管内的流动是不可压缩的黏性连续层流，则由 Hangen-Poiseuille 定律可得：

$$\Delta Q=\frac{\pi r_i^4 n_i\Delta p_i}{8\eta\beta L} \tag{4.24}$$

式中，Δp_i 为对应于半径尺度 r_i（意义如前所述）的压差；η 为气体的黏滞系数；β 为孔道的弯曲系数（直孔的 $\beta=1$）；L 为多孔试样的厚度。

对应于半径尺度 r_i 的孔隙体积为：

$$V_i = n_i \pi r_i^2 \beta L \tag{4.25}$$

而由式(4.21) 有：

$$r_i = \frac{2\sigma\cos\alpha}{\Delta p_i} \tag{4.26}$$

将式(4.25) 和式(4.26) 代入式(4.24) 整理得：

$$V_i = \frac{2\eta\beta^2 L^2}{\sigma^2 \cos^2\alpha} \Delta p_i \Delta Q_i \tag{4.27}$$

令常数

$$c = \frac{2\eta\beta^2 L^2}{\sigma^2 \cos^2\alpha} \tag{4.28}$$

则有

$$V_i = c \Delta p_i \Delta Q_i \tag{4.29}$$

最后得出孔径分布的表达式为：

$$\frac{V_i}{\sum V_i} = \frac{\Delta p_i \Delta Q_i}{\sum \Delta p_i \Delta Q_i} \tag{4.30}$$

根据所测得的压力值及其相应的流量值，作出 Q-p 曲线。由曲线的开始点到开始变为直线点的一段，选择合适的实验点，从曲线上分别作切线，并由横轴对应点分别作垂线，与曲线相交，相应点的垂线上曲线和切线之间的长度为 ΔQ_k 值，压力 p_k 相应于该部分平均孔径 r_k 所对应的压力。由一系列的 p_k 值和 ΔQ_k 值根据式(4.30) 可求出样品的 V-r 积分曲线和 dp/dt-r 微分曲线。

实验表明，压力增加速度 dp/dt 越小，则测量效果越好，否则所测得的 r 值偏高。为此在测定过程中须缓慢升压，以减小测定时所产生的误差。对于选定的浸渍液体，σ 和 α 为定值。测量出现第一个气泡时对应的气体压差，按公式(4.21) 即可计算出样品的最大孔径值。通过测量试样两端面间的气体压力差和流经样品的气体流量，可得出流量-压差曲线，解析曲线可得孔径分布。有文献对本法测定孔径分布进行了解析。

（2）测试和装置

气泡法是测试多孔体孔径的普遍方法。用浸润性良好的液体浸润试样，通过抽真空或煮沸的方法使试样开口孔隙完全饱和后，用气体将试样孔隙中浸入的液体缓慢推出。当气体压力由小到大逐渐达到一定值时，气体即可推开孔隙中的液体而冒出气泡（图 4.5）。根据此时的压力差就可按照式(4.21) 计算出多孔试样的等效毛细管直径：

$$d = \frac{4\sigma\cos\alpha}{\Delta p} = \frac{4\sigma\cos\alpha}{p_g - p_1} = \frac{4\sigma\cos\alpha}{p_g - 9.81\rho h} \tag{4.31}$$

式中，d 为多孔试样的等效孔径，m；σ 为实验液体的表面张力，N/m；α 为浸润液体对多孔试样的浸润角，(°)；Δp 为试样两侧的静态压力差，Pa；p_g 为实验气体压力，Pa；p_1 为气泡形成的水平面（可近似视为试样表面）上实验液体的压力，Pa；ρ 为实验液体密度，kg/m^3；h 为实验液体表面到试样表面的高度，m。

最大的孔道出现第一个气泡，此时根据式(4.21) 计算出来的孔径为试样的最大孔径。该孔径值实际上表征的是孔道最窄部位（图 4.6）。

开始实验之前，试样应由液体饱和，其浸润装置参见图 4.7。根据试样孔径的大小选择适宜的液体（表 4.3 给出了各种液体在 20℃时的表面张力），通常选用蒸馏水和无水乙醇。为了改善液体对试样的浸润性，试样预先置于真空室 2 内抽空半小时，然后注入液体，液体通过多孔体被吸入，充满整个孔隙。

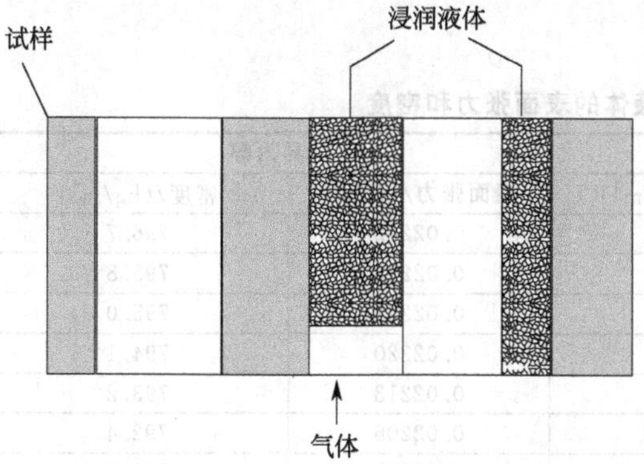

图 4.5　气泡法测试多孔试样孔径的过程示意图

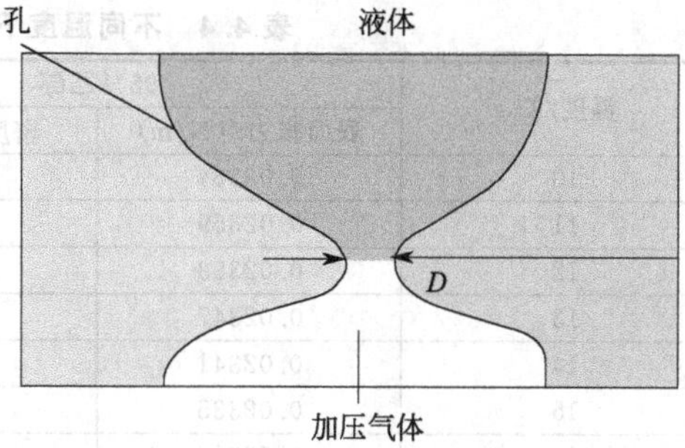

图 4.6　气泡法的孔径计算值的表征部位

表 4.3　各种液体在 20℃ 时的表面张力

液体	表面张力 σ/(N/m)	适合测定的多孔材料
水	72.5×10^{-3}	不锈钢，硅石，玻璃，陶器，铂海绵
乙醇	22×10^{-3}	不锈钢
四氯化碳	27×10^{-3}	硅石，玻璃，陶器，铂海绵，不锈钢
甲醇	23×10^{-3}	青铜
正丙醇	24×10^{-3}	聚乙烯
正戊基乙酸盐	24×10^{-3}	硅石，玻璃，陶器，铂海绵
异戊基乙酸盐	27×10^{-3}	聚乙烯
乙醚	17×10^{-3}	

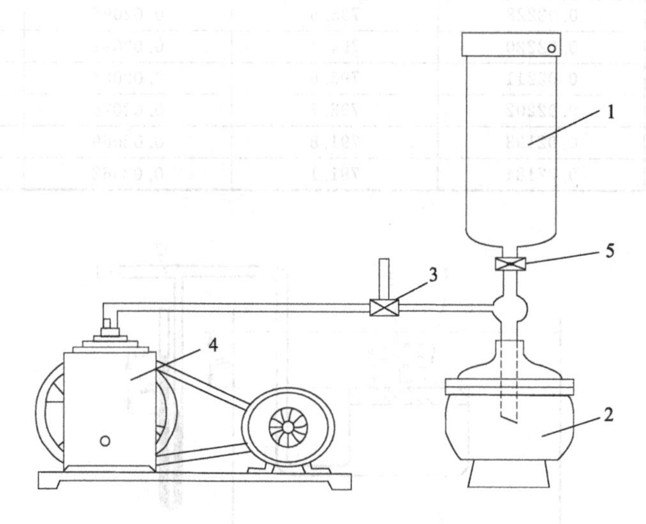

图 4.7　样品浸润装置

1—储液容器；2—真空室；3—三通开关；4—真空泵；5—注液开关

浸润液体是根据多孔试样材质来选择的，对金属具有较好浸润性的有 95％乙醇、甲醇、异丙醇、四氯化碳等（参见表 4.4），可将其浸润角视为 0°，即完全浸润。浸润应使液体充满整个试样的全部孔隙，浸泡时间一般为 10～15min，孔径较小、厚度较大的试样应在真空条件下浸润。测试过程中应保持试样表面上方工作液面的高度不变，即保持在气泡形成的水平面上工作液体的压力 p_1 不变（图 4.8）。测量时应缓慢充气，气体压力 p_g 从零开始逐渐增加。其中，气体压力 p_g 与起泡面上工作液体压力 p_1 的差值即为孔径计算关系式中的压差 Δp（$=p_g-p_1$）。

表 4.4 不同温度下工作液体的表面张力和密度

温度/℃	95%乙醇		异丙醇	
	表面张力/(N/m)	密度/(kg/m³)	表面张力/(N/m)	密度/(kg/m³)
10	0.02364	812.8	0.02242	796.7
11	0.02359	811.9	0.02235	795.8
12	0.02353	811.1	0.02228	795.0
13	0.02347	810.2	0.02220	794.1
14	0.02341	809.3	0.02213	793.2
15	0.02335	808.5	0.02206	792.4
16	0.02329	807.6	0.02199	791.5
17	0.02323	806.7	0.02192	790.6
18	0.02317	805.8	0.02184	789.7
19	0.02311	805.0	0.02177	788.9
20	0.02305	804.2	0.02170	788.0
21	0.02297	803.1	0.02163	787.1
22	0.02289	802.3	0.02156	786.3
23	0.02282	801.4	0.02148	785.4
24	0.02275	800.6	0.02141	784.5
25	0.02267	799.9	0.02134	783.6
26	0.02260	798.9	0.02127	782.8
27	0.02252	798.0	0.02120	781.9
28	0.02245	797.1	0.02112	781.0
29	0.02237	796.3	0.02105	780.2
30	0.02228	795.5	0.02098	779.3
31	0.02220	794.4	0.02091	778.4
32	0.02211	793.6	0.02084	777.6
33	0.02202	792.7	0.02076	776.7
34	0.02193	791.8	0.02069	775.8
35	0.02184	791.1	0.02062	775.0

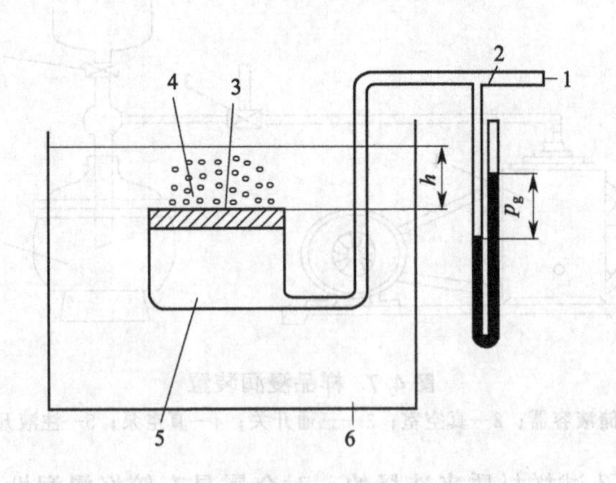

图 4.8 气泡法测试孔径及其分布的装置简图

1—进气口；2—调节阀门；3—试样；4—工作液体起泡面（压力 p_1）；5—加压气体（压力 p_g）；6—工作液体

图 4.9 所示为一完整的测试装置构造示例，浸润后的样品置于样品室内，样品两端须用橡皮垫圈压紧，防止过流产生。试样上面存放 3～6mm 的液体，然后打开储气瓶 1 的开关，

并调节高压表2的开关，使压力表3的压力读数小于某一值后，再缓慢调节微调开关4，使U形管压力计9的汞柱缓慢上升，直到经样品表面出现第一个气泡。在此压力下气体通过一个或几个尺寸的最大孔，其后压力逐步增加，每次记下压力值和它相应的流量值。

图4.10是气泡法测试设备整体构造的又一示例。其中，U形管压力计的测量口应尽量接近试样的表面，以便准确测量试样两侧的压力差。

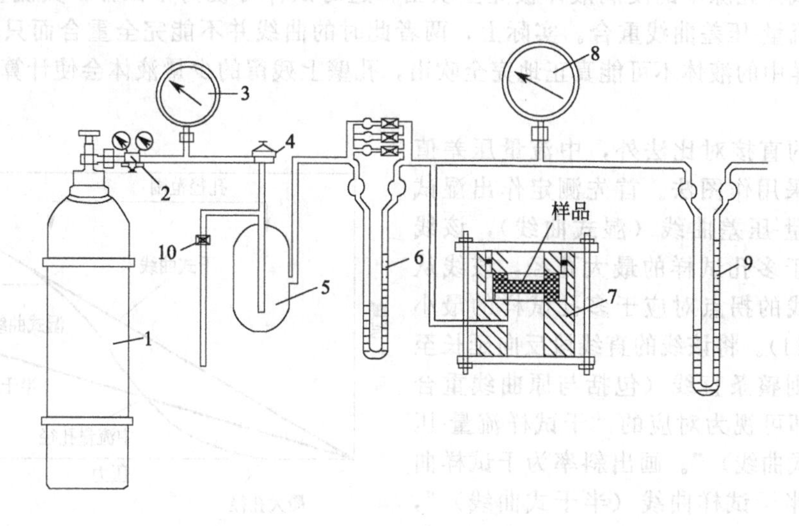

图4.9 气泡法测试装置整体构造示例1

1—储气瓶；2—高压表；3—压力表；4—微调开关；5—缓冲器；6—毛细管流量计；7—样品室；8—压力表；9—U形管压力计；10—放空阀

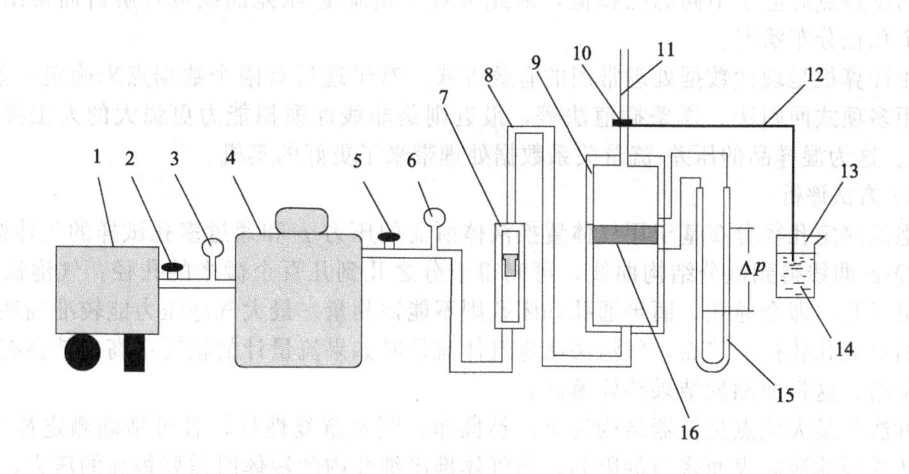

图4.10 气泡法测试装置整体构造示例2

1—空气压缩机；2—调压阀1；3—压力表；4—储气罐；5—调压阀2；6—压力表2；7—流量计；8—空气导管；9—样品室；10—三通阀；11—排空管；12—空气软管；13—烧杯；14—水；15—U形管压力计；16—测试样品

（3）中流量平均孔径

在一般的气泡法测量过程中，由于大孔对流量的影响较大，致使小孔的测量精度不高，甚至有一部分小孔被忽略。为避免这一问题，有些作者提出用中流量孔径来表示多孔材料的特性。先用干样品测量出压差-流量曲线，然后用预先在已知表面张力液体中浸润过的湿样品测量出压差-流量曲线，找出湿样品流量恰好等于干样品流量一半时的压差值。在此压差下求出的孔径称为中流量孔径。这种方法比普通气泡法更为接近多孔材料的实际性能。

试样孔道被工作液体完全浸润的称为湿试样。将湿试样与干试样进行平行实验，逐渐增加工作气体的压力到某一压差下，通过湿试样的气体流量正好等于干试样气体流量的一半，此时压差称为中流量压差，根据该压差值计算的孔径称为中流量平均孔径。继续增加工作气体的压力到试样孔隙中的浸润液体被完全吹出，这时试样可视为干试样，其流量-压差曲线与干试样的流量-压差曲线重合。实际上，两者此时的曲线并不能完全重合而只是接近，这是由于湿试样中的液体不可能真正地完全吹出，孔壁上残留的少量液体会使计算得出的孔径略微偏小。

除上述的直接对比法外，中流量压差值的确定还可采用作图法。首先测定作出湿试样完整的流量-压差曲线（湿式曲线），该线的始点对应于多孔试样的最大孔径，该线从曲线变为直线的拐点对应于多孔试样的最小孔径（图 4.11）。将该线的直线段反向延长至坐标原点，则整条直线（包括与原曲线重合的直线段）即可视为对应的“干试样流量-压差曲线（干式曲线）”。画出斜率为干试样曲线一半的“半干试样曲线（半干式曲线）”，该线与湿式曲线的交点即为中流量压差点（图 4.11）。

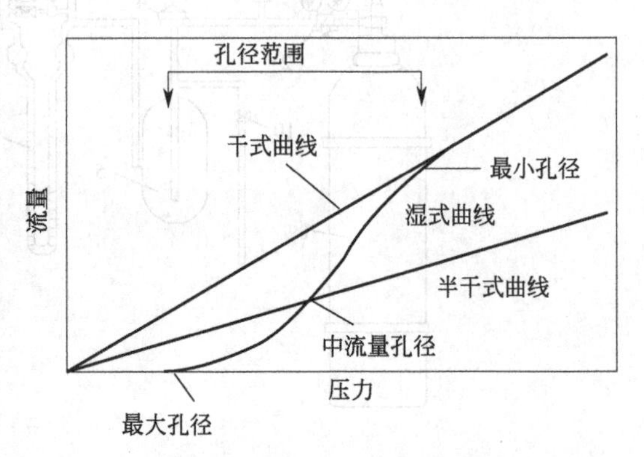

图 4.11　多孔试样的不同孔径位置

由于气体流量与压差具有一一对应的关系，不同压差点对应于不同的孔径值，因此可对上述流量-压差曲线进行解析而得出多孔试样的整个孔径分布状况。

应用计算机是现代数据处理常用的有效方式。对于通过有限个数据点来确定一条曲线，通常可用多项式回归法、样条插值法等，最近则是非线性模拟能力更强大的人工神经网络BP模型。这为湿样品的压差-流量关系数据处理带来了更好的契机。

（4）方法评析

气泡法测定孔径分布基于用气体置换液体所需的压力 p 和通过多孔试样的气体流量 Q，由建立 Q-p 曲线得到微分结构曲线，可测得十分之几到几百个微米的孔径。气泡法所测定的孔为贯通孔，即全通孔，而半通孔和闭孔则不能被测量。最大气泡压力能较准确地给出样品最大的贯通孔孔径。然而，气泡法测定气体流量时如果流量计的精度不高，就会有一部分细孔被忽略，这将使测量结果整体偏高。

该方法的最大优点是仪器结构简单，易操作，测量重复性好，且可精确测定最大孔径。但气泡法受浸渍液体表面张力的限制，用气体推出细孔内的液体时需要很高的压力，故难以测量小于 0.1μm 的孔径。例如以无水乙醇为浸渍介质，测量 0.01μm 数量级的极小孔径时，所需气体压力为 4.4MPa，从而使仪器的结构复杂化。此时对仪器设计和试样强度的要求都更高，在高压作用下还可能改变和损坏试样及其孔隙表面状态。因此，气泡法不适于测量极细的孔径。

气泡法测试多孔材料的孔径及其分布是目前国内外普遍采用的方法，特别适合于较大孔隙（大于 100μm）的最大孔径测量。测试过程安全、环保、快捷，结果稳定，因此受到普遍采用，并已形成了相应的国际标准和国家标准。

4.3.3 透过法

透过法的测试原理与气泡法相同，即利用层流条件的气体通过多孔试样，并视孔道为正直的圆形毛细管，则由 Hangen-Poiseuille 定律可得出一个毛细管的气流量为：

$$\Delta Q'=\frac{\pi d^4\Delta p}{128\eta L} \tag{4.32}$$

式中，d 为毛细孔直径；Δp 为毛细管两端流体的压差；η 为流体的黏滞系数；L 为毛细管的长度（即多孔试样的厚度）；128 为理论计算常数。

若截面积 A 上有 N 根毛细管，则总流量为：

$$\Delta Q=N\Delta Q'=\frac{N\pi d^4\Delta p}{128\eta L} \tag{4.33}$$

如试样的通孔率为 θ，则在截面 A 上的孔隙所占面积是 θA，因此：

$$N=\frac{4\theta A}{\pi d^2} \tag{4.34}$$

将上式代入式(4.33) 整理得：

$$\Delta Q=\frac{\theta A d^2\Delta p}{32\eta L} \tag{4.35}$$

变换表达形式即有：

$$d=\sqrt{\frac{32\eta L\Delta Q}{\theta A\Delta p}} \tag{4.36}$$

为了更接近于实际的多孔材料，引入毛细管的弯曲系数 β，则流体流经孔隙的路程变为 βL，流速变为宏观流速的 β 倍（即孔隙中的流量变为 β 倍）。取 $\beta=\pi/2$，则由上式有：

$$D=\sqrt{\frac{32\eta\beta^2 L\Delta Q}{\theta A\Delta p}}=2\pi\sqrt{\frac{2\eta L\Delta Q}{\theta A\Delta p}} \tag{4.37}$$

式中，D 为多孔试样的有效平均孔隙直径。

上述不同关系式中，使用的系数各有差异，故彼此间的数据只能作大体上的比较。此外，不同多孔体的孔隙弯曲系数也不一样，所以这些公式只有近似定量的意义。

由上述方法原理可知，透过法只代表多孔试样的贯通孔。因为实际多孔材料往往同时含有通孔、半通孔和闭孔，因此计算公式中，使用的孔率（总孔率）会大于方法模型中的孔率(通孔率)。所以，由此得到的有效平均孔径会小于实际值。

4.3.4 气体渗透法

利用气体渗透法测定多孔材料的平均孔径，几乎能测定所有可渗透的孔隙。这是其他一些检测方法所不能比拟的，尤其是对于测定憎水性多孔试样孔径的一些经典方法，如压汞法和吸附法等。

（1）基本原理

基于气体通过多孔试样的流动，可利用气体渗透法来测定渗透孔的平均孔径。气体流动一般存在两种形式，一是自由分子流动（Kundsen 流动），二是黏性流动。当渗透孔的孔直径远大于气体分子的平均自由程时，黏性流占主导地位；反之，自由分子流占主导地位。因此，渗透气体通过多孔体的渗透系数 K 可表示为：

$$K=K_0+\frac{B_0}{\eta}\bar{p} \tag{4.38}$$

式中，K_0 为自由分子流的渗透系数，m^2/s；η 为渗透气体的黏度，Pa·s 或 $N \cdot s/m^2$；B_0 为多孔试样的几何因子，m^2；$\bar{p}$ 为多孔试样两边的压力平均值 $(p_1+p_2)/2$，Pa。

上述渗透系数 K 又可由下式求出：

$$K=\frac{dp}{dt}\frac{VL}{A\Delta p} \tag{4.39}$$

式中，dp/dt 为单位时间内的压力降，Pa/s；V 为渗透容器的体积，m^3；L 为多孔样品的厚度，m；A 为多孔体的气体渗透面积，m^2；Δp 为多孔体两边的压差 (p_1-p_2)，Pa。

式(4.38) 是直线方程，故只要根据式(4.39) 求出渗透系数 K，就可由 $\bar{p}$ 和相应的 K 作直线，求得斜率为 B_0/η，截距为 K_0。

实践中多孔材料的 K_0 和 B_0 可由下述两个公式来分别进行表达：

$$K_0=\frac{4}{3}\frac{\delta}{K_1\beta^2}\theta r\bar{v}=\frac{4}{3}\left(\frac{\delta}{K_1}\right)\frac{\theta r\bar{v}}{\beta^2} \tag{4.40}$$

式中，δ/K_1 为对于所有多孔材料均是取值为 0.8 的常数；β 为多孔体中孔隙的弯曲因子 ($\geqslant 1$)；θ 为多孔体的孔率；r 为多孔体的平均孔半径，m；$\bar{v}$ 为气体分子平均速度，m/s：

$$\bar{v}=\left(\frac{8RT}{\rho M}\right)^{1/2} \tag{4.41}$$

式中，R 为摩尔气体常数；T 为热力学温度；M 为渗透气体分子的摩尔质量。在恒定温度下，对于同一种气体，$\bar{v}$ 被认为是一个常数。另外，多孔体的几何因子可表达为：

$$B_0=\frac{\theta r^2}{k\beta^2} \tag{4.42}$$

式中，k 是黏性流中形态因子，一般为 2.5。

联立式(4.40) 和式(4.42)，即得：

$$r=\frac{B_0}{K_0}\frac{16}{3}\left(\frac{2RT}{\pi M}\right)^{1/2} \tag{4.43}$$

由上式可知，不必知道多孔试样的孔率 θ 和弯曲因子 β，即可求出平均孔径的数值。但当多孔体的渗透孔直径远大于气体分子的平均自由程时，式(4.38) 的 K_0 值很小，实验中很难测定。因此，这时就不能用式(4.43) 来计算平均孔径了。在这种条件下，气体通过多孔试样的流动属于黏性流，气体渗透量与渗透孔半径的关系为：

$$Q=\frac{\pi r^4\Delta p(p_1+p_2)ANt}{16\eta Lp_1} \tag{4.44}$$

式中，Q 为 t 时间内气体的渗透量，m^3；p_1 和 p_2 分别为被测样品前后端的压力，N/m^2；N 为单位面积上的孔数，$1/m^2$；t 为渗透时间，s；A、η 和 L 的含义和量纲均同前。其中：

$$N=\frac{\theta\times 1}{\pi r^2}\div 1=\frac{\theta}{\pi r^2} \tag{4.45}$$

式中，“1”表示渗透面积为 $1m^2$。

与大气相通的被测样品后端压力 p_2 很小，若忽略不计，则式(4.44) 可简化成：

$$Q=\frac{r^2p_1At\theta}{16\eta L} \tag{4.46}$$

（2）实验方法

图 4.12 所示为气体渗透装置结构简图。图中实线部分为过渡流的渗透装置，黏性流的渗透实验则需附加虚线部分的转子流量计。压力表 1 的作用是保护压力传感器，压力

传感器 2 则是精确测定渗透压力的硅压阻元件；记录仪 4 用以准确显示压阻元件输出的信号，精确地测定出每一时间对应的渗透压力。渗透池 8 用以密封被测多孔试样，过渡流渗透时其右端敞开并与大气连通，黏性流渗透时其右端与转子流量计 9 连接。转子流量计 9 由三个不同量程的转子流量计并联组成，以精确地测定气体渗透量。三个转子流量计的出口都通大气。

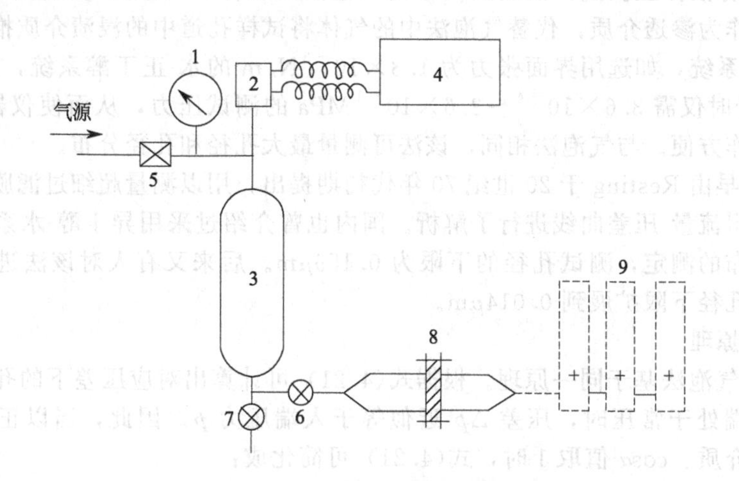

图 4.12 气体渗透装置示意图

1—压力表；2—压力传感器；3—容器；4—记录仪；5～7—双通阀；8—渗透池；9—转子流量计

过渡流渗透实验比较简单。干态多孔试样密封于渗透池 8 中，打开双通阀 5、6，关闭双通阀 7。气瓶出来的渗透气体充入容器 3，同时透过渗透池 8 中的多孔试样。达到预定压力后，关闭双通阀 5，容器 3 与气源隔绝，记录仪 4 则记录由于气体从多孔体中渗出容器而引起的容器内压力降落情况。初始阶段的压力降落并不能代表稳定的气体渗透量。为避免初始瞬时阶段的压力降落，容器内的气体压力应提高到比测定所需压力高一定比值的压力。该比值视被测多孔材料的不同而不等。当渗透实验完成后，利用压力降落直线的斜率 dp/dt，并使用其相邻两点检测压力的平均压力为该区间被测材料的前端压力 p_1。由于本装置渗透池的出口端通大气，因此被测样品的后端压力 p_2 为大气压。

黏性流渗透实验可检测孔径较大的多孔试样，此时容器内的压力降落较快而很难检测，故需图 4.12 中实线和虚线部分的装置。干燥空气经双通阀 5，通过容器 3 透过渗透池 8 中的被测多孔试样，这时打开双通阀 6，关闭双通阀 7。渗透压力由记录仪 4 记录。如需更高的压力监测精度，且压力较低，可外接油压力计，所用油可选用邻苯二甲酸二丁酯。每一渗透压力下所对应的空气渗透量则由转子流量计 9 检测。与过渡流渗透实验不同的是，黏性流渗透实验须检测稳定的空气渗透量。

（3）分析和讨论

① 黏性流和过渡流的区分　对于气体在毛细孔中的流动，通常以渗透孔直径 d 与流动气体的平均自由程 λ 之比值来确定流动类型。当 $d/\lambda \leqslant 1$ 时，流动视为自由分子流；当 $d/\lambda > 10$ 时，黏性流流动占主导地位。因此，不少文献以 0.4～0.5μm 的孔半径值作为多孔体中黏性流和过渡流的分界。实际上被测多孔材料试样的孔分布是宽广的，气体在多孔体中的流动是复杂的，且被测试样的平均孔半径在渗透实验前还是未知的，所以应在具体实验中加以区分。当被测多孔体在过渡流渗透装置部分中，容器内的压力降落较快而很难检测时，则进行黏性流渗透实验。

② 气体对测定结果的影响　在过渡流渗透实验中，利用空气、氮气和氩气等不同气体

测定多孔体的 K_0 值以及根据式(4.43) 所求的平均孔半径均是接近的。可见，无论是何种气体，该实验都能提供一个较为一致的数值。

4.3.5 液-液法

液-液法又称液体置换法。该法实质上是气泡法的延伸，其采用与液体浸渍介质不相溶的另一种液体作为渗透介质，代替气泡法中的气体将试样孔道中的浸渍介质推出。选择界面张力低的液-液系统，如选用界面张力为 1.8×10^{-3}N/m 的水-正丁醇系统，用其测量 10～0.01μm 的孔径时仅需 3.6×10^{-4}～3.6×10^{-1}MPa 的测试压力，从而使仪器的结构简化，且造价低，操作方便。与气泡法相同，该法可测量最大孔径和孔径分布。

液-液法最早由 Resting 于 20 世纪 70 年代初期提出，用以测量超细过滤膜的孔径和孔径分布，并对所得流量-压差曲线进行了解析。国内也曾介绍过采用异丁醇-水系统对多孔金属过滤器孔径分布的测定，测试孔径的下限为 0.159μm。后来又有人对该法进行了改进和应用，并将实测孔径下限扩展到 0.014μm。

(1) 基本原理

液-液法与气泡法基于同一原理。根据式(4.21) 可计算出对应压差下的孔径值。当样品孔道内流体出端处于常压时，压差 Δp 近似等于入端压力 p。因此，当以正丁醇为浸渍介质，水为渗透介质、$\cos\alpha$ 值取 1 时，式(4.21) 可简化成：

$$r\approx\frac{3.6}{p}\times10^{-3} \tag{4.47}$$

式中，r 为孔径，μm；p 为试样孔道内流体入端压力，MPa。

测试过程中，逐步增大渗透介质的压力，从大孔到小孔内的浸润液体依次被推出，出现第一个液珠时的压力对应于多孔试样的最大孔径。随着压力的增大，试样中的孔道由大到小依次逐渐被打通，渗透介质的流量也逐渐增大。依流量 Q 与压力 p 的对应关系可绘出 Q-p 曲线（图 4.13）。利用式(4.47)，通过曲线的起点对应的压力（即出现第一个液珠时的压力）可计算出试样的最大孔径 r_{max}，通过曲线尾部呈直线处的拐点对应的压力（即全部孔道都被打通时的压力）可计算出试样的最小孔径 r_{min}。在曲线拐点处，孔道已全部打通，流量 Q 与压力 p 之间的关系遵从 Darcy 定律，即流量 Q 与压力 p 成正比 $Q=kp$（其中，k 为

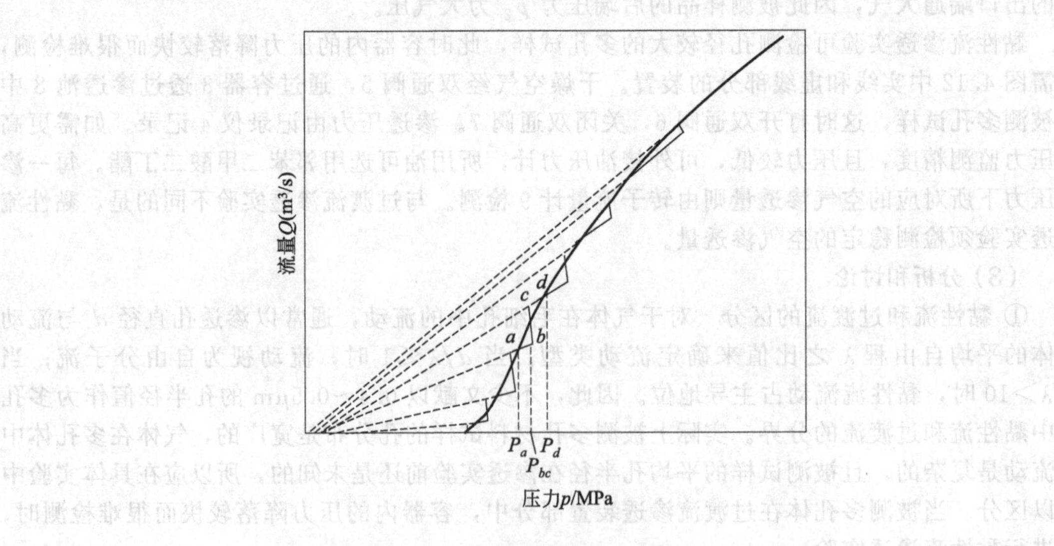

图 4.13 液-液法的流量-压差曲线

渗透液体的透过系数)，表现为线性关系。对 Q-p 曲线中呈线性关系前的部分进行解析，可得 r_{max}～r_{min} 之间各 r_i 值的百分组成即孔径分布。在这一阶段，各 p_i 值对应的流量增值由两部分组成：一是当压力小于 p_i 时，即在已被打通的较大孔中其流量遵从 Darcy 定律而呈线性增加的部分；二是压力达到 p_i 值时，在被打通的新孔道中由于渗透介质的流出而使流量增加的部分。

假定多孔体的孔道由相互平行而半径不同的直圆柱形毛细管组成，则根据 Hangen-Poiseuille 公式，当新打通的孔道在 p_i 下引起的流量增加为 ΔQ 时，即存在如下关系：

$$\Delta Q_i = n_i \frac{\pi r_i^4 p_i}{8\eta\beta L} \tag{4.48}$$

式中，ΔQ_i 是单位时间内液体流量的增量，m^3/s；r_i 是孔道半径，m；n_i 是孔半径为 r_i 的孔道个数；p_i 是在厚度为 L 的试样两面上液体的压力差，Pa；η 是液体渗透介质的黏度，Pa・s；L 是试样的厚度，m；β 是与孔道弯曲程度相关的因子。

若对应于 r_i 的孔的体积为 V_i，则有：

$$V_i = n_i \pi r_i^2 \beta L \tag{4.49}$$

将式(4.21) 和式(4.48) 一并代入式(4.49) 中整理得：

$$V_i = \frac{2\eta\beta^2 L^2}{\sigma^2 \cos^2\alpha} \cdot p_i \cdot \Delta Q_i \tag{4.50}$$

而全部孔道的总体积为：

$$\sum V_i = \sum \frac{2\eta\beta^2 L^2}{\sigma^2 \cos^2\alpha} \cdot p_i \cdot \Delta Q_i \tag{4.51}$$

因此孔径按体积的分布即为：

$$\frac{V_i}{\sum V_i} \times 100\% = \frac{p_i \Delta Q_i}{\sum p_i \Delta Q_i} \times 100\% \tag{4.52}$$

(2) 实例分析

在《粉末冶金技术》第 10 卷的"液-液法测定多孔材料孔径"一文中，研究者介绍了这样一个实例分析。表 4.5 列出了其用液-液法测定孔径分布的一组"流量 Q-压力 p"实测数据，可依此作出 Q-p 曲线。根据测量原理，对 Q-p 曲线中呈线性关系前的部分进行解析，即可得到孔径分布的解析结果。其解析过程如下：①在 Q-p 曲线的 p 坐标上分别找出对应于最大孔径 r_{max} 和最小孔径 r_{min} 的压力值 p_{min} 和 p_{max}，在 p_{min}～p_{max} 之间（即 Q-p 曲线中呈线性关系前的部分）等分成若干区间，将各 p 值点作垂线与实测曲线相交，将各交点分别与坐标原点连成直线（图 4.13）；②按式(4.47) 计算各 p 值对应的 r 值，以每两个 r 值为一组计算 $\bar{r}$ [$\bar{r}=(r_i+r_{i+1})/2$，i=1、2、3、…、10]，并依 $\bar{r}$ 值计算 $\bar{p}$，将计算所得各数据记入孔径分布解析结果表中（表 4.6）；③过各 $\bar{p}$ 值处作垂线，与过相邻两 p 点按表 4.6 的数据所作直线相交（图 4.13），其交点间的距离对应的流量差值即为 ΔQ 值；④依式(4.52)，以各 $\bar{p}\Delta Q$ 值可计算对应孔径 $\bar{r}$ 的体积分数即为孔径按体积的分布值。由表 4.6 计算所得的孔体积分数或累积体积分数可绘出孔径的分布曲线（图 4.14），从而完成孔径分布的全部测量与计算。

相对于气泡法而言，采用液-液法测量多孔材料的孔径可大大降低测试压力，适于测试孔隙相对细小的多孔试样。当以正丁醇为浸渍介质、水为渗透介质时，测量 10～0.01μm 的孔径仅需 3.6×10^{-4}～3.6×10^{-1}MPa 的测试压力，从而可以简化仪器结构，降低测试设施成本。

表 4.5 液-液法测量孔径分布数据示例

实验点	压力值 p/MPa	对应压力下的流量值 Q/(m^3/s)	实验点	压力值 p/MPa	对应压力下的流量值 Q/(m^3/s)
1	0.6145×10^{-3}	0×10^{-9}	13	18.259×10^{-3}	9.21×10^{-9}
2	2.494×10^{-3}	0.25×10^{-9}	14	20.837×10^{-3}	10.21×10^{-9}
3	3.475×10^{-3}	0.38×10^{-9}	15	23.120×10^{-3}	12.06×10^{-9}
4	4.026×10^{-3}	0.57×10^{-9}	16	25.820×10^{-3}	16.35×10^{-9}
5	4.637×10^{-3}	0.61×10^{-9}	17	28.146×10^{-3}	17.11×10^{-9}
6	5.184×10^{-3}	0.74×10^{-9}	18	30.846×10^{-3}	18.40×10^{-9}
7	5.765×10^{-3}	0.92×10^{-9}	19	34.032×10^{-3}	21.23×10^{-9}
8	6.439×10^{-3}	1.23×10^{-9}	20	35.801×10^{-3}	22.11×10^{-9}
9	6.991×10^{-3}	1.34×10^{-9}	21	38.173×10^{-3}	22.31×10^{-9}
10	8.527×10^{-3}	2.48×10^{-9}	22	44.965×10^{-3}	26.71×10^{-9}
11	12.413×10^{-3}	4.84×10^{-9}	23	49.011×10^{-3}	30.48×10^{-9}
12	15.281×10^{-3}	6.45×10^{-9}	24	54.510×10^{-3}	34.36×10^{-9}

表 4.6 孔径分布解析结果示例

实验点	r/μm	$\bar{r}$/μm	p/MPa	$\bar{p}$/MPa	ΔQ/(m^3/s)	$\bar{p}\Delta Q$	孔体积	
							V/%	累积 V/%
1	5.857	—	0.614×10^{-3}	—	—	—	—	—
2	1.350	3.004	2.666×10^{-3}	0.998×10^{-3}	0.28×10^{-3}	0.279	0.10	100.0
3	0.675	1.015	5.332×10^{-3}	3.553×10^{-3}	0.48×10^{-3}	1.705	0.63	99.90
4	0.450	0.563	7.898×10^{-3}	6.394×10^{-3}	1.04×10^{-3}	6.649	2.48	99.27
5	0.338	0.394	10.664×10^{-3}	9.137×10^{-3}	1.44×10^{-3}	13.157	4.84	96.79
6	0.270	0.304	13.330×10^{-3}	11.842×10^{-3}	1.60×10^{-3}	18.847	7.00	91.95
7	0.225	0.248	15.998×10^{-3}	11.516×10^{-3}	1.78×10^{-3}	25.548	9.44	84.95
8	0.193	0.209	18.662×10^{-3}	17.225×10^{-3}	2.00×10^{-3}	34.450	12.73	75.51
9	0.169	0.181	21.328×10^{-3}	19.889×10^{-3}	2.28×10^{-3}	45.346	16.76	62.78
10	0.150	0.160	23.994×10^{-3}	22.500×10^{-3}	3.12×10^{-3}	70.200	22.93	46.02
11	0.135	0.143	26.660×10^{-3}	25.174×10^{-3}	2.16×10^{-3}	54.376	20.09	20.09
Σ						270.557	100.0	

4.3.6 气体吸附法

气体吸附法常用于测定具有较大比表面积的多孔试样的孔径及其分布，下面对其原理和具体实施方式予以介绍。

(1) 基本原理

气体吸附法常用于测定具有较大比表面积的多孔试样的孔径及其分布。该法在毛细凝聚原理的基础上，采用等效毛细管模型，将多孔体的各孔隙视为大小不同的毛细管，而多孔体即为这些毛细管的集合体，由此根据一定压力和温度下多孔试样吸附的气体分子数量来计算其孔径分布。依据吸附和毛细管原理：在一定温度下，先有部分气体吸附在孔壁上，随着气体压力的逐渐增大，孔壁的吸附层逐渐增厚；毛细管内液体弯月面上的平衡蒸气压 p 大于同温下的饱和蒸气压 p_0 就能够产生凝聚液，吸附质的相对压力 p/p_0 与发生凝聚孔的直径相对应，孔径越小时产生凝聚液的所需压力也就越小。反之，随着气体压力的逐渐降低，半径由大到小的孔道依次蒸发出其中的凝聚液，并在孔壁上留下与饱和蒸气压 p_0 相应厚度的吸附层，孔径越小则蒸发放空的相对压力越小。

气体吸附法需要测出单层吸附状态下试样开口孔隙部分的气体吸附量或脱附量，该单层容量可通过 BET 方程由吸附等温线求出。最常用的吸附质是氮气，对表面积更低的试样可

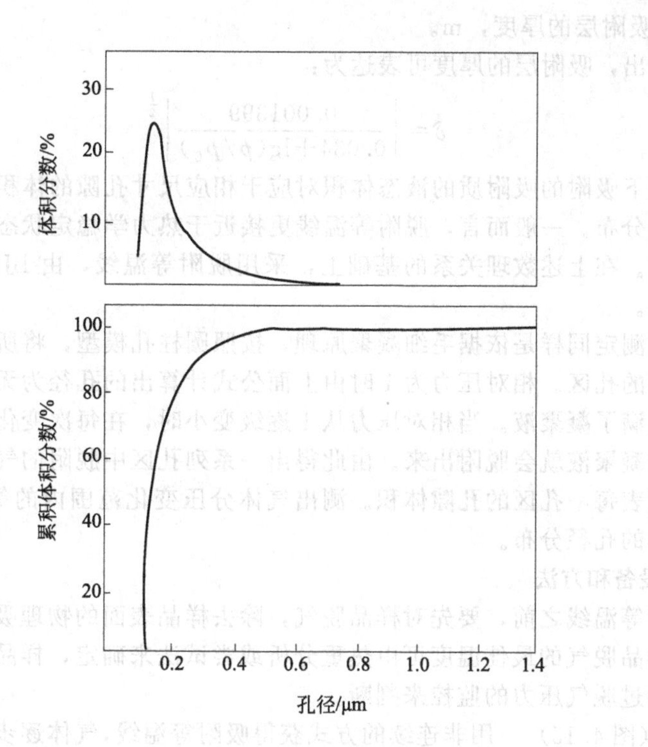

图 4.14 根据表 4.6 中数据作出的孔径按体积分布曲线及累积分布曲线

使用蒸气压低于氮气的吸附质，如氪气。使吸附气体进入温度恒定的样品室，待吸附达到平衡时测出气体的吸附量，作出吸附量与相对压力 p/p_0 的关系图，即可得到吸附等温线。

根据毛细管凝聚原理，孔的尺寸越小，在沸点温度下气体凝聚所需的分压也就越小。假定孔隙为圆柱形，则根据 Kelvin 方程，孔隙半径可表为：

$$r_K = -\frac{2\sigma V_m}{RT\ln(p/p_0)} \tag{4.53}$$

式中，σ 为吸附质在沸点时的表面张力，N/m；R 为气体常数；V_m 为液态吸附质的摩尔体积（液氮 $3.47\times10^{-5}m^3/mol$）；T 为液态吸附质的沸点（液氮 77K）；p 为达到吸附或脱附平衡后的气体压力，Pa；p_0 为气态吸附质在沸点时的饱和蒸气压，即液态吸附质的蒸气压力。

将氮的有关参数代入上式，即得氮为吸附介质所表征的多孔体孔隙的 Kelvin 半径：

$$r_K = -\frac{0.0415}{\lg(p/p_0)} \tag{4.54}$$

式中，Kelvin 半径 r_K 表示在相对压力为 p/p_0 下的气体吸附质发生凝聚时的孔隙半径，m。恒温下将吸附质的气体分压从 0.001MPa 到 0.1MPa 逐步升高，测出多孔试样的对应吸附量，由吸附量对分压作图得到多孔体的吸附等温线；反过来从 0.1MPa 到 0.001MPa 逐步降低吸附质的分压，测出多孔试样的对应脱附量，由脱附量对分压作图则得到试样的脱附等温线。试样的孔隙体积由气体吸附质在沸点温度下的吸附量计算。在沸点温度下，当相对压力为 1 或非常接近于 1 时，吸附剂的微孔和中孔一般可因毛细管凝聚作用而被液化的吸附质充满。实际上，孔壁在凝聚之前就已存在吸附层，或脱附后还留下一个吸附层。因此，实际的孔隙半径 r_p（其中，下标 p 是英文单词实际的“practical”的首写字母）应该是：

$$r_p = r_K + \delta \tag{4.55}$$

式中，δ 为吸附层的厚度，m。

文献计算指出，吸附层的厚度可表达为：

$$\delta=\left|\frac{0.001399}{0.034+\lg(p/p_0)}\right|^{\frac{1}{2}} \tag{4.56}$$

在不同分压下吸附的吸附质的液态体积对应于相应尺寸孔隙的体积，故可由孔隙体积的分布来测定孔径分布。一般而言，脱附等温线更接近于热力学稳定状态，故常用脱附等温线来计算孔径分布。在上述数理关系的基础上，采用脱附等温线，由 BJH 理论即可计算出多孔体的孔径分布。

孔径分布的测定同样是依据毛细凝聚原理，按照圆柱孔模型，将所有孔隙按孔径分为若干由小到大排列的孔区。相对压力为 1 时由上面公式计算出的孔径为无穷大，意味着此时所有的孔隙中都充满了凝聚液。当相对压力从 1 逐级变小时，在每次变化过程中，大于该级对应孔径孔隙中的凝聚液就会脱附出来。由此得出一系列孔区中脱附的气体量，将其换算成凝聚液的体积就代表每一孔区的孔隙体积。测出气体分压变化范围内的等温吸附线或脱附线，即可计算出试样的孔径分布。

（2）测试设备和方法

在测量吸附等温线之前，要先对样品脱气，除去样品表面的物理吸附，但应避免表面的不可逆变化。样品脱气的最佳温度可由热重分析或尝试法来确定，样品是否完全脱气以及仪器的密封性可通过脱气压力的监控来判断。

① 容量法（图 4.15） 用非连续的方式获得吸附等温线，气体逐步进入样品室。在每一步中，样品吸附气体逐渐达到平衡后，都会产生对应的压力下降。样品吸附的气体量是进入样品室的气体量与充满样品室的标准体积气体量之差，其可由气体状态方程来计算。标准体积可用测量温度下的氦气来标定，标定应在吸附等温线测量之前或之后进行。

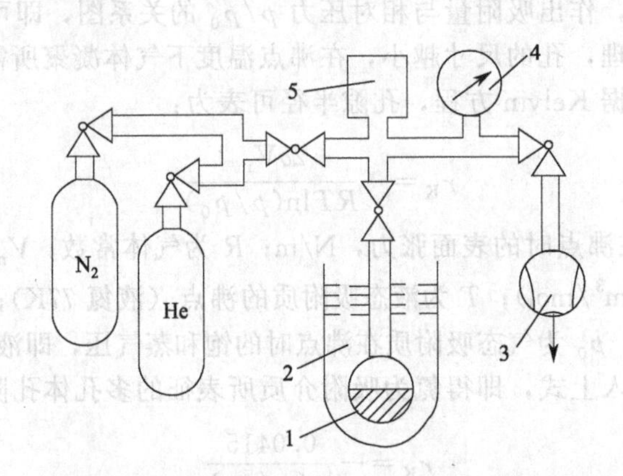

图 4.15 容量法测定多孔样品孔径的装置示意

1—样品；2—盛有液氮的杜瓦瓶；3—真空发生系统；4—压力计；5—标定体积的气体量管

② 重量法（图 4.16） 本法分连续和非连续两种方式。前者是用微量天平连续测出吸附的气体质量与压力的关系，并应在吸附等温线测试之前测量好天平和试样在室温的吸附气体中的浮力；后者是逐步引入吸附气体并保持压力不变，直到样品的质量达到恒定。

③ 载气法（图 4.17） 使可吸附气体和非吸附气体（氦）两者比例已知的混合气体流过样品。其中，可吸附气体的浓度在产生吸附后将会降低，用导热池测出这种浓度的变化，就可得到吸附等温线。

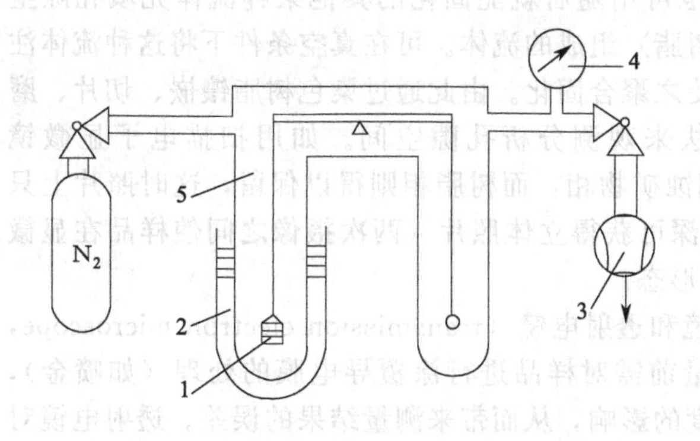

图 4.16 重量法测定多孔样品孔径的装置示意
1—样品；2—盛有液氮的杜瓦瓶；
3—真空发生系统；4—压力计；5—天平

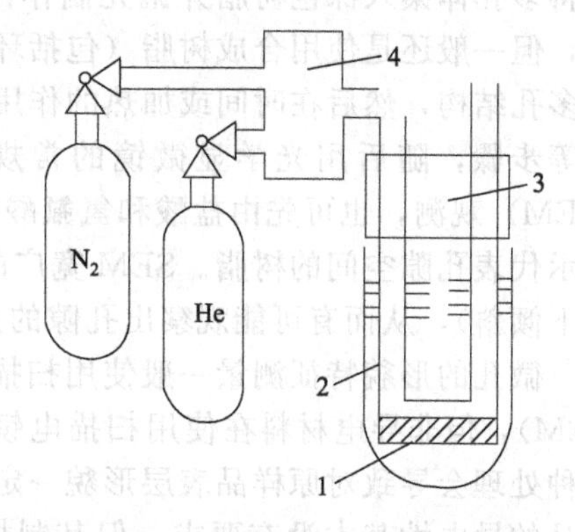

图 4.17 载气法测定多孔样品孔径的装置示意
1—样品；2—盛有液氮的杜瓦瓶；
3—导热池；4—气体混合器

（3）方法评析

吸附法不适于闭孔型的多孔材料，测得的孔径分布结果包括通孔和半通孔。其中，氮吸附法测定的孔径范围是 2～50nm。对于孔径在 30nm 以下的多孔试样，常用气体吸附法来测定其孔径分布；而对于孔径在 100μm 以下的多孔体，则常用压汞法来测定其孔径分布（参阅后面第 4.6 部分）。

孔径及其分布是多孔材料设计和实际应用的重要依据。不同的方法具有不同的测试原理，其依据的物理模型各异，因此得到的孔径测量结果存在一定的出入。另外，由于泡沫金属等多孔材料种类繁多、材质各异，具有多样的孔隙形貌，不同多孔产品的孔隙尺寸跨度大，同一多孔产品的孔隙尺寸分布可能都非常复杂，因此往往要综合多种方法进行分析研究，选择合适的方法来表征、测试。多孔材料的结构复杂，影响孔径测量的因素也会很多，故孔径的测定方法最好与最终的使用情况相模拟，如对阻火泡沫金属材料和电池电极泡沫金属材料最好采用气泡法和压汞法。

4.4 孔隙形貌的表征和检测

孔隙形貌表征的是多孔体中孔隙的存在状态，包括孔隙形状、孔隙连通性、孔棱或孔壁的连接状态等。孔隙形貌也会影响多孔材料的性能，其作用可以大于孔隙尺寸。实际多孔材料的孔隙构型一般并不是规则的，孔隙尺寸在不同方向上存在着差异。例如，当多孔体中的孔隙在某方向上为拉长或扁平状态时，多孔体的性能就会与取向密切相关，往往是强烈地依赖于取向。多孔材料的这种各向异性状态，可以对多孔体的各项性能产生不同程度的影响。因此，了解和获悉多孔体的孔隙形貌，对研究多孔材料的物理、力学性能具有良好的实际意义。

4.4.1 显微观测法

多孔材料的孔隙形貌和微结构可用不同放大倍数的显微观察来分析。这种方法可直接观测孔隙结构。尽管这种方法在实际分析过程中属于无损检测，但样品准备通常要经过切割、镶嵌和抛光等。要观察多孔体的孔隙空间，应使孔壁/孔棱和内部出现不同的亮度。因此，可将多孔体镶入深色树脂并抛光制作面。也可用随后就能固化的其他某种流体充填孔隙空间，但一般还是使用合成树脂（包括环氧树脂）组成的流体。可在真空条件下将这种流体注入多孔结构，然后在时间或加热的作用下使之聚合固化。由此通过染色树脂镶嵌、切片、磨光等步骤，随后用光学显微镜的常规方法来观测分析孔隙空间。如用扫描电子显微镜（SEM）观测，也可先由盐酸和氢氟酸等刻蚀矿物相，而树脂相则得以保留，这时照片上只显示代表孔隙空间的树脂。SEM宽广的景深可获得立体照片（两次摄像之间使样品在显微镜下倾斜），从而有可能观察出孔隙的几何形态。

微孔的形貌特征测量一般使用扫描电镜和透射电镜（transmission electron microscope，TEM），但非导电材料在使用扫描电镜测量前需对样品进行涂覆导电膜的处理（如喷金），这种处理会导致对原样品表层形貌一定程度的影响，从而带来测量结果的误差。透射电镜对样品的导电性基本没有要求，但其制样过程复杂；对于脆性样品，制样更是极为困难。因此，非常需要无损、简便、准确的形貌表征方法。原子力显微镜（atomic force microscope，AFM）是一种利用探针和样品表面之间的原子间作用力来表征样品表面特征的仪器。其横向分辨率可达1nm，纵向分辨率可达0.1nm，而对样品的导电性没有任何要求，也不必进行特殊的制样处理。但其“针尖-样品卷积效应”会导致AFM图像测得的孔径偏小。利用Reiss模型，可有效地对“针尖-样品卷积效应”进行修正，得到更加逼近真实的图像。

4.4.2 X射线断层扫描法

X射线断层扫描技术（X射线层析摄像/照相技术）是一种在X射线扫描信息与电子计算机数据处理相互配合下完成的组织内部结构成像技术，其全称为电子计算机X射线断层扫描技术（electronic computer X-ray tomography technique），医学界常简称CT（computer tomography）。其工作程序是根据物体内部不同组织对X射线的吸收与透过率的不同，应用足够灵敏的探测器对物体内部结构进行探测，将测得的数据输入电子计算机，电子计算机对数据进行处理后就可得到物体内部的断面图像和立体图像。

近些年来，X射线断层扫描技术已成为获取多孔试样内部结构无损图像的有力工具。多孔材料可以通过其相对密度（或孔率）、孔隙形态、孔隙尺寸以及孔隙和固体组织的各向异性来实现结构的表征，从X射线断层扫描获得的3D数字图像可以直接提取到一系列的几何参数，包括孔率、孔隙空间尺寸分布和孔隙连通性等。

该技术可很好地表征泡沫金属等多孔体的显微构造，成功地应用于多孔结构及其变形模式的研究。这些与X射线在该类材料中的低吸收有关。由于这种低吸收，本法可对大块的多孔试样进行研究，而致密体则需切成小块。本法的另一个优点是可对多孔体的大变形实现无损成像，因而能够观测出多孔体在变形过程中所出现的重要屈曲、弯曲或断裂等现象。

（1）基本原理

X射线照相术和X射线断层扫描术可适于多孔材料的结构检测。X射线微型断层扫描可检测泡沫金属的3D内部结构，得出平均孔隙尺寸、比表面积和孔率等结构参量，成为获得多孔材料3D内部结构相关信息有力的无损检测技术。

① X射线照相术　X射线照相技术的原理是以Beer-Lambert定律为基础的。这个定律描述了以路径z通过样品厚度的透射光子数N与入射光子数N_0的比率。其中，样品的衰减系数为μ。如果μ沿路径发生变化，则应对μ进行路径积分：

$$\frac{N}{N_0}=\exp\left[-\int_{\text{path}}\mu(x,y,z)\mathrm{d}z\right] \tag{4.57}$$

因为放置在样品后面的探测器各点处在不同路径前的位置上，因此上述衰减定律可以说明在块体材料X射线照片上所观察到的色度对比［图4.18（a）］。如果材料由不同成分所组成，则μ（x，y，z）的积分值也会随着x和y而变化。

② X射线断层扫描术（X射线层析摄像术） X射线照相术的缺点是大量信息投射在单一平面上，而且当沿样品厚度方向的微结构特征数量很多时，所得图像难以解释。断层扫描的层析照相术则可以将大量的这种射线照片的信息结合起来，从而克服了上述不足。其中，各幅射线照片取自位于探测器前面的样品的不同方位［图4.18（b）］。如果各照片之间的角（频）步足够小，就可通过成套的射线照片来重新计算出样品中各点的衰减系数值μ（x，y，z）。这种重构可利用合适的软件来实现。

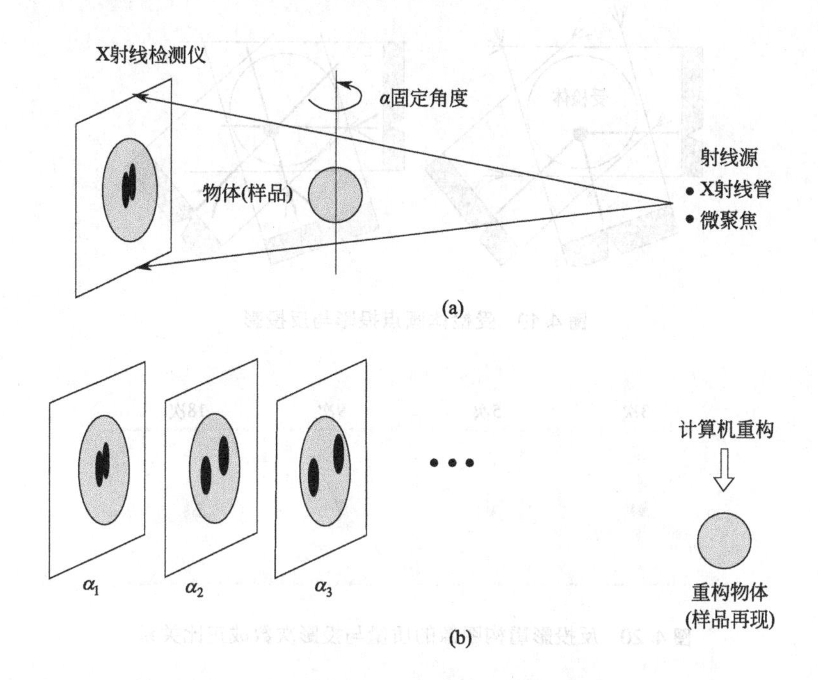

图4.18 构相原理示意

（a）衰减X射线照相；（b）衰减X射线断层扫描层析照相

X射线断层扫描成像的基本原理是用X射线束对样品一定厚度的层面进行扫描，由探测器接收透过该层面的X射线，转变为可见光后，由光电转换变为电信号，再经模拟/数字转换器（analog/digital converter）转为数字，输入计算机处理。图像形成的处理有如对选定层面分成若干个体积相同的长方体［称之为体素（voxel）］，扫描所得信息经计算而获得每个体素的X射线衰减系数或吸收系数，再排列成数字矩阵（digital matrix），经数字/模拟转换器将数字矩阵中的每个数字转为由黑到白不等灰度的小方块［像素（pixel）］，并按矩阵排列，即构成3D图像。可见，所得为重建图像，每个体素的X射线吸收系数可通过不同的数学方法算出。

X射线断层扫描图像由未标定密度值的立方体排列组成，各自对应于样品中一个限定体积的立方体（三维像素）。重构样品的三维像素分辨力取决于样品的尺寸及其在断层扫描装置中的相对位置，这是由于X射线束具有锥体的几何形态。将样品移动到离开X射线光源更远之处，可以提高放大的倍数。该距离为最佳位置时可达到整个样品都在视场内的可能的最高分辨率。总的来说，X射线断层图像的空间分辨率可达9～20μm的尺度。

下面根据《机械工程材料》第32卷中“超轻多孔金属孔结构的X射线断层扫描分析”一文的描述，举例说明X射线断层扫描（XCT）技术的工作原理。图4.19中圆点处于受检体中某个未知的位置，在某一方向投影可得到该圆点吸收 X 射线后衰减的投影数据。每旋转一个角度，即有一个新的投影数据存储到计算机中，所有这些数据的反投影计算得到该圆点的位置。图 4.20 显示，投影的角度越多，得到的反投影图像质量越高。通过对 X 射线受检体精密旋转小角度投影获取足够的投影数据，采用滤波反投影重构算法对投影数据进行处理，求解出各体素的衰减系数值，得到衰减系数值在切面上的分布矩阵；再把各体素的衰减系数值转变为 CT 值，得到 CT 值在体层面上的分布，此灰度分布就是 CT 像。这就完成了 CT 像的重建过程，从而可得各截面的图像和立体图像。

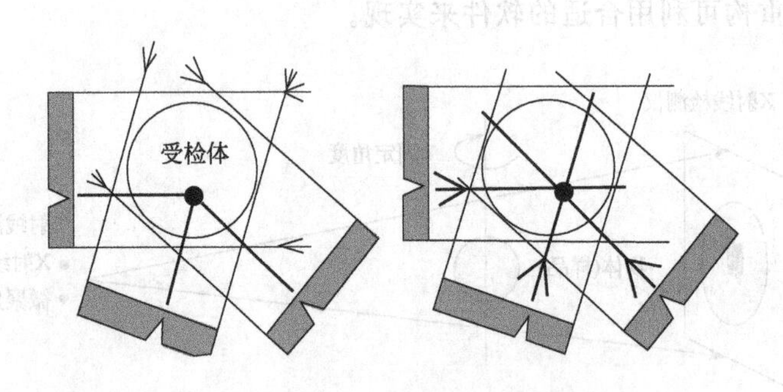

图 4.19 受检体圆点投影与反投影

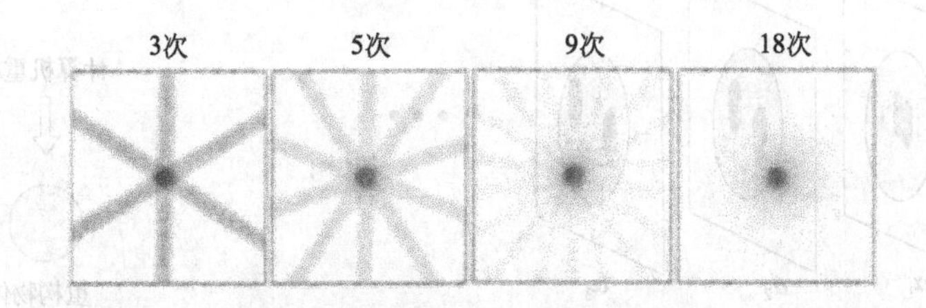

图 4.20 反投影重构图像的质量与投影次数成正比关系

根据重构横截面图，可以观察到泡沫金属试样各横截面上气孔分布的变化，以及在不同位置的横截面处孔隙的大小、形状和分布情况。通过对这些图像的分析，可以得到各个孔隙的面积、平均半径等数据，并且判断是否存在缺陷。其中，孔隙直径指的是等效直径，即把孔隙的截面视为面积等同的圆。图像识别软件对离散的孔洞按 1、2、3、…、i 的顺序编号，对每个孔洞的像素点个数进行统计得出其面积 A_i，然后通过关系

$$D_i = 2\sqrt{A_i/\pi} \tag{4.58}$$

来计算获得其等效直径 D_i。截面上孔洞所占的面积之和 ΣA_i 与总面积 A 之比定义为试样的面孔率 θ_A：

$$\theta_A = (\Sigma A_i/A) \times 100\% \tag{4.59}$$

利用 XCT 重构横截面进行孔结构描述，所产生的误差与仪器和设置有关。XCT 检测技术可获得与传统剖截面图像处理法相同的孔结构分析结果，且利用 XCT 检测技术不损坏试样，还可提高检测效率。

（2）实验装置

X 射线断层扫描设备主要由三个部分组成：①扫描部分，由 X 射线管、探测器和扫描架组成；②计算机系统，将扫描收集到的信息数据进行存储运算；③图像显示和存储系统，将经计算机处理而重建的图像显示在视屏上或用多幅照相机或激光照相机将图像摄下。探测器从原始的一个发展到现在的多个，扫描方式也从平移/旋转、旋转/旋转、旋转/固定，发

展到新近开发的螺旋扫描。计算机容量大、运算快，可迅速地重建图像。该方法有扫描时间短、层面连续、可三维重建等特点。

对多孔样品的X射线断层扫描层析研究可使用不同的装置来进行。这些装置都有一个X射线源，一个固定样品的旋转台和一个X射线探测器，样品旋转轴须平行于探测器平面。获得数字化图像最为简单的方式是直接使用二维X射线探测器，其由一个将X射线转换成可见光的显示屏组成，然后再将可见光由合适的光学透镜传输到摄像机上。将X射线断层扫描层析照相术用于多孔材料研究的关键是可达到的空间解析分辨程度，其极值主要取决于样品中有效的光子流量和装置，这些将在后面两个小节中介绍。对于医学上的X射线断层扫描（XCT扫描仪）而言，该分辨极限在300μm的量级。材料科学家希望观察和分辨1～10μm量级的尺寸，故需研制更为精密的设备。

① 中分辨显微层析摄像　对于数量级为10μm（中分辨）的解析分辨极限，可使用配置经典型微聚焦X射线管的圆锥形光束系统来作为射线源。利用这种分叉性几何系统，可通过改变处于射线源与探测器之间的样品在空间的位置，轻易地改变照射幅度。对分辨率的限制来自显微聚焦的尺寸，因其会在投射的图像上产生模糊。该尺寸有一个极小值，因若射线源的尺寸太小，样品中的射线流就会太小，以至于在实际分析过程中，记录单个射线照片所需时间就会太长。可使用多色源来缩短这一时间。许多科研院所和实验室都拥有这类标准装置，并出现了一些分辨效果好（小至6μm）的商用便携仪器。

② 高分辨显微层析摄像　前面已经提到过，因为X射线源传输的光子流量太小，所以使用X射线管的装置受到一定限制。目前，已应用同步加速辐射设备，获得了高分辨层析照片的高质量图像。X射线显微层析摄像技术中的这种由同步加速设备三级产生得出的X射线束，受到人们的极大关注，因其具有如下一些原始的特点：a. 锥形光束系统中的X射线束具有极高的强度；b. 近乎平行的射线束简化了图像的重构，因此探测器的性能就可决定图像的分辨效果；c. 可使用单色束；d. 可获得能够穿透重物质（高原子序数）的高能光子（超过100keV）。

③ 实验方法　实验设备由一个X射线源、一个旋转台和一个射线探测器组成。一个完整的分析需要对同一个样品取大量的X射线吸收照片，一般是900幅照片。这些照片源自样品处于不同的视角，每个方向对应于一幅射线照片。在最后的计算重构步骤中，需要得出一幅材料内局部吸收系数的三维图，从而最终间接地勾画出一幅结构图像。

④ 重构方法　图像的重构可应用C语言程序。操作需要一个高频工作站，一部分一部分地重构出整个体积空间，最后得出一个三维（3D）图像。通过X射线断层扫描（X-ray CT）技术获得的3D图像，可精确地展示多孔材料内部孔隙的几何形貌以及固态相组织特征。根据这种图像，可直接测量出多孔样品的孔隙尺寸分布和固相比例（相对密度或孔率）。

（3）图像特点

X射线断层扫描图像由一定数目从黑到白不同灰度的像素按矩阵排列所构成，这些像素反映的是相应体素的X射线吸收系数。不同装置所得图像的像素大小及数目各不相同，大小可以是1.0mm×1.0mm、0.5mm×0.5mm不等，数目可以是256×256（即65536）个或512×512（即262144）个不等。显然，像素越小，数目越多，构成的图像就越细致，即空间分辨力越高。

X射线断层扫描图像是以不同的灰度来表示，反映物体内部组织对X射线的吸收程度。黑影表示低吸收区，即低密度区，如多孔材料中的气孔；白影表示高吸收区，即高密度区，如多孔材料中的固体孔棱或孔壁。

X射线断层扫描利用多个连续的层面图像，通过计算机的图像重建程序，形成3D整体图像。

（4）检测结果举例

由X射线断层扫描层析方法得到的图像可清晰地再现多孔体的内部结构和孔隙连接状态，清楚地显示出两个样品之间的差别。图4.21为一幅泡沫金属的三维图像，该图像仅示出了泡沫体孔壁上的材料。这种图像与多孔体的光学照片十分相像，利用其可检测多孔体的三维形态特性，如孔壁厚度、孔壁维度和孔隙尺寸等。这些特性对多孔体的力学性能具有很大的影响。

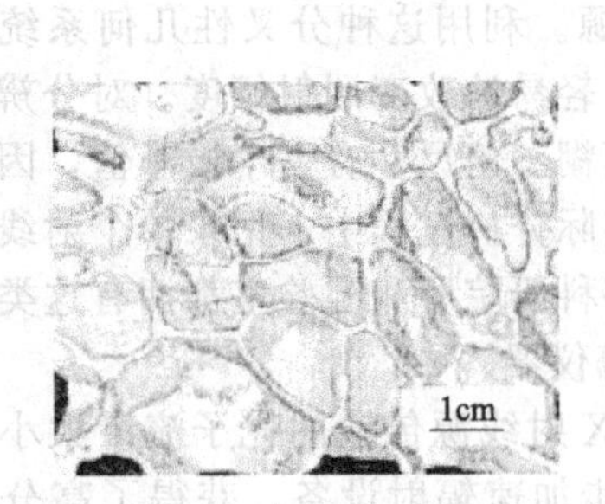

图4.21 泡沫金属三维图像

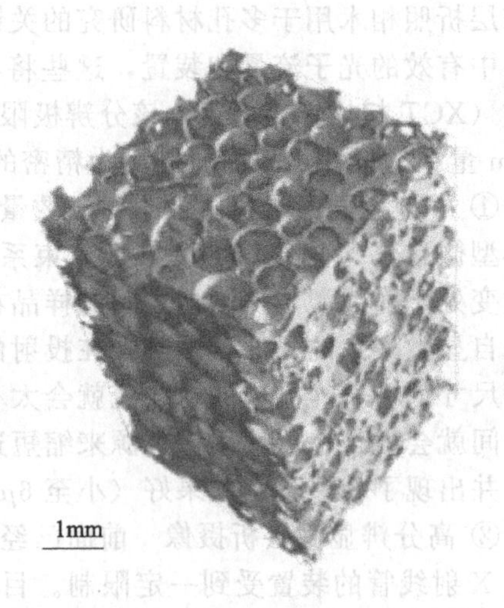

图4.22 由X射线层析摄像术重构的一种闭孔泡沫铝的三维固相图像

在《Composites Science and Technology》第63卷的“X-ray tomography applied to the characterization of cellular materials”一文中，作者利用此法获得了良好的检测效果。图4.22显示了该文呈现的一种闭孔泡沫铝的表观构造，图4.23和图4.24则比较了一种开孔泡沫铝和一种开孔泡沫镍的内部构造。从这些图像可以看出，X射线层析摄像技术可很好地再现和揭示各类泡沫金属的结构形态。

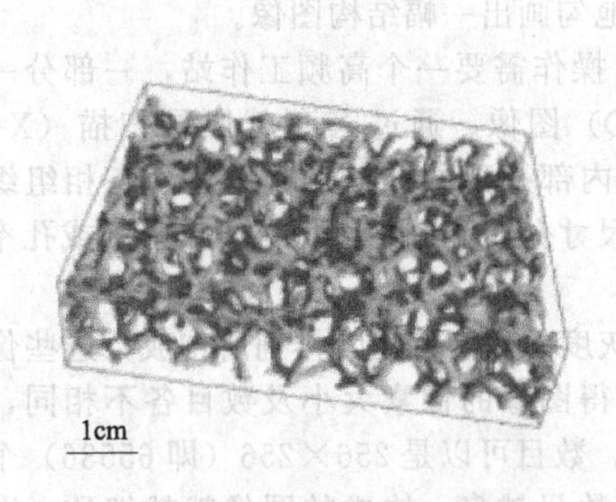

图4.23 由X射线层析摄像术重构的一种开孔泡沫铝的三维固相图像

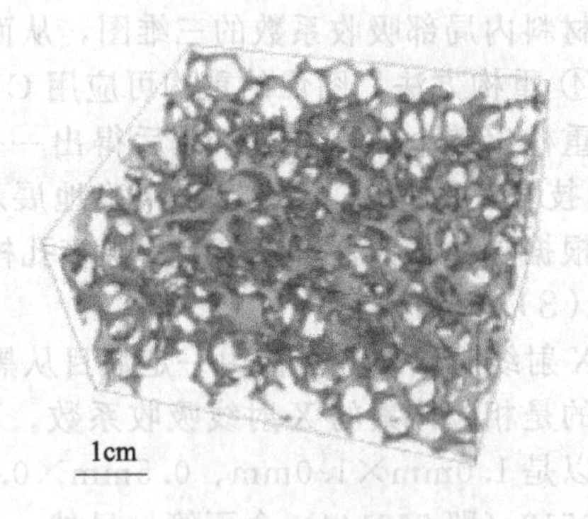

图4.24 由X射线层析摄像术重构的一种开孔泡沫镍的三维固相图像

在《Nuclear Instruments and Methods in Physics Research Section A》第576卷的“Metallic foams characterization with X-ray microtomography using Medipix2 detector”一文中，研究者使用了基于微焦X射线发生器和Medipix2探测器的X射线微型断层扫描系统(图4.25)。这种X射线发生器为低能操作，其工作电压可达160kV，最大功率为10W，焦

斑尺寸幅度为 1μm，样品几何放大不会产生模糊图像。使用的靶材是覆盖在金刚石基底之上的 5μm 厚的金属钨，其使用属性在热传导方面要优于铜靶。Medipix2 探测器采用光子计数技术，其主要特性是可以实施准无噪探测，像素尺度为 55μm×55μm。实际所用 X 射线管压为 50kV，X 射线光子的平均能量为 25keV。

图 4.25 X 射线微型断层扫描系统的光学照片

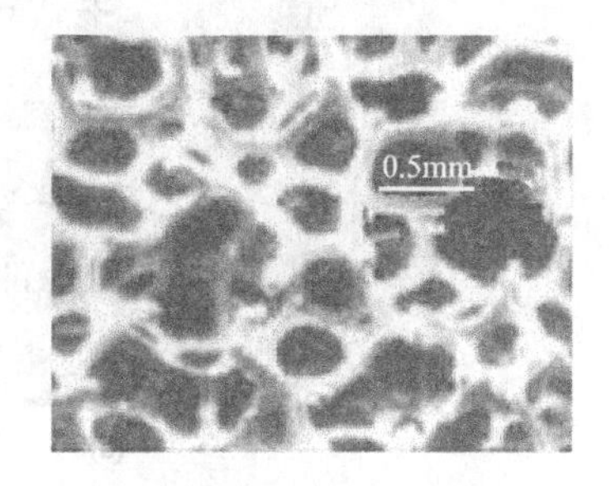

图 4.26 泡沫金属样品的光学照片

他们对 INCOFOAMTM 公司的泡沫产品（图 4.26）进行了研究，产品孔隙尺寸在 500μm 左右，孔率 90%～95%；X 射线断层扫描图像重构采用一种代数运算规则，其结果可靠，但收敛慢，因此比较费时。改进后的类似版本可大大加快数据处理速度。

他们在第一个实验中，将 $10mm^2$ 大的多孔样品靠近探测器放置，以获得最大的视场(14mm)。在 10min 内完成扫描检测，由 128 幅投影组成，每幅投影曝光 5s。图 4.27 显示了像素为 55μm 的 2D 图像和所得 X 射线断层扫描的 3D 重构图像，可见这样低的空间分辨率不能观察到孔隙结构的任何细节。

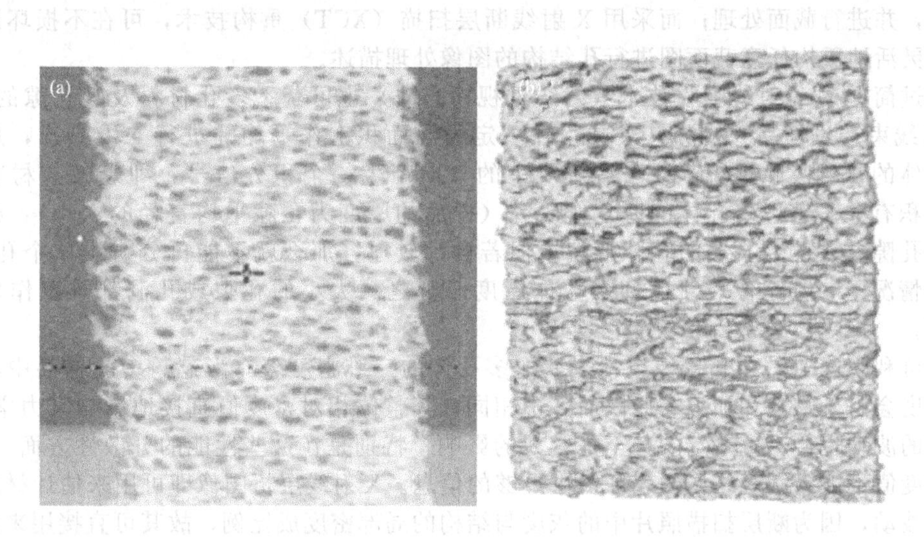

图 4.27 一个 $10mm^2$ 大的多孔样品在像素为 55μm 时的 2D 图像和 3D 重构图像

在第二个实验中，将 $1mm^2$ 大的多孔样品靠近射线源放置，样品放大 7 倍。多孔样品的等价像素是 8μm，目镜中的视场减小到 2mm 左右，完成扫描检测的时间是 1h，由 360 幅投影构成，每幅曝光 10s。图 4.28 显示了像素为 8μm 的 2D 图像和所得 X 射线断层扫描的 3D 重构图像，其几何形态质量非常接近图 4.26 中的光学图像。此时可以观察到多孔体中的结点和孔棱结构。

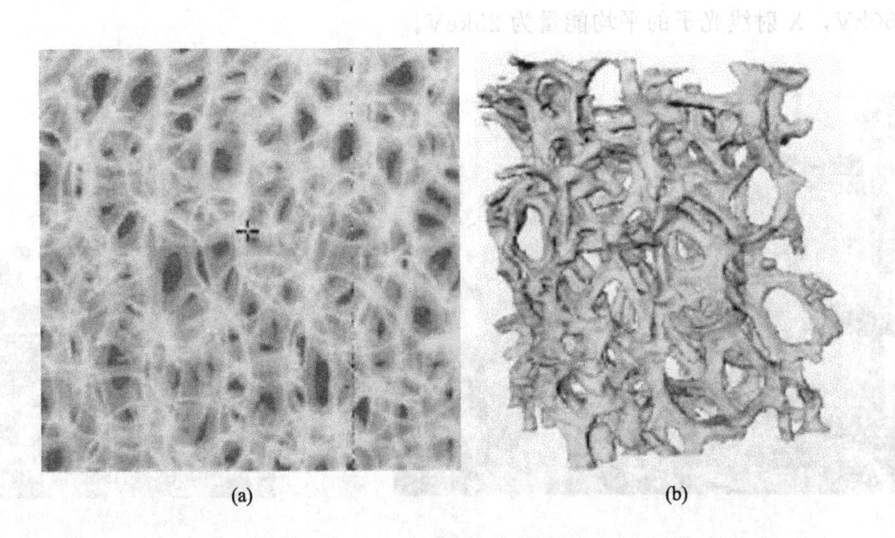

图 4.28 一个 1mm² 大的多孔样品在像素为 8μm 时的 2D 图像和 3D 重构图像

在分析多孔材料的过程中，因为显微结构的特征尺寸为 100μm 的大小，所以一般使用中分辨设备就足够了。但若需要研究更细腻的结构，则使用高分辨装置可获得更佳的结果。现已普遍应用 X 射线断层扫描技术来表征多孔体的结构，近些年来还发展和优化了新的分析工具特别是高分辨的 X 射线断层扫描技术来提高多孔材料复杂结构的表征质量。

目前，X 射线吸收断层扫描层析摄像技术已用于表征各种多孔材料的结构形态，这些材料涵盖了泡沫金属、泡沫塑料和泡沫陶瓷等。该技术既可定性地观测多孔体的内部结构，也可定量地分析多孔体的微观结构。传统上对于孔隙结构的计算机图像处理方法描述需要将试样剖开，并进行截面处理；而采用 X 射线断层扫描（XCT）重构技术，可在不损坏试样的前提下灵活地重构任意截面图进行孔结构的图像处理描述。

通过简单的 X 射线吸收技术（射线透视检查法）也可获悉多孔材料及其孔隙的形貌。将 X 射线束透过样品并检测其衰减，在一定横向面积上作平均并进行二维扫描，从而得到多孔体的二维吸收形貌。该法沿射线束的方向产生一个积分信号，即衰减与材料柱内的总体积有关。若以多孔体的薄片作研究（样品的厚度为孔隙平均直径的大小），则可解析单个孔隙并观测到真实的孔隙形貌。但若样片较厚，那么就不能再分辨出单个孔隙了。在某些情况下，甚至像尺寸达到多孔体厚度四分之一大小的孔隙或孔洞都难以作出正确的解析。

还可利用 X 射线层析摄像技术来获取多孔体的三维密度分布形态。多孔样品中不同位置的密度会由于物理和加工等原因而各不相同，其整体相对密度值直接地影响其力学性能，而密度的波动也会产生一定的甚至是较大的影响，特别是在这些性能的分散性方面。所以，总体密度值不能为微观结构的表征提供足够的信息。X 射线层析图像即可用来估计材料内部的密度波动，因为断层扫描照片中的灰度与结构的局部密度成比例，故其可直接用来度量多孔试样的整体密度值和局部密度值。这种利用无损检测技术来获取多孔结构内部密度分布的方式，是令人感兴趣的事情。通常采取射线源和探测器围绕样品进行旋转式螺旋扫描的方式，得出取自许多方向上的样品 X 射线图像。从各个图像获得射线在物体任意点的衰减，从而实现局部密度的数字再现。由同步加速器产生的 X 射线束（52keV）所获得的这种图像，甚至可以解析孔壁的内表面结构。

4.4.3 直流电位法检测孔隙缺陷

本部分根据《无损检测》第 32 卷中的“泡沫金属直流电位法检测技术”一文，专门介绍直流电位法对多孔样品孔隙缺陷的检测。在泡沫金属的制备过程中，由于条件控制不良等原因，可能出现尺度大大超过其他孔隙的大孔缺陷，这将影响到产品的实际使用。因此，在泡沫金属使用前有必要对其进行定量无损检测。直流电位检测法（DCPD）的电流可在材料内部的缺陷处形成扰动，并引起检测面电位分布的变化，通过检测这一变化可以推断材料内部缺陷的存在和大小，这使得直流电位法可以成为泡沫金属内部大孔缺陷检测的有效方法。图 4.29 为直流电位法的示意图。检测中数值计算所用模型见图 4.30，其主要参数为板长、宽、厚，大孔缺陷处于板的中央位置，计算模型中用电导率小于致密金属材料的均匀材料来模拟泡沫金属。

直流电位法有三种典型的加载方式，即侧面中心加载、上表面对边中点加载和体对顶点加载（参见图 4.31 上），用有限元程序计算所得上表面电位差分布分别如图 4.31 下所示（其中，所加恒定电流大小均为 4A）。可见，三种加载方式的结果在缺陷处的电位差都有一个峰值，可由此检测泡沫金属的内部缺陷。其中，加载方式 2 和 3 的电极位置在试样上表面（检测面），电极的影响使其附近电位差值较大而不利于对大孔缺陷的识别，所以采用方式 1 加载。

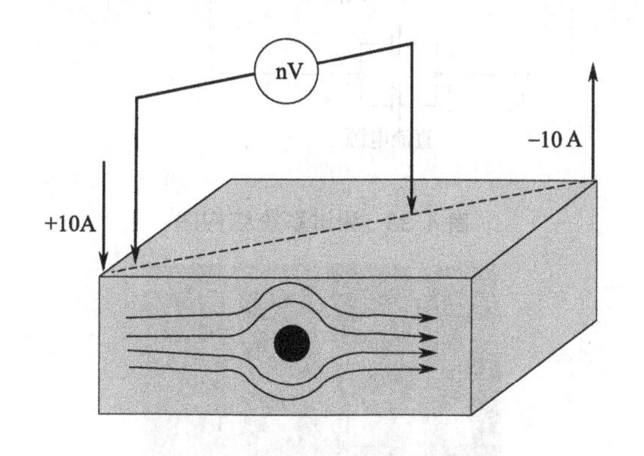

图 4.29 直流电位法检测泡沫金属内部大孔缺陷示意图

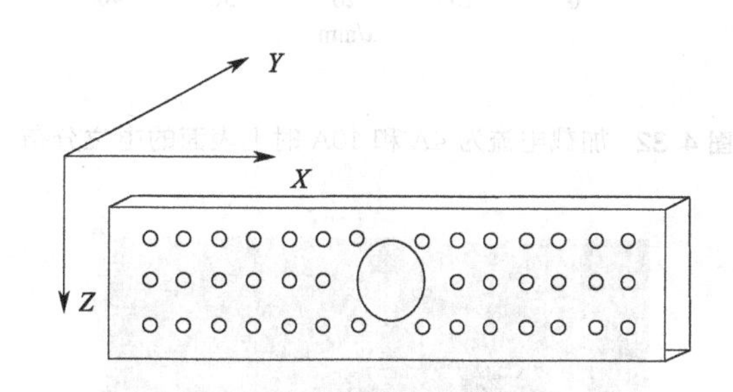

图 4.30 泡沫金属内部大孔缺陷模型示意图

图 4.32 为加载方式 1（侧面中心加载）分别施加 4A 和 10A 激励电流时计算所得上表面中线上相邻点电位差。可见电流较大时缺陷信号也大，更易检出缺陷。当缺陷孔洞位于中心且孔洞大小不同时，检测信号的峰值位置相同但峰值大小随缺陷孔洞的增大而有规律地增大，因此可通过信号的峰值来推定缺陷的大小。

测试系统由直流电源、纳伏表、限流电阻、三维扫查台、试件以及电位测量探针、电极和相应的夹具构成（参见图 4.33）。其中，直流电源、试件和限流电阻通过导线形成回路。测试说明如下：直流电源用来给试件加载恒定电流，从电源接出的两个电极夹在试件上；扫描台由步进电机精确控制，可由 PC1 上的 Q-Edit 软件进行编程控制；纳伏表测量试件检测表面的电位分布，探针在扫描台的控制下以一定的步长移动，每移动到下一点停止运动，将此刻测得的两探针间的电位差信号送入纳伏表；PC2 与纳伏表连接，采集记录纳伏表测得的电位差。搭建的测试平台实物装置见图 4.34，相关测试样品见图 4.35。

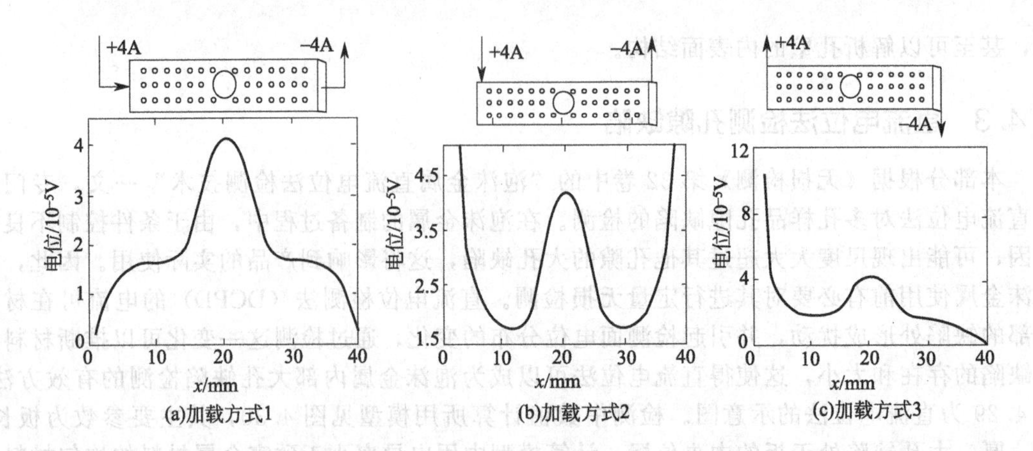

图 4.31　三种加载方式下的电位差计算结果

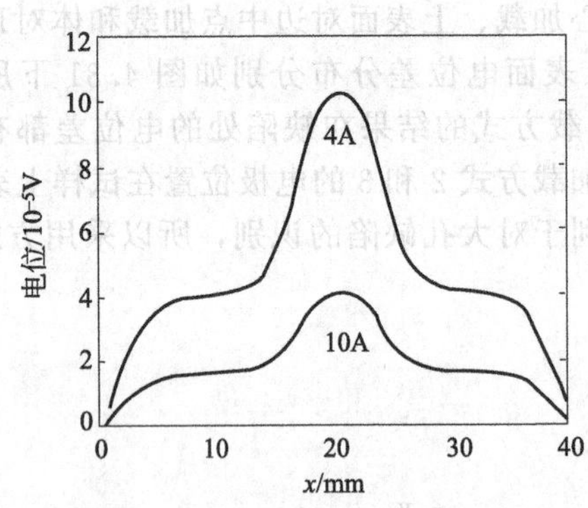

图 4.32　加载电流为 4A 和 10A 时上表面的电位分布

图 4.33　测试系统结构图

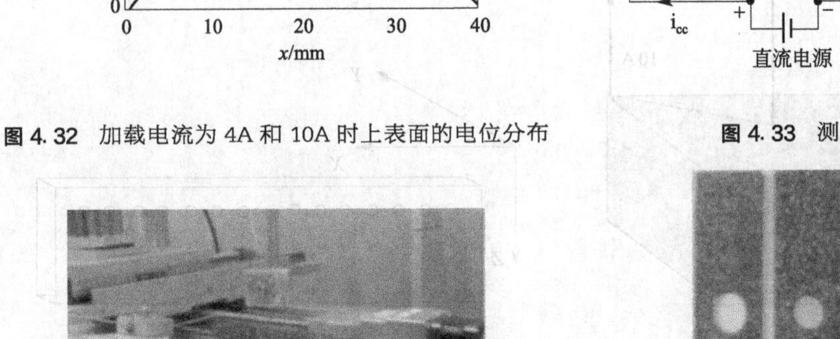

图 4.34　测试平台实物装置

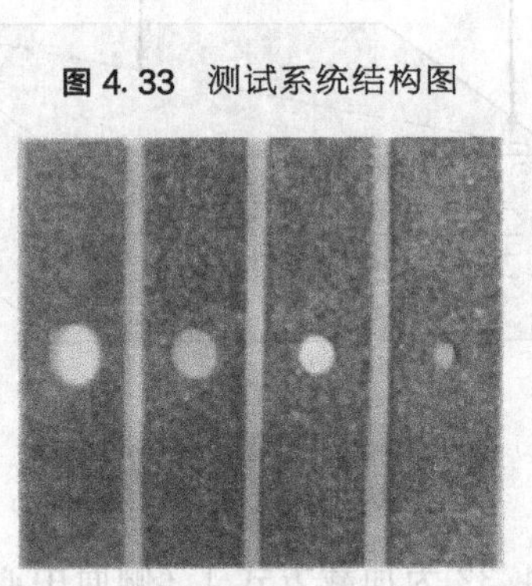

图 4.35　大孔缺陷测试试件

由于泡沫金属的导电性好，电位差信号很小，这对测量仪器的精度提出了很高要求。泡沫金属本身大量不规则的孔隙以及检测面的不平整会给结果造成明显的噪声，纳伏表在实际测量时存在的漂移也对测量结果的精度有一定的影响。增大恒流源的电流值，可使检测出的电位值增大，这对减小噪声的影响有一定作用。另外，采用稳定性更好的纳伏表和更大的激励电流，也可进一步有效地增加本方法的检测能力。

综上所述，利用直流电位法可以检测出泡沫金属中的大孔缺陷，且缺陷大小和检测电位信号的大小有一定的对应关系，这成为对泡沫金属缺陷进行定量无损检测的一个基础。

对于由泡沫产品的制备而产生的表面缺陷，如孔壁上的微小孔洞或裂纹，渗透技术不失为一种理想的检测方法。首先将液态化学试剂施加于多孔体，化学试剂被那些孔洞和裂纹所吸收。待表面干爽后，施加发色剂，在保留有透入化学试剂的地方即产生颜色。通过此法可由简单的可视方式获得多孔体的表面缺陷形态。

4.4.4 其他方法

除了上面介绍的主要方法外，还有研究者采用涡流感应技术，通过多频电流阻抗来检测泡沫金属的相对密度、孔隙尺寸和孔隙形貌。由激发线圈产生交变磁场，在泡沫金属样品周围诱发涡流和对应的磁场，然后用次级线圈接收。涡流取决于多孔体的几何因素和交变频率，以及泡沫金属的性能。孔率对输出信号具有显著的作用，因而在合适的口径测定之后利用本法可检测多孔体的局部密度和其他孔隙参数。

多孔试样的内部结构，也可能通过超声图像而获得。已有的研究结果表明：通过多孔体的超声波滞后时间随孔率增大而延长，波的脉冲宽度则随平均孔隙尺寸增加而变大，且这种滞后时间和脉冲宽度均随平均孔隙周长的增大而增加，在超声特性（传播时间和脉冲宽度等）与多孔体的孔隙分布（如孔率、孔隙形状和孔隙尺寸等）之间存在着内在的关系。传播的波形可由高斯（Gaussian）函数来表征，滞留时间取决于孔率和孔隙尺寸。如果孔隙形状相似，则高斯函数的滞后时间与孔率成正比，而与孔隙尺寸无关。当孔率和孔隙形状因子（实际孔隙的横截面周长与等效圆孔的横截面周长之比，如球形孔隙的形状因子即为 1）均为常数时，高斯函数的脉冲宽度和幅度均随孔隙尺寸增加而减小。若孔率和孔隙尺寸均为常数，则滞后时间和脉冲宽度随孔隙形状因子的增大而增加，而脉冲幅度则随孔隙形状因子的增大而减小。因此，通过检测超声传播时间和脉冲宽度，便可实现多孔材料中孔率、孔隙形状和孔隙尺寸的无损定量分析。

4.5 比表面积（比表面）的表征和检测

材料的比表面积（简称比表面）是其单位体积或单位质量所具有的表面积，前者为体积比表面积，后者为质量比表面积。对于开孔型的多孔材料，多孔体的外表面积（多孔体外部表面的面积）一般要比其大量的孔隙内表面积（注：多孔材料的内表面即多孔体内部孔隙的表面，即孔壁和孔棱的表面）小得多，前者往往可以忽略不计。因此，开孔型多孔材料的比表面积通常即指其内表面的比表面积。由于闭孔型多孔材料的内部孔隙没有对外开放，这些孔隙表面在大多数应用场合也不能有效地加以利用，同时也不便加以检测，所以闭孔型多孔材料的比表面积即视为等于其外部表面积。在多孔材料的很多应用中，如消声降噪、过滤分离、反应催化、热量交换以及人骨生物组织内生长等许多场合，都需要利用多孔体内部的孔隙表面，其使用性能强烈地依赖于内表面积的大小，故此时多孔体的比表面积成为整个多孔部件的一项重要指标。对于尺度远大于其孔隙尺寸的开口多孔体，该指标主要是代表内部孔隙表面积的总和，而产品外表面的贡献小到可以忽略。可见，这种内部孔隙表面积的总体表征是与多孔材料的开孔率直接相关的。测定多孔材料比表面积的方法主要有气体吸附法（BET 法）、流体透过法和压汞法等。其中，前两类方法在本节介绍，而压汞法的内容则放到另外一节单独介绍。

4.5.1 气体吸附法

气体吸附法是在朗格缪尔（Langnuir）的单分子层吸附理论的基础上，由 Brunauer、Emmett 和 Teller 三人进行推广，从而得出的多分子层吸附理论（BET 理论）方法，因此又称 BET 法。其中，常用的吸附质为氮气，对于很小的表面积也用氪气。在液氮或液态空气的低温条件下进行吸附，可以避免化学吸附的干扰。

（1）基本原理

气体吸附法测定比表面积是依据气体在固体表面的吸附理论。在一定温度下平衡吸附量随气体压力的变化曲线称为吸附等温线，测定和分析吸附等温线可以得出多孔试样的比表面积和孔径分布。

任何置于吸附气体环境中的物质，其固态表面在低温下都将发生物理吸附。根据 BET 多层吸附模型，吸附量与吸附质气体分压之间满足如下关系（BET 方程）：

$$\frac{p}{X(p_0-p)}=\frac{1}{X_m C}+\frac{(C-1)p}{X_m C p_0} \tag{4.60}$$

式中，p 为测定吸附量时的吸附质气体压力，Pa；p_0 为吸附温度下气体吸附质的饱和蒸气压，Pa；p/p_0 为相对压力；X 为测定温度下气体吸附质分压为 p 时的吸附量，kg 或 m^3；X_m 为单分子层吸附质的饱和吸附量，kg 或 m^3；C 为 BET 常数，与第一层吸附时的能量有关，是吸附质和吸附剂之间相互作用强度的体现。

上式中的 X_m 可由吸附等温线来计算。将 $p/[X(p_0-p)]$ 对 p/p_0 作图，一般得到一条直线，由该直线的斜率 a $[a=(C-1)/(X_m C)]$ 和截距 b $[b=1/(X_m C)]$ 即可得出单分子层的气体吸附量 $X_m=1/(a+b)$。通常 C 足够大，故可将直线的截距取为零。通过饱和单层吸附量就可计算出试样的总表面积：

$$S=(X_m/M)NA=X_m NA/M \tag{4.61}$$

式中，X_m 为单分子层吸附质的饱和吸附质量，kg；N 为阿伏伽德罗常数，一般取 6.022×10^{23} 分子/mol；A 为吸附质分子的横截面积，一个氮分子所占据的面积取 $1.62\times10^{-20}m^2$；M 为吸附质的摩尔分子质量，氮气的摩尔分子质量为 28.0134×10^{-3}kg/mol。

因此，多孔试样的比表面积为：

$$S_m=S/m_X \tag{4.62a}$$

$$S_v=S/V_X \tag{4.62b}$$

式中，S 为试样的总表面积，m^2 或 cm^2；S_m 和 S_v 分别为质量比表面积（m^2/kg 或 cm^2/g）和体积比表面积（m^2/m^3 或 cm^2/cm^3）；m_X 和 V_X 分别为试样的质量（kg 或 g）和体积（m^3 或 cm^3）。

通过如下公式还可以计算出气体的吸附层数：

$$n=\frac{X}{X_m}=\frac{p}{p_0-p}\Big/\left[\frac{1}{C}\left(1-\frac{p}{p_0}\right)+\frac{p}{p_0}\right] \tag{4.63}$$

可见，吸附剂表面的吸附层数随 BET 常数 C 值的增大而增多，并且与气体吸附质的相对压力紧密相关。

此外，本法还可衍生出一个等效孔径的计算公式：

$$d=\frac{f\theta}{S_v(1-\theta)} \tag{4.64}$$

式中，f 为孔隙形状系数；θ 为多孔体的孔率。

（2）实验方法与测量仪器

根据气体吸附理论，测出一定条件下试样表面吸附或脱附的气体量，就可用相应的理论关系计算出多孔试样的比表面积。通过气体吸附法测定比表面积的具体方法有很多，如静态法与动态法、单点法与多点法等，研究者对此在《粉末冶金技术》第 11 卷的“气体吸附法测定粉末比表面”一文中进行了比较详细的介绍。

① 静态法　静态法指的是在静态条件下测量样品吸附的气体量的方法。通过测量充入体系中的气体量和剩余的气体量，计算出被吸附的气体量。按吸附气体量的测量方法，又可将静态法分为容量测量法和重量测量法，简称容量法和重量法。

a. 容量法　容量法所用仪器种类比较多，选用的吸附质各不相同。将多孔试样放入容积已知的密闭系统中，在一系列吸附质气体压力下达到吸附平衡，此时系统中的气体压力、温度和容积符合气态方程 $pV=nRT$；每一压力变化的始态与终态的气体量之差即为压力变化后吸附或脱附的气体量。目前进口的氮吸附比表面积和孔径分布仪大多采用静态容量法，适应的孔径为 2～30nm。

现以图 4.36 所示仪器为例对容量法进行简要描述。该仪器主要由玻璃件构成，采用氮气或氩气作为吸附气体（注：图中未画出气体量管部分）。测量前将适量氦气引入测量体系进行死空间测定，然后抽空氦并对样品进行脱气处理。样品脱气后，将一定量的吸附气体充入测量体系，再将装有液浴的杜瓦瓶套在样品管上以保温，进行吸附测量。当吸附达到平衡后，就可根据充气压力、吸附平衡压力、死空间因子等有关参数，分别计算出充入的和剩余的吸附气体体积，从而求出吸附的气体体积为：

$$V=V_e-V_r \tag{4.65}$$

式中，V_e 为充入的吸附气体体积（标准态），m^3；V_r 为吸附平衡后剩余的吸附气体体积（标准态），m^3。

吸附的气体质量则为：

$$X=\frac{V}{V_0}\cdot M \tag{4.66}$$

式中，V_0 为 1 mol 吸附气体的标准态体积，约为 24.414×10^{-3} m^3；M 为吸附气体的摩尔分子质量，氮气的为 28.0134×10^{-3} kg/mol。

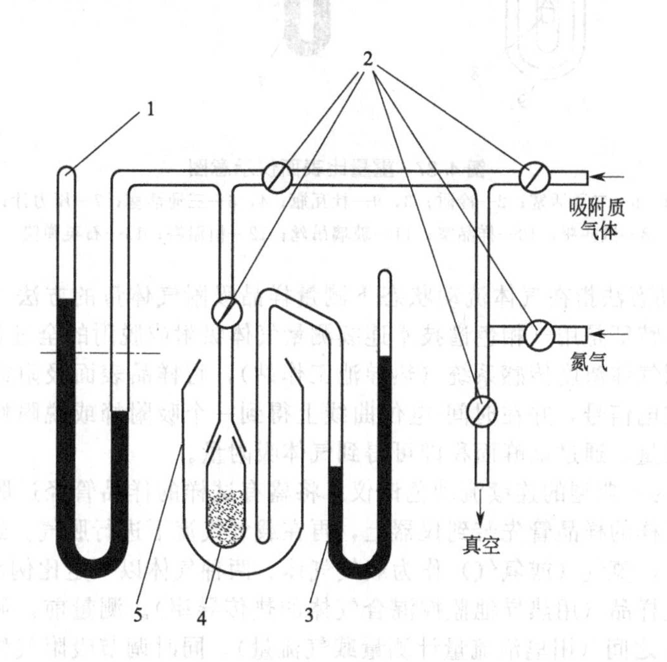

图 4.36　容量比表面仪示意图

1—压力计；2—二通阀；3—蒸气压力温度计；4—样品泡；5—杜瓦瓶．

b. 重量法　重量法通常采用弹簧天平或电子天平来测量样品吸附的气体量。图 4.37 所示为一采用石英弹簧的重量比表面测定仪。测量前，先将装有样品的试样瓶通过玻璃丝挂在石英弹簧钩上，然后抽空系统。当真空度达到要求后充入适量的吸附气体，并将装有液浴的杜瓦瓶套在样品室上，进行吸附测量。当吸附达到平衡时，测量平衡压力和石英弹簧伸长值，即吸附的气体质量 X［见式(4.67a)］。样品吸附的气体体积则由式(4.67b)求出：

$$X=(m_4-m_2)-(m_3-m_1) \tag{4.67a}$$

$$V=\frac{X}{\rho_0}=\frac{(m_4-m_2)-(m_3-m_1)}{\rho_0} \tag{4.67b}$$

式中，m_1 和 m_2 分别为真空状态下和处于平衡压力下试样瓶的质量，kg；m_3 和 m_4 分别为真空状态下和处于平衡压力下试样瓶与试样的质量总和，kg；ρ_0 为标准状态下吸附气体的密度，kg/m^3。

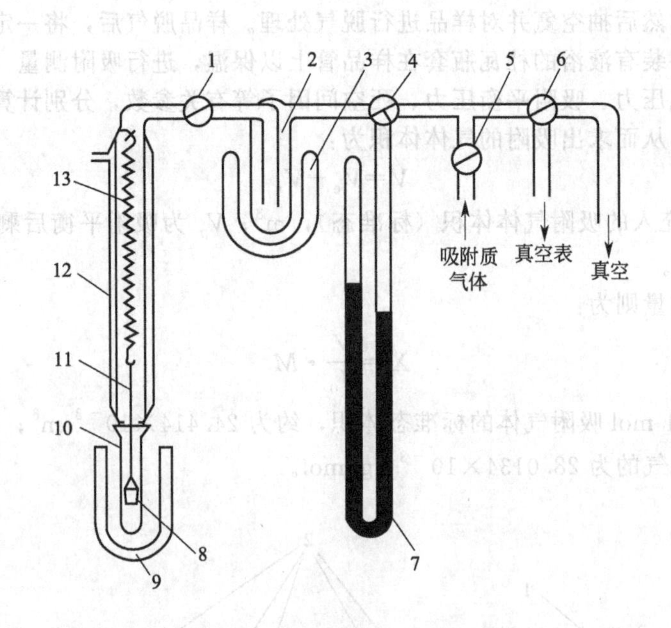

图 4.37 重量比表面仪示意图

1，5—二通活塞；2—冷阱；3，9—杜瓦瓶；4，6—三通活塞；7—压力计；8—试样瓶；10—样品室；11—玻璃吊丝；12—恒温浴；13—石英弹簧

② 动态法　动态法指在气体流动状态下测量样品吸附气体量的方法。此法又称连续流动色谱法，其基本特征是用气相色谱技术连续测量气体吸附或脱附的全过程中气体的吸附量或脱附量。其采用气体浓度传感系统（热导池工作站），将样品表面吸附或脱附时导致的气体浓度变化转换成电信号，并在时间-电位曲线上得到一个吸附峰或脱附峰。该峰面积对应于一定的气体吸附量，通过该峰面积即可得到气体吸附量。

图 4.38 所示为一典型的连续流动色谱仪。将盛有试样的样品管经过脱气处理后装到仪器上，或将盛有试样的样品管先装到仪器上，再在载气气流下进行脱气。通常以氮气（或氩气）作为吸附气体，氦气（或氢气）作为载气气体。两种气体以一定比例混合后，在接近大气压的压力下流过样品（用热导池监控混合气体的热传导率）。测量前，调节载气气体流量到 35～45mL/min 之间（用皂泡流量计测量载气流量），同时调节吸附气体流量。待两路气体混合均匀后，再用皂泡流量计测量混合气体的总流量。然后接通电源，调节电桥的零点。待仪器稳定后，把装有液浴的杜瓦瓶套在样品管上，当吸附达到平衡时，由热导池检测出一个吸附峰。当液浴移开样品管时，又由热导池检测出一个与吸附峰极性相反的脱附峰。由于

脱附峰比较对称，形状规则，并与标定时将吸附气体注入气流的过程非常一致，故通常采用脱附峰计算比表面积。载气流量调节好之后一般就不再重新调节，而是通过改变吸附气体的流量来调节相对压力。当相对压力为 0.05～0.35 的范围时，至少要测量 3～5 点。脱附完毕后，将六通阀转至标定位置，向混合气流中注入已知体积的纯吸附气体，以便得到一个标准峰。相对压力 p/p_0 由下式求出：

$$\frac{p}{p_0}=\frac{R_X}{R_T}\times\frac{p_{atm}}{p_0} \tag{4.68}$$

式中，R_X 为吸附气体流量，mL/min；R_T 为混合气体总流量，mL/min；p_{atm} 为大气压力，Pa；p_0 为吸附气体液化时的饱和蒸气压，Pa。

吸附的气体体积由下面的式(4.69) 和式(4.70) 求出：

$$V_s=V_t\cdot\frac{273.15p_{atm}}{1.01325\times10^5T}=V_t\cdot\frac{273.15p_{atm}}{1.01325\times10^5(273.15+t)} \tag{4.69}$$

式中，V_s 为充入标准体积管中吸附气体的体积（标准态），cm^3；V_t 为标准体积管的体积，cm^3；T 和 t 分别为体系的热力学温度（K）和摄氏温度（℃）。吸附的气体体积为：

$$V=V_s\cdot\frac{A_d}{A_s} \tag{4.70}$$

式中，A_d 和 A_s 分别为脱附峰面积和标准峰面积。

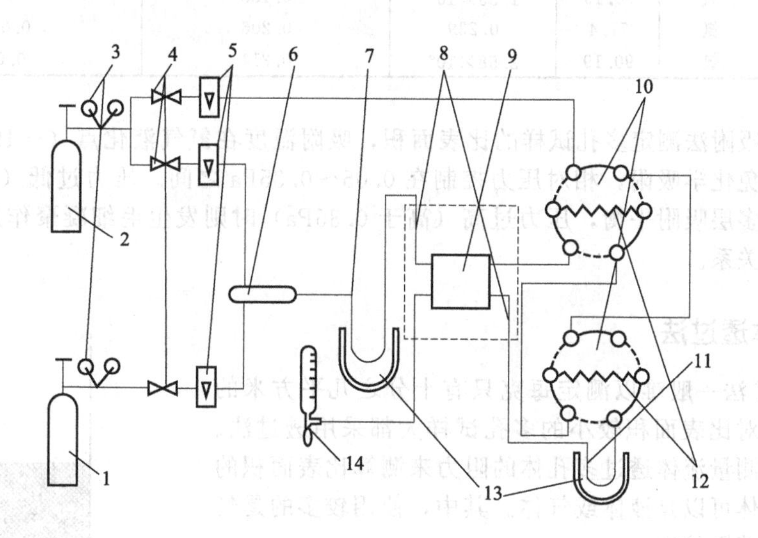

图 4.38　连续流动色谱比表面仪气路图

1—载气瓶；2—吸附质气瓶；3—稳压阀；4—稳流阀；5—转子流量计；6—混气缸；7—冷阱；8—恒温管；9—热导池；10—六通阀；11—样品管；12—标准体积管；13—杜瓦瓶；14—皂泡流量计

吸附装置既可采用容量法，也可采用重量法。容量法测定的是吸附达到平衡后未被吸附的残留气体压力和体积。其中，又分保持气体体积一定而测定压力变化的恒容法和保持气体压力一定而测定体积变化的恒压法。BET 法测定吸附量广泛采用 Emmett 吸附仪，还可利用电子吸附天平等自动化仪器以及气相色谱法等测定仪器。

利用 Emmett 吸附仪，测试前先将试样在扩散泵抽真空的环境下进行加热，以使吸附在试样上的气体解吸，脱气后的试样置于包有低温浴的试样室中，通常为盛有液氮的杜瓦瓶中。在量管中通入吸附的气体，通常为氮气，同时用压差计测量其压力。然后打开试样和量管间的旋塞阀，达到平衡后记下压差计上的平衡压力。进入试样室的气体体积与打开旋塞阀前后的压差成比例。吸附的体积即等于引入气体体积减去充满试样室和量管连接管中的死空间所需气体体积。注意在吸附计算中，还应计入液氮温度下氮的非理想状态修正值。

③ 单点法与多点法　一般采用氮气作吸附气体时，BET 方程中的 C 值较大，常为 100 左右。此时截距 $b\approx 0$，斜率 $a\approx 1/X_{\mathrm{m}}$，故 BET 方程式(4.60) 可简化成：

$$X_{\mathrm{m}}=X\left(1-\frac{p}{p_0}\right) \tag{4.71}$$

因此实验时只测量一点即可。通常单点法所得结果相对于多点法的误差不大于 5%，但应注意单点法应在相对压力为 0.2～0.3 的范围内测量吸附的气体量。

④ 吸附质　在利用气体吸附法测定比表面积时，通常选用分子呈球形的惰性气体或在测量条件下呈惰性的气体作为吸附质气体。多数情况下选用氮气，当多孔体的比表面小于一定值（如 $1\mathrm{m^2/g}$）时，尽可能选用饱和蒸气压低的气体，如氩气、氪气等。几种常用吸附质的主要参数和比表面积测定范围见表 4.7。

表 4.7　几种常用吸附质的主要参数和比表面积测定范围

吸附质	液浴		饱和蒸气压/Pa	分子横断面积/$\mathrm{nm^2}$	比表面积测定范围/($\mathrm{m^2/g}$)
	液体	温度/K			
氮气	氮	77.4	1.01×10^5	0.162	0.1～1000
氩气	氮	77.4	2.68×10^4	0.138	0.05～10
氩气	氧	90.19	1.33×10^5	0.138	1～10
氪气	氮	77.4	0.239	0.206	0.001～1
氪气	氧	90.19	2.58×10^3	0.214	0.02～1

采用氮气吸附法测定多孔试样的比表面积，吸附温度在氮气液化点（−195℃）附近的低温下可以避免化学吸附，相对压力控制在 0.05～0.35Pa 之间。压力过低（低于 0.05Pa）时则不易建立多层吸附平衡，压力过高（高于 0.35Pa）时则发生毛细凝聚作用，吸附等温线将偏离线性关系。

4.5.2　流体透过法

由于 BET 法一般难以测定每克只有十分之几平方米的比表面积，故对比表面积较小的多孔试样大都采用透过法。透过法是通过测量流体透过多孔体的阻力来测算比表面积的一种方法。流体可以是液体或气体。其中，使用较多的是气体，因其测量范围较宽。

在透过法中，有 Ergun 方程描述了流体通过多孔体的静态压力降（图 4.39）：

$$\frac{\Delta p}{H}=A\bar{u}^2+B\bar{u} \tag{4.72}$$

式中，H 为多孔试样的高度，m；$\bar{u}$ 为空容器内的平均流体速度，m/s；A 和 B 为系统的物理和几何参量因子。

方程式(4.72) 表明，压力降 Δp 来自层流（表征项为 $B\bar{u}$）和紊流（表征项为 $A\bar{u}$）两方面的贡献。多孔体中单位固体体积的比表面积可表述为：

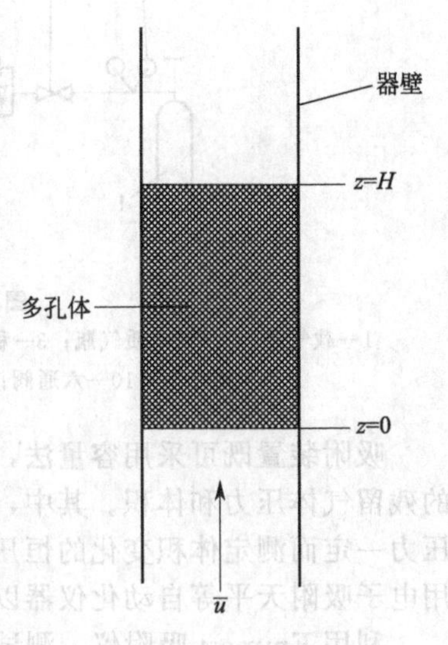

图 4.39　Ergun 方程在多孔材料测量方面的应用

$$S_s=\left[\frac{B^3}{A^2}\cdot\frac{(0.096\rho H)^2}{(2\alpha\mu H)^3}\cdot\frac{\theta^3}{(1-\theta)^4}\right]^{1/4} \tag{4.73}$$

式中，S_s 为多孔体中单位固体体积的比表面积，m^2/m^3；ρ 为流体密度，kg/m^3；θ 为多孔试样的平均孔率；α 为多孔试样中孔隙的迂回因子，一般在 1～1.5 之间，可近似地取值为 1.25；μ 为流体的动力学黏度，kg/(m・s)；其他符号意义同前。

由上式可得出多孔体的单位体积比表面积（即通常所指的多孔体比表面积）为：

$$S_V=S_s(1-\theta)=\left[\frac{B^3}{A^2}\cdot\frac{(0.096\rho H)^2}{(2\alpha\mu H)^3}\cdot\left(\frac{\theta}{(1-\theta)}\right)^3\right]^{1/4} \tag{4.74}$$

由 Ergun 方程所得比表面积 $(S_V)_{Ergun}$，一般均小于由气体吸附法所得比表面积 $(S_V)_{BET}$。对于电化学过程，实际的有效比表面积介于 $(S_V)_{Ergun}$ 与 $(S_V)_{BET}$ 两者之间，但可能更接近于前者。

在层流条件下，将泡沫金属等多孔材料中的孔道视为毛细管，通过理论推导和对多种材料的实验，最后得出了计算多孔体比表面积的 Kozeny-Carman 公式：

$$S_V=\rho S_m=14\times10^{-3/2}\sqrt{\frac{\Delta pA}{\eta\delta Q}\cdot\frac{\theta^3}{(1-\theta)^2}} \tag{4.75}$$

式中，S_V 为多孔试样的体积比表面，m^2/cm^3；ρ 为试样密度，g/cm^3；S_m 为试样的质量比表面，m^2/g；Δp 为流体通过试样两端的压力差，MPa；A 为流体通过试样的横截面积，m^2；η 为流体的黏滞系数，Pa・s，1Pa・s=10P（泊）；δ 为试样的厚度，m；Q 为单位时间内通过试样的流体体积，即流量，m^3/s；θ 为试样的孔率，%。

上式中，流体通过多孔体的流动条件为层流，不能适用于紊流。另外，当多孔体的孔道很细，甚至接近作为流体的气体分子平均自由程时，上式也不能适用，因为由于毛细压力的作用而使流体难以通过这种细孔。

总而言之，多孔体的比表面值在很大程度上取决于测量方法，故应选择与使用条件相似的实验条件进行检测。例如，对于用于有介质流过的电极基体的泡沫金属多孔材料，采用动力学方法来获取比表面值是比较切合实际的。

4.6 孔隙因素的综合检测：压汞法

压汞测孔技术的出现至今已有 60 多年的历史。最初发展压汞法是为了解决气体吸附法所不能检测的更大孔径，如大于 30nm 的孔隙。后来由于装置可达到相当高的压力，因此也能测量到吸附法所及的较小孔径区间。对于多孔材料，压汞法的孔径测试范围可达 5 个数量级，其最小限度约为 2nm，最大孔径可测到几百个微米。目前压汞法的测试孔径范围一般在 2nm～500μm 之间。在多孔材料的孔隙特性测定方面，本法主要用来测量孔径分布，但同时也可测量比表面积和孔率，甚至于孔道的形状分布等。所以，压汞法是可以对多孔试样的若干孔隙因素进行综合检测的方法，是一种集成式的测试措施。只是因为使用了毒性的液汞（俗称水银），故而在一定程度上限制了其应用。当然，汞也不能进入多孔材料的闭孔（闭合孔隙），因而本法也只能测量通孔和半通孔，即只能测量开孔（开口孔隙）。

4.6.1 压汞法的基本原理

压汞法的原理与气泡法相同，但测试过程正好相反。压汞测孔技术的基础性物理现象是在给定的外界压力下将一种非浸润且无反应的液体强制压入多孔试样。这样的液体通常选用的是汞，这是因为汞对大多数材质都不能产生浸润，此法因此称为压汞法。根据毛细管现象，若液体对多孔材料不浸润（即浸润角 $\alpha>90°$），则表面张力将阻止液体浸入孔隙。但对液体施加一定压力后，外力即可克服这种阻力而驱使液体浸入孔隙中。因此，液体充满一给定孔隙所需压力值即可度量该孔径的大小。

在半径为 r 的圆柱形毛细管中压入不浸润液体，达到平衡时，作用在液体上的接触环截面法线方向的压力 $p\pi r^2$ 应与同一截面上张力在此面法线上的分量 $2\pi r\sigma\cos\alpha$ 等值反向，即：

$$p\pi r^2=-2\pi r\sigma\cos\alpha \tag{4.76a}$$

即

$$p=-2\sigma\cos\alpha/r \tag{4.76b}$$

式中，p 为将汞压入半径为 r 的孔隙所需压力，即给予汞的附加压力，Pa；r 为孔隙半径，m；σ 为汞的表面张力［系数］，N/m；α 为汞对材料的浸润角，(°)。其中，由于汞与多孔材料不浸润，故 α 在 90°～180°之间。

上述公式表明，使汞浸入孔隙所需压力取决于汞的表面张力、浸润角和孔径。汞对多数材料不浸润（$180°>\alpha>90°$），这是本法的基本要求。

增大压力可使汞进入孔径更小的孔隙。因此，测试不同压力下进入多孔试样中汞的量，就可计算出相应压力下大于某半径的孔隙的体积，从而计算出孔隙尺寸分布和比表面积。

4.6.2 孔径及其分布的测定

根据式(4.76)，一定的压力值对应于一定的孔径值，而相应的汞压入量则相当于该孔径对应的孔体积。这个体积在实际测定中是前后两个相邻的实验压力点所反映的孔径范围内的孔体积。所以，在实验中只要测定多孔试样在各个压力点下的汞压入量，即可求出其孔径分布。

压汞法测定多孔材料的孔径即是利用汞对固体表面不浸润的特性，用一定压力将汞压入多孔体的孔隙中以克服毛细管的阻力。由式(4.76) 可直接得出孔隙半径为：

$$r=-2\sigma\cos\alpha/p \tag{4.77a}$$

即孔隙直径为：

$$D=2r=-4\sigma\cos\alpha/p \tag{4.77b}$$

式中，D 为多孔体的孔隙直径，m；其他符号意义同前。

将被分析的多孔体置于压汞仪中，在压汞仪中被孔隙吸进的汞体积是施加于汞上的压力的函数。根据式(4.77)，可推导（详细过程略）得出表征半径为 r 的孔隙体积在多孔试样内所有开孔总体积中所占百分比的孔半径分布函数 $\psi(r)$：

$$\psi(r)=\frac{\mathrm{d}V}{V_{\mathrm{TO}}\mathrm{d}r}=\frac{p}{rV_{\mathrm{TO}}}\cdot\frac{\mathrm{d}(V_{\mathrm{TO}}-V)}{\mathrm{d}p} \tag{4.78a}$$

代入式(4.77) 即有：

$$\psi(r)=\frac{p^2}{2\sigma\cos\alpha V_{\mathrm{TO}}}\cdot\frac{d(V_{\mathrm{TO}}-V)}{\mathrm{d}p} \tag{4.78b}$$

式中，$\psi(r)$ 为孔径分布函数，它表示半径为 r 的孔隙体积占有多孔试样中所有开孔隙总体积的百分比，%；V 为半径小于 r 的所有开孔体积，m^3；V_{TO}（其中，下标 T、O 分别为英文单词总计“total”和开放“open”的首写字母）为试样的总体开孔体积，m^3；p 为将汞压入半径为 r 的孔隙所需压力，即给予汞的附加压力，Pa；σ 为汞的表面张力，N/m；α 为汞对材料的浸润角，(°)。

上式即为压汞法测定孔径分布的基本公式，其右端各量是已知的或可测的。为求得 $\psi(r)$，式中的导数可用图解微分法得到，最后将 $\psi(r)$ 值对相应的 r 点绘图，即可得出孔半径分布曲线。

压汞法测定多孔试样孔径分布的操作步骤如下：将称量好的样品置于膨胀计（膨胀计由一个测量汞压入量的带刻度毛细玻璃管和一个盛装样品的玻璃样品室连接在一起构成，参见图 4.40）的试样室中，然后将膨胀计放入充汞装置内。抽真空形成真空条件后，向膨胀计充汞并完全浸没试样。压入多孔体内的汞量由膨胀计的毛细管中汞柱的高度变化来表示。当对汞所施附加压力低于大气压时，向充汞装置中导入大气，使作用于汞上的压力从真空状态逐渐提高到大气压，利用该过程中毛细管颈中汞的体积变化，来测定粗孔部分的体积。为了使汞进入孔径更小的孔隙，须对汞施加更高的压力。随着施加压力的增大，汞逐渐充满到较小的孔隙中，直至所有开孔隙被汞填满为止。当作用于试样中汞上的压力从大气压提高到仪器的压力极限时，根据膨胀计毛细管颈中汞的体积变化，可测出细孔部分的体积。从上述过程可得到汞压入量与压力的关系曲线，并由此可求得其开孔隙的孔径分布。由于仪器承受压力的限制，压汞法可测的最小孔径一般为几个到几十个纳米。而由于装置结构必然具有一定的汞头压力，故可测的最大孔径也是有限的，一般为几百个微米。

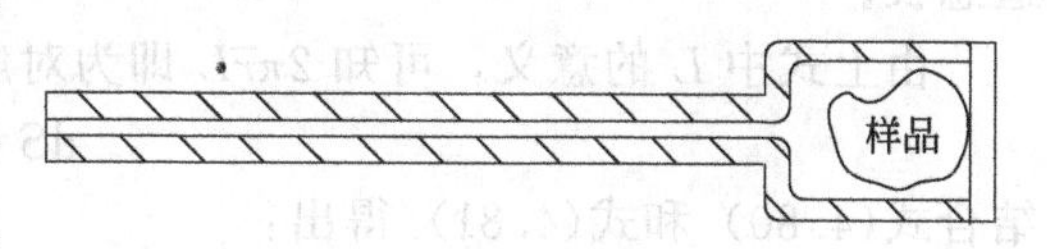

图 4.40 电容法膨胀计示例

不同的测孔仪采用不同的汞体积测量方法。结构不同的膨胀计分别适于目测法、电阻法、机械跟踪法和电容法四种测试方法。其中，较好的是电容法。其原因如下：目测法使用的压力不能太高；电阻法由于铂丝对温度变化的敏感和汞对其的不浸润性，往往引起长度测量误差而导致汞压入量的测量误差；机械跟踪法的高压容器需要严格的密封结构，并要经常更换密封元件。而电容法不存在上述问题。

因为压汞法可测范围宽，测量结果具有良好的重复性，专门仪器的操作以及有关数据处理等也比较简便和精确，故已成为研究多孔材料孔隙特性的重要手段。压汞法与气泡法测定最大孔径及孔径分布的原理相同，但过程相反：气泡法利用能浸润多孔材料的液体介质（如水、乙醇、异丙醇、丁醇、四氯化碳等）浸渍，待试样的开孔隙饱和后再以压缩气体将毛细管中的液体挤出而冒泡。气泡法测定孔径分布的重复性不如压汞法好，测量范围不如压汞法宽，且小孔测试困难，但对最大孔径的测量精度高。与气泡法只能测定贯通孔不同，压汞法测定的是开口孔隙，包括贯通孔和半通孔。当然压汞法还有一个问题，就是孔隙较小时由于需要施加的压力较大，这有可能会改变孔隙结构。

4.6.3 比表面积的测定

压汞法也可用来测定多孔体的开孔比表面积。要使汞浸入不浸润的孔隙中，需外力做功以克服表面张力带来的过程阻力。视毛细管孔道为圆柱形，用 $p+\mathrm{d}p$ 的压力使汞充满半径为 $r\sim(r-\mathrm{d}r)$ 的毛细管孔隙中，若此时多孔体中的汞体积增量为 $\mathrm{d}V$，则其压力所做的功为：

$$(p+\mathrm{d}p)\mathrm{d}V=p\mathrm{d}V+\mathrm{d}p\mathrm{d}V\approx p\mathrm{d}V \tag{4.79}$$

此功恰为克服由汞的表面张力所产生的阻力所做功，即：

$$p\mathrm{d}V=(2\pi\bar{r}\sigma\cos\alpha)L \tag{4.80}$$

式中，p 为将汞压入半径为 r 的孔隙所需压力，Pa；$p+\mathrm{d}p$ 为将汞压入半径为 $r-\mathrm{d}r$ 的孔隙所需压力，Pa；V 为半径小于 r 的所有开孔体积，m^3，而 $V-dV$ 为半径小于 $r-dr$ 的所有开孔体积，m^3；$\bar{r}$ 为 r 和 $r-dr$ 的平均值，m，当 $dr\to0$ 时 $\bar{r}\to r$；σ 为汞的表面张力，N/m；α 为汞与多孔材料的浸润角，(°)；L 为对应于孔隙半径为 $r\sim(r-dr)$ 之间的所有孔道总长。

由上式中 L 的意义，可知 $2\pi\bar{r}L$ 即为对应于区间（r，$r-dr$）的面积分量 dS：

$$dS=2\pi\bar{r}L \tag{4.81}$$

结合式(4.80) 和式(4.81) 得出：

$$p\,dV=dS\sigma\cos\alpha \tag{4.82}$$

从而有：

$$dS=\frac{p\,dV}{\sigma\cos\alpha} \tag{4.83}$$

故总表面积为：

$$S=\frac{1}{\sigma\cos\alpha}\int_0^{V_{max}}p\,dV \tag{4.84}$$

该式即为用压汞法测定 p-V 关系曲线来计算表面积的公式。其中，积分值 $\int_0^{V_{max}}p\,dV$ 直接从实验所得的压力-容积曲线求得。由此得出试样质量为 m 的质量比表面积为：

$$S_m=\frac{1}{\sigma m\cos\alpha}\int_0^{V_{max}}p\,dV \tag{4.85}$$

运用上式计算的比表面积与 BET 法测定的比表面积具有良好的一致性。该式在使用图解法时，可将 p-V 实测曲线对 V 轴积分（图 4.41）。

式(4.85) 没有考虑孔隙的几何形状，但它规定多孔材料中的孔道截面应均匀，液汞在孔道中的弯月面移动须可逆。这在实践中难以实现，故压汞法测定比表面积须用汞的压入曲线，而不可用退汞曲线。值得指出的是，由该式与 BET 吸附法算出的比表面积具有良好的一致，但若多孔材料的孔形远远偏离上述规定，则应慎重对待压汞法所得的比表面积数据。

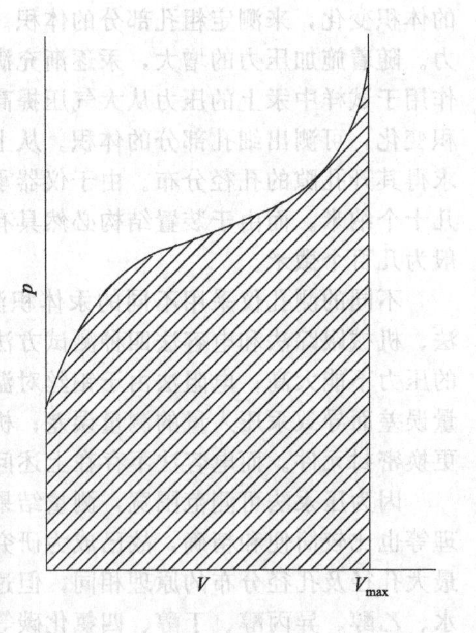

图 4.41 压汞法测定的 p-V 曲线

4.6.4 表观密度和孔率的测定

压汞法测定表观密度和孔率指标的实质是将汞压入多孔试样的开口孔隙中，测出这部分汞的体积即为试样的开孔体积。可见，测试过程中所要求的实验压力为被测多孔试样的全部开孔所需压力。其测量方法如下：先将膨胀计置于充汞装置中，在真空条件下充汞，充完后称出膨胀计的质量 m_1。然后将所充的汞排出，装入质量为 m 的多孔试样，再放入充汞装置中在同样的真空条件下充汞，称出带有试样的膨胀计质量 m_2，注意这是汞未压入多孔试样孔隙时的状态。之后再将膨胀计置于加压系统中将汞压入开口孔隙内，直至试样为汞饱和时为止，算出汞压入的体积 V_{Hg0} 即相当于多孔试样的总开孔体积，则可得到多孔试样的表观密度和孔率。其有关的量值关系如下：

$$m_1=m_{Hg1}+m_{Hg2}+m_D \tag{4.86}$$

$$m_2=m+m_{Hg2}+m_D \tag{4.87}$$

式中，m_1、m_2、m 的意义见上文，kg；m_{Hg1} 为对应于多孔试样所占总体积（含孔隙）的汞质量，kg；m_{Hg2} 为对应于膨胀计中除去多孔试样所占总体积（含孔隙）的汞质量，kg；m_D（下标是英文单词膨胀计"dilatometer"的首写字母）为膨胀计空载时的自身质量，kg。

由式(4.86)减去式(4.87)，得：

$$m_{Hg1}=m+m_1-m_2 \tag{4.88}$$

故多孔试样的总体积（含孔隙）为：

$$V_0=\frac{m_{Hg1}}{\rho_{Hg}}=\frac{m+m_1-m_2}{\rho_{Hg}} \tag{4.89}$$

式中，ρ_{Hg} 为汞的密度，kg/m³。

最后可以得出：

$$\rho^*=\frac{m}{V_0}=\frac{m\rho_{Hg}}{m+m_1-m_2} \tag{4.90}$$

$$\theta_O=\frac{V_{Hg0}}{V_0}=\frac{V_{Hg0}\rho_{Hg}}{m+m_1-m_2} \tag{4.91}$$

$$\theta_C=\frac{V_C}{V_0}=1-\left(\frac{V_{0s}}{V_0}+\frac{V_{Hg0}}{V_0}\right)=1-\left(\frac{m/\rho_s}{V_0}+\frac{V_{Hg0}}{V_0}\right)=1-\left(\frac{m+V_{Hg0}\rho_s}{\rho_s}\right)\cdot\frac{1}{V_0}=1-\frac{(m+V_{Hg0}\rho_s)\rho_{Hg}}{(m+m_1-m_2)\rho_s} \tag{4.92}$$

$$\theta=\theta_O+\theta_C \tag{4.93}$$

式中，ρ^* 为多孔试样的表观密度，kg/m³；ρ_s 为多孔试样对应致密材质的理论密度，kg/m³；θ_O 和 θ_C（下标C是英文单词关闭"close"的首写字母）分别为试样的开孔率和闭孔率，%；V_C 为多孔试样的闭孔体积，m³；V_{0s} 为多孔试样中固体所占体积，m³；其他符号意义同前。

4.6.5 压汞法的实验装置

压汞法的测试装置为压汞仪。实验时先将多孔试样置于膨胀计内，再放进充汞装置中，在真空条件下向膨胀计充汞，使汞包住整个试样。压入多孔体中的汞量由与试样相连的膨胀计毛细管内汞柱的高度变化表示。常用测定方法为直接用测高仪读出高差而求得体积的累积变化量，也可通过电桥测定在膨胀计毛细管中的细金属丝电阻来求出汞的体积变化，还可在毛细管内外之间加上高频电压测其电容或在毛细管中插入电极触点等方法。

对汞施加的附加压力低于大气压时可向充汞装置导入大气，从而测出孔半径在几微米(如7.5μm)以上的孔隙，但因装置结构存在汞头压力，故最大孔径的测定尚限于几百微米以内。要使汞充入半径小于几微米的孔隙，就须对汞施加高压。高压的获得一般通过液压装置。随着汞的附加压力增大，汞可逐渐充满到更小的孔隙中，最后达到饱和，从而获得压入量与压力的关系曲线，由此即可求解其孔径分布。

目前国内外的压汞仪类型很多，结构各有不同，其主要差别有两个方面：一是工作压力方面的区别，包括压力增减方法、传递介质、最高工作压力、压力计算方法和工作的连续性等；二是汞体积变化的测量方法。要提高压汞仪的测试水平，就需保证压力增减的连续性，并使用高精度的计量方法来计量微量汞体积的变化。

4.6.6 测试误差分析和处理

通过压汞法得到的数据主要用于类似材料的比较性研究。虽然其测定的多孔材料孔径及其分布等参数具有良好的重复性，但在测量过程中仍存在某些可能会带来误差的因素。下面对该法的主要误差来源和处理方式作一个简单介绍。

（1）汞的压缩性

汞具有轻微的可压缩性，故在高压下汞的体积以及装置的体积均会产生一定的变化，从而使多孔试样孔隙体积的测量值大于其实际值。这种膨胀计上的体积读数修正值可通过膨胀计的空白实验（空载实验）得出，即从检测试样的分析结果中减去空载试样管的测量结果。试样和试样中孔隙的体积越大，来自该误差源的误差就会越小。

空白实验主要是修正由于汞压缩而产生的相应体积增量，以及试样本身、试样管和其他仪器元件产生的误差。如果汞的压缩性不会大幅度地影响膨胀计刻度玻璃管的体积，则相应也能精确地确定试样的可压缩性。

总而言之，要达到最佳的检测精度，就应从样品的分析结果中减去与样品的堆积体积和压缩性相似的无孔样品的结果，以修正结果中由于压缩和温度变化而产生的误差。这是因为系统中各种元件的压缩性会扩大检测得出的挤入值，而加压导致的生热和由此产生的系统膨胀则减少了测量的体积。对于一个给定的测孔仪，这些因素中的任何一个都可能成为主要的因素。

（2）汞与多孔样品的浸润角

采用压汞法测量并用公式(4.77) 进行计算时，一般取汞与试样的浸润角为130°。但实际上汞对于不同材料的浸润角是各有差异的（参见表4.8），有时甚至相差较大。这样就会给计算结果带来误差。所以，在需要较精确的计算时，就应代入与具体材质相对应的浸润角数值。

表4.8　汞和不同材料之间的浸润角

材料	浸润角 α/(°)	材料	浸润角 α/(°)
铝	140	不锈钢	140
铁	115	一般非金属材料	135～142
镍	130	碳	142～162
锌	133	碳化钨	121～142
钨	135～142	氧化铝	127～142
钛	128～132	氧化锌	141
铜	116	二氧化钛	141～160
钢	154	玻璃	135～153
青铜	128	碱式硅酸硼玻璃	153

要准确地测得液体和固体之间的浸润角数据较为困难，故不同文献提供的相应值也会有所差别。浸润角 α 值与材料和压力均有关系，在具体的测试条件下材料的吸湿浸润角也可能偏高，因此 α 值的偏差会对测定结果产生影响。

汞对固体表面浸润角的精确值取决于许多因素，包括汞的纯度、固体表面的化学性质和粗糙度等。因为汞的纯度既影响浸润角，又影响表面张力，这些都是数据分析所需要的，所以应该使用高纯度的汞。

（3）汞的表面张力 [系数]

汞的表面张力变化也会影响到各参量的测定。其张力值可能因压力、温度和所用汞的纯度而异。由于汞的表面张力温度系数仅为 2.1×10^{-4} N/(m·℃)，故温度的影响较小（表4.9），但在严格的情况下仍应对膨胀计进行恒温。而汞的纯度则对表面张力具有很大的影响，因汞的不纯将导致报告值偏低。

表 4.9 不同温度下汞的表面张力系数

汞/环境,温度	表面张力系数/(N/m)	汞/环境,温度	表面张力系数/(N/m)
汞/蒸气,15℃	0.4870	汞/空气,20℃	0.4716
汞/空气,18℃	0.4812	汞/蒸气,40℃	0.4682

汞压入具有滞后现象。汞的退出曲线不能覆盖挤入曲线，其原因有三：一是瓶颈孔的假设；二是网络孔的影响；三是最初挤入时汞不受孔壁作用的支配，而当退出时则在一定程度上与孔壁作用有关，即退出过程的接触角与可压缩的挤入接触角会产生一定的差异。由此看来，汞在挤入和退出两个过程中其滞后现象有着不同的效应。汞的黏度随压力增大而逐渐提高。

(4) 截留空气

残留在膨胀计和多孔体孔隙中的空气，以及吸附在表面上的空气，都可能使报告的值产生少量误差。为得到正确的测试结果，首先应对试样进行清洗等预处理，并通过将膨胀计球颈抽真空时加热多孔体的方式，可减小这种误差。

(5) 缩颈孔隙

在压汞法的常规测试条件下，其表征的孔径往往是孔隙开口处的大小。汞经一细得多的缩颈进入一个大孔隙（常称这类孔隙为“墨水瓶”孔）时，仪器以敞口孔隙的体积来处理缩颈孔隙的孔径，故测得的孔径分布曲线移向小孔径一边，即孔径相对于其真实值来说偏小。这种差别的大小可由汞压入的滞后曲线来判断。

(6) 动力学滞后效应

汞受压而挤入孔隙的过程，在时间上有一个滞后，故操作时应给予一定的时间。滞后效应与汞流入孔隙中所需的时间相关，在达到平衡前所读得的汞浸入体积，会使所得孔径分布曲线移向较小的孔径一方。

(7) 样品的压缩性

除上述测试误差因素外，在汞的高压作用下固体结构发生变化（如固体的压缩微变等），易碎多孔试样的可能性孔隙破坏，也都会对测量结果带来一定的偏差。所以，应尽量获悉分析多孔材料的可压缩性和破坏强度，以正确估计在试样变形或破坏前是否发生汞的挤入。而膨胀计中铂丝的比电阻随施压过程发生的变化，则需由空白实验来加以修正。

在测试过程中，汞压入后样品就进入静压环境。静压力在各个方向上的大小都是相同的，这就意味着在任何给定压力下被汞压入的所有孔壁均受到等值应力的作用。因此，在汞填充时孔壁一般不会发生坍塌。另一方面，在原理上固体样品是可能被压缩的，这也将给挤入的汞带来附加的体积。

4.6.7 方法的适用范围

(1) 样品类型

从原理上讲，汞测孔仪可以应用于各种多孔材料。在实际操作过程中，对于那些结构能被压缩，甚至在高压下发生坍塌的材料，要求对它的压缩性进行修正或在较低压力下进行分析。另外，某些金属表现出容易与汞反应生成汞齐的性质。有少部分贵金属表现出较小的汞齐化趋势，是由于其生成了一个表面氧化物保护薄层，从而减慢了汞齐化的速率，这一作用足以使常规的挤入测量得以进行。

(2) 压力和孔径极限

汞测孔仪测量汞挤入和退出的压力和体积，并从测得的压力来计算孔径。所以，标准测孔仪所能测出的孔径范围是由能够施加的压力范围所限制的。测孔仪允许汞挤入测试开始时的初始压力 p_0 是迫使汞充满样品孔隙的最小压力。不考虑充入角度，由于其自身高度，所有样品都不可避免地受到汞头压力的作用。这个压力导致实验开始前就有一部分汞的压入出现。为了减少后者的可能性，挤入实验常在稍高于上述 p_0 值的压力下开始。另一方面，出于安全设计余地的考虑，商业测孔仪加压也要设定上限。

最后需要指出的是，压汞法中将所有孔隙均处理为圆柱状，即其公式仅适于圆柱状孔隙。而多数多孔材料的孔隙都是不规则状，从而使这种处理方式成为对真实孔隙测定的主要误差来源。但这一影响仅仅使得在不同压力下按公式(4.77) 算出的半径值同乘以一个系数，而分布曲线的形状和算得的半径值则不会有显著的差异。

4.6.8 几种测定方法的比较

压汞法的一个明显缺点就是要用到有毒性的液体汞。本法也不宜测量细微的孔隙，因为将汞压入尺度很小的孔中需要很大的压力（如压入半径为 1.5nm 的孔中需要 400MPa 的压力)，有时可能将待测试样压碎。此外，在高压下汞可压入开口的非贯通孔，但无法将其与贯通孔区分。

压汞法和气泡法都可测量样品的孔径分布，但二者稍有偏离。首先，压汞法测定的是全通孔和半通孔，而气泡法测定的是全通孔。其次，如 4.3 部分所述，气泡法的测量结果偏高；而采用压汞法，由于样品中含有“墨水瓶”式的孔，升压曲线向对应于孔半径较小的方向偏移，故使结果偏低。

用气体渗透法、气泡压力法和压汞法均可测定多孔材料的渗透孔隙之平均孔径。在多孔试样的孔径测定中，压汞法是公认的经典方法，但它是以渗透孔和半渗透孔的总和作为检测对象，而气体渗透法仅检测渗透孔。另外，孔在长度范围内，其横截面不可能像理论假设的那样一致，压汞法测定的是开口处的孔，而气体渗透法测定的是最小横截面处的孔。因此，寻求这两种方法所得结果的一致性是难以实现的，除非被测多孔体全部具有理想的圆柱状直通孔。两种测定方法所得结果之差反映了被测材料孔形结构的不同。多孔试样中渗透孔的最狭窄部分决定气体渗透法的检测结果，而压汞法则只要孔两端的横截面较大，汞压入量就不会体现在最小横截面的孔数值上。因此，压汞法结果高于正确的气体渗透法结果。

气泡压力法和气体渗透法结果比较相近，这是因为这两种方法都是以多孔材料的渗透孔为检测对象。气泡压力法对于准确测定多孔材料的最大渗透孔是十分有效的，对于平均孔的测定，则仅局限于孔分布比较集中的多孔材料，且受被测材料须与被选溶液完全润湿之局限。此外，气泡压力法不适于孔半径小于 0.5μm 的多孔材料，而气体渗透实验测定则既可用于亲水性的多孔材料，又可用于憎水性的多孔材料。

多孔材料的各个基本参量，包括孔率、孔径及其分布、比表面积等，都是多孔体本身所固有的特性指标。它们本身并不随检测方法而变化，但不同的检测表征方式会对它们产生不同程度的偏离。这就是说，对于每一个基本参量，都有很多的方法可以用来测量和表征它。但由于实验方法的不同，所得结果往往具有一定的差异。在这些具有差异的结果数值之间，或许存在着某种内在的联系。一般而言，各基本参量的获取应尽量采用实验条件与多孔材料待使用环境尽可能接近的测试方法。在对不同的多孔材料进行某一参量的比较时，则应选用同一检测方法来测定该参量的表征值。常规性的参量测定，出具结果数据应附注说明检测方法。

4.7 结语

基于内部结构信息的性能预测需要对材料作出准确的定量表征。多孔材料表现出来的物理性能是其内在结构的直接结果，要改善这些材料，就须精确地了解决定这些性能的内部结构。多孔材料的性能建模高度依赖于其材料结构特点，而多孔材料的结构比较复杂，因此其结构特性的测定和参数表征颇具挑战。除孔率和孔径这两个主要因素外（其中，特别是孔率因素），多孔材料的性能还受到孔隙形状、孔棱/孔壁尺寸、孔棱/孔壁形状、表面粗糙度、表面积等许多结构参量的影响。可见，这些基本结构参量的表征和检查，将会对多孔材料的性能应用产生重要的积极作用。

多孔材料基本物理性能检测

5.1 引言

多孔材料优异的综合性能赋予了其丰富的用途。材料的研制及其性能研究的最终目标都是材料的实际应用，而应用的前提是其结构和性能指标达到预期的要求。近些年来，多孔材料在各方面的研究都得到了快速发展。不但其制备工艺技术在不断改进并不断创新，而且其物理、力学性能研究也在不断推进并越来越紧密地与实际应用相结合。总的来说，多孔材料的产品质量和综合性能都在不断提高，新品种不断出现，用途不断拓宽。所有这些，都对多孔材料各项指标参量的表征和检测提出了相应要求。在前面几章的基础上，本章选择性地介绍多孔材料常用基本物理性能参量的表征和检测，包括其热导率、电导率以及吸声系数等性能指标。

5.2 电阻率的表征和检测

除优良绝缘体之外，电位梯度施加于所有材料上都会产生电流。体电阻率 R 是指两面具有单位电位差的单位立方材料的电阻，其值等于电位梯度除以每单位面积的电流。不同材料电阻率的变化范围非常大，从优良导体的近于 $10^{-8}\Omega\cdot m$ 到优良绝缘体的大于$10^{16}\Omega\cdot m$。

金属的电阻随温度升高而增大。在高于室温的情况下，大多数金属的电阻与温度存在以下关系：

$$\rho_T=\rho_0(1+\alpha T) \tag{5.1}$$

式中，ρ_T 和 ρ_0 分别为金属在 T（℃）和 0℃下的电阻率；α 为电阻温度系数，除过渡金属外的所有纯金属都近似有 $\alpha\approx4.0\times10^{-3}$，过渡金属中铁、钴、镍的 α 分别为 6.0×10^{-3}、6.6×10^{-3}、6.2×10^{-3}，可见其值较高一些。

多孔材料沿袭了制备其所用固体材质的许多电特性，其改变是其相对密度或孔率的函数。当导电材料泡沫化时，其电阻率升高。注意到随着密度的下降，导电的平均有效截面积减小，而电流路径的迂回度增加，两者都会提高电阻率。

多孔材料的电导率低于其基体材料，这是由于孔隙内部充满了不导电的气体。但电导率随相对密度或孔率的变化不是线性的，实际的相关性比线性更强。尽管泡沫金属的电导率比其基体金属有所减小，仍然足以提供良好的接地和屏蔽电磁辐射。开孔泡沫金属可达到的较大表面积使其成为有吸引力的电极材料，泡沫镍在这个领域得到了广泛应用。

5.2.1 四电极法

厚多孔试样片的电阻率可由图 5.1 所示的四电极技术测量。两个电极（P1 和 P4）用来向试样中导入电流 I，而另外一对电极（P2 和 P3）用来测量两者之间的电位差 V。如果试样片足够厚，多孔体的电阻率 ρ（通常以 $\mu\Omega \cdot cm$ 为单位测量）为：

$$\rho = 2\pi\left(\frac{V}{IS}\right) \tag{5.2}$$

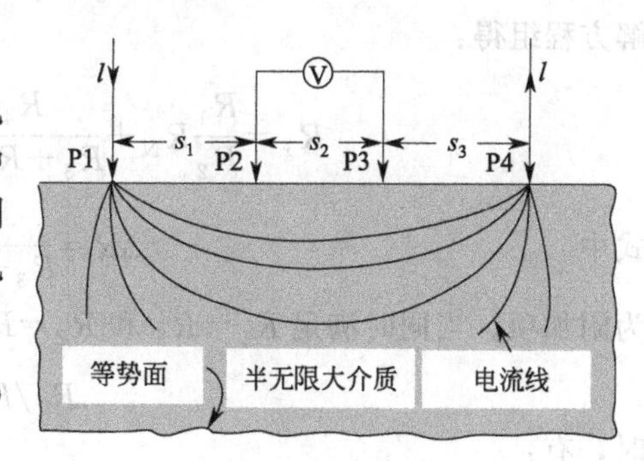

图 5.1 四电极法测量泡沫金属的电导率示意

式中

$$S = \frac{1}{s_1} + \frac{1}{s_3} - \frac{1}{s_1 + s_2} - \frac{1}{s_2 + s_3} \tag{5.3}$$

其中，s_1、s_2 和 s_3 是图中所示的电极间距。

电导率 σ（单位 S/m）是电阻率的倒数。长度为 l、在垂直于电流方向横截面积为 A 的试样片的电阻 R 为：

$$R = \rho\,\frac{l}{A} = \frac{l}{\sigma A} \tag{5.4}$$

5.2.2 双电桥法

双电桥法用来测量低电阻（$10^{-1} \sim 10^{-6}\Omega$）材料。该法可解决 Wheatstone（惠斯通）电桥（单臂电桥，测量范围为 $10 \sim 10^6\Omega$）中引线电阻和接触电阻无法消除、低阻测试灵敏度差等问题，是目前测量金属电阻应用最广泛的方法。

双电桥法测量原理见图 5.2。在恒直流源的回路中，待测电阻 R_x 和标准电阻 R_N 相互串联，可变电阻 R_1、R_2、R_3、R_4 组成的电桥臂线路与 R_x、R_N 组成的线路并联，其间的 B、D 点连接检流计 G。调节可变电阻 R_1、R_2、R_3、R_4 使电桥达到平衡，此时 B、D 两点电位相等，检流计 G 指示为零，若忽略导线电阻，则有如下关系：

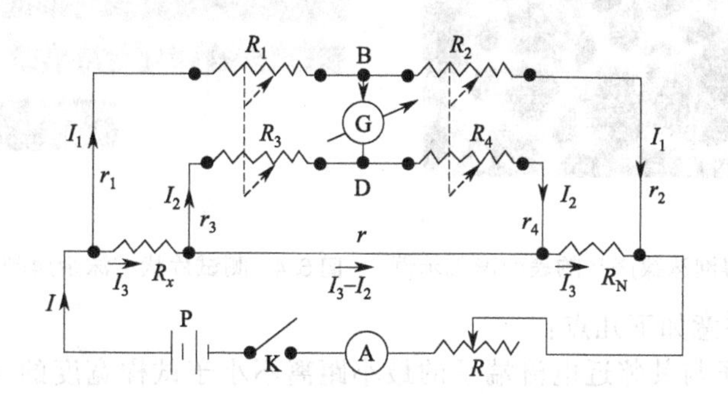

图 5.2 双电桥法测量原理

R_x—待测电阻；R_N—标准电阻；R，R_1，R_2，R_3，R_4—可变电阻；r_1，r_2，r_3，r_4—导线及其接触电阻；r—跨接电阻；I，I_1，I_2，I_3—所在位置的电流；A—电流计；G—检流计；K—开关；P—直流电源

$$I_3R_x + I_2R_3 = I_1R_1 \tag{5.5}$$

$$I_3R_N+I_2R_4=I_1R_2 \tag{5.6}$$

$$I_2(R_3+R_4)=(I_3-I_2)r \tag{5.7}$$

解方程组得：

$$R_x=\frac{R_1}{R_2}R_N+\frac{R_4r}{R_3+R_4+r}\left(\frac{R_1}{R_2}-\frac{R_3}{R_4}\right)=\frac{R_1}{R_2}R_N+\Delta R \tag{5.8}$$

式中

$$\Delta R=\frac{R_4r}{R_3+R_4+r}\left(\frac{R_1}{R_2}-\frac{R_3}{R_4}\right) \tag{5.9}$$

为附加项。当同时满足 $R_1=R_3$ 和 $R_2=R_4$ 时，即：

$$R_1/R_2-R_3/R_4=0 \tag{5.10}$$

时，有：

$$R_x=\frac{R_1}{R_2}R_N=\frac{R_3}{R_4}R_N \tag{5.11}$$

为满足上述条件，可在电桥结构设计上将 R_1 与 R_3、R_2 与 R_4 分别做成同轴可调旋转式电阻，这样在测量过程中总能够使可调电阻保持 $R_1=R_3$ 和 $R_2=R_4$ 的关系。另外，R_1、R_2、R_3、R_4 的电阻值应处于 10Ω 以上，此时线路中的导线及其接触电阻 r_1、r_2、r_3、r_4 以及跨接电阻 r 可以近似忽略。为使跨接电阻 r 尽可能小，应尽量选用粗而短的铜质导线来连接待测电阻 R_x 和标准电阻 R_N。

本书作者采用双电桥法测试了电沉积工艺生产的泡沫金属制品（图 5.3）的电阻率。测试过程在恒温室（20℃）内进行，具体测试参考国家标准中的有关规定。相关样品的形状和尺寸见图 5.4：试样呈条状，宽度 1cm，检测长度 16cm（使电阻值均在 0.01Ω 以上以便于检测）。相同指标的样品测 4 件取平均值。

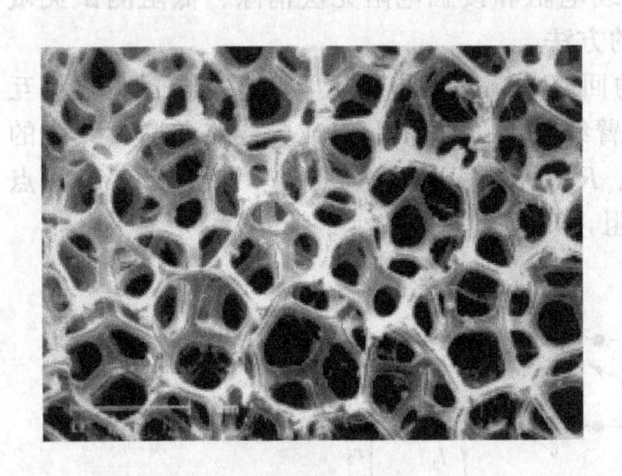

图 5.3 电沉积工艺所得泡沫镍产品的表面形貌示例

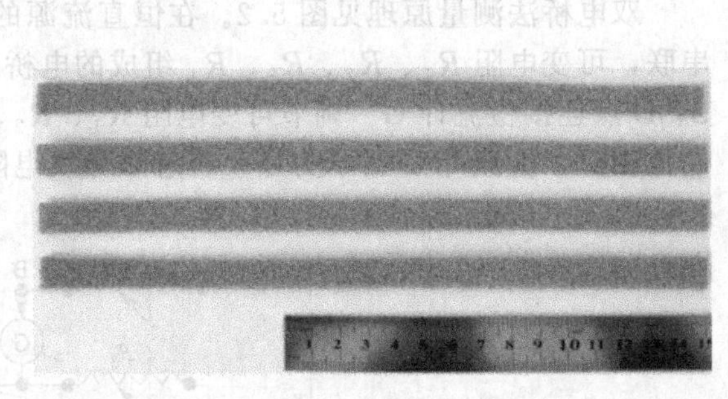

图 5.4 测试片状泡沫金属制品电阻的试样照片示例

测试过程中需注意如下几点：

① 每个电压端子与其邻近电流端子的最小距离不小于试样宽度的 3 倍，并有足够大的电流端子，防止试样发热；

② 工作电流不得使试样发热，应采用尽量小的工作电流；

③ 为验证通过试样的工作电流是否合适，可将工作电流试增加 1.4 倍，测其电阻与未增流时的电阻进行比较，若差值在电阻的 0.5% 以下则证明电流合适，否则应该降低工作电流；

④ 标准电阻取值应使测量在读数盘的最高位有非零值，这样可以尽量准确。

本书作者自行设计制作的测试泡沫金属产品电阻率的样品接线装置见图 5.5。采用绝缘的胶木板作为装置台面；电流端子和电压端子均用导电性良好的铜质平块制成（图 5.6），对应的固定试样压片在其与样品接触面上粘贴了橡胶垫（图 5.7），以防止夹持样品时在端子固定处产生破坏；同时，端子与样品有足够面积且紧密稳定的平面接触，避免了接触不好而出现的发热现象。图 5.8 显示了在该装置中放入样品和安装好样品的连接状态。该样品接线装置不但适于双电桥法，同时也适用于下面要介绍的电位差计法等条状样品电阻率测试。

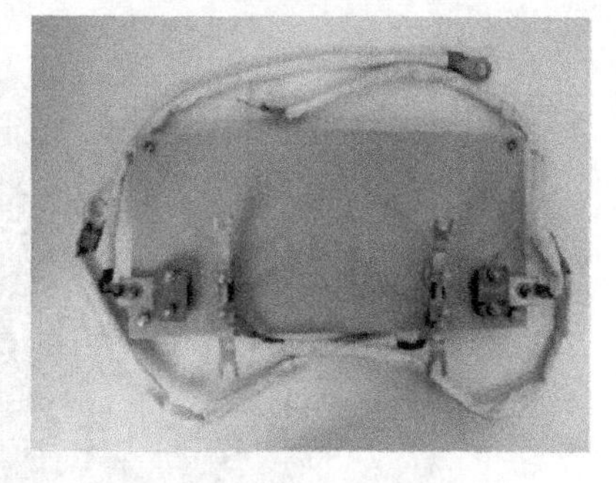

图 5.5 泡沫金属电阻率测试样品接线装置示例

(a) 电流端子

(b) 电压端子

图 5.6 铜质端子

(a) 电流端子

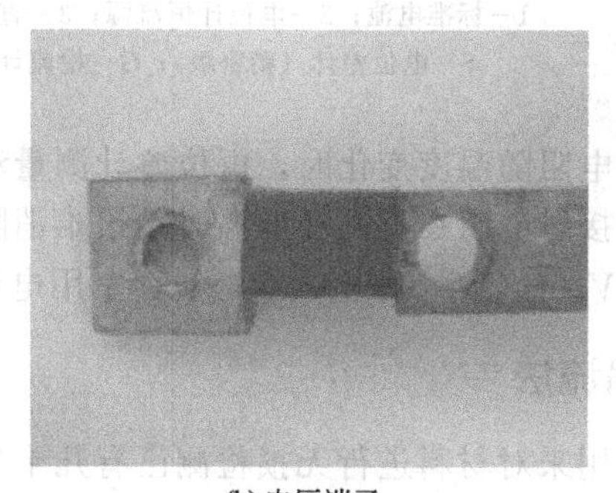

(b) 电压端子

图 5.7 与样品接触面上粘贴有橡胶垫的端子压片

5.2.3 电位差计法

精密的电位差计可以测量 10^{-7} V 的微小电位。电位差计测量法可方便地测试金属的电阻，其原理图见图 5.9。

根据原理图可以看到，当恒定直流通过试样 R_x 和标准电阻 R_N 时，分别测出它们两端的电压降 V_x 和 V_N，即可由下式计算出待测电阻：

$$R_x = R_N (V_x / V_N) \tag{5.12}$$

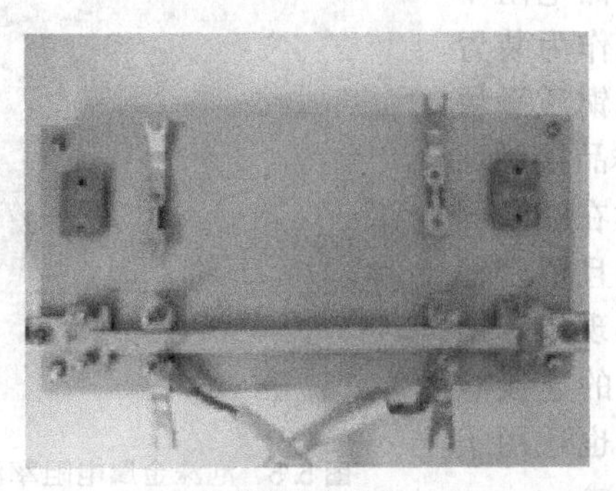

(a) 样品放入状态

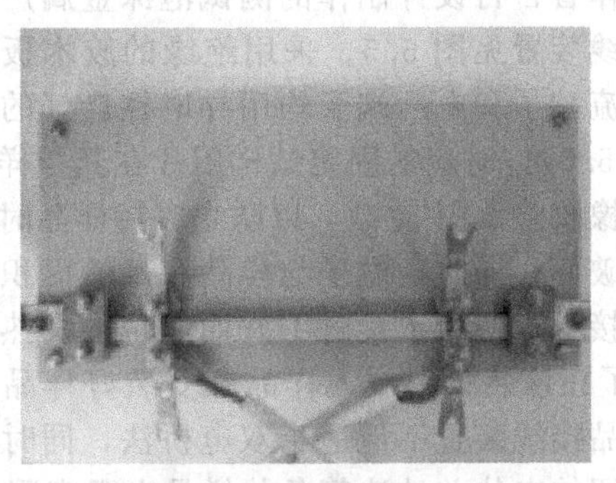

(b) 样品安装完毕状态

图 5.8 样品在其连接装置中的摆放状态

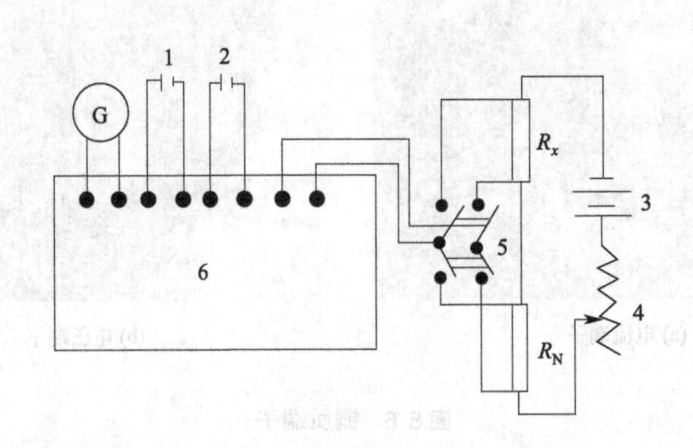

图 5.9 电位差计法测量原理示意图

1—标准电池；2—电位计恒流源；3—直流电源；4—可变电阻；5—双刀开关；
6—电位差计（精密级）；G—检流计；R_x—待测电阻；R_N—标准电阻

当待测电阻随温度变化时，电位差计测量法的精度要高于双电桥法。这是因为桥路中较长的引线及接触电阻在高温和低温时是很难消除的，而电位差计测量中的导线电阻则不会影响到 V_x 和 V_N 的测量。图 5.10 是实验室用电位差计测试金属样品高、低温电阻装置示意。

5.2.4 涡流法

涡流法用来对材料进行无损检测已有几十年的历史。交流通过励磁线圈时会在其附近产生振荡磁场，这种随时间而变化的磁场将在导体样品中激发涡流，从而产生一个次级磁场。两个磁场之间的相互作用改变了磁通的分布，引起线圈阻抗的明显变化。测量这种线圈的阻抗变化，就可通过阻抗与性能的关系推知材料的电导率、磁导率等性质。对于泡沫金属，流经其样品的感应涡流会显著地受到多孔体性能参数的影响，因此测量感应线圈的阻抗变化就可以表征出泡沫金属的特性。

在《IEEE Transactions on Instrumentation and Measurement》第 55 卷的“Eddy Current Measurement of the Electrical Conductivity and Porosity of Metal Foams”一文中，作者采用涡流法测定泡沫金属的电导率。在该方法中，设计一个空心螺线管，样品制成圆棒状，插入螺线管并使其与线圈保持同轴，参见图 5.11。相对密度或孔率以及多孔体的微观结构都会显著地影响测试样品中的感应涡流，从而改变线圈的阻抗。这是由于此时多孔体中

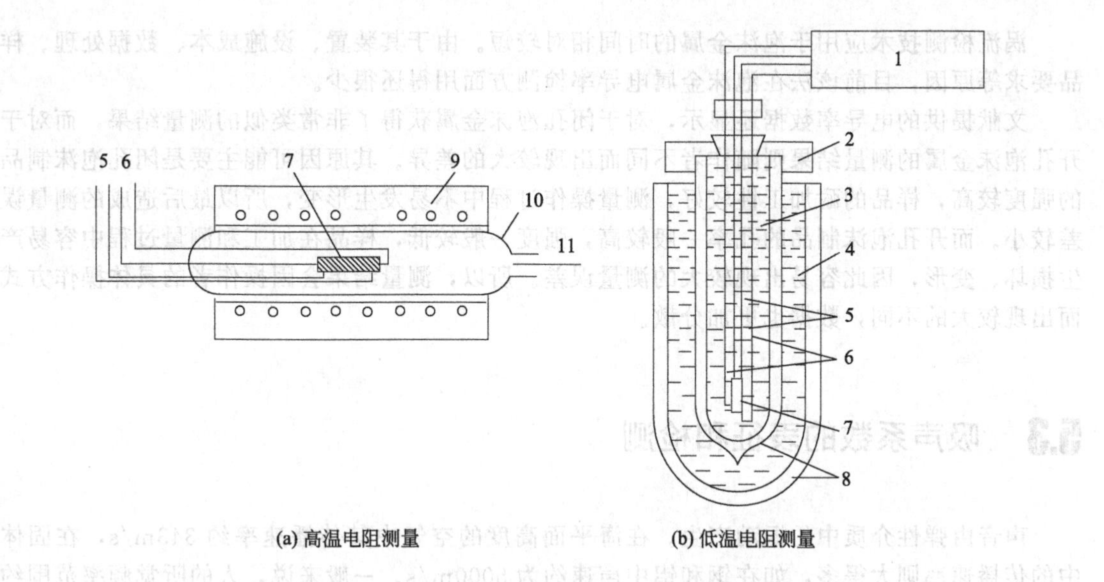

图 5.10　电位差计测试金属样品高、低温电阻装置示意

1—电位差计；2—挡板；3—液氮；4—液氮；5—电压测量引线；6—电流引线；
7—试样；8—低温杜瓦瓶；9—加热炉；10—石英管；11—抽真空

金属的量和涡流路径的曲折度都发生了变化。通过检测阻抗的变化，则可由分析方法推知材料的电导率等数值指标。理论研究发现，线圈涡流的校正信号的相频响应实际上与测试样品的半径和电导率都没有关系。对于非磁性多孔样品如泡沫铜，其电导率通过与阻抗变化和样品电导率相关联的线圈校准曲线来确定；对于磁性多孔样品如泡沫铁，还可由频率下限的信号虚部来估测其磁导率。基于这种测量方法的原理，类似地还可以采用双螺旋传感器的检测方式来测定棒状样品的电导率（其中一个为励磁线圈，另一个用于探测），致密体的测量数据则用来校正。

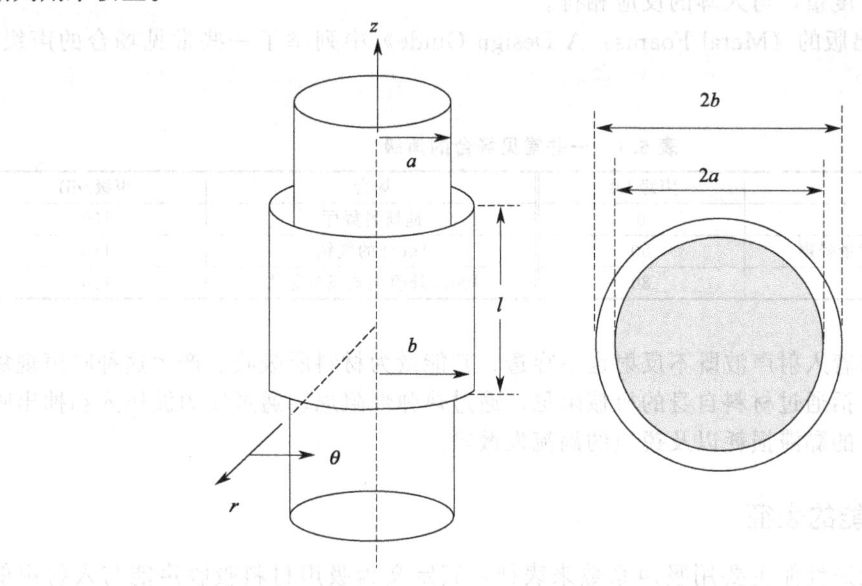

图 5.11　样品和螺线管的位置关系示意图

a 为棒状样品的半径，b 和 l 分别为螺线管的半径和宽度，r、θ、z 为坐标参量（使用柱坐标系）

涡流检测技术应用于泡沫金属的时间相对较短。由于其装置、设施成本、数据处理、样品要求等原因，目前该法在泡沫金属电导率检测方面用得还很少。

文献提供的电导率数据还显示，对于闭孔泡沫金属获得了非常类似的测量结果，而对于开孔泡沫金属的测量结果则随作者不同而出现较大的差异。其原因可能主要是闭孔泡沫制品的强度较高，样品的耐加工性较好，测量操作过程中不易发生形变，所以最后造成的测量误差较小。而开孔泡沫制品的孔率一般较高，强度一般较低，样品在加工和测量过程中容易产生损坏、变形，因此容易出现较大的测量误差。所以，测量结果会因操作者的具体操作方式而出现较大的不同，数据也更加分散。

5.3 吸声系数的表征和检测

声音由弹性介质中的振动产生。在海平面高度的空气中其传播速率约 343m/s，在固体中的传播速率则大得多，如在钢和铝中声速约为 5000m/s。一般来说，人的听觉频率范围约为 20～20000Hz。而从听觉的观点来看，最重要的频率范围大致为 500～4000Hz。

人耳听觉频率范围（20～20000Hz 左右）对应于空气中的波长介于 17m 和 17mm 之间，产生声音的振动引起空气压力的变化范围是 10^{-4}Pa（低幅声音）至 10Pa（疼痛阈值）。可闻声压的变化幅度约为 10^5～10^6Pa，所以声音的测量通常采用相对的对数标度更为方便，单位为分贝（dB）。分贝尺度是运用闻阈（threshold of hearing）作参考量级（0dB），它是两个声强的比较，实践中常用的声压级的分贝尺度定义为：

$$SPL=10\lg\left(\frac{p_{rms}}{p_0}\right)^2=20\lg\frac{p_{rms}}{p_0} \tag{5.13}$$

式中，p_{rms} 是声压（均方值）；p_0 是基准声压，取值为闻阈（声压 20×10^{-6}Pa）。声音用对数标度的分贝度量，与人耳的反应相符。

ELSEVIER 出版的《Metal Foams：A Design Guide》中列举了一些常见场合的声级，见表 5.1。

表 5.1　一些常见场合的声级

场合	声级/dB	场合	声级/dB
闻阈	0	迪斯科舞厅	100
安静办公室里的背景噪声	50	1m 外的气钻	110
公路交通	80	100m 外喷气式飞机起飞	120

声音吸收意味着人射声波既不反射也不穿透，其能量为材料所吸收。产生这种吸声现象的途径有很多，包括通过材料自身的机械阻尼、通过热弹性阻尼、通过压力波压入和抽出吸收体孔隙内气体时的黏滞损耗以及锐边的涡流发散等。

5.3.1 吸声性能的表征

吸声材料的吸声性能主要用吸声系数来表征，其定义为吸声材料吸收声能与入射声能之比：

$$\alpha=\frac{E_\alpha}{E_i}=\frac{E_i-E_r}{E_i} \tag{5.14}$$

式中，α 为吸声系数；E_i 为入射到材料上的总声能；E_α 为材料吸收的声能；E_r 为材料反射的声能。吸声系数为 0.8 的材料吸收掉传入其上 80%的声音，而吸声系数为 0.03 的材料仅仅吸收掉 3%的声音，反射掉 97%的声音。

吸声系数是衡量材料吸声性能的主要指标，其不但与吸声材料的性能有关，同时也与声波频率及其入射方向有关，因此该指标可用各个方向入射声波的平均吸收值来表示，并应指明吸收频率。测定吸声系数的方法主要有混响室法和驻波管法：前者［图 5.12(a)］测得的是声波无规入射到材料表面的吸声系数，后者［图 5.12(b)］测得的是声波垂直入射到材料表面的吸声系数。两种方法测出的同一材料结果各不相同，对于多孔材料用混响室法测出来的值要高于驻波管法。

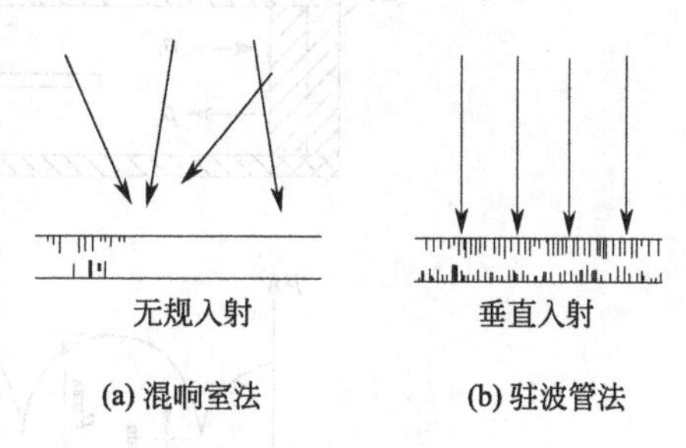

(a) 混响室法　(b) 驻波管法

图 5.12　声波入射方式示意

吸声系数随声波频率而变化，通常采用 125Hz、250Hz、500Hz、1000Hz、2000Hz 和 4000Hz 等 6 个频率的吸声系数及其算术平均值来表示材料的吸声性能。为便于吸声性能的比较，在吸收系数的基础上提出了评定吸声材料等级的另一个参量，即降噪系数（NRC）。该指标是取 250Hz、500Hz、1000Hz、2000Hz 等 4 个声频对应吸收系数（α）的平均值：

$$\mathrm{NRC}=(\alpha_{250}+\alpha_{500}+\alpha_{1000}+\alpha_{2000})/4 \tag{5.15}$$

对于材料吸声性能等级的评定，采用试样实贴刚性壁面安装条件下由混响室法测定计算的降噪系数，其划分标准见表 5.2。

表 5.2　材料吸声性能等级划分标准

吸声性能等级	1	2	3	4
降噪系数 NRC 值域	NRC≥0.80	0.80>NRC≥0.60	0.60>NRC≥0.40	0.40>NRC≥0.20

5.3.2　吸声系数的检测

检测吸声系数的方法主要有驻波比法和混响室法，实验测量还有传递函数法、声强法等。其中，使用最早、最多的是混响室法，其测量无规入射的声波，这与实际应用中的声波入射方式较为接近。

（1）驻波比法

多孔材料的吸声系数可采用驻波管（阻抗管）进行测定。驻波管结构示意于图 5.13。当扬声器向管内辐射的声波（图中 p_i 表示入射声波）在管中以平面波形式传播时，它们在试样材料表面和扬声器之间来回多次反射（图中 p_r 表示反射声波），从而在管中建立了驻波声场。其原理是在法向入射条件下入射正弦平面波和从试样发射回来的平面波叠加，由于反射波与入射波之间具有一定的相位差，因此叠加后产生驻波。当扬声器向管内辐射的声波在试样表面反射后，就会在管中建立一个驻波声场。于是，沿管轴线出现声压极大、极小的交替分布，利用可移动的探管传声器接收这种声压分布。图中 p_{max} 表示距试样表面产生的第一个声压极大值，p_{min} 表示距试样表面产生的第一个声压极小值，根据这一组测量值就可计算出材料的垂直入射吸声系数：

$$\alpha_N=\frac{4p_{max}/p_{min}}{(1+p_{max}/p_{min})^2} \tag{5.16}$$

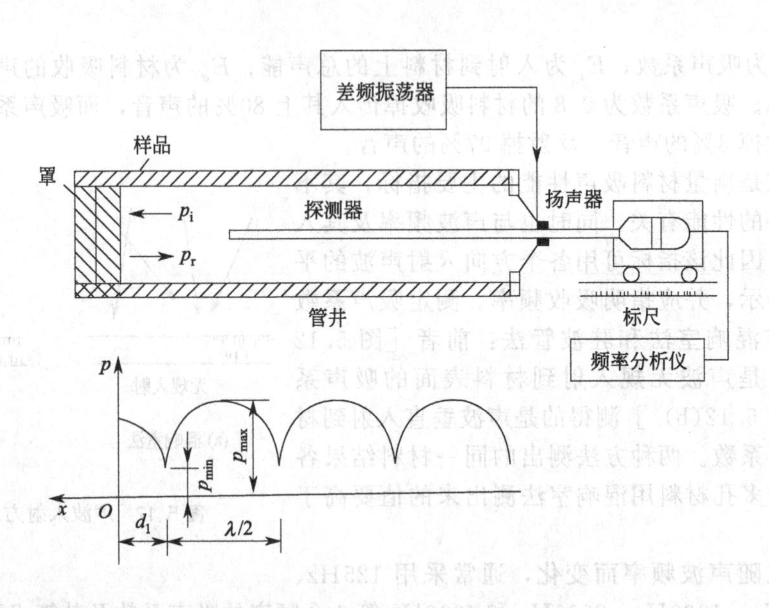

图 5.13 材料吸声系数的驻波管法测试

定义声压之比即驻波比为：

$$S = p_{max}/p_{min} \tag{5.17}$$

于是有垂直入射吸声系数：

$$\alpha_N = 4S/(1+S)^2 \tag{5.18}$$

驻波管测试设备由驻波管、声源信号发生器、探管、输出指示装置等部分组成（图5.14）。驻波比法即是通过测量多孔试样驻波中的最大声压与最小声压，由其比值得到驻波比 S，从而计算出吸声系数。图 5.15 为本书作者实验室所用的一组驻波管吸声系数测试系统（北京世纪建通科技发展有限公司生产的 JTZB 吸声系数测试系统）。图 5.16 为本书作者实验室吸声材料待测试样示例。

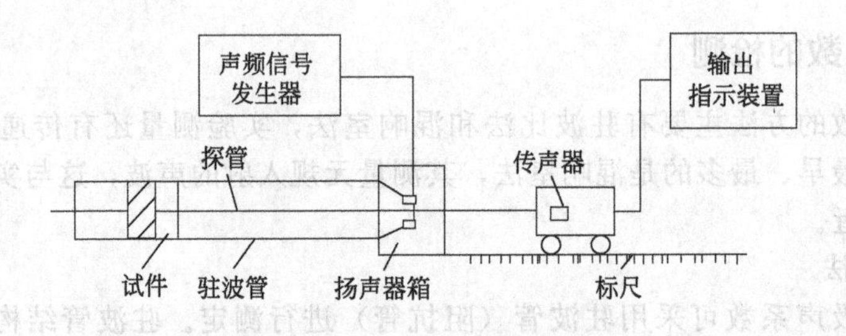

图 5.14 驻波管测试装置示意图

驻波管测量的是吸声材料在声波垂直入射条件下的吸声系数，其装置组成主要是一根内表面非常光滑的刚性圆管或方管，直管一端安置扬声器，另一端安装待测试样，试样表面垂直于驻波管的轴线。信号发生器将音频信号送到扬声器，发出的声波在管中以平面波形式传播，碰到吸声试样后部分吸收、部分反射。反射波与入射波之间具有一定的相位差，叠加后形成驻波。管中有一根连接传声器的声压探管，探管端部的探头随整根探管移动，以测量各点的声压，测出驻波声压的最大值和最小值（即管中驻波在波腹处的声压极大值 p_{max} 和波节处的声压极小值 p_{min}），然后根据关系公式求算吸声系数。传声器还与频谱分析仪连接，一同固定在小车上，小车可沿着导轨来回移动，从而使探管端部的探头也随之来回移动。

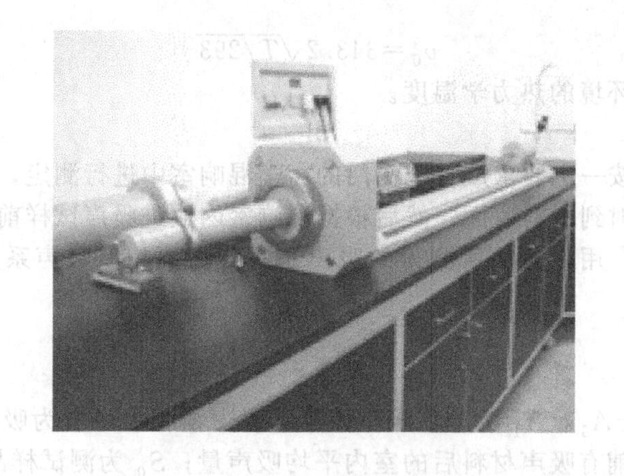

图 5.15　JTZB 吸声系数测试系统

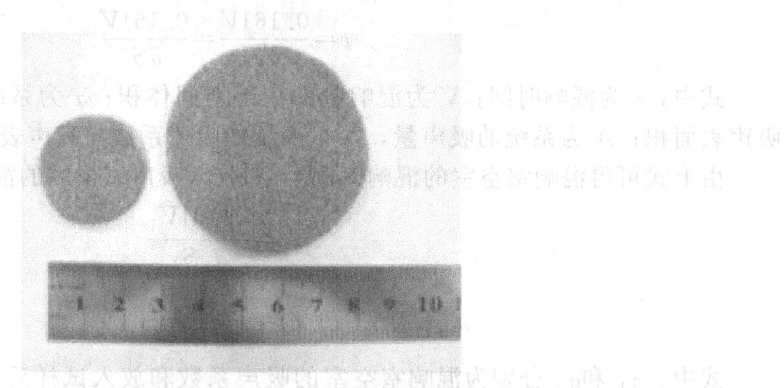

(a) 用于不同声频测试的未安装泡沫金属样品

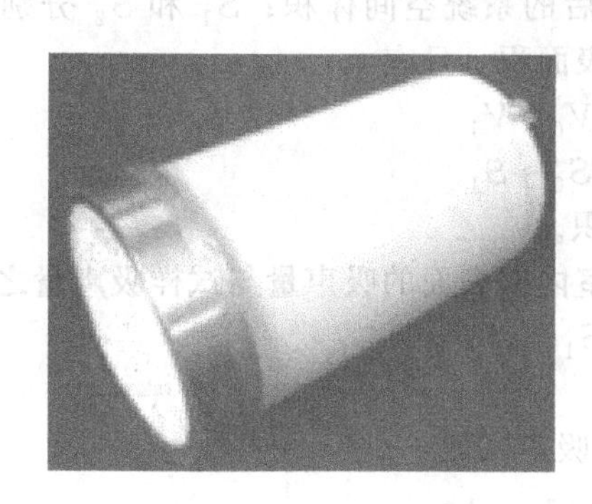

(b) 用于不同声频测试的已安装泡沫陶瓷样品

图 5.16　用于吸声系数检测的多孔样品示例

为确保管中形成平面波，管子截面尺寸应小于所测声波的波长；为在管中至少各形成一个驻波的波腹和波节，即至少出现一个声压极大值和一个声压极小值，要求管长一定要大于半个波长。由此得出驻波管法的测量频率上限和下限分别为：

$$f_{\max}=0.6\upsilon_0/D \tag{5.19}$$

$$f_{\min}=0.5\upsilon_0/L \tag{5.20}$$

式中，υ_0 为声波在管中的传播速度（即空气中的声速）；D 为刚性管的直径；L 为驻波管长度。其中，空气中的声速可由下式计算：

$$\upsilon_0=343.2\sqrt{T/293} \quad (5.21)$$

式中，T 为管内环境的热力学温度。

（2）混响室法

将待测吸声材料按一定要求放置于专门的声学混响室中进行测定，不同频率的声波以相同概率从各个角度入射到材料表面，然后根据混响室内放进吸声试样前后混响时间的变化来确定材料的吸声特性。用此方法所测得的吸声系数称为混响室吸声系数或无规入射吸声系数，记作 $\overline{\alpha}$：

$$\overline{\alpha}=\frac{\Delta A}{S_0} \quad (5.22)$$

式中，$\Delta A=A_2-A_1$，A_1 为原混响室内平均吸声量（吸声量为吸声系数与吸声材料表面积的乘积），A_2 为铺有吸声材料后的室内平均吸声量；S_0 为测试样品的面积。

根据塞宾公式，混响室的混响时间 t 与系统的吸声系数有如下关系：

$$t=\frac{0.161V}{A}=\frac{0.161V}{\overline{\alpha}S} \quad (5.23)$$

式中，t 为混响时间；V 为混响室的内部空间体积；$\overline{\alpha}$ 为系统的吸声系数；S 为系统的吸声表面积；A 为系统的吸声量，等于系统的吸声系数与吸声表面积的乘积 $A=\overline{\alpha}S$。

由上式可得混响室空室的混响时间 t_1 和放入吸声试样后的混响时间 t_2 分别为：

$$t_1=\frac{0.161V_1}{\overline{\alpha}_1S_1} \quad (5.24)$$

$$t_2=\frac{0.161V_2}{\overline{\alpha}_2S_2} \quad (5.25)$$

式中，$\overline{\alpha}_1$ 和 $\overline{\alpha}_2$ 分别为混响室空室的吸声系数和放入试样后系统的吸声系数；V_1 和 V_2 分别为混响室空室的内部空间体积和放入试样后的系统空间体积；S_1 和 S_2 分别为混响室空室的内部表面积和放入试样后的系统总吸声表面积。且有：

$$V_2=V_1-V_0\approx V_1 \quad (5.26)$$

$$S_2=S_1+S_0\approx S_1 \quad (5.27)$$

式中，V_0 和 S_0 分别为试样的体积和表面积。

考虑到放入试样后的系统的吸声量为混响室内部表面的吸声量与试样吸声量之和，即：

$$\overline{\alpha}_2S_2=\overline{\alpha}_1S_1+\overline{\alpha}S_0 \quad (5.28)$$

式中，$\overline{\alpha}$ 为试样的吸声系数。

结合式(5.24)～式(5.28)，可得出试样的吸声系数：

$$\overline{\alpha}=\frac{0.161V_1}{S_0}\left(\frac{1}{t_2}-\frac{1}{t_1}\right) \quad (5.29)$$

式中，V_1 为混响室的体积；S_0 为试样的表面积；t_1 和 t_2 分别为混响室空室的混响时间和放入吸声试样后的混响时间。其中，混响时间 t（t_1 或 t_2）可由下式计算：

$$t=60t_x/d \quad (5.30)$$

式中，t_x（s）为声能密度（声场中单位体积的声能）衰减 d（dB）所需时间。

测量吸声材料之前先测出空室的混响时间（声源在室内停止发射后声能密度衰减 60dB 所需时间），再将试样以实际使用的方式放置在混响室内地面的中心位置进行测量。试样面积 $10\sim12m^2$，试样边界距离室内墙面至少 1m，声源为白噪声（在较宽的频率范围内，各等宽频带所含噪声能量相等），发出与接收均经过 1/3 倍频程滤波器或倍频程滤波器。测量时还应注意，试样的测点位置取 5 个点，每个点测 3 条混响时间的衰减曲线，并且至少应有 35dB 的直线范围。

测试吸声系数的混响室要求室内各面都能有效地反射声波，并使不同方向传出的声波尽量相等，从而保证声源附近以外的室内各点都不存在大的声压级变化。室内采用不平行的无规则墙面，并将墙面、地面、顶面都做成光面（如混凝土磨光面、瓷砖釉面等）以使各面尽可能将声波进行反射。混响室容积 V 应大于 $100m^3$，最大直线距离应小于 $1.9V^{-3}$，测量频率下限为 $1000V^{-3}$。

混响室内形成的扩散声场提供了吸声材料试样的无规入射条件，并可模拟材料实际应用的现场条件，因此其结果可较真实地体现工程使用性能。但混响室的工作空间一般比较大，而驻波管法的仪器则相对简单，操作方便，适于实验室测量。

（3）传递函数法

当采用平面波驻波管测量声吸收时，平面声波将垂直入射到吸声装置上，此时部分能量被吸收，部分则被反射。若入射波压 p_i 和反射波压 p_r（两者之和即为管内的总声压，可用麦克风测量）分别为：

$$p_i = A\cos(2\pi ft) \tag{5.31}$$

$$p_r = B\cos[2\pi f(t-2x/c)] \tag{5.32}$$

则吸声系数 α（声波入射能被材料吸收的分数）定义为：

$$\alpha = 1-(B/A)^2 \tag{5.33}$$

式中，f 为频率，Hz；t 为时间，s；x 为离样品表面的距离，m；c 为声速，m/s；A 和 B 为振幅。

吸声系数是声波入射能被材料吸收的分数。处理噪声时，相对声级用分贝度量：

$$\mathrm{SPL} = -10\lg\left(\frac{B}{A}\right)^2 = -10\lg(1-\alpha) \tag{5.34}$$

由此可知，0.9 的吸声系数使噪声度下降 10dB。

声波在驻波管中正入射到试样表面时产生方向相反的反射波，反射波与入射波相互叠加形成驻波场（图 5.17）。在通过驻波管测试的传递函数法中，应用较为成熟的是《振动工程学报》第 23 卷中“多孔金属材料高温吸声性能测试及研究”一文介绍的双传声器传递函数法（但其实际应用远不如前面所述驻波比法和混响室法那么常见），其测量原理如图 5.18 所示。图中 p_1 和 p_2 分别是两个传声器 1 和 2 位置处的声压，p_i 为入射波，p_r 为反射波，s 为两个传声器之间距离，l 为传声器 2 到基准面的距离。传递函数法的基础是声波正入射条件下反射因素 r（声压反射系数）可由在样品前的两个传声器位置处测得的传递函数 H_{12} 确定。

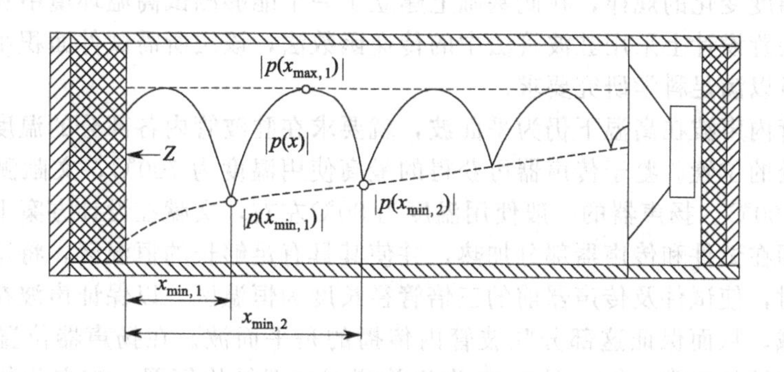

图 5.17　驻波管中的声场分布示意图

两个传声器位置处的声压分别为：

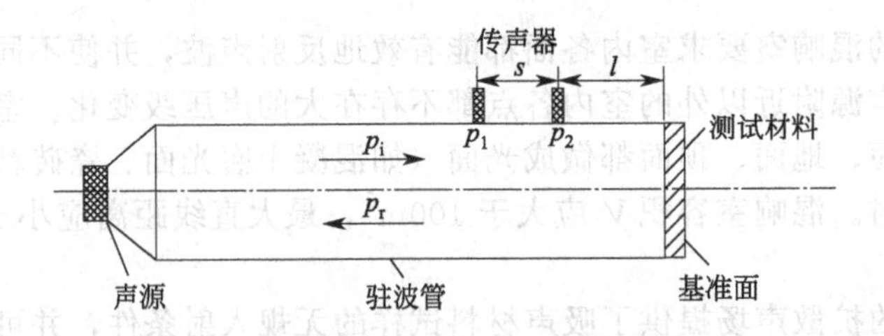

图 5.18　驻波管传递函数法测量吸声系数原理图

$$p_1 = p_i \exp[jk_0(s+l)] + p_r \exp[-jk_0(s+l)] \tag{5.35}$$

$$p_2 = p_i \exp(jk_0 l) + p_r \exp(-jk_0 l) \tag{5.36}$$

式中，k_0 为波数（$k_0=2\pi/\lambda$，其中，λ 为声波波长）。而其中，入射波 p_i 和反射波 p_r 可进一步分别表示为：

$$p_i = p_{i0} \exp(jk_0 x) \tag{5.37}$$

$$p_r = p_{r0} \exp(-jk_0 x) \tag{5.38}$$

式中，p_{i0} 和 p_{r0} 分别为入射平面波 p_i 和反射波平面波 p_r 在基准面（$x=0$）上的幅值。

基于上述式(5.35) 和式(5.36)，得出两个传声器之间的传递函数 H_{12} 为：

$$H_{12} = \frac{p_2}{p_1} = \frac{\exp(jk_0 l) + r\exp(-jk_0 l)}{\exp[jk_0(s+l)] + r\exp[-jk_0(s+l)]} \tag{5.39}$$

整理上式可得材料的反射因素为：

$$r = \frac{\exp(-jk_0 s) - H_{12}}{H_{12} - \exp(jk_0 s)} \cdot \exp[2jk_0(s+l)] \tag{5.40}$$

最后得出吸声系数为：

$$\alpha = 1 - |r|^2 \tag{5.41}$$

（4）多孔金属高温吸声性能测试

作为一种吸声材料，泡沫金属相比于玻璃纤维、泡沫塑料等非金属多孔材料具有高比强度和高比刚度，而且可在高温、强气流以及高声强等极端环境中使用。文献《振动工程学报》第 23 卷“多孔金属材料高温吸声性能测试及研究”一文通过理论分析，研究了吸声材料吸声性能随温度变化的规律，在此基础上建立了一个能够测试高温环境中吸声性能的测量装置。其测试装置设计上采用驻波管法中的传递函数法，该法所需试件面积小、安装测量方便，测量精度可以满足科学研究要求。

要使驻波管内声波在高温下仍为平面波，就要求在驻波管内各部分的温度相同，尤其是两个传声器所处的位置。鉴于传声器可获得的最高使用温度为 700℃，文献测量装置设计的最高温度定为 700℃。扬声器的一般使用温度为 80℃左右，文献在设计方案上对驻波管采取两段式结构，即在试件和传声器部分加热，并使其具有足够长的恒温区，将这部分作为测试段。实际设计时，使试件及传声器前的三倍管径长度为恒温区，以保证声波在传到传声器时高次波完全衰减，从而保证这部分驻波管内传播的是平面波。在扬声器位置前采取强制冷却，以保证扬声器的正常工作。图 5.19 为相关测试装置结构简图，该实验装置包括驻波管吸声系数测试模块、材料加热模块、驻波管冷却模块、温度检测模块及控温模块。选用电阻炉加热方式，采用热电偶温度计测温，扬声器端利用循环水强行制冷。装置加热分三段式，加热前先安装样品，再安装外部加热层，最后接通电源线。

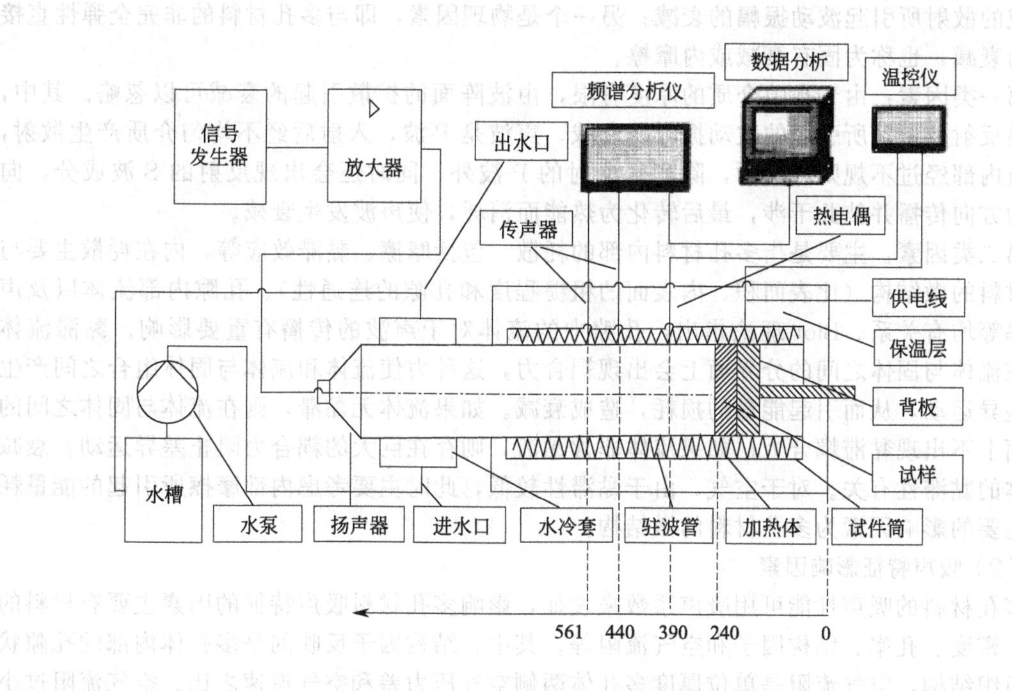

图 5.19 多孔金属样品高温吸声性能测试装置

测量前保温一段时间（如 3h），以保证温度均匀。实验结果显示，多孔样品的吸声性能随着温度的升高而有所降低。这是因为高温下空气的黏滞系数会升高，使得材料流阻率增大，进而使得声阻率变大，故吸声系数下降。另外，温度升高使波速提高，于是波长变大，从而使同一厚度材料的第一吸声系数峰值向高频移动。因此，在第一峰值频率前的吸声系数也会由之下降。这是吸声系数因温度升高而降低的另一原因。

5.3.3 分析和讨论

人耳的听觉频率范围为 20～20000Hz 左右，对应于空气中的波长介于 17m 和 17mm 之间。产生声音的振动引起空气压力的变化范围是 10^{-4}Pa（低幅声音）至 10Pa（疼痛阈值）。声音的测量通常是以相对的对数标度，单位为分贝（dB）。分贝尺度是运用闻阈（threshold of hearing）作参考量级（0dB）来比较两个声强。

在用于建筑物的声控以及音乐设施（乐器）的声屏和反射器等场合时，多孔固体的声性能显示出其重要性。很多多孔材料都是各向异性的，弹性各向异性固体的声速与方向有关。随着相对密度的减小，波的传播逐渐受到孔隙内气体的弹性响应以及孔壁的多重反射所影响。对于等轴多孔材料，其中的声速随着密度的减小而陡然降低。这就使得低密度多孔材料具有的低的声速，常常不比空气中的声速大多少。

多孔材料的吸声机制有若干种：首先，当空气压入或抽出开口多孔结构时，会产生黏滞损耗，封闭表面则会大大减小吸收；其次，材料中存在着内在的阻尼耗散，其表征了声波在材料内部传播时每个周期波的能量损耗。大多数金属和陶瓷的内在阻尼能力都较低（一般为 10^{-6}～10^{-2}），而聚合物及其多孔材料中的内在阻尼则较高（范围为 10^{-2}～0.2）。

（1）声波衰减机制

声波在多孔材料中衰减的机制可分为两个部分：一个是几何因素，包括由于波阵面的扩展，声波通过界面时的反射、折射以及通过不均匀介质（不均匀尺度与波长尺度可相比拟）

时造成的散射所引起波动振幅的衰减；另一个是物理因素，即与多孔材料的非完全弹性直接有关的衰减，也称为固有衰减或内摩擦。

第一类因素：由于孔隙介质的厚度有限，由波阵面的扩散引起的衰减可以忽略。其中，主要是反射及散射所引起的波动振幅的衰减。声波是P波，入射后经不均匀介质产生散射，在介质内部经过不规则的反射，除产生反射的P波外，同时还会出现反射的S波成分，向不同的方向传播并彼此干涉，最后转化为热能而消耗，使声波发生衰减。

第二类因素：主要是指多孔材料内部的耗散，包括摩擦、黏滞效应等，内在耗散主要与多孔材料的微结构（比表面积、内表面的粗糙程度和孔隙的连通性）、孔隙内部流体以及声波频率等均有关系。Biot理论指出，孔隙中的流体对于声波的传播有重要影响。黏滞流体中，在流体与固体之间的分界面上会出现耦合力，这种力使流体和流体与固体组合之间产生某种差异运动，从而引起能量的损耗，造成衰减。如果流体无黏滞，则在流体与固体之间的分界面上不出现黏滞耦合力；如果流体非常黏滞，则存在巨大的耦合力阻止差异运动。衰减与流体的黏滞性有关。对于空气，由于黏滞性较低，此时主要考虑内部摩擦所引起的能量耗散，主要的影响因素为多孔材料的微结构。

（2）吸声特征影响因素

多孔材料的吸声性能可用吸声系数来表征，影响多孔材料吸声特征的因素主要有材料的厚度、密度、孔率、结构因子和空气流阻等。其中，结构因子反映的是多孔体内部的孔隙状态和组织结构，空气流阻是单位厚度多孔体两侧空气压力差和空气流速之比。空气流阻过小则空气振动容易穿过，吸声性能下降；流阻过大则空气振动不易传入，吸声性能也会下降。因此，多孔材料存在最佳流阻值。

（3）吸声与频率关系

频率较低的声波波长较大，穿透性较好。当$ka<0.01$（k为波数，a为多孔体中孔和棱的尺度）时，声波进入多孔体后处于散射中的准均匀态，在孔隙内的散射概率低，多孔体对声波的阻碍较小，吸收率低。随着声波频率的逐渐增大，多孔体内发生不规则散射的概率提高，各散射声波相互干涉，消耗一定的能量，从而吸收率升高。当入射声波频率增大到$0.01<ka<0.1$时，声波在遇到多孔体表面棱柱的阻碍后，发生瑞利散射，其散射波包含P波与S波两部分。当ka值继续增加后，散射波进入材料减少，内部用于内耗散吸收的部分也减少，吸收系数降低，从而吸收曲线呈现出二次曲线特征，存在一个吸收系数随频率变化的峰值。

5.4 热导率的表征和检测

多孔材料具有独特的热、声、电性能。在这些独特的性能之中，热导率比对应致密材质大大降低，吸声能力大大提高，电磁屏蔽性能大大增强。从本节开始到5.9节，我们依次介绍多孔材料在热、声、电方面最基本的几个参量的表征和检测，首先是热性能方面的介绍。

开孔型的多孔材料在许多技术中的应用都在迅速攀升。在航空航天系统、地热利用、石油储运等方面都有不同的泡沫金属在应用，因此近30年来泡沫金属的热传输现象受到越来越多的关注。泡沫金属的热控制应用包括空运设备换热器、空气冷凝塔、热控制装置中相变材料的导热增强器等，特别是泡沫镍已大量用于轻质无线电子器件的高功率电池。由于其开孔率高（孔率往往在0.9以上）、固体孔棱热导率高、内表面大，在冷却液中具有产生湍流和高度混合的能力，泡沫金属热交换器拥有紧凑、高效、轻质的特点。高孔率泡沫金属用于新技术领域时，需要对其使用属性和性能指标进行更多的表征和估算，如热性能研究方面的热导率。

5.4.1 热导率和热扩散率的表征

当物体内部存在温度梯度时，就会有热量从较高温处传递到较低温处，这种现象称为热传导。法国科学家傅里叶于 1882 年建立了热传导理论，提出了热传导的基本公式。其中，涉及的一项关键参量就是热导率。热导率是反映材料导热性能的重要指标，其物理意义是温度降低时在单位时间和单位长度内通过热流垂直截面单位面积的热量[J/(m·s·K)]。热导率和热扩散率都可以表征固体中的热传导。其中，热导率更为普遍。

热导率 λ 是由稳态传导（温度分布线不随时间而变化）条件下的 Fourier（傅里叶）定律来定义的，即由温度梯度 ∇T 引起的热通量 q（每单位时间流过单位面积的热量，也称热流密度）为：

$$q=\lambda\nabla T \tag{5.42}$$

式中，λ 的单位是 J/(m·s·K)或 W/(m·K)。热导率反映了材料的导热能力，不同材料的导热能力有很大的差别。作为对比，表 5.3 从大的类别上列出了一些物质的热导率，而表 5.4 则列出了一些具体材料的热导率值。

定义了热导率的傅里叶定律只适于稳态热传导，热扩散率的概念则是对应于材料内部各点的温度随时间而变化这样一个不稳定传热过程而提出来的。定义热扩散率（又称热扩散系数或导温系数）β 为：

$$\beta=\frac{\lambda}{\rho c_p}(\mathrm{m}^2/\mathrm{s}) \tag{5.43}$$

式中，λ 为材料的热导率，J/(m·s·K) 或 W/(m·K)；ρ 为材料密度，$\mathrm{kg/m^3}$；c_p 为等压比热容，J/(kg·K)。

表 5.3 不同材质的热导率对比

材质种类	金属	合金	绝热材料	非金属液体	大气压气体
热导率 λ/[J/(m·s·K)]	50～415	12～120	0.03～0.17	0.17～0.7	0.007～0.17

表 5.4 一些材料的热导率值（室温值）

材料	热导率 λ/[J/(m·s·K)]	材料	热导率 λ/[J/(m·s·K)]
铜(固体)	384	空气	0.025
铝(固体)	230	二氧化碳	0.016
氧化铝(固体)	25.6	玻璃多孔材料(相对密度 0.05)	0.050
玻璃(固体)	1.1	玻璃纤维材料(相对密度 0.01)	0.042

热扩散率 β（$\mathrm{m^2/s}$）标志了温度变化的速率，其物理意义与非稳态传热相联系。在不稳定导热过程中，物体既有热量传导变化，同时又有温度变化，热扩散率正是将两者联系起来的物理量。在相同的加热和冷却条件下，材料的热扩散率 β 越大，则物体各处的温差越小，即物体内部的温度越趋于均匀。

工程上经常要处理选择保温材料或热交换材料的问题，热导率和热扩散率都是选择依据的参量。

5.4.2 热导率的测量方法

热导率是材料的重要物理参数，在航空航天、原子能等领域都对其提出了相应的要求。

热导率的测量方法以傅里叶热传导定律为基础，可以有稳态测试和动态测试两种形式，下面将其分别进行介绍。

（1）稳态测试

稳态（静态）测试中常用的是驻流法。该法的前提条件是测试过程中试样各点的温度不发生变化，以使流过试样横截面的热量相等，这样就可根据测出的温度梯度和热流量计算试样的热导率。驻流法又有直接法和比较法之分。

① 直接法　将圆柱体试样一端加热（如小电炉作为加热器）并保持其温度不变，如果热量没有对外散失而完全由试样吸收，则试样接收的热量就是加热功率 P。假设试样侧面也没有散失热量，则热流稳定（试样两端温差恒定）时根据傅里叶定律可以得出：

$$\frac{P}{S}=\lambda\frac{\Delta T}{L} \tag{5.44}$$

式中，P 为加热器的加热功率，W 或 J/s，即单位时间内提供的热量；S 为试样的横截面积，m^2；L 为试样的长度，m；λ 为试样的热导率，W/(m・K) 或 J/(m・K・s)；ΔT 为试样两端的温差，K，设定为高温端温度与低温端温度之差，即有 $\Delta T>0$。

材料在较高温度下的热导率测试装置结构示意于图 5.20。试样 1 的下端放入外部有电

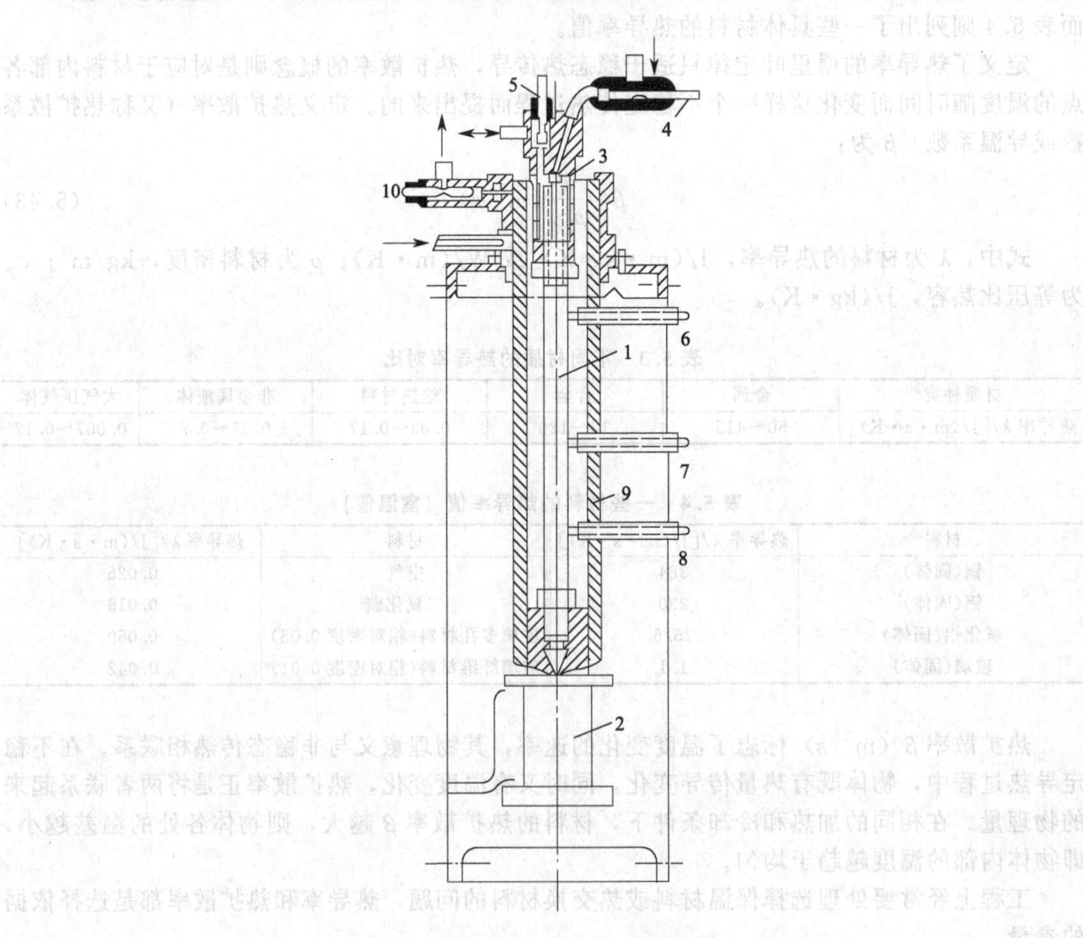

图 5.20　较高温度热导率的测试装置示意图

1—试样；2—外部有电阻丝加热的铜块；3—外部有循环水冷却的铜头；
4，5—温度计；6～8—测温热电偶；9—试样保护管；10—冷却水套

阻丝加热的铜块 2 内，试样上端则紧密旋入外部有循环水冷却的铜头 3 中，其入口水和出口水的温度分别由温度计 4 和 5 测量。如果热量在途中无损失而全部被冷却水带走，则通过水的流量 G（kg/s 或 L/min）以及出、入口的温差 $\Delta T'$（设定为入口温度与出口温度之差，即有 $\Delta T'>0$）即可计算出单位时间内流过试样截面的热量 Q（J/s 或 cal/min）：

$$Q=cG\Delta T' \tag{5.45}$$

式中，c 为水的比热容，J/(kg・K) 或 cal/(L・K)。

图中 6～8 为三个测温热电偶，包围试样的保护管 9 则是为减少试样侧面的热量损失：保护管上部的冷却水套 10 可使沿保护管的温度梯度与试样的温度梯度一致，这样试样侧面就不会散失热量。于是，将上式与式(5.44) 结合即可得到试样的热导率为：

$$\lambda=\frac{QL}{S\Delta T}=\frac{cG\Delta T'L}{S\Delta T} \tag{5.46}$$

上述测量方式是通过度量冷却器中带走的热量，而通过度量加热功率（即电炉加热试样的电功率）的方式则更为优越。为准确估计电能的消耗，可将加热电阻丝置于试样一端的内部（图 5.21），这样可以减少难以估计的热损失。其试样同样由保护管包围以减少侧面热量损失。

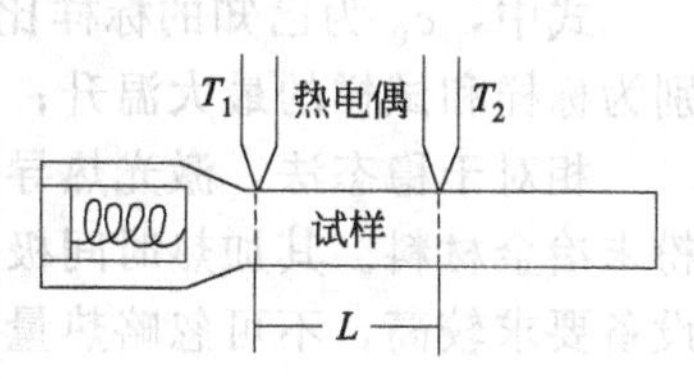

图 5.21 内热式测量热导率的加热结构示意

② 比较法　将已知热导率 λ_0 的材料制成标样，待测试样则完全按照标样制作；同时，将待测试样和标样的一端加热到一定温度，测出两者温度相同点距离热端的位置 x 和 x_0，则试样的热导率为：

$$\lambda=(x^2/x_0^2)\lambda_0 \tag{5.47}$$

稳态法测试过程中遇到最难以解决的问题是如何防止热损失，为此也可采用电阻率测试结果估算法来近似计算热导率：

$$\lambda=L_0T\sigma \tag{5.48}$$

式中，洛伦兹数 L_0 对于电导率 σ 较高的金属在温度不太低的情况下近似为常数 $2.45\times10^{-8}\mathrm{V^2/K^2}$（但 L_0 对于电导率 σ 较低的金属在温度较低的情况下则为变数），其估算精度为 10%左右；或者采用动态测试方法，也可很好地解决测试过程热损失这一问题。

（2）动态测试

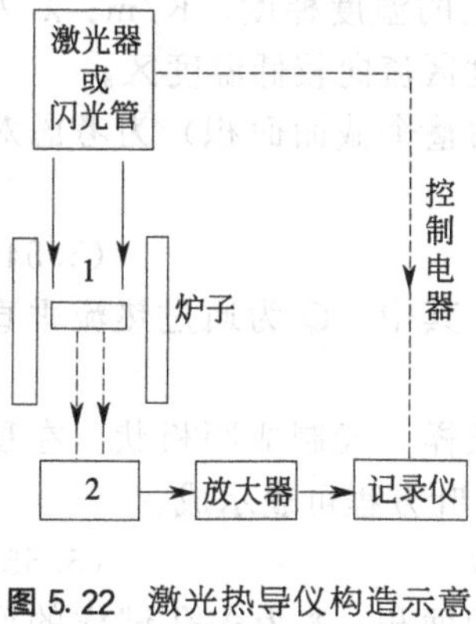

动态（非稳态）测试是通过测量试样温度随时间的变化率而得到其热扩散率，然后根据材料的比热容计算出热导率。实际测试主要是闪光法，使用设备为激光热导仪（图 5.22）。

图 5.22 激光热导仪构造示意
1—样品；2—温度传感器

在激光热导仪中，作为瞬时辐照热源的激光器一般使用钕玻璃固体激光器，炉子可以是一般电阻丝加热中温炉或者钽管发热体高温真空炉；测温所用温度传感器可以是热电偶或者硫化铅红外接收器，超过 1000℃可用光电倍增管；记录仪多用响应速度极快的光线示波器等（因为测试时间一般很短）；试样为薄圆片状。

试样正面受到激光瞬间辐照后，在没有热损失的条件下，其背面温度 T 随时间变化而降低到其最高温度 T_{max} 的一半时，理论研究表明存在以下关系：

$$\beta=\frac{1.37\delta^2}{\pi^2 t_{1/2}} \tag{5.49}$$

式中，β 为试样的热扩散率；δ 为试样的厚度；$t_{1/2}$ 为试样背面温度降至其最大值一半时所经时间。

根据上述关系，测出试样背面温度随时间的变化曲线，找到 $t_{1/2}$ 的值，即可计算出试样的热扩散率，然后利用式(5.43) 计算试样的热导率：

$$\lambda=\beta\rho c_p=\frac{1.37\delta^2\rho c_p}{\pi^2 t_{1/2}} \tag{5.50}$$

式中，λ 为试样的热导率；ρ 为材料密度；c_p 为材料等压比热容。

计算热导率所用比热容 c_p 一般可在同一设备上用比较法测出，其量值关系为：

$$c_p=c_0\frac{m_0 T_{0\max} Q}{m T_{\max} Q_0} \tag{5.51}$$

式中，c_0 为已知的标样比热容；m_0 和 m 分别为标样和试样的质量；$T_{0\max}$ 和 $T_{\max}$ 分别为标样和试样的最大温升；Q_0 和 Q 分别为标样和试样吸收的辐射热量。

相对于稳态法，激光热导仪具有快捷、试样简单等优点，并且可以测量高温难熔金属和粉末冶金材料。其加热时间极短，因此热量损失往往可忽略不计。该法的不足是对所用电子设备要求较高，不可忽略热量损失时则会引入更大的误差。

5.4.3 多孔材料热导率的测试

多孔材料的热导率 λ 可视为固体的传导 λ_s、气体的传导 λ_g、孔隙内的对流 λ_c 和孔壁的辐射 λ_r 四个热传输系数的组合：

$$\lambda=\lambda_s+\lambda_g+\lambda_c+\lambda_r \tag{5.52}$$

这里介绍的测试方法测出的是多孔体总的热导率 λ。

（1）热导率的稳态平板测量法

傅里叶的热传导定律指出，在稳态传热的情况下，即当温度场不随时间而变化时（稳温场），通过热流垂直截面的热流密度与温度梯度成正比，比例系数即为热导率，对应的一维传热关系为：

$$q=-\lambda(\mathrm{d}T/\mathrm{d}x) \tag{5.53}$$

式中，q 为通过热流垂直截面的热流密度，$\mathrm{J/(m^2 \cdot s)}$ 或 $\mathrm{W/m^2}$，即在单位时间内通过热流垂直截面单位面积的热量；$\mathrm{d}T/\mathrm{d}x$ 为热流方向（x 方向）上的温度梯度，K/m；λ 为热导率，$\mathrm{J/(m \cdot s \cdot K)}$ 或 $\mathrm{W/(m \cdot K)}$；负号表示热量从较高温度区流向较低温度区。

如果以整个热流垂直截面（如导热试样在垂直于热流方向的整个截面面积）为考虑对象，上式即可写成：

$$\mathrm{d}Q/\mathrm{d}t=-\lambda(\mathrm{d}T/\mathrm{d}x)S \tag{5.54}$$

式中，$\mathrm{d}Q/\mathrm{d}t$ 为通过热流垂直截面面积 S 的传热速率，J/s。其中，Q 为通过热流垂直截面面积 S 的热量，J；S 为热流垂直截面面积，$\mathrm{m^2}$。

多孔材料等不良导体的热导率测试装置原理示于图 5.23，试样一般制成圆板状。在稳定导热的情况下，试样厚度方向的温差不大时，式(5.54) 的傅里叶方程可表示成：

$$\mathrm{d}Q/\mathrm{d}t=-\lambda S\Delta T/\delta=-\lambda S(T_1-T_2)/\delta \tag{5.55}$$

式中，λ 为多孔试样的热导率；S 为多孔试样上、下表面的面积；δ 为多孔试样的厚度；ΔT 为多孔试样上、下表面的温差；T_1 和 T_2 分别为多孔试样上、下表面的温度。

待测试样上下表面的温度是用传热筒 C 的底部和散热板 A 的温度来代表的，因此需要保证试样与 C 筒底部和 A 盘上表面密切接触。为降低测试过程中试样侧面散热的影响，还需要减小试样的厚度。在测试过程中，稳定导热（T_1 和 T_2 值恒定）条件下可认为通过待测试样 B 的传热速率等于 A 盘向周围环境散热的速率，即 A 盘无净增热量，也保持自身内

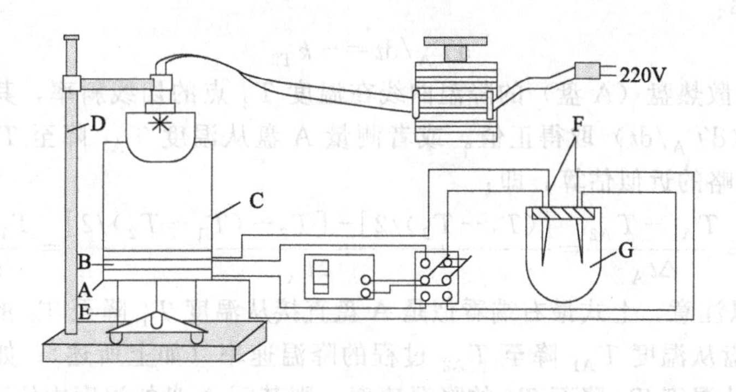

图 5.23　多孔样品热导率测试装置示意图

A—散热板（黄铜板）；B—测试样品；C—传热筒；D—支杆；E—支架；F—热电偶；G—杜瓦瓶

部的温度场稳定。所以，可通过 A 盘在稳定温度附近的降温速率（$\mathrm{d}T_A/\mathrm{d}t$）来间接求算试样的传热速率（$\mathrm{d}Q/\mathrm{d}t$），进而得到试样的热导率 λ。

对于半径为 R_A、厚度为 δ_A 的铜盘 A，在稳态传热时其散热的外表面积（包括侧面圆柱面积和下表面圆面积，上表面则为试样所遮盖）为：

$$S_A=\pi R_A^2+2\pi R_A\delta_A \tag{5.56}$$

移去待测试样 B 和传热筒 C 后，全部裸露的 A 盘散热外表面积（包括侧面圆柱面积和上、下表面两个圆面积）为：

$$S'_A=2\pi R_A^2+2\pi R_A\delta_A=2\pi R_A(R_A+\delta_A) \tag{5.57}$$

在稳定导热过程中试样的传热速率近似等于 A 盘的散热速率（忽略试样侧面散热的影响），同时考虑到物体的散热速率与其散热面积成比例，得出：

$$\frac{\mathrm{d}Q}{\mathrm{d}t}\approx\frac{\mathrm{d}Q_W}{\mathrm{d}t}=\frac{\pi R_A(R_A+2\delta_A)}{2\pi R_A(R_A+\delta_A)}\cdot\frac{\mathrm{d}Q_A}{\mathrm{d}t}=\frac{R_A+2\delta_A}{2(R_A+\delta_A)}\cdot\frac{dQ_A}{\mathrm{d}t} \tag{5.58}$$

式中，$\mathrm{d}Q/\mathrm{d}t$ 为试样的传热速率；$\mathrm{d}Q_W/\mathrm{d}t$ 为稳定测试过程中 A 盘的散热速率；$\mathrm{d}Q_A/\mathrm{d}t$ 为稳定温度附近 A 盘全部外表面的散热速率。

根据热容的定义，对温度均匀的物质，其散热速率与降温速率有如下关系：

$$\frac{\mathrm{d}Q_A}{\mathrm{d}t}=m_A c_A\cdot\frac{\mathrm{d}T_A}{\mathrm{d}t} \tag{5.59}$$

式中，m_A 和 c_A 分别为 A 盘的质量和比热容。将上式代入式(5.58) 得：

$$\frac{\mathrm{d}Q}{\mathrm{d}t}=\frac{m_A c_A(R_A+2\delta_A)}{2(R_A+\delta_A)}\cdot\frac{\mathrm{d}T_A}{\mathrm{d}t} \tag{5.60}$$

通过上式和式(5.55) 即得出多孔试样热导率的计算公式：

$$\lambda=\frac{m_A c_A\delta(R_A+2\delta_A)}{2\pi R^2(R_A+\delta_A)(T_1-T_2)}\cdot\frac{\mathrm{d}T_A}{\mathrm{d}t} \tag{5.61}$$

式中，R 和 δ 分别为试样的半径和厚度，且一般有 $R=R_A$；而 m_A、T_1 和 T_2 可由实验测出，c_A 为可查的常数（当然也可通过实验测出）。

可见，如果得到了散热盘（A 盘）的降温速率（$\mathrm{d}T_A/\mathrm{d}t$），就可直接计算出试样的热导率（$\lambda$）。对于散热盘（A 盘）的降温速率（$\mathrm{d}T_A/\mathrm{d}t$），可采取如下方式获得：移去待测试样 B，直接用传热筒 C 将散热 A 盘加热到对应稳定测试过程的中值温度 $T_{A1}=[(T_1+T_2)/2]$［即 $T_2+(T_1-T_2)/2$］，然后移去传热筒 C，保持测试环境，测出 A 盘从温度 T_{A1} 降至 $T_{A2}=[T_2-(T_1-T_2)/2]$（此间的温度中值为 T_2，对应于试样稳态测试过程中 A 盘的工作温度）的温度-时间曲线，作出该曲线在温度 T_2 点对应的切线，切线的斜率 k_{T2} 的负值即为所求降温速率：

$$dT_A/dt=-k_{T2} \tag{5.62}$$

式中，k_{T2} 是散热盘（A 盘）的降温曲线在温度 T_2 点的切线斜率，其为负值；负号是为了使降温速率（dT_A/dt）取得正值。或者测量 A 盘从温度 T_{A1} 降至 T_{A2} 所消耗的时间 Δt_A，由此进行粗略的近似估算，即：

$$\frac{dT_A}{dt}\approx\frac{T_{A1}-T_{A2}}{\Delta t_A}=\frac{[(T_1-T_2)/2]-[T_2-(T_1-T_2)/2]}{\Delta t_A}=\frac{T_1-T_2}{\Delta t_A} \tag{5.63}$$

此处需要加以注意，上式最右端看似是 A 盘直接从温度 T_1 降至 T_2 的降温速率，但实际操作是测量 A 盘从温度 T_{A1} 降至 T_{A2} 过程的降温速率（如上所述）；如果将实际操作换成测量 A 盘直接从温度 T_1 降至 T_2 的降温速率，则其间 A 盘的温度中值不为试样稳态测试过程中 A 盘的工作温度 T_2，这样可能给结果带来较大的计算偏差。

（2）有效热导率和接触热阻

多孔材料内部热传输和温度分布的精确数据对于使用多孔产品的热压系统的设计和建模都是必要的。热传输的分析需要确定多孔试样的有效热导率以及多孔试样与紧邻表面层的接触热阻（thermal contact resistance，TCR）。对此，《Journal of Physics D》第 44 卷中“Thermal conductivity and contact resistance of metal foams”一文进行了研究。

泡沫金属的热导率和接触热阻可在真空条件下由专门设计的测试装置进行检测。测试装置（图 5.24）中设有加载机构以对样品施加不同的压力载荷以减小接触热阻，其测试腔由

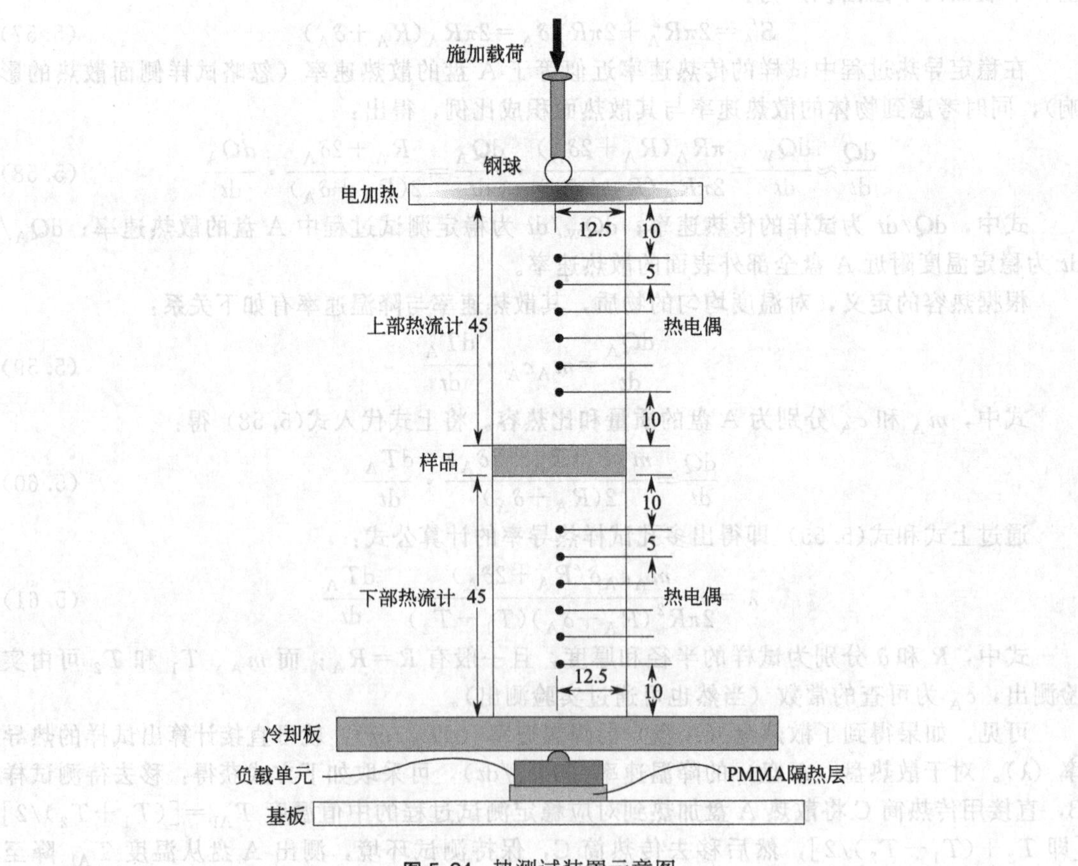

图 5.24　热测试装置示意图

（单位为 mm）

不锈钢基板和安装测试柱的钤状罐组成。测试柱组成为从顶部到底部的加载机构、钢球、加热块、上部热流计、样品、下部热流计、冷却板、负载单元和聚甲基丙烯酸甲酯（又称有机玻璃，简称PMMA）层。其中，加热块为内部安装圆柱形铅笔状电加热器的铜制圆形平板，冷却板则是铜制中空圆板（高为1.9cm，直径为15cm），冷却时使用冷却剂温度可设定的水-乙二醇浴封闭回路。

如图5.24所示，在热流计的一些特定位置逐个附连上热电偶，以测量对应位置的温度。每隔一定距离（5mm）放置一个热电偶（上、下热流计各置6个T形热电偶）。其中，第一个距离接触面稍大（10mm）。铁质热流计的热导率是已知的，用其测量穿过接触界面的热流速度。样品是化学成分和制备工艺各自相同的泡沫铝，切割成圆柱状（直径25mm）后对表面进行磨光处理，测试腔的真空水平为10^{-3}Pa。当达到稳定状态后，记录不同压力载荷（0.3～2MPa）下的温度和压力。保持所有的实验参数不变，对每个数据点都进行仔细的监测控制，这样维持一段时间（大约4～5h），以充分达到热平衡。

热板和冷板之间的温度梯度使得从测试柱的顶部到底部形成一维热传输。其中，实验装备中辐射热传输的贡献可分为泡沫金属微结构内部的辐射和界面辐射两个部分。测量数据计算显示，在泡沫金属内部，辐射热传输的贡献很小（不到传导热传输的1%）。界面辐射可能会在热流计和泡沫金属表面的界面处发生。接触热阻引起界面处的温度降低（4～28℃），降低程度取决于压力载荷，估计界面辐射的最大贡献更小（不到热传导的0.5%）。可见，泡沫金属中的热传输主要是来自热传导。通过热流计的热传输可用傅里叶方程表示：

$$Q=-kA(\mathrm{d}T/\mathrm{d}x) \tag{5.64}$$

式中，$\mathrm{d}T/\mathrm{d}x$为沿着测试柱的温度梯度；k是热流计的热导率；A是样品/热流计的横截面积。顶部接触表面和底部接触表面的温度可通过测得的热流推导出来。每一压力下测得的总热阻R_{tot}（含样品热阻和接触热阻，其中，接触热阻包括顶部界面和底部界面）可表示为：

$$R_{\mathrm{tot}}=R_{\mathrm{MF}}+\mathrm{TCR}=\Delta T_{\mathrm{ul}}/Q \tag{5.65}$$

式中，ΔT_{ul}为上部接触表面和下部接触表面之间的温差；R_{MF}和TCR分别为泡沫金属热阻和总的接触热阻（顶部表面和底部表面的接触热阻之和）。对于厚度不同但微观结构（如孔率和孔密度等孔隙因素）相同、表面特性相似（包括顶部界面和底部界面）的样品，可以认为其在同样的压力下具有相等的接触热阻。将式(5.65)应用于厚度不同的两个样品，两式相减即得泡沫金属样品的有效热导率：

$$k_{\mathrm{eff}}=\delta_1/(R_{\mathrm{MF}1}A)=\delta_2/(R_{\mathrm{MF}2}A) \tag{5.66}$$

$$k_{\mathrm{eff}}=(\delta_1-\delta_2)/[(R_{\mathrm{tot}1}-R_{\mathrm{tot}2})A] \tag{5.67}$$

式中，δ_1和δ_2为两个多孔样品在同一特定压力下的厚度；A为样品的横截面积。

研究者对具有不同孔率和孔密度的泡沫铝样品进行了实验，测试柱周围有金属铝作为辐射屏蔽以限制辐射热量损失。通过厚度不同而孔隙和孔密度等微观结构相似的系列泡沫铝样品实验，测出其总热阻，然后即可根据上述公式推导出其有效热导率和接触热阻。

测试结果显示，同一产品系列的泡沫金属样品，在孔率和孔密度都不相同时，如果压力变化控制在一定范围内，则其最大厚度的变化是可以忽略的。如某一产品系列的泡沫铝样品，孔率在0.9和0.96之间变化且孔密度也不相同，在0～2MPa的不同压力下其最大厚度变化均不到1.5%。此时压力对泡沫金属样品的微观结构影响不大。但更高的压力载荷会导致更大的形变，就可能影响泡沫金属样品的热导率。另外，空气的热导率非常低，其对有效热导率的贡献可以不计。

压力载荷对接触热阻具有明显的作用。研究结果表明，压力变化在一定范围（0～2MPa）之内时泡沫金属的孔率和有效热导率都可以保持不变，但接触热阻则随着压力的增加而显著减小。这是由于多孔体和密实体的界面之间的真实接触面积随压力载荷的增大而增大，使得接触热阻明显降低。此外，接触热阻对泡沫金属样品孔率的敏感程度要大于对其孔密度的敏感程度。较高孔率的多孔样品在界面接触区域具有的固体材料较少，因此接触热阻较高。总的接触面积随着孔率增大而减少，接触热阻则随之增大。另外，孔密度增大可使接触点的数量增加，在一定程度上减小接触热阻，但这些接触点的尺寸较小，所以孔密度对接触热阻作用并不大。

为估测泡沫金属与致密固体界面的真实接触面积，将一张对压力敏感的碳复写纸和一张白纸夹在多孔体与密实体表面之间，以印出不同压力载荷下的接触点，然后用计算机编码等措施分析所得图像并计算出接触点的大小。

研究还显示，接触热阻在低压力载荷下占据主导地位（如在 0.3MPa 以下时可在总热阻中占到 50%以上的份额），其贡献随压力载荷的增加而减少。令人感兴趣的是，尽管接触热阻的绝对值随孔率的提高而增大，但其占总热阻的比例却是降低的。这是因为多孔体热阻和接触热阻都随孔率提高而增加，但其中多孔体热阻增加得更多。

根据一些文献报道，如果将多孔样品焊接（铜焊的传导性良好）到金属板上，那么接触热阻是可以忽略的，这时即可用金属板近接触点处的温度来估算热导率。

在泡沫金属热性能的研究方面，许多工作都集中于其有效热导率，结果发现该指标主要取决于多孔体的孔率、金属孔棱本身的热导率等因素。研究还发现：泡沫金属的热传输受制于孔隙内部的流体流动状态，低速时热流量由流体热对流支配，高速时热流量则受限于多孔体孔棱的热传导。

(3) 热导率测试举例

用于隔热和燃烧器的多孔陶瓷，其热导率是一个主要的参量。有研究者采用稳态平面热源法对多孔陶瓷的热导率进行了测试。所用 THQDC-1 型热导率测定仪的热传递原理简单地示意于图 5.25。测试过程中通过对加热盘的加热而将样品加热，热量由样品上表面传递到下表面，与样品下表面紧密接触的散热盘不断地将热量传递到周围环境中，系统传热达到动态平衡时加热盘和散热盘的温度即达到稳定不变。此时散热盘的散热速率近似等于样品的传热速率。这时通过上面的公式(5.61) 就可以计算出样品的热导率。

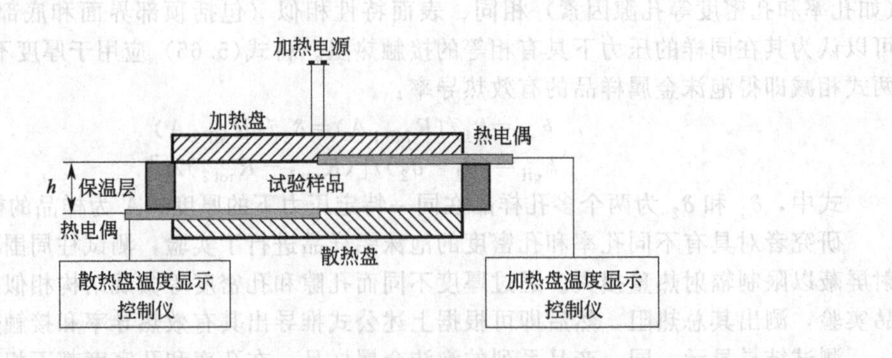

图 5.25 多孔陶瓷热导率测试示意简图

在测试时采用硅酸铝纤维对样品侧面进行保温，以防止热量从样品侧面散发。为减小环境对散热速率的影响，保证散热盘的散热速率准确，整个实验在 24℃的空调控制环境中进行。样品为直径 60mm、厚度 20mm 的 SiC 和 Al_2O_3 泡沫陶瓷。测试结果表明，在 300～600K 的测试温度范围内，不同孔径样品的有效热导率变化规律基本一致，即热导率随温度升高而略有降低，在温度达到 370～400K 内的某一温度值后降低到最小，然后随温度升高而逐渐增大。这是因为多孔样品所含固体物质本身的热传导作用是随温度升高而逐渐减小的，而多孔体孔壁或孔棱的辐射传热作用则随温度的升高而逐渐加强。较低温度下多孔样品的辐射传热作用较小，试样导热以固体物质本身的热传导为主，因而整个多孔样品的热导率随温度的升高而逐渐降低；高于某一温度后，多孔体的辐射传热变成主要因素，因而整个多孔样品的热导率随温度的升高而逐渐增大。

5.4.4 性能评析

（1）材料热导率的影响因素

材料的热导率受环境温度、化学组成和内部结构等诸多因素的影响。低温时材料的热导率随温度升高而增大，达到最大值后在一小段温度范围内保持不变，继续升温到某一温度后热导率开始急剧减小，并在熔点处达到最小值。物质内部的杂质也会强烈地影响其热导率。

在较高的孔率下，实际多孔材料的热导率增大，这一来是因为对辐射而言孔壁的穿透性增大，二来是因为在很低的相对密度下孔壁可能破裂而增加了对流的作用。

（2）多孔材料热导率的影响因素

在多孔材料内部，热流受到若干因素的联合限制：低的固相体积分数；小的孔隙尺寸，它实质上是通过孔壁的反复吸收和反射，从而抑制了热对流和减少了热辐射；封闭孔体较低的热导率。

多孔材料的熔点、热膨胀系数和比热容等一般与对应的致密固体材料相同，但其热导率往往要比制备多孔体的固体材料小得多。这是由于多孔体内部孔隙中存在着大量低热导率的气体，热传输主要由固体传导和辐射来实现。对流在直径小于 10mm 左右的孔隙内受到抑制，多数多孔材料中的孔隙远小于此值。存在一个使热导率最小化的优选多孔体密度，高于该密度时通过固体的传导增加了热流，低于该密度时则辐射易于通过孔壁传送而又增大了热流。对于给定密度的多孔材料，由于较大数量孔壁的反复反射，辐射作用会随着孔隙变小而减少。

在多孔材料的孔隙中，用较低热导率的气体取代空气，如用三氯一氟甲烷 CCl_3F，可进一步降低气体传导 λ_g 的作用；而孔隙内的对流 λ_c 随孔隙尺寸减小而降低，计算表明孔隙尺寸大于 10mm 时对流才是重要的。

热传输随孔隙尺寸的增加而增大，其原因一是在具有大孔隙的多孔材料中对辐射的反射较少，二是对于直径大于 10mm 左右的孔隙，孔隙中的对流开始发生作用。其他因素，如开口孔隙的分数，也会影响热传输，但程度较小。温度本身的改变即可使热导率产生变化，而且作用方式复杂。很多物质的热传导均随温度的降低而急剧下降。另外，还注意到相对致密的多孔体导热性好是因其所含固体具有大的体积分数，而密度极低的多孔体则易于透过辐射，由此可见存在一个最佳密度值来获得最低的热导率。

泡沫金属的热导率高于相应的非金属多孔材料，一般不适于隔热，但闭孔多孔体的热导率比致密的基体金属要低很多，因此可以提供一定程度的防火作用，如用于汽车发动机和客室之间的车壁等。此外，开孔泡沫金属可用来增强换热，如用于各种换热器、散热器、挡热板、空冷冷凝塔和蓄热器等。

泡沫金属具有传导性、渗透性和高比表面积，这使其在各种热应用（如热交换器、热管等）方面具有吸引力。泡沫金属的传导性、多孔体与环境介质的热交换、多孔体中的压力降都会影响其热交换效率，这些特性都受制于孔率、孔径分布、孔隙连通性、孔隙弯曲程度、孔棱尺寸、孔棱表面粗糙度等各种结构参数。因此，泡沫金属的热性能和热效率还难以很好地表征。

多孔材料的单位体积比热容也比较低，由此可作为低热质量的结构。此外，大多数多孔材料的热膨胀系数近似等于对应的固体材质，但其表观模量却要小得多，因此同一温度梯度产生的热应力也要小得多。

5.5 结语

多孔材料的孔隙特性直接决定了其有用的性能，因此建立其物理性能与其孔隙因素（如孔率、孔径及其分布、孔壁厚度或孔棱细度等）的联系是十分重要的。其中，最方便和最重要的是物理性能与其对应孔率或者说相对密度的联系。目标是通过控制这些因素的变化来优化该材料在给定状态下的应用。多孔材料结构方面的相关指标包括孔率（或相对密度）、孔隙形状、孔隙尺寸、孔隙连通性以及其中固相的组织结构因素，这些指标大多缺乏精确的表征，因此会影响对其性能应用的精密控制。可见，进一步研究多孔材料各项性能指标的表征和检测方法，不断提升其表征和检测手段与技术，不但可以直接推进多孔材料产品的实际应用，更好地发挥其使用效能，而且可以间接地推动其制备工艺的进步。

第6章 泡沫金属的应用

6.1 引言

泡沫金属对于致密金属材料来说具有体密度小、比表面积大、能量吸收性好、比强度和刚度高等特点，其通孔体的换热散热能力强、吸声性能佳、透过性/渗透性优良。不同参量和指标的泡沫金属可以分别适应于各种不同的功能用途和结构用途，有时则是同时担负着结构和功能的双重应用。其材质选择丰富，孔隙结构形态各异，孔径分布范围宽广，在物理、力学方面的综合性能优异，兼具功能和结构双重属性。因此，泡沫金属可广泛应用到航空航天、电子与通信、交通运输、原子能、医学、环保、冶金、机械、建筑、电化学、石油化工和生物工程等各个领域，涉及流体分离过滤、流体分布、消声降噪、吸能减振、电磁屏蔽、隔热阻火、热交换、催化反应、电化学过程和医学整形修复等诸多方面。相应地，可制作过滤器、流体分离器、换热器、散热器、阻燃器、消声器、减振缓冲器、多孔电极、催化剂及其载体、人工植入材料、电磁屏蔽器件以及轻质结构材料等，在科学技术和国民经济建设中发挥出重要作用。

多孔材料本身固有的功能属性和结构属性是同时存在的。泡沫金属作为功能应用的场合是指以利用其物理性能为主，但也需要兼顾其一定力学性能的结构作用；泡沫金属作为结构应用的场合是指以利用其力学性能为主，但往往也考虑其物理性能的功能作用；泡沫金属作为功能结构双重应用的场合是指同时利用其物理性能和力学性能且两者并重，此时功能作用和结构作用同样重要。

6.2 功能用途

泡沫金属的功能作用是其主要的用途，其功能应用十分广泛。例如，利用泡沫金属的均匀透过性可以制作各种过滤器、分离器、流体分布器、混合器、节流元件、气体输送带、气浮辊筒、气浮轴承以及印刷、记录、显影中的某些部件等；利用其发达的比表面积可以制作各种多孔电极、催化剂及其载体、电容器和热交换器等；利用其毛细现象可以制作各种强制发散冷却材料和自发汗材料、浸渍阴极、灯芯和吸油器等；利用其吸能性可以制作各种吸声材料和减振缓冲材料；利用某些泡沫金属对某些气体的敏感性而可以用于气敏装置等。

泡沫金属具有优良的导电性、导热性、加工性和装卸方便性，以及耐高温和低温的综合耐温性、抗温度反复变化的热震性等，还有在强度、韧性、抗冲击能力等方面的综合力学性能。因此，对用于换热散热、吸能降噪、多孔电极、电磁屏蔽、高温密封和高性能结构等功能用途，泡沫金属在多孔材料中拥有独特的优势。

在许多应用中，都需要液体或气体等介质能够通过多孔材料，特别是在高速流体流过的情况下。因此，泡沫金属在作为功能用途时，一般都要求是开孔结构。

6.2.1 过滤与分离

通孔泡沫金属具有优良的渗透性，可适于制作多种过滤器。利用泡沫金属孔道对流体所含固体粒子的阻留和捕集作用，将气体或液体进行过滤与分离，使介质得到净化或分离。泡沫金属过滤器可从液体介质（如石油、汽油、制冷剂、聚合物熔体和悬浮液等）或空气等气流介质中滤去固体颗粒等物质，常用过滤元件的形状有管状、板状、片状、盘状、杯状和帽状等。

气-液和液-液分离是利用毛细管作用原理，通过某些过滤材料对流体透过的选择性来实现的。泡沫金属选用某种液体不浸润的材质制备，或孔道表面涂覆这种材质。于是，当工作压力小于该液体对多孔体的界面张力时，就只有气体或浸润性好的液体才能通过过滤孔道，这样就将不浸润的液体分离出来了。例如，从水中分离油，从冷冻剂中分离水等。而气-气分离则是利用气体透过多孔体的速度与该气体的分子量平方根成反比的原理，这需要在孔径小到可与气体分子的平均自由程相比拟时才能实现。

（1）工业过滤

泡沫金属在工业上作为过滤用途的场合有很多。例如，湿法冶炼钽粉过程中的熔融金属钠可采用泡沫镍过滤器，锌冶炼中的硫酸锌溶液过滤可采用泡沫钛，钢铁厂中高炉煤气的净化可采用泡沫不锈钢，大输液制取中的脱炭可采用泡沫不锈钢或泡沫钛。

在宇航工业中，多孔不锈钢用于航空器及制导陀螺中液压油的净化，在自动燃料管路中净化气体及在碳氢化合工艺中回收催化剂。石化、纺织、造纸等行业的发展对耐高温、耐高压和抗腐蚀等多孔材料的需求不断扩大，如石化行业石油钻井中泥砂的排除是用低碳钢和不锈钢多孔材料，石油提炼中油-蜡分离是用泡沫铁过滤器；纺织业将粉末烧结多孔不锈钢管用于喷丝头的前级过滤和分散以及纺织厂热洗水中去除染料颗粒；造纸业将 316L、317LN 镍及镍合金、钛等多孔材料用于纸浆漂洗和污水处理。在化工行业，硝酸、96%硫酸、乙酸、硼酸、亚硝酸、草酸、碱、硫化氢、乙炔、蒸汽、海水、熔融盐、氢氧化钠、气态氟化氢等，均用不锈钢、钛等耐蚀多孔金属材料进行过滤，以达到净化或回收的目的。

在原子能工业中，UF_6 提炼及双氧铀基硝酸盐脱硝中流化床尾气过滤也可采用泡沫不锈钢或泡沫镍，核电站中二氧化碳冷却气体的过滤以及反应堆净化液中细小放射线污染物的去除可采用泡沫铁（渗铬）、泡沫钢（低碳）、泡沫不锈钢、泡沫钼等多孔过滤器。利用不同的孔隙尺寸以及表面张力作用可进行介质的分离，如一定孔径的泡沫镍可将 ^{235}U 与 ^{238}U 同位素进行气体扩散分离。

可见，在涉及固-液、液-液、气-液过滤与分离的所有场合，基本上都可以采用泡沫金属。

（2）气体净化

泡沫金属过滤器净化的空气已广泛用于各种厌氧细菌的生长，可取代原活性炭加脱脂棉的空气过滤器。本节要介绍的主要是柴油机排气净化。

柴油机排放微粒的主要物质是炭，其粒度一般小于 0.3μm，可深入人体肺部而损伤肺内各种通道的自净机制。炭粒还吸附有多种有机物质，具有不同程度的诱发和致癌作用。在车用柴油机排放微粒的净化技术中，表面过滤滤芯材料用蜂窝陶瓷制成，其滤芯形状复杂，在很高的温度和温度梯度下易于损坏；体积过滤滤芯则用泡沫陶瓷、钢丝棉绳或陶瓷纤维筒等疏松材料。其共同缺点是过滤效率、排气阻力与外形尺寸之间有很大的矛盾。

发动机排气管道安装陶瓷过滤器来捕集废气中的烟灰时，如果烟灰的捕集量过多就会发生燃烧部分的局部温升，并因陶瓷热导率较低而产生过度的温差，最终导致过滤器的破裂和熔化。研究者发明的 Ni-20Cr 和 Ni-33Cr-1.8Al 合金泡沫多孔体，可以克服多孔陶瓷的开裂问题并能抵抗柴油机废气的高温腐蚀，适作柴油机的排气过滤材料，大大减少环境污染。日本住友电气工业公司开发了用于柴油机废气净化的柴油机微粒过滤器 DPF（diesel particular filter，DPF），以孔率为 85％的三维网状 Ni-Cr-Al 合金多孔体为过滤材料，在限制烟灰排放方面收到了良好的效果。

电除尘器利用高电压产生的强场使气体局部电离，并通过电场力实现粒子（固体或液体）与气流的分离。在电除尘器中，电晕区内的正离子在电场力作用下产生运动，运动过程中与烟气中的尘粒碰撞使其荷电，荷正电的尘粒受电场力驱使沉积在电晕极上，但其沉积量远少于集尘极。泡沫金属的体密度小，具有耐热、耐蚀、抗冲击、刚性、吸声、透过等性能，其性能适合发动机的工作环境。据此，研究者提出了柴油机排气微粒的净化新方法，即多孔结构的泡沫金属电除尘技术。该除尘器（图 6.1）在普通管式除尘器的基础上进行改进，其特点是集尘极采用多孔泡沫金属材料做成圆筒式可拆卸结构，而且气体引入方向与电晕极垂直。将除尘器安装在柴油机排气气道中部，排气中的大微粒因重力和运动方向的改变而落于除尘器底部，然后通过静电除尘技术除掉排气中的微粒。通过压力传感器检测进出口的气体压力，根据检测压力值确定集尘极是否需要清洗。

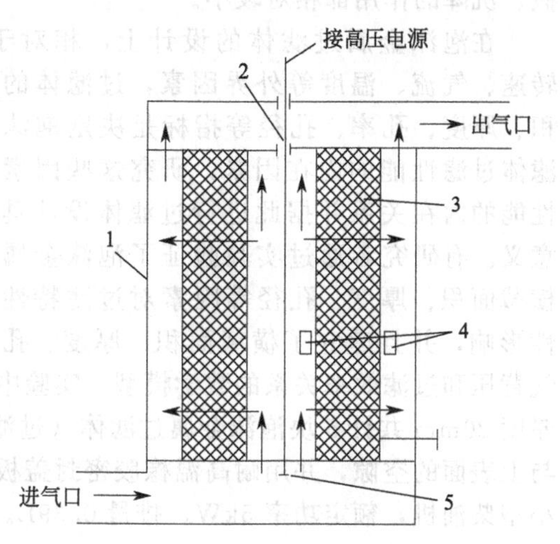

图 6.1　柴油机排气电除尘器的结构及原理

1—壳体；2—电晕极；3—泡沫金属集尘极；
4—压力传感器；5—重锤

采用泡沫金属作集尘极板，相当于增加了平行板的数量，扩大了极板面积，从而使净化效率提高。另外，泡沫金属的多孔性增加了金属带尖角的地方，使得电力线的密度增大，局部电场增强，使净化效率提高。泡沫金属集尘极还可大大降低排气系统的阻力。由于采用可拆卸泡沫金属制成的集尘极，集尘极清洗后可重复使用，降低了运行成本。

研究者后来还对上述除尘器进行了改善（图 6.2）。其特点是采用泡沫金属制作集尘极，由若干块断面不同的集尘极组合成可整体拆装的板排结构，垂直悬挂在电场中；电晕为刚性线，位于每两块集尘极板的通道中间。运行规定时间后，停止发动机运行，取出电除尘器内的泡沫金属集尘极进行水或压缩空气清洗，安装后继续使用。

针对柴油机微粒的净化技术措施，除上述的 DPF 过滤技术外，主要还有等离子技术、电压和静电吸附技术以及重力旋风分离技术，而 DPF 技术被公认为是非常有效的微粒后处理技术。在 DPF 技术中，过去出于价格和制作工艺的考虑，国内通常采用泡沫陶瓷作为过滤载体，但因力学性能差、回热不均、热再生易破裂等因素一直制约了其发展。而泡沫金属的强度、韧性、导热等方面优于泡沫陶瓷，此外还有重量轻、背压低等优点，特别适于越野车、农用机械设备、军用移动电站等经常在恶劣工况下作业的柴油机。

多孔材料对于炭烟颗粒的捕集机理主要有拦截、惯性碰撞、扩散及重力沉降四种。这些过滤机理在柴油机排放微粒过滤中的作用各不相同，与微粒和多孔材料孔棱之间的相对大小及相对速度有很大的关系。较小的微粒由于扩散作用而沉积在孔棱上，较大的微粒则主要通过拦截和惯性捕集效应沉积，更大的微粒则以重力沉降方式沉积。实际上，柴油机排放微粒的过滤是几种机理综合作用的结果。其中，惯性碰撞机理是主导方式。这是因为金属孔棱及各节点的尺寸都相对较大，微粒的流速较高、重量较轻，使得扩散、拦截、沉降的作用都相对较小。

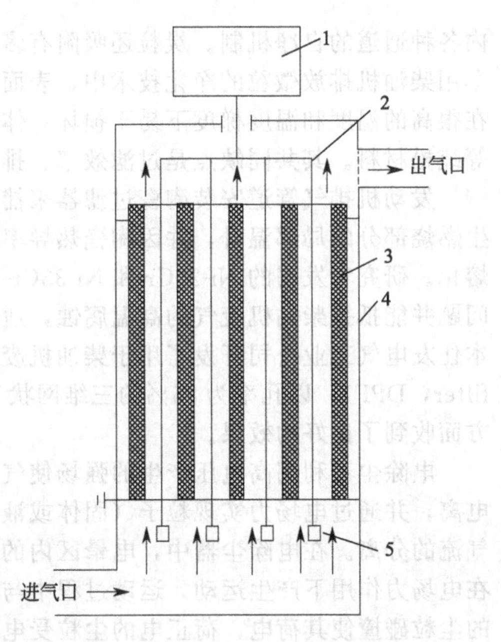

图 6.2 柴油机排气除尘器结构及原理示意

1—电源装置；2—电晕极；3—泡沫金属集尘极；4—壳体；5—重锤

在泡沫金属过滤体的设计上，相对于负载、转速、气流、温度等外界因素，过滤体的横截面积、厚度、孔率、孔径等指标是决定泡沫金属过滤体过滤性能的内在因素，研究这些因素与过滤性能的内在关系并据此进行过滤体设计具有重要意义。有研究者通过实验验证了泡沫金属过滤体横截面积、厚度、孔径等因素对过滤特性的决定性影响，并且建立了横截面积、厚度、孔径与排气背压和过滤效率关系的数学模型。实验中采用横截面积 150cm^2、平均孔径 1.5mm、单块厚度 20mm 共计 5 块泡沫金属过滤体（过滤器腔体封装见图 6.3），以岩棉填充过滤器内侧与上表面的空隙，并用耐高温橡胶密封盖板 4 个贴合边以防止漏气。实验选用某型号通用式小型柴油机，额定功率 5kW，排量 0.39L。

图 6.3 泡沫金属过滤体的封装照片

与过滤、分离紧密联系的泡沫金属用途是流体分布和控制。在石油工业、化学工业和冶金工业等领域的流化床技术设备中，各种高性能流体分布元件都要求孔隙分布均匀、透过性高，并且耐蚀、耐高温、抗热震，以及足够的承载强度。多孔金属是可以适应这些综合性能指标的优选材料，常用的有青铜、镍、不锈钢等多孔体。

6.2.2 流体分布与控制

石油工业、化学工业和冶金工业等领域中的流化床技术设备的各种高性能流体分布元件，要求孔隙分布均匀、透过性高，并且耐蚀、耐高温、抗热震，以及足够的承载强度。多孔金属材料能够满足这些综合性能指标，该方面常用的有青铜、镍、不锈钢等多孔体。这种多孔板在流化床体支撑格板上的装配参见图 6.4。

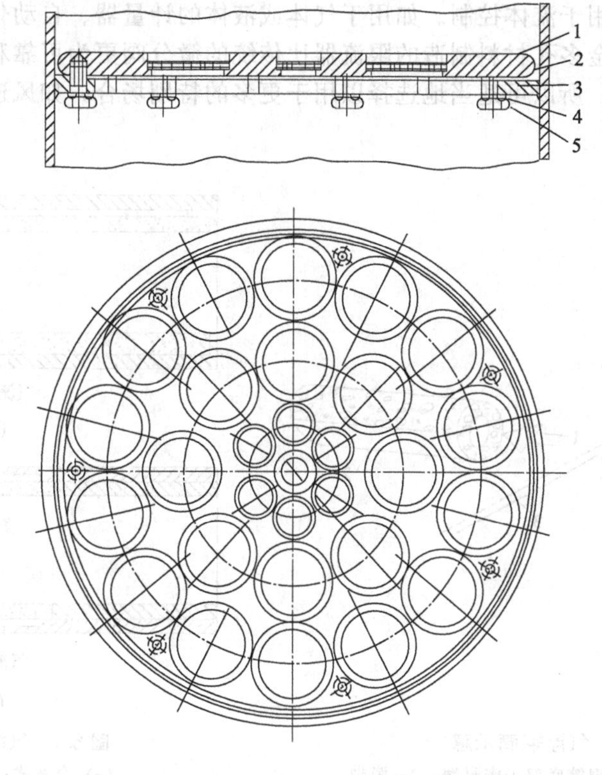

图 6.4 多孔金属材料板件在支撑格板上的配置示例

1—格板；2—密封垫片；3—外壳；4—垫圈；5—螺钉

多孔金属板件还可用于选矿设备中作气体分布板进行矿物的浮选（图 6.5），也可制作形成焊接工艺中焊接区内均匀保护性气体覆盖层的气体分布元件。此外，多孔金属材料作为一种流体分布装置，在其他诸多领域都得到了广泛应用。如用多孔不锈钢控制火箭鼻锥体偏航指示仪外壳的冷却气体或液体。另外一些布气元件用于液体中均匀地布入气体，如用多孔钛管给啤酒充气，用不锈钢或多孔钛板在医用氧合器中将氧气均匀充入血液中，等等。

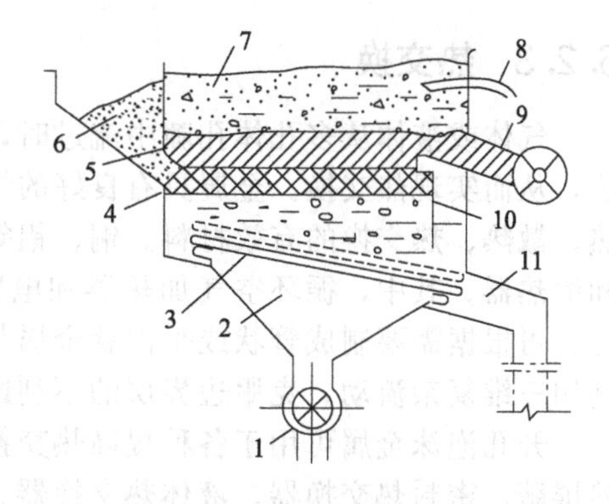

图 6.5 煤炭浮选机示意

1—分流阀；2—压缩空气供应室；3—粉末冶金多孔隔板；4—煤矸石；5—精煤；6—原煤；7—尾矿；8—尾矿出口；9—精矿出口；10—栅栏板；11—煤矸石出口

多孔金属材料在动力装置方面也有许多用途，如风力运输技术和斜槽输送带。由于粉末冶金多孔板强度大，透气性好，并具有可加工性和一定的塑性，所以用其代替低强度的多孔陶瓷能提高风力运输装置的可靠性。由多孔金属制成的斜槽输送带，压缩空气通过多孔板使待输送的粉末处于悬浮运动状态并在重力作用下向前运动。用多孔金属制作的气浮辊筒可实现无接触高速输送各种膜带（图 6.6），大量使用于磁带处理设备的漂浮塑性膜处理中；而用多孔金属制作的气浮轴承，可减少轴承孔的精密机加工，而且其润滑剂为气体，这样还可解决原子反应堆中大部分液体润滑剂受高温与辐照产生分解的问题（图 6.7）。

多孔金属材料还用于流体控制。如用于气体或液体的计量器、自动化系统中的信号控制延时器等。由粉末冶金多孔材料制造的限流器比传统的微分阀更为可靠和精确。因为可获得开孔率高的多孔金属，所以可适当地选择以用于更多的特别场合，如风道的直流器和阀门的布流器等。

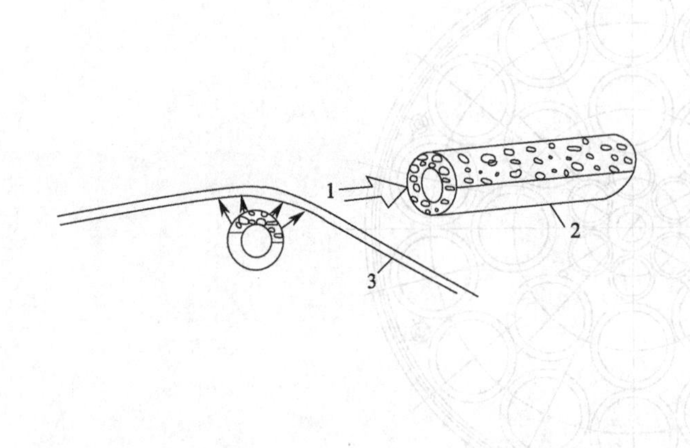

图 6.6 气浮辊筒示意

1—气体入口；2—辊筒底部于密封端；3—膜带

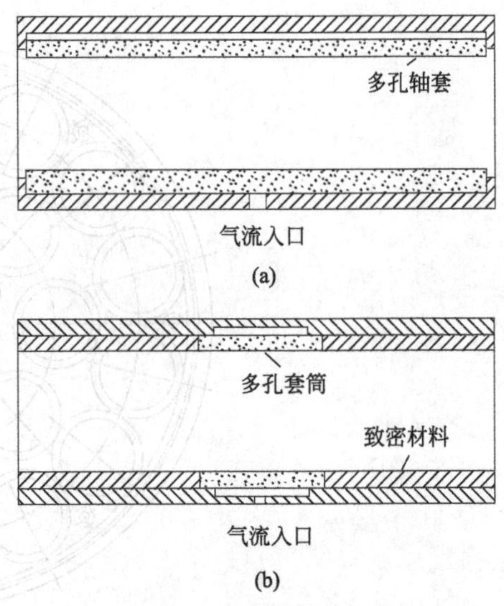

图 6.7 气浮轴承示意

(a) 全宽式；(b) 套筒式

6.2.3 热交换

气体或液体从多孔体孔隙中流过时，会带走热量或增加热量，使多孔材料得到冷却或加热，从而实现热交换。金属具有良好的导热性，因此具有很大比表面积的通孔泡沫金属是加热、散热、热交换的有效材料。铜、铝等传导性高的多孔体比较适合用于热交换器、加热器和散热器。其中，循环空气加热器和电阻水加热器都表现出了很高的效率和优良的使用性能。可根据需要制成管状或平面状金属与多孔金属的组合件，在强迫对流条件下使用有利于利用三维复杂流动，克服边界层的不利影响。

开孔泡沫金属可用于各种提高热交换的场合，如低温热交换器、煤燃烧器、飞行器耗散热屏蔽、密封热交换器、液体热交换器、空冷冷凝塔和热机制冷器等。泡沫钢可应用的温度区间很宽，如可制作汽车发动机的排气歧管。因为歧管传热率的大大提高，达到排气催化的正常操作温度所需时间也随之减少。

热在多孔材料中的传输有固体传导、流体传导、热辐射和孔隙中的对流四大机制。如果孔隙尺寸较小（小于某一值，比如在 10mm 以下），则其中的自然对流可以忽略。随着密封高效的高温热能系统的发展，提高辐射和对流热交换的技术变得日益重要。该方面的应用包括工业炉、热交换器（换热器）、燃烧器和热能存储设备等。此时热交换的对流模式和辐射模式两者都很重要，高比表面的泡沫金属的使用大大降低了能耗而促进了热交换。在流体的通道内填充泡沫金属后，实际传热面积就会远大于流体通道本身的传热面积，如此可使热交换效率大大提高。

（1）换热器

先进的动力系统需要加强冷却措施。其中，利用开孔泡沫金属提高热交换速度是一条具有前景的途径。开孔泡沫金属的体积比表面积大、热导率高、流体（冷却剂）混合能力强，这使其成为一种增强热交换的有效材料。这种增强作用主要是由于泡沫金属孔隙内的微型紊流（湍流）混合机制以及高热导率金属固体的良好热传输性。开孔泡沫金属复杂的三维结构增强了流体的紊流效果，促进了固体表面向流体的换热；此外，开孔泡沫金属的比表面积增大了其换热面积。所以，由热导率高的材料制成的开孔泡沫金属，可大大强化传热效果。研究还发现，振荡流时开孔泡沫金属的传热性能比稳定流时的更高。

优良的热物理性能使开孔泡沫金属在换热器强化传热和微电子冷却等方面具有十分广阔的应用前景，图 6.8 为一种网状泡沫铝制作的换热器。研究指出，泡沫金属可以强化传热和提高效率，泡沫金属换热器的热阻大大低于传统换热器。但是，由泡沫金属引入的压降相对较高。评价换热器的性能通常需要同时考虑其压降和传热特性，泡沫金属对换热器强化传热效果的影响十分显著，压降也有所增大，在实际应用时应综合考虑，进行优化设计。

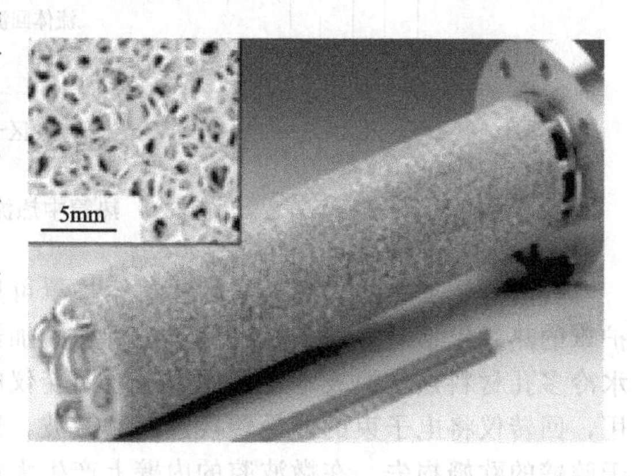

图 6.8　网状泡沫铝制作的换热器

换热器的换热问题对于制冷机的性能有重要作用。脉管制冷机是一种小型低温制冷机，无冷端运动部件，可靠性好，获得研究者们的大量关注。制冷机冷热端换热器的性能对于制冷机的性能具有很大影响，热端换热器把脉管中产生的热量传到环境中，冷端换热器把脉管产生的冷量充分传出来以供使用。因此，通常在脉管制冷机的冷热端换热器中填有丝网材料，用于强化换热器换热以及层流化氦气工质。研究者在脉管制冷机冷热端换热器中采用紫铜泡沫金属材料代替紫铜丝网材料作为填料，制冷机性能测试结果表明，采用紫铜泡沫金属材料能够强化冷热端换热，降低脉管制冷机所能达到的最低温度。

（2）热管

热管是多孔介质热交换器的一个重要类型，现将其单独列出进行介绍。热管结构为内表面覆盖多孔芯材的密封排液容器（图 6.9），其充放工作液后即行封闭。热管表面蒸发器部分产生的热量引起下面多孔芯材内液体的蒸发，并以蒸气的形式转移到容器的冷却区，在此处蒸气重新凝结成液体，并放出热量。然后，多孔芯体将冷凝液送回加热区，从而完成一个工作液的循环，同时也完成了一次热量的转移。

热管是一种热量输送装置，可设计成逆向重力的方式进行工作（冷凝器位于蒸发器上方），或者在太空的微重力环境下工作。热管工作是主动方式，即无须机械泵做功。其所需要的工作流体量相当小，因此工作液发生很少量的泄漏就会导致热管失效。这种热结构还可用来控制均匀温度下或常温下的热量迁移，以及通过传统技术将高的热流量分散到较大的面积上而实现热量转移。

可将热管分为低温和高温两种。低温热管应用于一般的环境温度至 300℃左右，通常选择水来作为工作液，因为在该温度范围内水可以转移热管中的高热流。高温热管一般利用碱金属作为工作液，因为碱金属更好的传输性能可处理更大的热流。

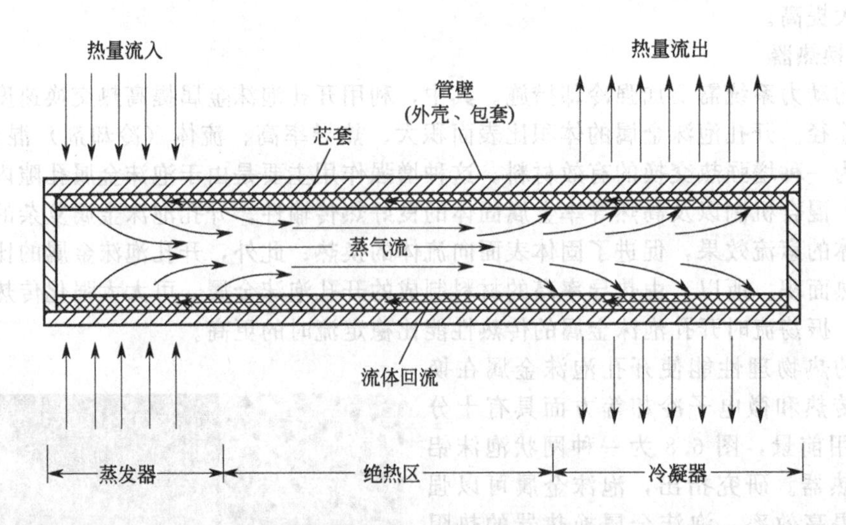

图 6.9 热管中热流和工作液流示意

等离子体加热的射频天线的法拉第护罩可用水热管来冷却保护（图 6.10），进入法拉第护罩的热量包括对等离子体反应器进行射频加热带来的副产热，以及等离子区的直接辐射。水冷多孔材料热交换技术还可用于高能回转仪的微波腔冷却。在圆柱形腔体中，通过电磁作用，回转仪将电子束的能量转换成高频微波，这些微波对反应器中的等离子体进行加热。由于腔壁的欧姆损失，在微波腔的内壁上产生大量的热。

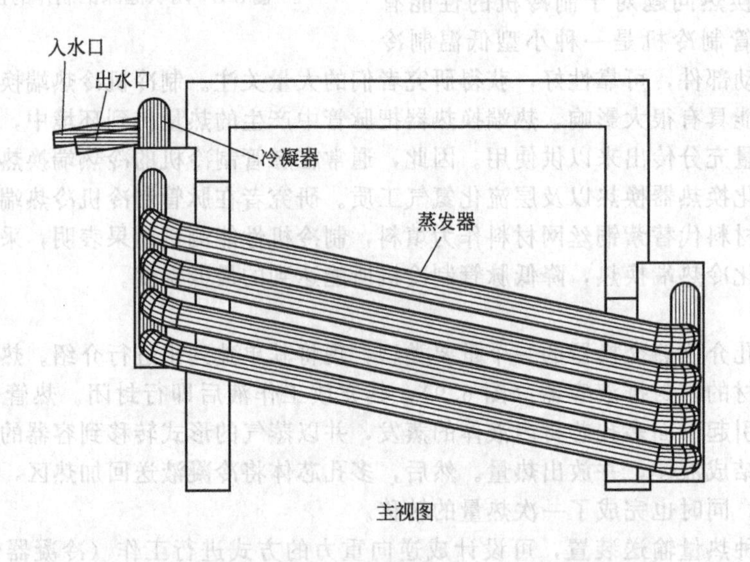

图 6.10 法拉第护罩的借重（gravity-aided）热管排列

由于液态金属和气体冷却剂具有更高的能量转换效率，因此有些场合不用水作为冷却剂。此外，当邻近元件使用液态碱金属时，也不宜用水。将氦气冷却剂用于泡沫金属热交换器，既可克服水冷剂的不足，又可获得高的冷却能力。

（3）电阻加热器

电阻加热已广泛地用于将电能转换为热能。有效的加热元件材料须在具有导电性的同时还具有高电阻和高熔点，而且还需要在高温条件下的抗氧化性和耐腐蚀性。通常使用的电阻加热材料包括铁基合金（Fe-Cr-Al）、镍基合金（Ni-Cr）、硅钼体（$MoSi_2$）、碳化硅（SiC）、金属钨（W）、金属钼（Mo）和金属铂（Pt）等。研究者采用 Fe-Cr-Al 合金的开孔泡沫体（图 6.11）制成电阻加热元件（图 6.12），这种泡沫金属电阻加热件有四大优点：①重量轻；②成本低；③可制作圆柱管件；④可均匀加热流经泡沫体的空气。这种加热方式的潜在用途包括家庭住房空间加热、办公室空间加热、柴油机排气中的颗粒过滤等。当使用小孔泡沫金属时，既可过滤又可加热。过滤后留下的有机粒子可通过给泡沫金属施加电流加热而得以烧除，从而实现过滤件的再生。

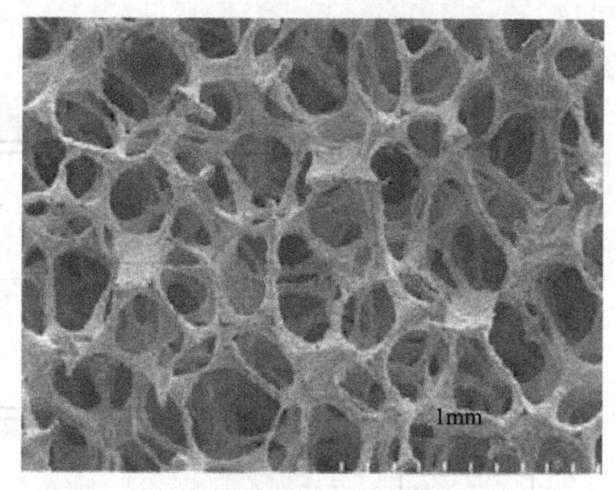

图 6.11 研究者制备加热元件所用 Fe-Cr-Al 合金泡沫体的 SEM 显微照片

图 6.12 泡沫金属加热元件及其安装方式示例

（a）未钻中心孔的泡沫金属圆盘加热件；（b）泡沫金属加热件与中央低阻铜棒和外部低阻铜管通过焊接结合在一起形成的加热装置

上述泡沫金属电阻空气加热器的工作原理见图 6.13。其中，加热件（Fe-Cr-Al 高温合金泡沫体，可承受的操作温度高于 1200℃）为一置于圆管内部的泡沫金属薄圆盘（图 6.12）。通过泡沫金属圆盘中心的是一根连接直流电源正极的导电圆棒，电源负极则与外部圆管相连。圆管和圆棒都由低电阻的金属铜所制。电流通过泡沫金属加热件从中央铜棒流向铜管，泡沫金属体的电阻产生热量，产生的热量由流经泡沫金属的空气带走。

高孔率泡沫金属的电阻率远远大于对应的致密金属体，并且随孔率的变化而变化。泡沫金属加热件的电阻越高，则其单位体积产生的热量越多。减少泡沫金属加热件的厚度可以增加其电阻并提高其温度，但缩短了给定流速下空气在泡沫体中的流经时间，这就会减少对空气的热传输。因此，泡沫金属加热件的厚度应该有一个最佳值，厚度过大和过小都不能达到理想的加热状态和获得最大的热传输效率。

（4）复合相变材料

由于潜热储存（latent heat storage，LHS）系统在理论上可以提供很高的储热密度并大大减小储热材料的体积，研究者们将相变材料（phase change materials，PCMs）用于热能

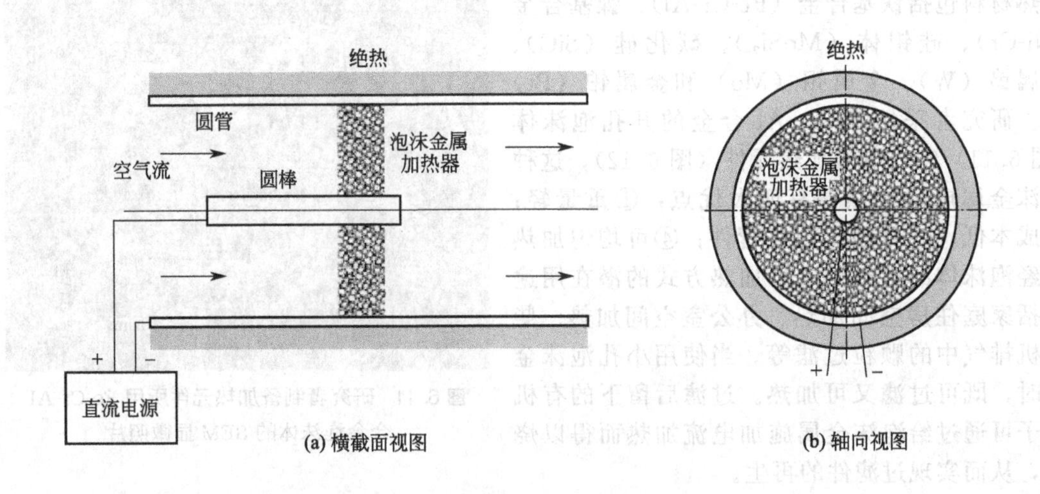

图 6.13　泡沫金属电阻空气加热器的构造与工作原理示意

储存（thermal energy storage，TES）系统。相变材料具有较大的相变潜热，在宇航技术上的保温、制冷技术中的相变蓄冷以及能源领域的相变储能等方面都有着广泛的应用。然而，相变材料的热导率一般都比较小，大多在 0.2～0.6W/(m·K) 之间 [如无机盐在 0.4W/(m·K) 左右]，这就延长了充热和放热所需要的时间，严重影响其传热速率和冻融速率，从而限制了其应用。多数金属材料本身的热导率都很高，所以在高孔率泡沫金属为骨架的结构中填充相应的相变材料所制成的复合相变材料，可在密度和单位体积的相变潜热都改变很小的情况下大大提高其等效热导率。例如，将水充入泡沫铝中，其等效热导率得到大幅度提高。

以高孔率泡沫金属材料作为骨架制成的新型复合相变储能材料的热导率将大大高于相变材料本身的热导率，在储能过程中具有更好的传热效果。研究者对泡沫铝内部充入石蜡和泡沫铜内部充入石蜡所构成的复合材料进行研究表明，采用复合储能材料可使传热性能得到很大提高，但也使复合材料的储能能力稍有降低。

可见，尽管将相变材料加入泡沫金属可极大改善材料的传热性能，但复合材料的传热性能和储能能力会出现矛盾。其中，提高一方将会降低另一方。实际情况中需要考虑两者的平衡，因此要考虑相关的参数影响。总之，对于一定的实际应用及要求的传热性能和热能储存能力，需要综合考虑孔率、材料成分的热物性以及外部对流换热系数的影响。

固-液相变储能装置具有良好的均温性以及巨大的相变潜热，在采暖蓄冷、太阳能利用、废热回收以及航空航天、建筑等领域都得到越来越广泛的应用。研究者通过数学建模及计算分析，发现泡沫金属作为相变储能装置填充材料大大增强了储能装置各个方向上的传热性能，提高了装置内的温度均匀性，使得热量可以迅速被相变材料所吸收。

冰蓄冷系统利用夜间低谷电力制冰并蓄存起来，在白天用电高峰时将蓄存的冰作为冷源供给空调系统，达到为电网削峰平谷的目的。冰球式蓄冷系统具有结构简单、可靠性高等优点，在冰蓄冷系统中得到广泛使用。目前蓄冰球内通常使用的相变介质（如水等）虽有很好的储能能力，但存在热导率低、蓄能时间长等缺点。提高相变材料的热导率是潜热储能技术中减少相变时间的有效方法，以热导率大的泡沫金属为基体加入相变材料，可提高体系的热导率，平衡相变材料的储热性能与传热能力。研究者通过实验比较注有相同水量的泡沫金属蓄冰球与普通蓄冰球冻结传热过程的动态特性，研究发现两种蓄冰球中的流体工质均需达到一定过冷度后才发生相变，但在相同制冷工况下蓄冰球内泡沫金属流体工质进入相变状态快，并且完成工质总相变过程的时间短。这表明泡沫金属具有良好的动态相变换热特性，能有效强化蓄冰球内流体冻结传热。

研究结果还显示，在相变之前蓄冰球内泡沫金属中的流体工质温度变化缓慢平稳，且流体工质对过冷度的要求低，提前进入相变状态；相变后蓄冰球内泡沫金属综合热导率大，传热快。

对于高温储热系统来说，相变材料热导率低是一个重要的问题，而利用热导率高、表面积大的泡沫金属与相变材料组成复合材料可显著地加强热传输。研究者采用泡沫金属与相变材料硝酸钠 $NaNO_3$ 组成复合材料来提高高温储热系统的传热能力，减少了相变材料中的温度差异，缩短了充热和放热所需时间，取得了令人满意的结果；同时，还发现，泡沫金属的总体使用属性要优于膨胀石墨。

相变材料的性质随其纯度及其制备过程（如熔化-凝固的循环次数等）而变化。$NaNO_3$ 在熔化过程中的体积变化可以达到 10%，这在设计容器时需要考虑。其固-固相变的温度为 276℃，尽管其相变潜热较小，但对充、放热过程仍有影响，只是影响很小。连续加热，固态 $NaNO_3$ 在发生固-固相变后升温到其熔点，整个相变过程依次出现固态、糊态和液态三个区域。另外，在使用盐类相变材料的情况下，高温含盐环境会产生对泡沫金属的腐蚀问题，这无疑会降低利用泡沫金属来提高相变材料热性能的作用。因此，需要进一步研究泡沫金属在该情况下的防腐措施，选用对应耐蚀性强的泡沫金属成分或选用其他类型的相变材料。

显然，在确定的体积空间中加入泡沫金属，会使相变材料的容纳量相应减少，从而降低了系统的储热能力。但相比于热传输的显著增强（特别是在固态区），这样的储热小损失是完全可以接受的。此外，使用泡沫金属还会使成本稍有增加，但更高的热传输速度可以大大减小所需热交换器的尺寸。

（5）冷却材料

航空发动机及火箭技术等领域都存在着冷却问题，通常采用的冷却方法有对流冷却、薄膜冷却和发散冷却。其中，对流冷却的传热效率低，而薄膜冷却又需使用过量的冷却剂才能维持连续的液态膜或气态膜，只有发散冷却可以克服前两者的缺点，从而具有其应用优势。

根据使用的冷却剂不同，又可将发散冷却分为气体发散冷却、液体发散冷却（即发汗冷却）和固体发散冷却（即自发汗冷却）三种形式。发散材料依气体发散冷却和液体发散冷却两种形式而有气体发散材料和发汗材料两类，其工作原理是迫使气态或液态冷却介质通过泡沫金属体，使之在材料表面建立一个连续、稳定且具有良好隔热性能的流体附面层，即冷介质膜，将材料壁面与热流隔开，从而产生很好的冷却效果。其中，采用液体介质的冷却效果更好，因为这时除了在多孔壁面形成液膜外，还发生液体的蒸发。该过程要吸收大量的热。

自发汗材料的工作原理是将固体冷却剂（锌、镁、铜、锡、铅以及黄铜或氯化铵等）熔化渗入由耐热金属制成的多孔泡沫基体中，在工作的高温下孔隙中的冷却剂发生熔化、蒸发而吸收大量的热量，从而使材料保持冷却剂气化温度的水平。逸出的液体和气体在材料表面形成一层液膜或气膜，把材料与外界高温环境隔离。

（6）散热器

高效散热的开口多孔金属在强迫对流下是优良的传热体，可作为承受高密度热流的结构如飞行器、超高速列车和微电子器件的散热装置等。评价某种结构的传热性能通常需要考虑两个变量，即热导率和流体压降。多孔金属中的传热过程主要分为两个部分：一是金属骨架本身的热传导；二是金属表面与流体间的对流换热。由于后者的传热热阻远大于前者，因此增强金属表面与流体间的对流换热可提高结构的整体传热性能。提高结构的比表面积，即增加单位体积内的对流换热面积，是有效的途径之一。

开孔泡沫金属由于其高的孔率和复杂的三维网状结构而具有强化传热的作用，其强化传热主要通过增强流体与金属材料之间的对流传热而实现。研究者分析了边界恒热流条件下泡沫金属孔隙通道内层流强制对流时流体与泡沫金属间的相界面温差，发现该相界面温差随泡沫金属孔率提高而增大，随流体流速和泡沫金属孔密度增大而减小；而相界面传热系数则随流体流速和泡沫金属孔密度增大而增大。

蜂窝铝层合板已得到航空工业的广泛应用，其力学性能优良，但其性能有很强的方向性，并且价格昂贵。开孔结构的泡沫金属制造成本较低，比强度高，同时具有蜂窝材料所不足的多种其他功能，如强迫对流散热、降噪等。此外，在高孔率开口多孔金属结构中填充隔热纤维（如氧化铝纤维）可达到隔热与承载的双重目的，在航天结构隔热部件、电子设备热防护层、核电厂交换器隔热层等领域有很好的应用。

6.2.4 多孔电极

泡沫金属具有良好的导电性能和一定的自支撑能力，内部存在大量孔隙，可提供的有效表面积大，因而成为一种优秀的电极材料，适用于各种蓄电池、燃料电池、空气电池和太阳能电池以及各类电化学过程电极。

电池是一种用途非常普遍的能源，从卫星、宇宙飞船以及飞机启动和空中应急的动力源，到各式环保车辆的牵引动力，应用遍布尖端技术、科研教育、医用和家用电器等各个方面。多孔镍电极电池是其中的突出代表。镍电极不但用于镉镍、镍氢、锂、燃料等电池系统，还用于电合成和电变色器件等。电池电极需要充入不同的活性物质，多孔金属体作为电极的骨架起导电与支撑体的双重作用。作为电极支架和集流体的多孔金属基体，是电池中极其重要的组成部分，对整个电池结构和性能作用很大。电极的重量和容量相应控制着整个电池的重量和容量，同时也是电池寿命和其他性质的限制因素。

多孔金属电极基体有烧结多孔体、纤维多孔体和泡沫多孔体三种基本类型。其中，泡沫金属基体在一定程度上兼备了烧结多孔体和纤维多孔体两者的优点，其为孔率极高（可达98%以上）的三维网状结构，与纤维多孔体一样能容纳的活性物质多，电极容量大，比能量高；其比表面积和充填性两者之间比烧结式基板有更优组合，且电极可快速充电。泡沫金属基体的孔隙相互连通，分布均匀，便于电解液的扩散和传质。能源危机和绿色革命促进了太阳能电池和电动汽车电池的发展，开发轻量化、高比能、高吸收转化率的电池材料成为这一发展的关键，采用高孔率泡沫金属作为电极材料成为一种必然的趋势。

三维网状泡沫金属具有质量轻、孔率高、比表面积大等特点，是制备各种电极的理想材料。其应用于电池，可大大增加活性物质的填充量，降低电极充放电时的电流密度，有利于活性物质的转化，提高电极的反应速率、活性物质的利用率和比容量。泡沫金属用于电极材料具有强度高、寿命长、内阻小并且集电效率高等优点，应用较多的有泡沫镍和泡沫铅，其次还有泡沫铜。

（1）泡沫镍

泡沫镍既可用于各种高效二次电池的电极材料，如作为镉镍电池、镍氢电池等电池电极材料，又可用于电化学工业的多孔电极材料，具有良好的电解质扩散、迁移和物质交换性能。镍氢电池、镉镍电池等二次电池在高技术和普通民用技术中不断提出高能量密度、长寿命和低成本的要求，传统的烧结镍基板已不能满足要求。高孔率泡沫镍可大大降低电池中镍的消耗量，大大减轻基板的重量，并大大提高能量密度。例如，采用泡沫镍作为Ni-Cd电池的电极材料时，能效可提高90%，容量可提高40%，并可快速充电；轻质高孔率的泡沫金属基板与传统烧结基板材料相比，可降低约一半的镍材消耗，在能量密度大大提高的同时减轻12%左右的极板重量。泡沫镍用于电化学反应器，由于增加了电极表面积，从而提高了电化学单元的性能。泡沫镍适合于作有机化合物电氧化的多孔三维阳极，如苯甲基乙醇的多相电催化氧化促进了乙醛的生成，泡沫镍电极可以大幅度提高电解电流和乙醇转换率。电解水制氢气的电极材料可用泡沫镍合金代替贵金属电极材料（Pt、Pd等），泡沫镍对析氢反应可产生非常明显的催化协同效应，是使用效果很好的电极材料。另外，泡沫镍还用于宇宙飞船上高压型 $Ni-H_2$ 电池电极和燃料电池的扩散电极等。

（2）泡沫铅

随着汽车、火车、轮船用电设备的日益增多和功率变大，要求电源有更高的比能量和比功率，同时由于环境污染等问题而使电动车、混合动力车和电动自行车也得到快速发展。这对动力电源提出了更高要求，而原来普遍使用的一般铅酸蓄电池的能量、功率不能满足这种现代运载设备的要求，因此采用泡沫铅板栅替代铸造铅板栅来提高电池的比能量和比功率。

泡沫铅作为电极材料用于铅酸电池，可以填充更多的活性物质，从而增加了电池的容量。而泡沫铅作为铅酸电池的活性物质支撑体时，也使电极结构大大减轻。具有三维网络结构的泡沫铅代替普通板栅作为电池的集流体可大大减轻其重量，同时有利于活性物质的填充，提高活性物质的利用率；而且，三维结构使得电流和电势在泡沫铅电极上的分布更加均匀，电池的比能量得到提高。研究还发现，泡沫铅板栅的铅酸电池在不同放电速率下的比容量也都明显提高。

制备泡沫铅的方法采用较多的是铸造法和电沉积法，图6.14为所得泡沫铅制品的形貌。作为铅酸蓄电池的板栅材料，可直接加工成所需形状。由于Pb的熔点低（327℃），因此泡沫铅电极的制备不能直接使用 TiH_2 和 ZrH_2 作发泡剂，可使用二价的 $(PbCO_3)_2 \cdot Pb(OH)_2$ 作为发泡剂，发泡剂在275℃以上分解，产生 CO_2 和水蒸气作为发泡气体。利用有机泡沫电沉积法制备的泡沫铜则可作电解铜还原的阴极以及电有机合成电极等。

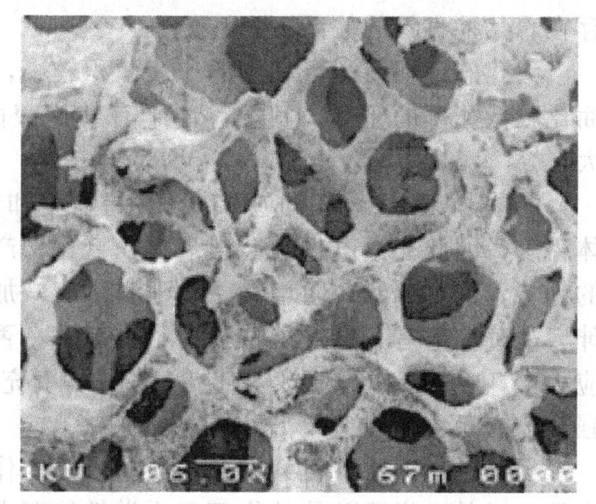

图6.14 泡沫铅制品形貌示例

（3）燃料电池

以环境友好的方式获取能源意味着需要使用的燃料电池（FC）将会日益增多。燃料电池是通过氢气和氧气反应将化学能转化成电能和热的电化学装置。这是一个清洁的反应，只有水蒸气一种产物，可释放到大气中而对环境没有任何危害。如果用烃作为燃料来代替 H_2 气，对环境的影响也是很低的，放出的污染物远远少于传统的烃燃烧取能方式；而且，燃料电池的效率高，明显地要比燃烧引擎的效率高得多。

根据作为正负极之间离子导体电解质的不同，可以将燃料电池分成若干类，近些年来研究非常活跃的一类即是固体氧化物燃料电池（solid-oxide fuel cell，SOFC）。该类电池可望在将来的能源生产市场中占据重要的位置。固体氧化物燃料电池的电解质趋于使用氧化钇稳定的氧化锆（YSZ），工作温度一般在800℃左右的高温，以此提高电极的活性，使固体氧化物燃料电池的效率比其他类型的燃料电池更高。

许多管状固体氧化物燃料电池的构造对应于正极支持体。这就是说，除了有 H_2 发生氧化的合适成分外，正极还须有足够的体积来支撑整个电池。这样一种正极支持体的材料需要具有与电池中的其他组成相协调的热膨胀系数，以保证电池在启动和关闭的热、冷过程中的整体协调；需要有足够多的孔隙，以保证燃料通过其向正极的传输；需要在工作条件下具有高的电导率以及化学和微观结构的稳定性。孔率足够高的泡沫金属可适应这种要求，用以制作固体氧化物燃料电池的电极支持体。

对于上述多孔电极基体材料，有以下几个基本性能要求。

① 孔率和孔径　为减轻电极的重量和提高活性物质的比容量，不仅要有高孔率的多孔金属基体，而且还要有合适的孔体尺寸和优良的孔隙结构。在保证机械强度的前提下提高孔率，同时又兼顾孔径及其结构，并考虑到导电性和可利用比表面积的要求。

在实践中，加大基体孔率，不但会使其强度降低，同时也要减小其孔径。而太小的孔又不利于传质，电极易产生浓差极化。扩大孔径，则又由于活性物质（如 NiOOH）本身不导电而出现低的利用率。孔径较小，孔的数目就多，比表面积就大，并可使电极比电阻小、强度好。故一般还是希望孔径较小（但不是很小），均匀，分散性好。非常小的孔难于浸灌活性物质。太大的孔，比表面积低，也不利于活性物质的良好接触。两者都有增加放电极化的结果。

② 比表面积　比表面积也是集流体的一个重要参数，对电导率有一定影响。微孔内难以进入电解质并与电极内部孔隙发生良好的界面作用，对有效的电极表面没有贡献。只有主孔的表面积部分能用于电化学过程。所以，主孔较高的比表面积，才是充放电过程中减小极化损失、降低阻值的关键。高比表面积的电极，活性物质利用率较高，但两者之间并不一定存在着某种直接的关系。

大孔的存在使得可利用的比表面积较小，从而造成较高孔率的电极的活性物质利用率反而比较低孔率的还低。其实，由于有效比表面积的作用，利用率随电极孔率的变化有一最大点。

③ 机械强度　基体应具有足够的强度和延伸率。电极充放电态的活性物质具有不同的体密度，因此充放电过程会出现体积变化，产生极板膨胀以及活性物质与基体之间距离增大的趋势，这可导致内阻增大，电池容量衰减加快；而且，制作电极有辊轧过程，将使极板延伸，故基体应有一定的抗拉强度和延伸率，否则易造成基板结构破坏。泡沫镍基板的延伸率应大于7%。制作电极的活性物质连续填充到多孔体中，还要求多孔基板有一定的抗张强度。

另外，用于航空机载设备的电池所处工作环境比较恶劣，要耐高、低温以及冲击和加速度等，对其电极及基体的物理和力学性能要求也更苛刻。

④ 导电性和疲劳性能　基体须具有良好的导电性以保证电极的电流传输。另外，基板的疲劳性能和硬度都直接影响电极性能，疲劳引起基体网眼结点产生机械破坏。疲劳的主要原因是电极充放电所引起的温度变化，产生热胀冷缩效应，另外还有充放电态活性物质的体积变化。

孔率、孔径分布和孔体结构的优化组合，决定着多孔金属基体的其他物理和力学性能。应全面考虑机械强度、可填充容量、活性物质可利用含量及导电性等各方面的综合要求。在保证强度和导电性的前提下可提高孔率。在孔率一定的情况下，确定孔径大小应权衡基体的欧姆阻抗和浓差极化阻抗两者对电极性能的关系，还有对可伸缩性的影响。如减小孔径，孔数增多，欧姆阻抗降低，但浓差极化增大，活性物质利用率下降。总之，应努力使基体的孔隙分布均匀、孔径大小合适、结构规整、机械强度佳、韧弹性好，这样才能使高孔率大容量的基体具有良好的使用性能。

科学技术的发展对电源的要求不断提高，而电池性能又在很大程度上受到电极基体的影响。这意味着电极基体材料应不断走向高孔率、高比表面、大容量、高强度和良导电性等方面的优化组合。基材性能之间是相互影响和相互制约的，比如其孔率和强度的矛盾，即是限制电池容量和使用寿命的主要因素之一，电池往往因电极破坏而失效。所以，在基材设计时应考虑综合优化。

6.2.5 催化反应

在催化反应工程中，催化剂与反应物（待反应的气体或液体）之间的接触界面面积是决定催化效率的关键因素。固体催化剂一般为小球或粉末，其存在压降大、流动分布不均匀、反应物与催化剂接触不佳等问题。因此，将催化剂直接做成多孔体或利用另一种多孔系统作为载体，即采用多孔结构的大比表面积物质作为催化剂或其载体，可以提高流体的传输性能，增大催化剂的有效比表面积，扩充催化剂与反应物的接触空间，从而加大催化效率。泡沫塑料存在自支撑能力小、耐热性差、化学稳定性低等问题，多孔陶瓷则有抗热震性差、导热性不良、加工和安装不便等不足。为了提高多相过程的催化活性，化学工业需要采用综合性能更好的新型催化剂载体材料。高孔率通孔泡沫金属具有介质流体摩擦压降低、导热性能好、延展性佳等对反应系统有利的有用性能，以其为载体可克服上述弱点，因此更能加大反应效率，从而在作为催化剂的多孔载体方面具有自身的优势。

在化学工业中，可利用泡沫金属的比表面大并具有支撑强度等特点，制作各种高效催化剂或催化剂载体。不同于常用的非金属和氧化物的催化剂和催化剂载体，泡沫金属不但具有多孔和比表面积大等特点，同时具有延展性和导热性等优势。特别是良好的机械加工性，易于将泡沫金属加工成各种形状。三维网状泡沫金属的开孔结构赋予了良好的介质流通性能，因此非常适合于气体和液体的催化反应。

有些泡沫金属本身即可作为某些反应的催化剂，如泡沫铜和泡沫镍等。化工生产中多直接使用泡沫金属作为催化剂，如低分子的碳链加氢催化反应，利用银和铜的泡沫体作为催化剂部分氧化甲醇、乙醇和乙二醇。以泡沫金属为催化剂的反应系统，可用于烃的深度氧化、石油化工中的己烷重组等反应工程。将泡沫金属制作汽车排放净化器，可减少数倍的CO排放，毒性大大减小。环保方面还用泡沫镍对水溶液中的六价Cr离子（剧毒）进行氧化还原反应，用材质均匀的多孔钛作工业废水处理装置等。如此利用泡沫金属作为催化剂的情况还有很多，本章不再一一列举。这种泡沫金属催化剂具有较高的通透性、机械强度以及耐热性，催化效果远胜于传统的颗粒状金属催化剂。

化工生产中也常常将泡沫金属用于催化剂载体。可作为催化剂载体的泡沫金属有很多，用得较多的有泡沫镍、泡沫镍合金、泡沫铁合金、泡沫不锈钢等。例如，在三维网状泡沫铁系多孔体上复合铁系金属微细粉末和有机酸配合物而形成的多孔系统，可应用于多功能脱臭、自动空气净化器和去臭建材等方面。利用镍-铬或镍-铬-铝泡沫金属作为热交换反应器以及催化剂载体进行甲烷的催化氧化，利用泡沫金属负载铂催化剂进行CO的选择性氧化等，都取得了良好的效果，显示了较高的催化活性。

泡沫金属作为催化剂载体，在催化和光催化降解污染物方面应用较为广泛。如利用泡沫金属负载锆进行催化加氢去除水中的硝酸盐，利用热沉积和化学沉积的方法将铂、钯以及其他过渡金属氧化物负载在泡沫金属上用于催化降解废气和汽车尾气等。

作为泡沫金属负载活性膜层用于光催化的研究例子，研究者在《化工进展》第30卷的“复合电沉积制备 TiO_2/泡沫镍光催化材料及其催化活性”一文中介绍了以泡沫镍为载体制备 TiO_2 膜层用于水质净化的工作。其采用复合电沉积制备 TiO_2 膜层，在镀液中分别添加了阳离子十六烷基三甲基溴化铵、阴离子十二烷基苯磺酸钠、非离子吐温-80三种不同类型的表面活性剂，获得的光催化膜表面形貌见图6.15。其中，图6.15(a)和图6.15(b)均显

示固体 TiO_2 颗粒在泡沫镍基体上分布较均匀，表明表面活性剂对微小粒子的分散效果较好；而图 6.15(c) 采用阳离子表面活性剂分散 TiO_2 镀液进行的复合电镀则在泡沫镍基体表面出现一定程度的裂痕，说明十六烷基三甲基溴化铵（CTAB）这种季铵盐型的阳离子型表面活性剂在本实验的 Ni 盐基础电镀液中不能较好地分散 TiO_2 微粒的团聚。对上述镀液中添加三种不同表面活性剂所获得的光催化材料进行降解活性黑和酸性品红溶液的实验，结果是添加阴离子表面活性剂的效果最好，其次是非离子表面活性剂，最差的为阳离子表面活性剂。

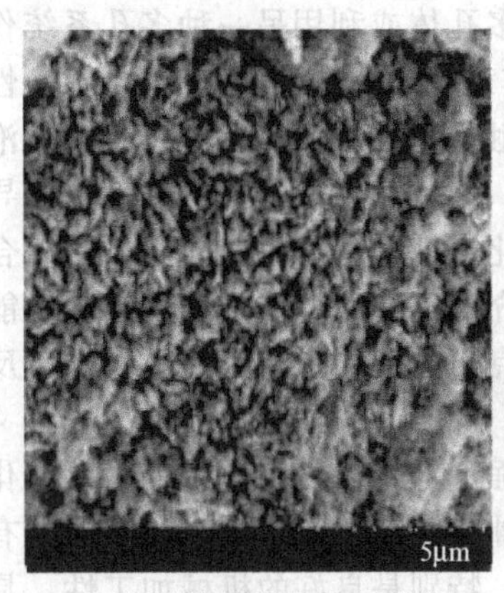

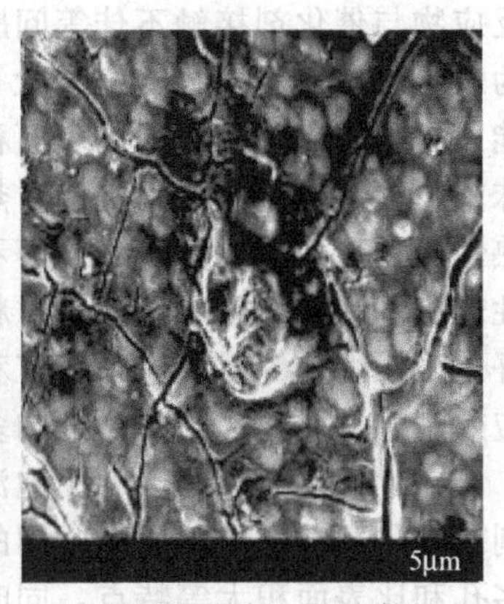

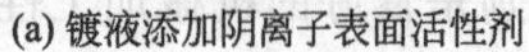
(a) 镀液添加阴离子表面活性剂　(b) 镀液添加非离子表面活性剂　(c) 镀液添加阳离子表面活性剂

图 6.15　泡沫镍负载复合电沉积 TiO_2 光催化膜层的表面形貌示例

尽管泡沫金属因其比表面大、机械强度高、传热性好、易加工成型等特点而非常适用于催化剂载体，但催化剂有时并不能很好地直接负载上去。例如，以较高孔率的泡沫金属或蜂窝金属为载体负载活性物质，用于汽车尾气处理。由于载体本身的比表面积以及金属载体与活性组分之间的结合力有时还是不能满足催化反应的需要，这时可先在载体上涂覆一层氧化物对泡沫金属进行改性后再负载催化剂活性组分。改性的目的首先是改善金属表面结构，使其能够与催化活性组分（多为贵重金属）牢固结合；再者就是进一步增加泡沫金属载体的比表面积以满足反应要求。改性层多为氧化物，与金属载体之间物理性质相差较大，因此改性层与载体的结合牢固度是改性的关键。有研究者采用双层过渡的方式，成功解决了最里层泡沫金属载体与最外层活性组分（氧化物）之间由于膨胀系数的差异而引起的改性层龟裂现象。

还有研究者以泡沫镍为载体并用 $3Al_2O_3 \cdot 2SiO_2$ 作为中间过渡层，通过溶胶-凝胶法制备了泡沫金属基锐钛矿相 TiO_2 薄膜（图 6.16）。根据乙醛气体的光催化降解测试发现，泡沫镍负载的 TiO_2 薄膜和 $TiO_2/3Al_2O_3 \cdot 2SiO_2$ 复合薄膜都具有良好的光催化活性。其中，后者的光催化效果更好。这是由于负载的 $3Al_2O_3 \cdot 2SiO_2$ 中间过渡层增大了载体的比表面积，使负载光催化剂的活性位置大大增多。

挥发性有机氯化物是空气中常见的毒性有机化合物。研究者采用共沉淀技术在泡沫镍上制备了纳米 ZnO-SnO_2 复合氧化物光催化剂，以三氯乙烯为挥发性有机物的模型反应物研究了气体的光催化净化，结果表明该负载型纳米光催化剂具有较高的光催化活性以及较强的抗失活性能。

由于泡沫金属材料的强度、抗热震性、导热性、透过性等综合性能良好，故其作为催化剂或催化剂载体的使用效能远高于工业中采用的一般催化剂。泡沫金属除具有多孔和比表面积大等特点外，与非金属多孔材料相比还有更高的延展性、热导率和机械加工特性，因此应

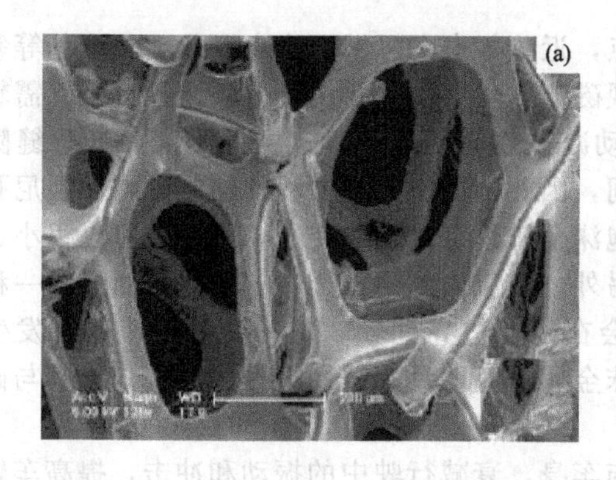
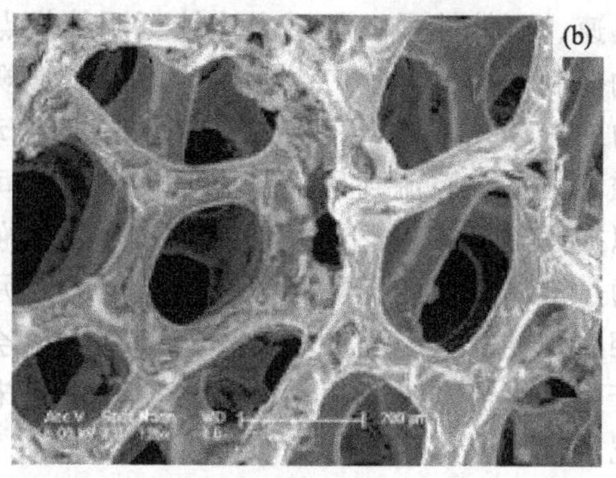

图 6.16 泡沫镍在 TiO_2 薄膜负载前后的形貌示例

(a) 负载前；(b) 负载后

用于气体和液体的催化反应中有着显著的优势。

6.2.6 吸能减振

泡沫金属的比刚度、冲击能吸收能力和吸声能力是特别令人感兴趣的。能量吸收是泡沫金属的重要用途之一，特别是在动能吸收系统中。其中，缓冲器与吸振器是典型的能量吸收装置。通过泡沫金属密度的选择可得到很大范围的弹性模量，因此能够匹配出所需要的响应频率。通过这种途径，可将有害的不利振动加以抑制和消除。

（1）常规性应用

利用多孔材料的弹性变形可吸收部分冲击能，泡沫金属强大的能量吸收能力可使其能够用于汽车的保险杠、航天器的起落架、航天飞机的保护外壳、升降运输系统的缓冲器、矿山机械的能量吸收装置等，优异的减振性能也使泡沫金属有可能用于火箭和喷气发动机的支护材料等。此外，其应用还有机械的紧固装置、高速磨床防护罩和高速球磨机的吸能内衬等。

泡沫铝用于防撞系统以及某些结构用途已有时日。在许多场合，泡沫铝是一种优良的能量吸收材料，如在起重机和传送带的安全缓冲系统中。而孔率为 90%～95%的泡沫铜作为减振材料，其性能可优于橡胶。

对运载工具安全性要求的不断提高，尤其是在汽车工业中，使得其质量也需要随之增加，这与降低燃料消耗等要求是相矛盾的。因此，低密度同时具备高能量吸收能力的高性能材料成为解决该问题的关键，泡沫金属可以实现这一目标。有研究者运用粉末冶金技术制备了孔率达 90%且结构均匀的泡沫铝产品，通过充模加热法可制造成具有复杂形状的部件，从而满足上述要求。泡沫金属用于汽车的防振动轻质部件，作为冲击能的吸收结构，提高了车辆防振动性，增加了车辆碰坠时的安全性。

泡沫金属还可装于气体、液体管道，当其一侧的流体压力或流速发生强烈波动时，吸收流体的部分动能和阻缓流体的透过而大大减小泡沫金属体另一侧的波动，此效应可用于保护流体管道上的精密仪表。金属多孔元件作为缓冲器安装在测量仪表系统中（图 6.17），使仪表内形成均匀的线性压力，既可使脉冲压力得到缓冲，又保护了仪表。

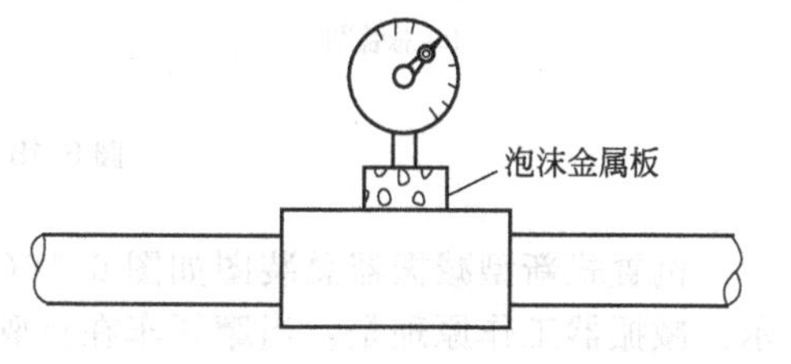

图 6.17 安装在测量仪表系统中的缓冲器

（2）磁流体阻尼器

磁流变减振器是一种以磁流变液作为其工作载体的阻尼可调减振器，因其具有功耗小、响应迅速、可控性强、阻尼力连续可调等优点，近些年来在机械、汽车以及土木工程等领域的振动控制方面得到了广泛应用。然而，常规磁流体阻尼器主要用于低频、长行程、需较大阻尼力的振动控制场合，但对频率较高的振动减振效果不理想。这主要是因为环状缝隙较小，磁流体从一腔流到另一腔需要较长的时间，因此不适于高频振动的控制。增加阻尼孔数目可以提高磁流体阻尼器振动控制的频率。泡沫金属具有多孔的特点，且孔隙可以很小，磁流体通过泡沫金属的孔隙可以产生阻尼力。另外，磁流体与泡沫金属相互包容而形成一种具有两相组织的材料。当激振力作用于其上时会在两相边界处较软的一相（磁流体）发生屈服，产生塑性流动吸收振动能量。还有，泡沫金属本身即具有缓冲吸振的性能，将其与磁流体阻尼器耦合会产生附加的缓冲吸振效果。

减振器是摩托车的重要部件，连接车轮与车身，衰减行驶中的振动和冲击，提高车辆的行驶平稳度。摩托车减振器原采用倒置式液体减振器（图 6.18），可适应于大排量摩托车的性能需要以及摩托车制造技术和人们对舒适度要求的提高。在《机械设计与制造》第 4 卷的“新型磁流体-泡沫金属减振器研究”一文中，作者对这种倒置式液体阻尼减振器进行改造，提出了一种新型磁流体减振器，使其可控阻尼大大提高。这种新型磁流体减振器在液压缸组件内部下端加上泡沫金属，液压缸采用不导磁的铝材制成，外部缠绕线圈。活塞也缠上线圈，并留有横向阻尼小孔。磁流变液体可以通过横向阻尼孔及泡沫金属的孔隙流过。

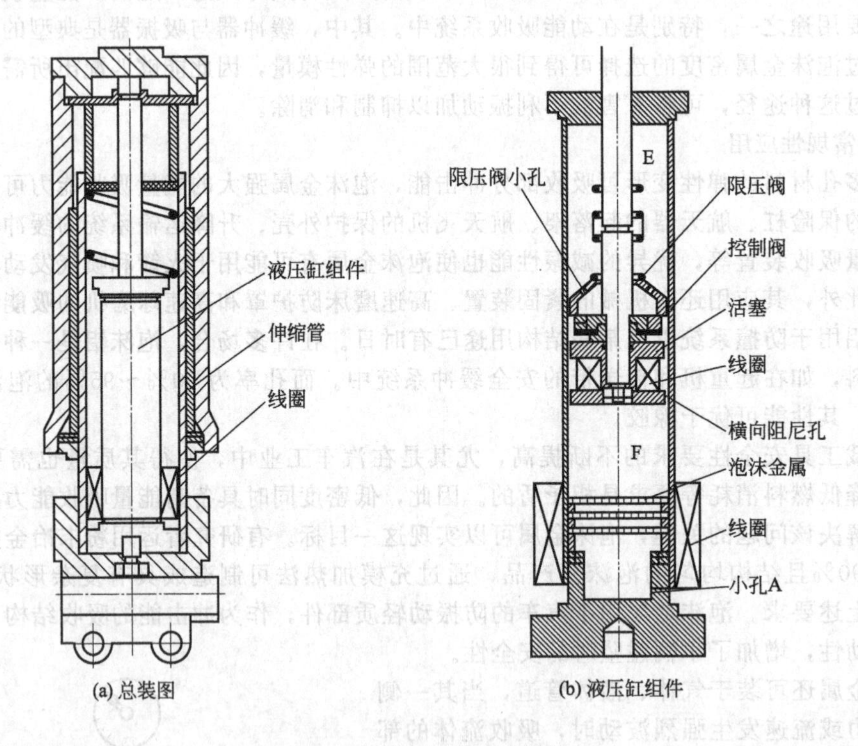

图 6.18　倒置式液体减振器

倒置式新型减振器总装图如图 6.18(a) 所示，减振器内部液压缸组件如图 6.18(b) 所示。减振器工作原理是：当摩托车在行驶中受到冲击时，伸缩管向上运动，活塞向下运动，液压缸内下腔 F 体积减小，油压升高。磁流变液体有两个通道：一部分油液通过液压缸壁上小孔 A 进入伸缩管中，此时油液通过泡沫金属的孔隙，产生阻尼力；另一部分由于油压的升高，限压阀克服压力弹簧的压力向上运动。这时限压阀与控制阀之间产生间隙，油液通过间隙进入限压阀的内部，通过分布于其上的小孔进入上腔 E。油液在这个过程中会通过横向阻尼小孔而产生阻尼力，达到缓冲目的。复原时伸缩管向下运动，液压缸内下腔F的体积增大，油压下降，伸缩管内油液经小孔A流回液压缸，限压阀与控制阀之间的缝隙消失，只能通过控制阀上的轴向阻尼孔流入环形槽，通过横向阻尼小孔流入下腔F。此过程中油液通过横向阻尼孔和泡沫金属的孔隙，当电流通过线圈时产生磁场，在磁场作用下孔隙中磁流体的黏度及屈服强度发生改变，阻尼力随之产生变化。改变电流的大小就能改变缸内的磁场强度，从而达到调节阻尼力的作用，对减振器的复位产生了阻尼作用。根据减振器的设计原理，压缩阻尼力要小于复原阻尼力，因此所设计的减振器结构保证了压缩行程的阻尼力不至过大，达到缓冲目的。

另有研究者基于磁流体的性质随磁场强度变化及泡沫金属孔隙尺寸小、分布均匀等特点，将磁流体与泡沫金属两种材料结合，设计了一种与上述结构类似的新型磁流体阻尼器。在这种磁流变阻尼器中，阻尼器的筒体也由不导磁的铝材制成，外部缠绕线圈。缸体内置活塞、磁流体、橡胶垫圈等件。随着活塞的上下运动，磁流体通过多孔的泡沫金属要克服各种阻尼力，从而吸收振动能量。底部的橡胶膜既起到体积补偿的作用，又起到促使磁流体回流的作用。橡胶垫圈能够受压变形，允许活塞产生较显著的位移。

6.2.7 消声降噪

噪声污染、大气污染和水污染被称为当代世界三大污染。噪声污染已成为一种全球性公害，是当今社会经济发展中不可忽视的问题。目前，解决噪声问题的主要方式还是采用吸声材料进行吸声降噪处理。

吸声材料通常为多孔材料，可分为纤维吸声材料和泡沫吸声材料。纤维吸声材料主要分为有机纤维吸声材料、无机纤维吸声材料、金属纤维吸声材料等。传统的有机纤维吸声材料在中、高频范围具有良好的吸声性能，如棉麻纤维、毛毡、甘蔗纤维板、木质纤维板、水泥木丝板等有机天然纤维材料，聚丙烯腈纤维、聚酯纤维、三聚氰胺等化学纤维材料。但这类材料防火、防腐、防潮等性能较差，因而在应用时受环境条件的制约。无机纤维材料主要有岩棉、玻璃棉、矿渣棉以及硅酸铝纤维棉等，由于其质轻、不蛀、不腐、不燃、不老化等特点而在声学工程中得到广泛应用。但其纤维性脆而易于折断，产生飞扬的粉尘会损伤皮肤、污染环境、影响呼吸。金属纤维材料有较大改善，其中较常见的有铝质纤维吸声材料、变截面金属纤维材料以及不锈钢纤维吸声材料等。泡沫吸声材料主要有泡沫塑料、泡沫玻璃、泡沫陶瓷和泡沫金属等。泡沫塑料如聚氨酯泡沫等易老化、防火性差；泡沫玻璃虽耐老化、不燃、耐候性好，但强度低、易损坏；泡沫陶瓷防潮、耐蚀、耐高温，但韧性差、质量重，运输、安装不便；泡沫金属则同时具有强度高、韧性好、防火、防潮、耐高温、无毒无味等优点，安装方便，并可回收利用。总之，有机纤维材料、无机纤维材料以及泡沫聚合物材料等传统的吸声材料有强度低、性脆易断、使用寿命短、易潮解、吸尘易飞扬、易造成二次污染等不足，从而限制了其在工业上的应用。泡沫金属则具有其他吸声材料所没有的优越性，既适于室内又适于户外工程的吸声降噪，因而在交通、建筑、电子及航空工业等领域有着广阔的应用前景。

声音吸收意味着入射声波在材料中既不反射也不透过，其能量被材料所吸收。只有多孔材料内部的孔隙相互连通且对表面开放，才能有效地吸收声能。开孔泡沫金属的贯通孔隙和半通孔隙使其具备了声音吸收的能力，该类材料的阻尼能力可以高于制备其所用的固体材质。

吸声材料需要同时具有优良的吸声效率、透声损失、透气性、耐火性和结构强度。玻璃纤维毛织品等纤维材料变形性差，且吸声效率在雨水条件下易于变坏，而陶瓷等烧结材料则冲击强度低。与其他吸声材料相比，使用泡沫金属作为吸声器材料具有一些明显的优点，如由其刚性和强度带来的自支持力，阻火性，耐气候性，低的吸湿性和优越的冲击能吸收能力等。因此，泡沫金属吸声材料在飞机、火车、汽车、机器和建筑物的噪声控制及振动控制等方面，均具有广泛的应用；可用于建筑和自动办公设备、无线电录音室等，既作外表装饰，又作吸声材料。

6.2.8 其他应用

（1）火焰阻止（阻火）

泡沫金属具有不燃烧性，可用于防火材料。由高热导率材料制成的通孔泡沫金属，能阻止火焰在可燃气体中的传播，甚至可以抑制传播速度很高的火焰。泡沫金属既有很好的流体透过性，又可有效地阻止火焰的传播，且自身具有一定的耐火能力。所以，可将泡沫金属放置在输运可燃性液体或气体的管道中，以防止流体在输运速度增加时可能产生的着火问题。当火焰中的高温气体或微粒穿过泡沫金属时，热量由于发生迅速的热交换而被吸收和散失，致使气体或微粒的温度降到燃点以下。因此，受到保护并远离可能性点火源的可燃气体输送管道，即使发生点火，管道中的泡沫金属体也可将火焰控制而使其不会高速蔓延。

工业上广泛采用的可燃气体，在使用过程中偶然发生燃烧时，火焰会以很大的速度沿气体管路传播，利用泡沫金属制作的阻火器则可阻止火焰的传播。其原理是火焰通过多孔体的热交换使燃烧物的热量经多孔体的孔壁及毗邻结构而散失，从而阻止燃烧过程而熄灭火焰。多孔体的临界熄火孔径（熄火最小孔径）取决于燃气混合物的性质与组成，它与燃气的各性能之间的关系用 Pekle 准数 $Pe_{临界}$ 表示：

$$Pe_{临界}=\frac{u_{n}d_{临界}\ c_{p}p_{临界}}{RT\lambda} \tag{6.1}$$

式中，u_n 为火焰传播速度，m/s；$d_{临界}$ 为临界熄火孔径，m；c_p 为混合燃气摩尔定压热容，J/(mol·K)；$p_{临界}$ 为混合燃气临界压力，Pa；R 为摩尔气体常数，8.314J/(mol·K)；T 为燃气温度，K；λ 为混合燃气热导率，W/(m·K)。

研究表明，熄火时各种燃气 Pekle 准数的临界值均为常数65。故由上式可知，火焰传播速度越快，燃气压力越大，则临界熄火孔径越小。在所有其他条件一定时，临界熄火压力随多孔材质的不同而变化，这是由于各种材质的热扩散率 α 不同所造成的：

$$\alpha=\lambda/(c_{pm}\gamma)(m^2/s) \tag{6.2}$$

式中，λ 为材料热导率，W/(m·K)；c_{pm} 为材料的质量定压热容，J/(kg·K)；γ 为材料的质量密度，kg/m^3。

为保证熄火性能的正常发挥，多孔体的最大孔径应小于临界熄火孔径，同时还要求其透气性尽可能地高。这样的多孔金属阻火器才可既让可燃性气体自由通过，又能阻止火焰的蔓延。开孔泡沫金属的渗透性能一般随孔率和孔径的增大而提高，并且与孔隙表面的粗糙度、流体的性质（如黏度、流速等）、渗透压力等因素有关。因此，通过孔结构的调整可获得不同渗透性能的泡沫金属材料，更好地适应于阻火材料的要求。

利用泡沫金属散热阻火的特性，其阻火器的用途可广布于乙炔-氧和氢-氧火焰等加工金属的气焊气割、矿井的电机及电源开关、炼油厂等场合。此外，还可作为液化气和燃油等储罐内的多孔性防火防爆填充材料，从而有效地减少或避免储罐内液体受热气化增压而造成的爆炸事故，大大提高这些储罐的安全性。

（2）高温部件

有的高温部件既需要其低密度的结构又要求其同时具有相对比较高的力学性能，泡沫金属即可适于这种场合的应用。例如，燃烧室的室壁、加热炉的炉壁、高温催化剂载体、热交换器、高温过滤器等即属于该类情况。此时泡沫金属的高温氧化行为非常重要，而力学性能优秀且抗氧化性能良好的 NiCr 基合金等就可用来制备这种使用环境的泡沫体。

喷气发动机的涡轮操作温度在持续提高，以此提高燃气轮机的热循环效率。然而，可以达到的最高温度受制于涡轮叶片及其能够承受的温度，这一最高温度发生在燃气轮机的燃烧室区域。火焰温度太高，须用压缩机将相对较冷的空气来冲稀燃烧产物，从而将温度降低到涡轮叶片可以承受的水平。为了使热效率达到最大化，稀释空气的量应该尽量小。当进入喷嘴导向叶片的温度非常一致而且等于可承受的最高温度时，涡轮机的使用属性即达到最好。这不但可以提高发动机的效率，而且可以延长不断受到热疲劳循环的涡轮叶片的使用寿命。然而，现行的实践方式离理想的状态还相差很远。在《Materials & Design》第 28 卷的 "A study on pressure drop and heat transfer in open cell metal foams for jet engine applications" 一文中，作者探讨了在涡轮喷气发动机的燃烧室与涡轮部分之间放置一个开孔泡沫金属圈的可行性（图 6.19）。泡沫金属圈的作用是使燃烧室温度均匀，以提高发动机的整体效率。具有更大表面积的开孔泡沫金属可将热的燃烧产物与进入涡轮部分相对较冷的稀释空气进行混合，从而使温度分布更加一致。研究结果表明，泡沫金属圈不但可以提供更均匀的温度，并且几乎没有滞气压力损失。这是由于开孔泡沫金属具有三维网状结构，气体可以从所有的方向流过，减少了拖滞作用和表面剪切作用。虽然泡沫铝不能适合于这种高温环境，但难熔金属的开孔泡沫体则可以胜任。

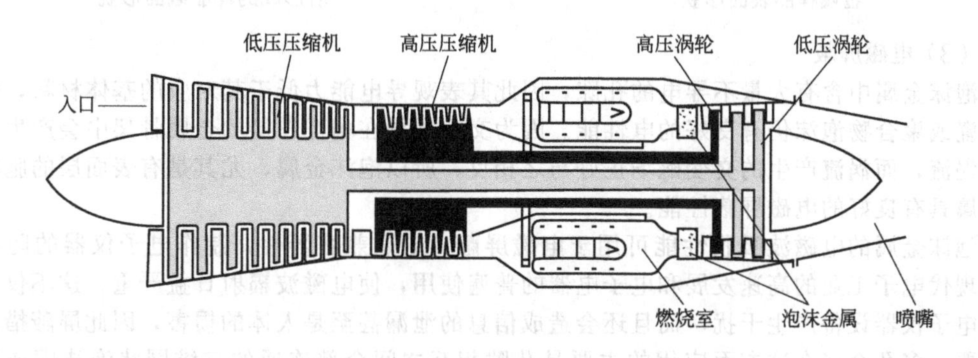

图 6.19　涡轮发动机内部的泡沫金属圈示意图

镍基高温合金的开孔泡沫体可满足炙热喷流冷却的需要。有研究者利用激光焊接的方法，将几块泡沫金属组装成冷却结构元件，获得了满意的结果。开孔泡沫金属结构可使冷却介质流遍燃烧室的全部壁面，实现燃烧室壁的二维冷却。

近几十年来，为提高涡轮发动机的效率，在新材料和冷却技术强有力的支持下，涡轮机温度有了很大的提高。要使效率能够得到进一步的提高，则不但需要增加燃烧温度，同时需要冷却流体物质流量的减少。可见，燃气轮机的效率提高带来了更高的热负荷。热障涂层可使金属材料适应燃气轮机燃烧区更高温度的挑战，而且覆盖热障涂层并密布冷却孔（激光钻孔）的开孔泡沫金属非常有望用来实现此时的排气冷却。上述热障涂层可采用电子束物理气相沉积（EB-PVD）和等离子喷涂技术制备，一般用氧化钇部分稳定化氧化锆（YSZ）作为陶瓷隔热顶层，MCrAlY 为陶瓷顶层与基体金属的结合层并减缓基体材料的氧化。在《Plasma Processes and Polymers》第 4 卷的 "Application of Thermal Barrier Coatings on Open Porous Metallic Foams" 一文中，作者通过在多孔基体上采取空气等离子喷涂（air plasma spraying，APS）和高速氧燃料（high velocity oxygen fuel，HVOF）的方法，研究了开孔泡沫金属（图 6.20）覆盖热障涂层的应用。首先用高速氧燃料来沉积 MCrAlY 结合层，然后在其上用热喷涂来沉积隔热顶层。热障涂层由金属结合层和沉积的陶瓷顶层组成（图 6.21），均匀的涂层生长主要与泡沫基体的孔隙尺寸相关。在大孔的情况下，闭合表面所需更大的涂层厚度会因残余拉应力而造成涂层剥离。为了尽量减小获得闭合表面所需的涂层厚度，泡沫金属的孔隙须足够小。

图 6.20 未施涂层的开孔泡沫金属样品表面形貌

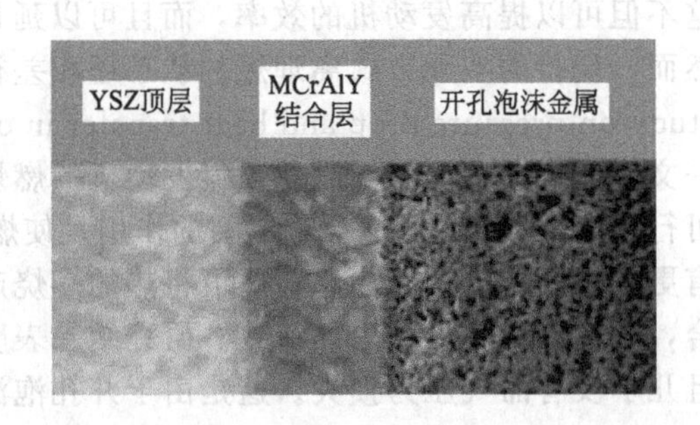

图 6.21 施加 MCrAlY 结合层和 YSZ 顶层后所形成的样品截面形貌

（3）电磁屏蔽

泡沫金属中含有大量不导电的孔隙，因此其表观导电能力低于其对应的基体材料，但相比陶瓷或聚合物泡沫仍有良好的电性能。因为交变磁场在相互连接的金属骨架中会产生足够大的涡流，而涡流产生的交变磁场正好与之相反，所以泡沫金属，尤其是有表面层的胞状泡沫金属具有良好的电磁屏蔽性能。

泡沫金属的电磁波吸收性能可用于电磁屏蔽、电磁兼容器件，制作电子仪器的防护罩等。现代电子工业的高速发展和电子电器的普遍使用，使电磁波辐射日益严重。这不仅会对其他电子仪器设备产生干扰，而且还会造成信息的泄漏甚至是人体的损害，因此屏蔽措施十分重要。多孔金属在这方面应用的主要是孔隙相互之间全部连通的三维网状泡沫铜或泡沫镍。这种结构透气散热性好，体密度低，其屏蔽性能远高于金属丝网，可达到波导窗的屏蔽效果，但体积更小、更轻便，更适合于移动的仪器设备使用。

研究表明，多孔材料对电磁屏蔽影响很大，其吸收性质的改善主要来源于电磁波在多孔介质的反射和散射，而孔率和孔径是影响吸波性能的两个重要参数。泡沫金属对电磁波具有优良的屏蔽作用，特别是对于高频的电磁波，这使其适用于电子装备室和电子设备等。

（4）密封材料

航空、化工等工业部门的密封材料应具有足够的强度和韧性，良好的密封性，并且耐热、耐蚀及抗氧化。如燃气轮机中的高温密封等，使用多孔金属材料可达到很好的效果。而气缸、阀座等气密性机械部件，可采用多孔金属浸渍树脂、水玻璃（硅酸钠）或低熔点金属（如铜、铅等）作为密封材料，同时还能起到减磨的作用。

多孔金属体还可制作润滑性密封件。多孔金属基体具有大量的通孔和良好的渗透性，有利于润滑剂的储存和渗透，可实现良好的自润滑作用，在密封环境工作时有自动补偿磨损的功能，可延长设备使用寿命。

（5）漂浮体

闭孔泡沫金属材料尤其适合用于漂浮结构，这主要是因为它能够承受较大的损坏。即使某些局部地方遭受损坏，这些结构仍能继续保持其漂浮性。特别是泡沫金属材料能比泡沫塑料承受更大的压力和更高的温度。

（6）液体储存和交换

粉末冶金多孔材料的最早用途之一就是作为自润滑轴承。在这些轴承中，润滑油储存于多孔体的孔隙内，并可缓慢流出以更换用过的油。用其他新型方法制造的多孔金属能够完成同样的功能，并且具有储油容量比传统粉末冶金部件更高的优点。该用途不局限于储油：在湿度自动控制系统中，也可将水保存并慢慢释放。还可将香水储存并缓慢蒸发。多孔辊筒可保持和分布水分或将水分黏附于表面，辊筒中的液体可通过毛细作用或附加压力驱动而进行传输。此外，开孔率很高的多孔金属结构还可用于低温条件下恒温和均温的液体储存。

其他方面的应用还在不断发展。

6.2.9 难熔金属制品举例

（1）泡沫钨

钨是一种高熔点的难熔金属，其熔点为3410℃左右，是元素周期表的所有金属中熔点最高的一种。此外，金属钨还不被液汞（铯）等所浸润，而且耐其腐蚀。因此，金属钨材料非常适合应用于多孔陶瓷因脆性而不能胜任的高温场合以及其他一些特殊要求的场合。其多孔体或作为多孔基体制作的各种元器件在航空航天、电力电子及冶金工业等领域均有较好的应用，如用于高电流密度的多孔阴极、离子发动机中充入电子发射材料的发射体、火箭喷管的高温发汗体、射线束靶材、高温流体过滤器等。在上述用途中，多孔钨的孔率大小对其本身的使用性能及其制作元器件的性能均具有重大的影响，甚至起到至关重要的作用。对于上述这些利用材料孔隙的用途，一般均希望拥有较高的孔率。然而，从所阅公开发表的文献来看，多孔钨产品的孔率一般在40%以下，制备方法一般为传统性粉末冶金烧结法和改进的反应烧结法。本书作者采用改进的真空烧结工艺制得了一种闭孔少、浸灌性好、孔率比较高、孔隙连通性佳的泡沫状多孔钨材料。该泡沫钨材料［图6.22(a)］的孔隙尺度为0.2～1.0mm，呈通孔和半通孔结构，孔隙相互连通，体积称重法测得其孔率为58%左右。图6.22(b) 为本工作所得泡沫钨结构中的晶粒结合形态，显示了多孔体中的晶粒结合状态良好，说明产品已有充分的烧结。

(a) 宏观形貌

(b) 晶粒结合状态

图6.22 泡沫钨

随后还通过自行提出的方法制备了一种高孔率微孔网状多孔钨结构。孔隙之间相互连通，孔率高于70%。其宏观上呈“致密”形貌（图6.23）；该结构中的孔隙主要是由尺度在几个微米量级的微孔所组成［图 6.24(a)］；其微孔之间相互连通，整体呈现网状构造［图 6.24(b)］；多孔体中晶粒的烧结和结合状况良好，晶粒桥架形成微孔［图 6.25(a)］。在上述工艺基础上提高真空烧结温度，可获得更大的烧结程度；同时，也显示了此时结构具有更少的孔隙数量［图 6.25(b)］，意味着其具有比图 6.25(a) 产品更低的孔率。

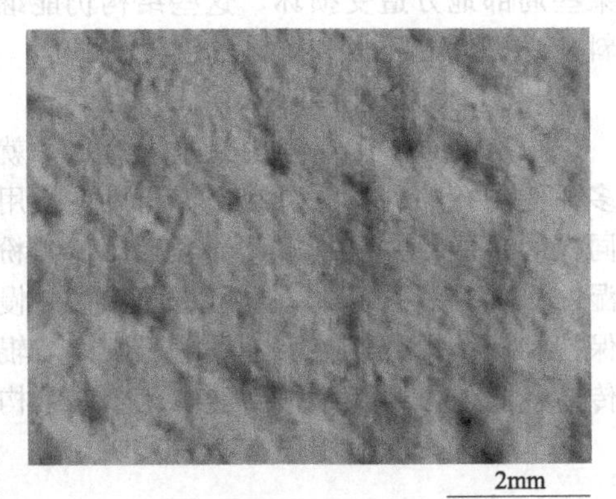

图 6.23　微孔网状多孔钨结构的低倍光学照片示例

(2) 泡沫钽

钽为第ⅤB族第 6 周期元素，原子序数为 73，原子量为 180.95，体密度为 $16.6g/cm^3$，熔点接近 3000℃（2980℃±20℃），仅次于钨和铼，属于稀有难熔金属。钽质地坚硬，硬度可达 HV120，同时具有良好的延展性。其热膨胀系数很小，每升高一摄氏度只膨胀百万分之六点六左右。另外，钽还

(a) 多孔结构低倍放大

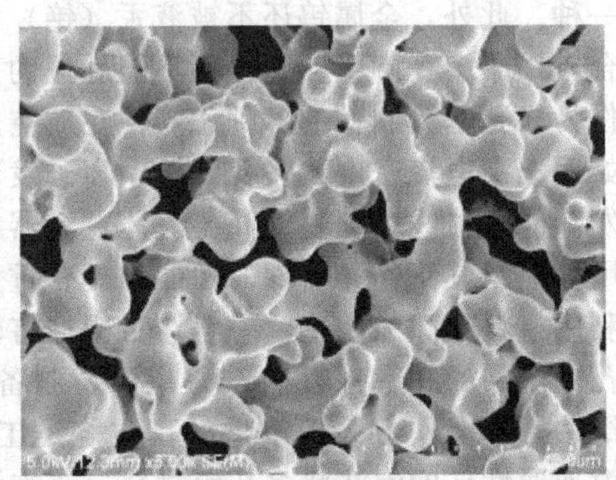

(b) 多孔结构微孔形态

图 6.24　微孔网状多孔钨形貌示例

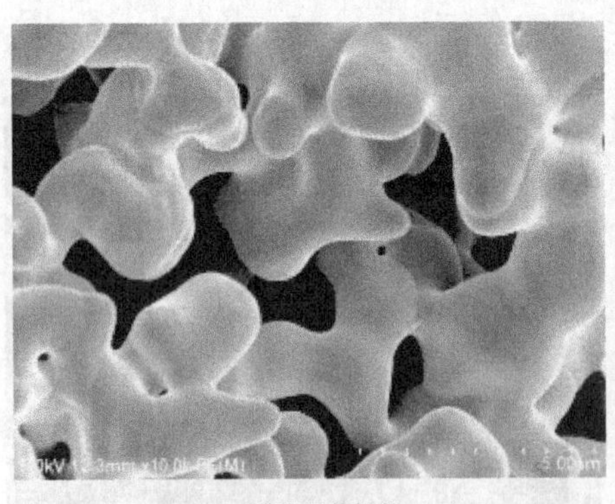

(a) 微孔网状结构

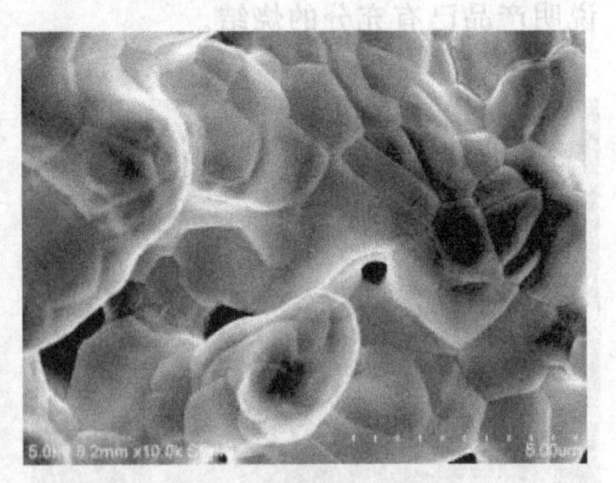

(b) 更高烧结温度

图 6.25　晶粒结合状态示例

具有极高的抗腐蚀性、耐磨性以及良好的生物相容性等特点。以上这些特点使得金属钽在化工、冶金、电子、电气、医学等领域获得广泛应用，可用于化学反应装置、真空炉、电容器、核反应堆、航空航天器、导弹以及外科植入材料等方面。例如，以多孔钽作为阳极的电

容器具有封装小、电容值大、寿命长、性能稳定等优点，而合适的机械强度、弹性模量、耐蚀性以及良好的生物相容性等特点，又使得多孔钽适用于人体关节的替代植入。若干已发表的文献介绍的多孔钽制备方法是：先热解聚氨酯泡沫得到碳网络骨架，再将金属钽通过化学气相沉积的方式覆盖到碳骨架上，从而获得三维网状多孔钽产品。本书作者实验室采用另外的工艺方式制备了一种宏观类网状结构的泡沫态多孔钽材料（图 6.26），其主孔孔隙尺寸为 0.5～2.0mm，孔隙相互连通，孔率为 80%左右。其中，图 6.26 是所得多孔钽宏观形貌的低倍光学照片，图 6.27 的扫描电子显微图像则显示了所得多孔钽结构中的晶粒结合状态。

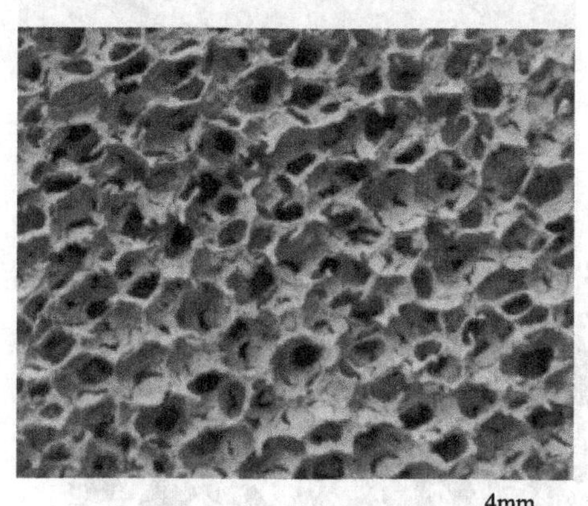

图 6.26　泡沫钽的宏观形貌示例

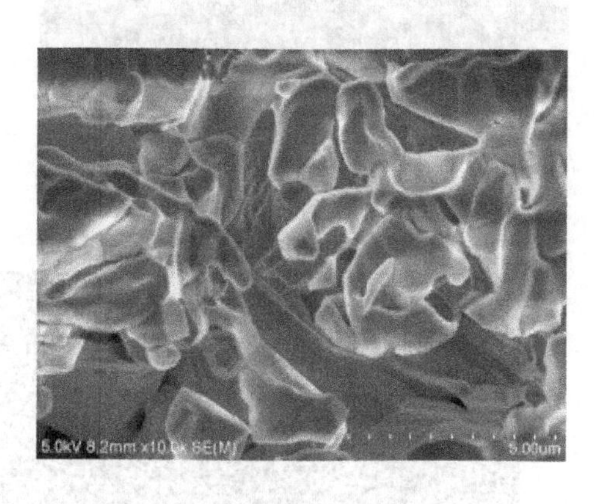

图 6.27　泡沫钽结构中的晶粒结合状态示例

与泡沫钨相对照，由于金属钨的生物相容性较差，所以多孔态泡沫钨不适用于生物材料。而金属钽的熔点接近 3000℃（2980℃±20℃），仅次于钨和铼，因此多孔钽也可用于较低熔点的金属熔体过滤，从而在一些场合可以代替泡沫钨。此外，金属钽的体密度小于金属钨的体密度，可见多孔钽在使用过程中较泡沫钨轻便。

（3）泡沫钼

金属钼的晶体为体心立方结构。由于原子间的结合力强，因此其力学性能佳，熔点高达 2620℃左右。在 1000℃以下还具有良好的抗腐蚀能力，而且不吸氢。所以，金属钼与金属钨一样，也非常适合应用于具有传导要求的高温场合、陶瓷材料因脆性而不能胜任的高温场合以及其他一些特殊要求的场合，但所适用的温度要低于金属钨。钼和钨是同族元素，具有一些相似的性质，但其性质也仍然存在差异，从而构成自身的性能特点和应用。泡沫钼和泡沫钨的应用在某些场合虽有类似，但也各有优势。泡沫钨在航空航天、电力电子及冶金工业等领域均有应用，如用于前已提及的高电流密度的多孔阴极，离子发动机中充入电子发射材料的发射体，火箭喷管的高温发汗体，射线束靶材等；而金属钼的多孔体或作为多孔基体制作的各种元器件则主要应用于现代光学技术、电子真空、热控系统和能源以及医学方面等领域。本书作者实验室制备的泡沫态多孔钼材料（图 6.28），孔隙组成主要是尺度在毫米量级的宏孔（肉眼可视的宏观孔隙）。主孔呈宏观上的通孔和半通孔结构，孔隙之间相互连通，孔率为 75%左右。

随后还制备了微孔网状泡沫钼结构（图 6.29、图 6.30），孔隙之间相互连通，孔率高于 60%。其中，图 6.29 的低倍光学照片显示了肉眼可视的“致密”宏观形貌；图 6.30(a) 的低倍扫描电子显微照片显示了该结构中的孔隙主要是由尺度在 10μm 以下的微孔所组成；图 6.30(b) 放大 2000 倍以及图 6.30(c) 放大 5000 倍的微孔形态均显示了孔隙之间的相互连通和整体的网状构造；图 6.30(d) 所示的晶粒结合状态显示了上述微孔是由结构中的晶粒桥架而成，同时也显示了多孔体中晶粒的烧结和结合状况良好。

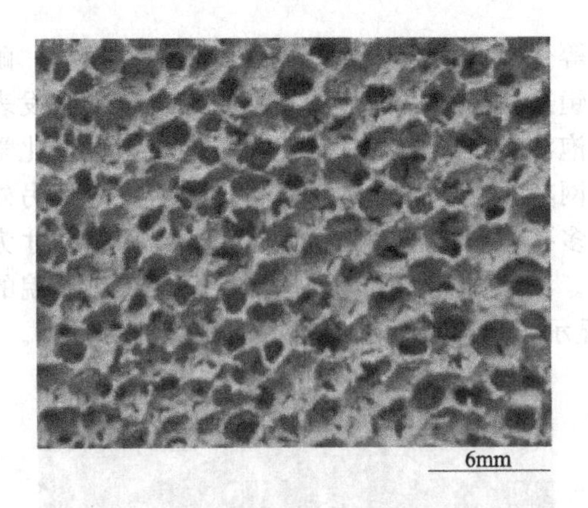

图 6.28 宏观类网状泡沫钼示例

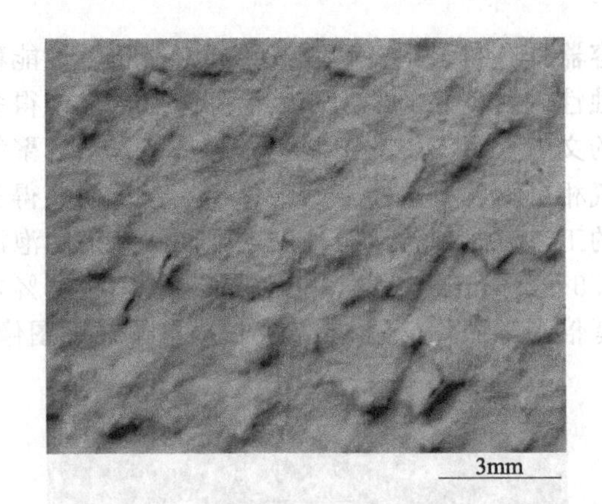

图 6.29 微孔泡沫钼结构低倍光学照片示例

(a) 低倍放大

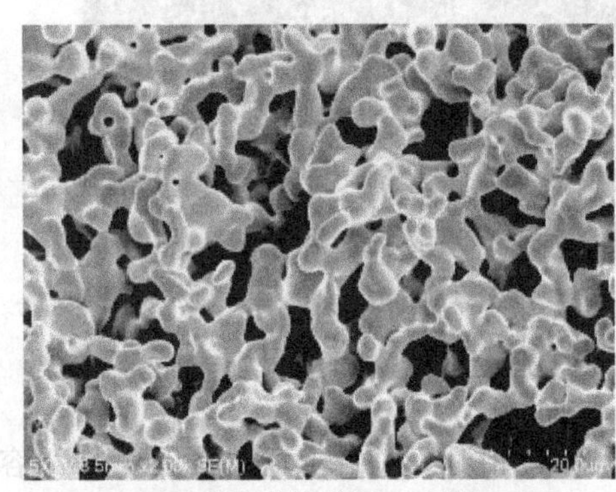

(b) 微孔形态Ⅰ(放大2000倍)

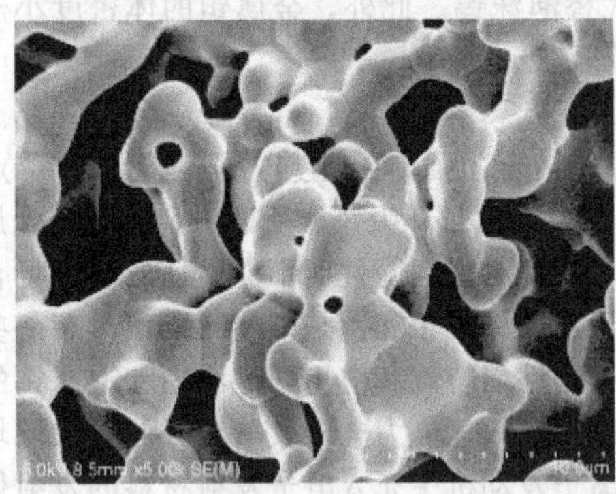

(c) 微孔形态Ⅱ(放大5000倍)

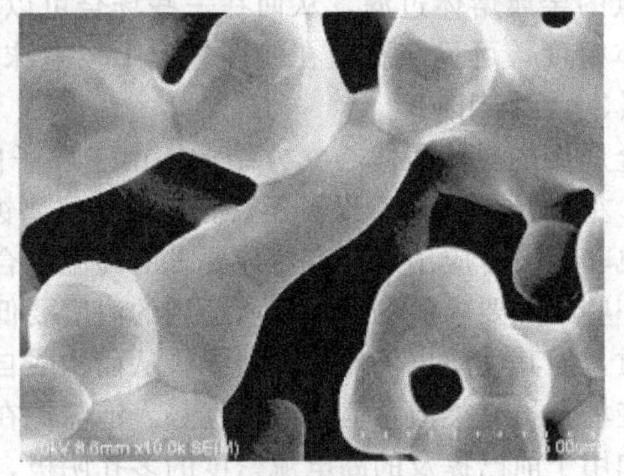

(d) 晶粒结合状态

图 6.30 对应图 6.29 微孔泡沫钼结构的扫描电子显微照片

6.3 结构用途

泡沫金属是一种优秀的工程材料，除了以利用其物理性能为主的功能应用外，其结构用途也相当多。由于其比强度高，刚性好，具有一定的强度、延展性和可加工性，因此泡沫金属可作为诸多场合的轻质结构材料。在作为结构用途时，泡沫金属不但可以实现承载结构的轻量化，而且可以兼顾吸能降噪、耐热阻火等功能，因而在航空、汽车、造船、铁道和建筑等领域都有良好的应用。例如，汽车工业中应用泡沫铝来减轻车辆的重量；航空工业中将泡沫金属用于机翼金属外壳的支撑体等飞机夹合件的芯材；航空航天和导弹工业中将泡沫金属用于轻质、传热的支撑结构以及卫星中承载结构的增强件、导弹鼻锥的防外壳高温倒坍支持体（因其良好的导热性）和宇宙飞船的起落架等；造船业中将泡沫铝芯材大型镶板用于现代化客轮结构中的某些重要元件，军舰的升降机平台、结构性舱壁、天线平台和信号舱等也都用到了泡沫金属；建筑上可用泡沫金属材料制作轻、硬、耐火的元件、栏杆或这些东西的支撑体；机械构造中使用惯性减小而缓冲性增加的刚性多孔体部件来替代目前常规金属材料制成的轴件、辊筒和平台；生物医学工程中根据孔径为 150～250μm 且孔率较大的要求逐渐发展了泡沫金属多孔体的人工骨，此时要求泡沫金属多孔体在满足人骨所需较大孔率的同时保持较高的力学性能；能源行业中将泡沫金属用于电池电极基体，此时抗拉强度极大地影响着整个电极的强度和卷成品率，是关系到电池能否大批量工业化生产的关键。作为一种 20 世纪 80 年代后期国际上迅速发展起来的物理功能与结构一体化的新型工程材料，其他方面的结构应用还在不断发展。

在用于结构材料时，要优越于传统的块体金属或合金，那么承载结构件就一定要轻。因此，可以选用泡沫铝、泡沫镁、泡沫钛等轻质泡沫金属来适应这种用途。此外，在只需承受载荷的结构应用中大多要求闭合孔隙，而在以承受载荷为主要目标但同时还有其他功能需求时则要使用开孔泡沫金属。

6.3.1 汽车工业

对于交通运输工具，减轻其重量，就可节约动力能源，减少燃料消耗量。而矿物石油消耗量的减少又可降低有害气体的排放，减少环境污染。因此，汽车减重是交通运输业的发展趋势。

不断提高运载工具的安全性需要经常带来其本身重量的增加，这与尽量降低燃油消耗等要求是相互矛盾的，因此研究者们将目光投向了体密度小而能量吸收性好的多孔材料。泡沫塑料的强度小，故其可转换的变形能也相对较低，采用泡沫金属则可获得较高的能量吸收水平。相对于有机泡沫材料，泡沫金属不但有效设计空间小，而且在同样的能量吸收情况下有较大的变形应力，因而具有较多的优点。泡沫金属的吸能性能可以使汽车、火车在碰撞中的变形得到控制，这个性能还可利用以制作减振器，用于车座的保护装置，以及容易被扭曲和压缩的柱座和其他一些部件。在汽车制造过程中，还可利用开孔泡沫金属很好地解决使消声器材既吸声又耐热这一突出问题。而泡沫金属的吸声降噪又是有利于环境保护的。

泡沫金属适用于汽车的性能有：①泡沫金属具有很高的比强度，在给定质量的前提下，泡沫金属可使构件的弯曲强度更加优化；②泡沫金属的压缩应力-应变曲线具有高而宽的屈服平台区，因此可获得较大的吸能能力，所以泡沫金属是用于制造车辆碰撞能量吸收部件的理想材料；③当声音透过泡沫金属时，声波可在其多孔结构内部发生散射、漫反射和干涉，将声音吸收在其孔隙中，因此泡沫金属具有良好的声音吸收能力；④决定泡沫金属导热性能的热导率主要由四个因数构成，即基体材料的热导率、孔隙内部气体的热导率、对流和辐射。其中，后三项的贡献率都非常小，从而使泡沫金属的热导率比实体金属的热导率低得多，因此泡沫金属可作为隔热隔声材料应用于车辆。泡沫金属的上述性能使其在车辆不同功能部件上的应用都有很大优势。如果是利用其两种或多种性能复合，泡沫金属将有更大的竞争力。例如，在发生碰撞的情况下，轻质部件不但可吸收碰撞能量，同时还可降低碰撞噪声。总的来说，泡沫金属在汽车工业中的应用可以从以下几个方面来阐述。

（1）轻质结构

泡沫金属的比刚度（刚度-质量比）高，其比刚度可达到同样重量的常规板材的数倍，适合用于轻质结构。在实际应用中，强度的优化需要应用泡沫金属夹层结构。这种结构的板材可做成相对较轻又有较高强度的零件，而且还可降低零件的振动。与新的加工技术相结合，泡沫金属夹层结构可代替汽车中的部分冲压钢件。

如果选择合适的壳面厚度和泡沫芯材密度，其夹层镶板的重量优势可大于单纯的泡沫片材。泡沫金属可承受较大的损坏，破坏突变较小，容易制成需要的复杂几何形状，并具有耐热和声学等有用的性能，因此可对其结构进行优选。具有这种夹层结构的发动机支架，在强度提高而可承受发动机大重量的同时，还能耗散机械振动和热能，抗冲击振动能力及安全性也都得到提高。

（2）冲击能吸收

材料不可逆的塑性变形行为可用于能量吸收。很多泡沫多孔体的应力-应变曲线都有一个近似水平的平台，即变形在一个相当宽的应变范围内处于一个近乎恒定的应力水平，所以都是优秀的吸能材料。泡沫金属在该方面的性能要超过泡沫塑料等传统的多孔材料，这是由于其强度要远高于后者。在受到动态冲击时，泡沫金属表现出远低于泡沫塑料的回弹性。因此，能量吸收成为泡沫金属的一项重要应用。

车辆的安全要求碰撞能量可以分散在指定区域内，从而可以保护刚性的载人空间。在较低冲击速度范围内能量由弹性材料或液压减振器作可逆性吸收，在中等冲击速度范围则由冲击元件的可控变形来吸收。这种元件可由简单的圆形铝管构成，且在冲击后易于更换。只有在高速冲击情况下，汽车底盘才会产生不可逆变形而导致车辆的严重损坏。冲击有迎面冲撞、侧面冲撞、斜向冲撞、碾压等情形，能量吸收器对每种情形都有对应的不同工作方式。好的能量吸收器都具备一些共同的准则：①能量吸收性能尽可能理想化，一般需要矩形应力-应变行为，即仅当达到最大容允应力之后才产生屈服，在该坪应力（平台应力）处发生渐进式变形；②单位体积、单位长度或单位质量的吸收能力高；③能量吸收在各向同性，即至少在一个宽广范围的冲击方向上具有良好的吸收性能。

结构均匀的泡沫铝或规则性的多孔金属都表现出良好的能量吸收性，其坪应力区间相当长；而且，除了某些在制造过程中产生的各向异性情形外，它们的能量吸收具有相当好的各向同性。

能量吸收方面的大多数应用研究集中于泡沫金属夹层结构。这种复合结构的能量吸收性能甚至要好于单独使用泡沫金属的效果，而且其耐腐蚀性得到提高。在汽车的受冲击部分使用泡沫金属，可通过控制变形来耗散最大量的能量，对于侧面冲击，保护同样如此。在钢质或铝质的中空构件中填充泡沫铝，可使这些部件在载荷作用过程中产生更好的变形行为。车身或发动机的其他部分采用泡沫金属制备或用金属泡沫体增强，可获得更高的刚性，并节省了净重。

（3）噪声控制

在汽车工业中，声音吸收和隔声是一个非常重要的问题。吸声元件往往需要耐热并实现自支撑。以往控制噪声常用聚合物泡沫材料，但不能耐热，自支撑能力也不好，由此发展到利用金属泡沫材料。泡沫金属可通过不同的方式来降低噪声，故应认识其各种互不相同的作用方式。首先是车辆、机器等结构产生的不良振动会导致其损坏并发射噪声声波。由于泡沫金属的弹性模量低于对应的普通块体金属，因此其结构的共振频率一般会低于常规结构的频率。另外，泡沫体的损耗因子（损失因子）至少为普通金属体的10倍，所以可更为有效地抑制振动，即把振动能转换为热量。

有时需要衰减伴随性或短暂性的声波，既要保护乘客免受来自外部声源的噪声，也要防止机器向环境发射、传播噪声。到达多孔材料上的声波部分被反射，部分则进入结构。进入的声波有一部分被吸收，而保留的则被传导并产生共振。反射波可由非全闭孔泡沫体表面发生的相消干涉而衰减。平均孔径为毫米量级的泡沫金属仅对较高的频率更有效。进入结构的声音在泡沫体内部受到衰减，尤其是在孔隙有小孔道相互连接的情况下。声波通过这些孔道每秒钟压缩空气许多次，当空气流过孔道时与孔壁之间产生的摩擦和湍流即可将能量耗散。若所有机制都发生作用，泡沫金属对某些频率的吸收水平可达到很高（如高达99%）。如果是开孔结构，则泡沫体与泡沫体后面的固定壁面之间的空气间隙会引起向较低频率的转移。

闭孔为主的泡沫金属产品的吸声能力不佳，通过滚轧泡沫板材以在孔壁上产生足够量的裂纹和其他缺陷，或者在泡沫体上打孔等方式获得连通孔隙，可以大大提高其吸声性能。对于给定的吸声性能结合防火、耐气候以及遇火不产生有害气体等特性的综合指标，泡沫金属材料表现优异。

（4）其他

泡沫钢可在泡沫铝的基础上拓宽应用温度范围，如可用其制造汽车发动机的排气歧管。由于歧管热导率的大大提高，到达排气净化催化剂正常工作温度所需时间也相应减少。

改进结构和使用轻量化材料是提高车辆燃油效率的最佳方法。其中，使用轻量化材料具有很大的潜力。据《世界有色金属》第4卷中“泡沫金属：汽车用新材料”一文的介绍，汽车工业中用量最大的多孔金属材料是泡沫铝。研究显示，使用泡沫铝可以提高汽车构架的刚度和稳定性，并能满足某些零部件对材料同时要求吸声性能和隔热性能良好的需要。国外研究表明，在汽车生产中约有20%的车身部件可采用泡沫铝制造。例如，奥迪A8型轿车的许多结构都使用了泡沫金属，主要包括保险杠、纵梁、支柱等部件（图6.31）。

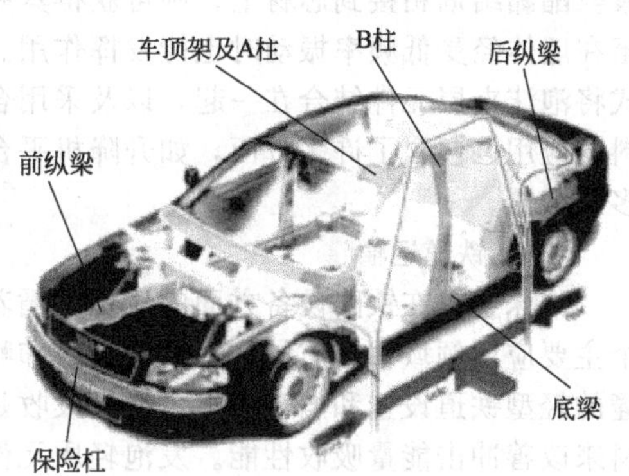

图6.31　轿车（奥迪A8）车体结构及泡沫金属的应用范围

6.3.2　非车类运载业

泡沫金属在航空业、造船业和铁道运输等非车类运载业领域的应用类似于汽车领域。

（1）航空业

因为泡沫金属具有一定的强度、延展性和可加工性，可作轻质结构材料。这种材料很早就用于飞机夹合件的芯材。在航空航天和导弹工业中，泡沫金属被用于轻质、传热的支撑结构。因其能焊接、胶黏或电镀到结构体上，故可做成夹层承载构件。如作机翼金属外壳的支撑体、导弹鼻锥的防外壳高温倒坍支持体（因其良好的导热性）以及宇宙飞船的起落架等。

泡沫金属在航空领域的轻质结构方面应用与汽车领域十分类似。航空用途中，将泡沫铝板或泡沫夹层镶板替代蜂窝结构，可以提高系统的性能。一方面有了更高的屈曲抗力，而另一方面，泡沫材料的一个重大优点是其镶板力学性能的各向同性（有无壳板都是这样），并且可以制造无黏结的复合结构。这种复合结构在失火情况下的性能优于其他材料，因为此时结构应尽可能长时间地保持其整体性。美国波音公司研究了泡沫钛夹层大部件以及泡沫铝芯材夹层件在直升机尾梁中的应用。与一般平板式蜂窝结构相对照，这种夹层结构的一个显著优点是可以制成弯曲甚至是三维的形状。因此，直升机制造可以使用泡沫铝部件来替换一些传统上使用蜂窝结构的元件。另外，Al-Mo、Al-Si 和 Al-Cu 等多孔材料也因其不燃烧、无毒、消声、低吸湿性和重量轻等优点而用于飞机、汽车和船只的各种结构体。

多孔金属进一步的应用还包括涡轮机中加强刚性和增大有效阻尼的结构部件。发动机不同阶段之间的密封也可用多孔金属制作。在发动机的首次运转过程中，其叶片将多孔材料切割成希望的形状，并由此形成一种几乎呈气密性的密封。

在空间技术方面，泡沫铝已被研究用于航天飞机着陆架的冲击能吸收元件，以及卫星中承载结构的增强件，以取代在太空中不利环境条件下（如温度变化、真空等）产生问题的材料。航空应用中多孔金属的不燃性特别重要。对于空间用途，像 Li-Mg 泡沫材料等具有高反应活性但极轻的合金泡沫材料也可得以考虑。这些合金因其反应活性高而通常难以应用，而在真空环境下则可派上用场。

（2）造船业

轻质结构在造船业中获得了重要应用。现代化客轮可整个由金属铝挤压件、铝板和蜂窝铝结构来建造。泡沫铝芯材大型镶板能用于这些结构中的某些重要元件。如果壳板由高弹性聚氨酯黏结剂粘接到芯材上，则可获得具有优秀缓冲性能的刚性轻质结构，这种缓冲能力甚至在船体经受低频率振动时也能发挥作用。对造船业来说，在船体建构过程中能以有效的方式将泡沫夹层元件结合在一起，以及采用合适的紧固元件等，这些都很重要。军舰对多孔材料的应用也包含了许多方面，如升降机平台、结构性舱壁、天线平台和信号舱等，均用到了多孔金属。

（3）铁道运输

泡沫金属在铁路设备方面的应用遵循着与汽车工业相同的规则，同样涉及如前所述的三个主要应用领域：轻质结构、能量吸收和噪声控制。特别是对于在市区运行并可能与汽车相撞的轻型铁道设置和电车轨道，能量吸收是个问题。日本列车安装块状 Alporas 泡沫金属材料来改善冲击能量吸收性能。发泡轻质元件的优点与汽车中的优点相同，主要区别在于列车中的结构要大得多。

6.3.3 建筑业

泡沫金属在建筑业中的应用还不是十分广泛，主要可制作轻硬、耐火的组件、栏杆或这些东西的支撑体，被用于室外装饰幕墙、室内装饰墙面、天花板、移动隔断、滑动门、地板、活动房、装饰件等，具体集中于以下几个方面（详见《工业建筑》第 36 卷中“泡沫金属及其在建筑工程中的应用”一文的介绍）。

利用泡沫金属轻质、耐热且不易燃烧等特点，在房屋建筑中用以制作室内外装修与天花板的材料，可有效防止意外火灾中造成的巨大损失。建筑与矿山设施有许多构件用质轻、刚性大、不燃性的材料制造，或用这类泡沫金属材料作为支撑框架。由混凝土建造的大楼可用轻、硬且防火的镶板来装饰以美化建筑物的外观，以往采取的措施经常是将大理石或其他装饰性石材薄片加入支撑体后再固定于楼房的墙壁，这种支撑体即可由泡沫铝制作。以往所用的某些材料太重且有火患问题，若用泡沫铝替代则可解决其问题。

采用泡沫金属夹层材料制造高层建筑电梯舱可减少电能消耗，同时还有吸收冲击能和高比刚度的优点，因此是电梯舱面板的理想材料。电梯高频高速的加速和减速，特别需要轻质结构（如泡沫铝和泡沫镶板）来降低能耗。而安全规则常常排除传统的轻质结构技术，故泡沫铝以其同时具备吸能和刚硬的特性，在这些应用中充满前景。

在建筑业中还可利用粉体发泡法制得泡沫金属的预制型性能。例如，要在混凝土的墙壁中固定插件（如电源插座等），即可先在安装孔中插入一块预制可发泡铝材，然后塞入插件进行局部加热使发泡铝材发生膨胀。如果形成的泡沫体有足够高的密度，就可填满插件与墙体之间的空隙而将其牢牢固定。

用于建筑上的吸声材料，如半圆柱状的泡沫金属和钢背或混凝土背组成的吸声装置用于高速公路桥、地铁的噪声控制。此时泡沫金属比玻璃棉和石棉有更多的优点：①由金属骨架和气孔构成的泡沫金属具有刚性结构，且加工性能好，能制成各种形式的吸声板；②易清洗，不吸湿；③不会因为受振动或风压而发生折损或尘化；④能承受高温，不会着火和释放毒气；⑤回收再生性强，有利于资源的有效利用和环境保护；⑥是一种超轻材料，便于运输、施工和装配。利用这些性能特点制作环保消声材料，用于工厂防声墙、音响室等场合。泡沫金属中研究最多的泡沫铝已成功应用于空压机房、列车发动机房、声频室、施工现场等吸声场合，并取得了很好的效果。

由于泡沫金属耐热、耐火、不老化等优点，同时又具有很好的阻尼性能，因而在建筑工程领域必将得到更为广泛的应用。

6.3.4 机械部件

泡沫金属在机械构造中有一些令人感兴趣的用途。这种刚性泡沫体代替常规金属材料制成轴件、辊筒和平台，可使部件的惯性减小而缓冲性增大，如用于固定钻床和磨床以及印刷机等。小型手提电钻或磨削器具等安装的泡沫金属外罩，使用效果比传统的外罩要好，如固有阻尼能力增大。对于电机设备，泡沫金属外壳不但可以缓冲减振，而且还可以提供电磁屏蔽。

机械设备需要其部件的重量减轻同时又保持优异的动态性能。用于现代构架的元件总是可以满足其静态刚度要求的，但却往往会出现振动问题。将固体钢质结构改变成三明治夹层结构，例如钢面板-泡沫铝芯体-钢面板这样的夹层镶板结构，可获得良好的静态性能，同时获得高得多的弯曲强度。泡沫金属在机械工程领域中的应用场合主要如下（详见《Advanced Engineering Materials》第 8 卷中“Machine tools with metal foams”一文的介绍）。

① 承压薄壁和承压薄壁部件。设备中的承压壁经常是不得不制成超尺寸的，因为只有这样才能达到需要的刚度而不会发生屈曲。采用泡沫金属填充空腔以及薄壁内衬泡沫金属的形式，则可以避免这种情况。如果没有用来填充的空腔，那就可以采取用分开的泡沫金属板或泡沫金属肋来支撑易于屈曲的壁这样的方式来解决超尺寸的问题。

② 夹层板。钢-泡沫铝夹层板要比致密体设计更轻，特别是在弯曲载荷的情况下。由于其惯性矩大，泡沫铝夹层板的弯曲强度可达对应钢板材料的 30～40 倍。

③ 阻尼。在许多情况下，机械工程都需要结构具有振动阻尼能力。当同时要求轻质和阻尼时，泡沫金属即是一种合适的选择。一般而言，组件中所含有的泡沫金属越多，则其阻尼潜能也就越高。质量更轻、刚性更大的钢-泡沫铝夹层板可以代替钢壁以阻止壁振动。图 6.32 即为泡沫金属在这种轻质阻尼方面的应用

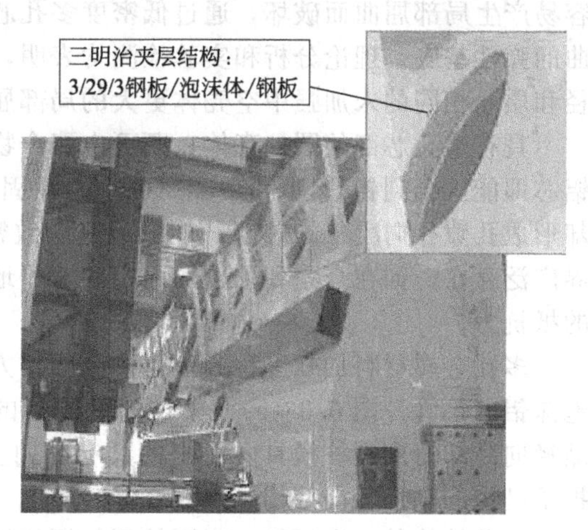

图 6.32 一种大尺度机械设备的钢-泡沫铝夹芯结构横梁

示例，图中机械设备的横梁即是钢-泡沫铝夹芯结构的构架。

高负荷的大功率高输出是内燃机的发展趋势，特别是柴油发动机，但由此也带来了发动机顶部的热压和机械压力的增加，从而使其活塞易于开裂甚至破损。泡沫金属复合增强材料可提高活塞受力部位的热强度和机械强度。通过压铸法将活塞材料充入开孔体的孔隙中，即可制得该类增强材料，如在含 Cr、Ni、Mo、C、Cu、Si、Mn 等元素的 Fe 基合金多孔体中充入 680～820℃的 Al 熔体或 Al 合金熔体。

通过金属模具铸造的方式，将熔融金属铝加压灌入电沉积法所得开孔泡沫镍中（温度为 650～750℃），凝固后形成板、盘、柱、环等形状的镍铝复合体。在加工过程中，熔融铝经高压进入泡沫镍的孔隙中，在铝体和镍框架之间形成镍-铝合金层。在固溶处理过程中镍与铝之间相互扩散生成的镍-铝合金层，具有优良的抗拉强度和耐磨性，对环槽的耐磨性具有良好效果。通过上述方法得到的 Ni-Al 复合体可制作柴油发动机的活塞，从而很好地承受高输出柴油发动机活塞头的大热负荷和燃烧压力。另外，该材料还可用于制造刹车盘等，具有良好的磨损和稳定性，并大大减轻车辆因未安装弹簧而带来的重量。因所用泡沫镍的孔隙较大（0.4～2mm），铝合金熔体易于灌入，所得泡沫镍增强铝合金材料的抗拉强度得到改善，而且制作方便。

6.3.5 夹层结构

泡沫金属的切削加工性和压力加工性，使其适于作为多种承载镶板、壳体和管体的轻质芯材，制成多种层压复合材料。通过三层一起热压的方式，可将泡沫铝芯材与两边的铝壳结合为一个整体，即形成夹层结构。这种方式不需要使用树脂黏结剂进行结合，减小了造成多孔材料与致密材料分层破坏的可能性。若兼采用闭口多孔金属作为芯材，还可排除渗入水的破坏。此外，更容易制造出形状复杂的夹层件。这类夹层结构的比弯曲刚度和比抗弯强度等性能指标均高于对应材料的致密体构件。

圆柱形壳体广泛存在于工程结构中，薄壁圆柱壳受到载荷作用时易于损坏，而若使用泡沫芯体支持，则结构强度可以得到明显提高。薄壁圆柱壳体在承受轴向压缩或弯曲载荷时都容易产生局部屈曲而破坏，通过低密度多孔芯材对外壳的连续性支撑，即可形成抵抗局部屈曲的弹性基底。理论分析和实验检测均表明，具有多孔芯材的圆柱壳体结构，可设计出比直径和质量相同的未加强中空壳体更大的局部屈曲抵抗力。

具有多孔芯部的圆柱壳体，既可由聚合物材料制得，也可由金属材料制得。例如，泡沫铝芯即能压合到铝管中［图 6.33(a)］。在固-气低共熔凝固法（GASAR）工艺中，径向冷却形成孔隙径向生长的芯部，外围是完全致密的圆柱壳体［图 6.33(b)］。这种结构在自然界广泛存在，如在豪猪和刺猬的刺中，这些地方的多孔芯被认为增加了圆柱壳体对局部屈曲的抵抗力。

多孔金属材料加强工程圆柱壳体结构的方式，模仿了自然界的圆柱壳体结构。内部衬有泡沫铝的铝管［图 6.33(a)］模仿的是豪猪的刺［图 6.33(c)］。固-气低共熔凝固工艺中样品径向冷却铸到圆柱模具内得出的具有径向生长孔隙的薄壁圆柱壳体［图 6.33(b)］，则模拟了刺猬的刺的径向结构［图 6.33(d)］。

承载结构件一定要轻，否则就不如用传统的致密块体金属或合金来制备。因此，可以选用泡沫铝、泡沫镁、泡沫钛或其他轻质多孔金属来适应这种用途。医学应用则选用钛，因为其具有生物组织的相容性。在含有侵蚀性介质或出现高温的情况下，则可选用钛或不锈钢。

此外，泡沫金属还可作为许多有机、无机和金属材料的增强材料，如前已提及的在泡沫镍中充入熔融铝凝固后制成泡沫镍增强的铝合金（NFRA）材料等。

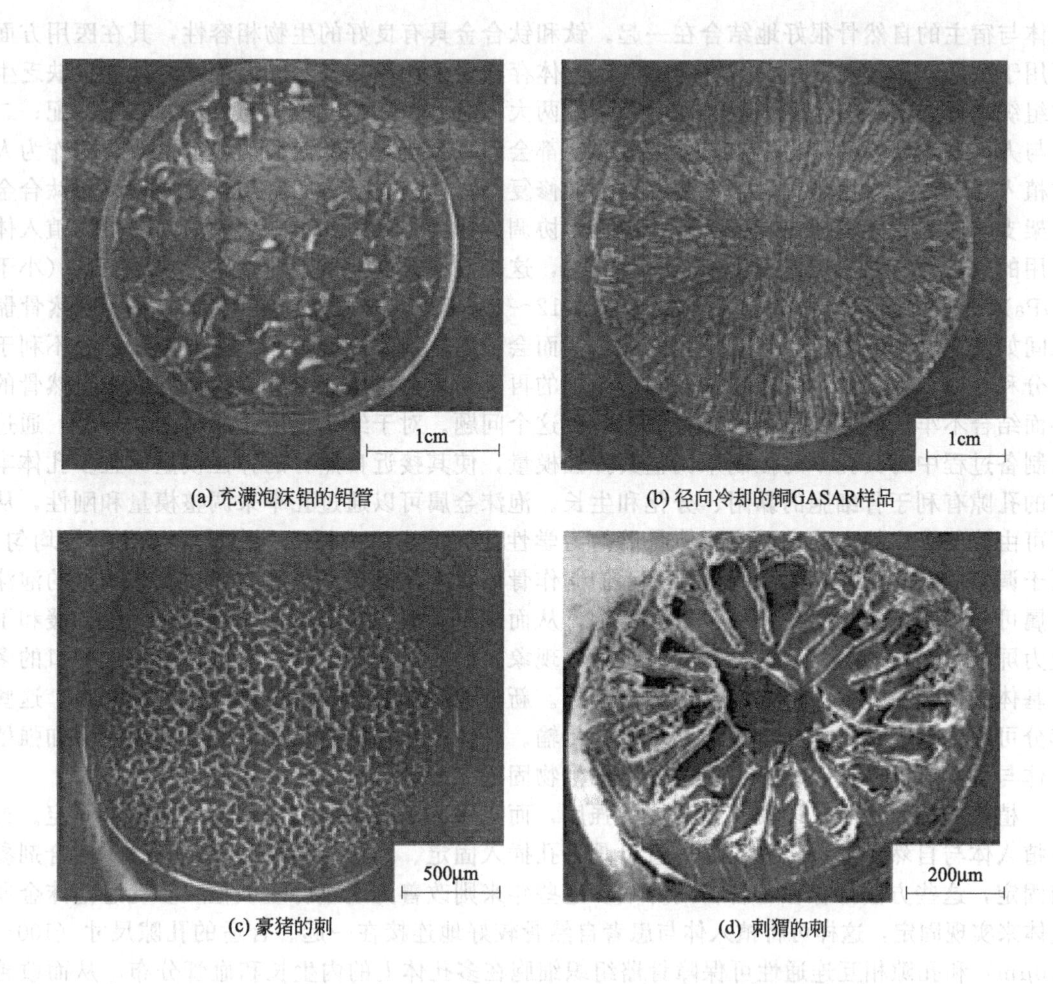

(a) 充满泡沫铝的铝管　(b) 径向冷却的铜GASAR样品

(c) 豪猪的刺　(d) 刺猬的刺

图 6.33　具有多孔芯部的工程圆柱壳体和天然圆柱壳体

6.4 生物医学用途

在生物医学方面，人们对于可以实现患者组织再生或重建的特定植入是非常感兴趣的，尤其是在承载植入方面。若要这种植入成功，须兼顾其力学和功能两个使用属性。泡沫金属作为人工骨植入体等医学用途时，既有承受载荷方面的结构作用，即要利用其轻质结构强度和刚度等力学性能；又有生物组织长入、结合和内部体液输运等方面的功能作用，即要利用其孔隙内表面以及多孔体渗透性等物理性能。因此，将泡沫金属的生物医学用途专门列出来介绍，成为单独的一节内容。

6.4.1 材料的适用性

临床上修复骨骼损伤的主要方法有自体移植、同种异体移植和人工骨替换。前两种方法因受骨材来源、并发症、疾病传染、功能恢复和修复形式等因素限制而不能成为理想的治疗方法。采用人工骨替换法可以避免这些不利因素，并能进行质量可控的制备生产。

理想的骨替换材料不仅要对宿主无毒、无害，还要能够诱导骨生成和传导骨生长，使植入体与宿主的自然骨很好地结合在一起。钛和钛合金具有良好的生物相容性，其在医用方面可用于矫形、嵌牙和人工关节等，但其致密体存在力学性能与自然骨骼不够匹配，且缺乏生物组织进行内生长的生物环境。即有如下的两大不足：一是弹性模量与自然骨骼不匹配；二是与人体自然骨界面结合不牢固。这些问题都会缩减其体内有效使用期限。钛合金等作为人体植入材料广泛应用于骨骼、关节、牙齿的修复等，但其高于自然骨的弹性模量致使钛合金骨架支撑体与骨架本体在受力条件下变形不协调，两者容易脱离。一般作为骨骼替换植入体使用的致密金属的弹性模量为100～200GPa，这个数值大大高于人体网状骨质的模量（小于3GPa），也大大高于人体密实骨质的模量（12～17GPa）。在植入材料与周边人体自然骨骼之间如此大的刚性差异会导致应力屏蔽，从而会引起植入体松动。另外，致密钛合金不利于水分和养料在植入体中的传输，减缓了组织的再生与重建，从而导致植入体与人体自然骨的界面结合不牢。泡沫钛合金可以很好地解决这个问题。对于给患者应用的泡沫钛合金，通过在制备过程中对其孔率的控制来调整其弹性模量，使其接近自然骨的弹性模量，且多孔体丰富的孔隙有利于骨细胞的黏附、分化和生长。泡沫金属可以通过孔率来调整模量和刚性，从而可由控制孔率的方式来适应活体骨骼的力学性能、减少应力屏蔽的危险，因此结构均匀、便于调节的开孔泡沫金属引起了研究者们制作骨骼植入体的极大兴趣。通过孔率调整的泡沫金属可与周围自然骨骼的弹性模量相匹配，从而减少骨骼的应力屏蔽及其相关问题，缓和了应力屏蔽所引起的植入体松动和骨质再吸收现象。此外，还可以有大量的体液通过开口的多孔基体来传输，这样能够促成骨质的内生长。新骨细胞的生长需要足够的水分和养料，这些养分可通过泡沫钛中相互连通的孔隙进行传输。骨细胞在孔隙中长大，骨长入孔隙可加强植入体与自然骨的连接，从而可实现良好的生物固定。

植入的稳定性不仅取决于植入体的强度，而且取决于植入体与周围组织的结合固定。过去植入体与自然骨的连接主要是通过母骨打孔插入固定、螺丝连接机械固定和骨质接合剂黏结固定，这些方法都存在着各自的弊端。近些年来则改善为通过骨组织植入多孔态泡沫金属基体来实现固定，这样可将植入体与患者自然骨较好地连接在一起。合适的孔隙尺寸（100～500μm）和孔隙相互连通性可保障骨骼组织细胞在多孔体上的内生长和血管分布，从而改善植入体与骨骼之间的结合强度。

综上所述，金属材料具有强度、硬度、韧性和抗冲击的综合优势，可适于承载部位的应用（如全关节替换等），因而在临床医学领域可以广泛使用。但假体松动和磨蚀引发的不良细胞反应使人工髋关节等植入体只有10～15年的寿命，不能满足长期使用要求。生物医用泡沫金属材料由于其独特的多孔结构极大地提高了植入体与患者活体之间的相容性：①多孔结构有利于成骨细胞的黏附、分化和生长，骨长入孔隙可加强与植入体的连接，实现生物固定；②多孔金属材料的密度、强度和弹性模量可通过改变孔率来调整，从而达到与被替换组织相匹配的力学性能（力学相容性），避免植入体周围的骨坏死、新骨畸变及其承载能力降低；③开放的连通孔结构利于水分和养料在植入体内的传输，促进组织再生与重建，加快痊愈过程。此外，多孔金属还具有强度和塑性的优良组合，因而作为骨骼、关节和牙根等人体硬组织修复和替换材料能够获得广泛应用。

泡沫金属及其覆盖层的发展赋予了医学界整形手术的崭新内容，特别是在关节整体重建或再生等方面。烧结材料、金属纤维扩散结合网材、等离子喷涂涂层等传统材料，都有其内在的局限性；后期引入的新型高孔率泡沫金属，其孔隙因素、表面因素和弹性模量等指标都优于传统的生物材料。这些新型生物材料的微观结构特征与网状骨质相似，其开孔结构的孔隙体积大（孔率为60%～80%）、弹性模量低、表面摩擦性高，其自钝化属性和复杂的纳米结构可使骨质快速地进行内生长，这对外科整形手术都是非常有利的。

6.4.2 力学要求

对多孔质代骨材料的研究结果表明，骨组织向里生长有一个最小的临界孔径，骨组织植入的速度和深度随材料孔径的增大而增加；孔径一定时，骨组织的长入量与孔率成正比；为保证骨组织长入所需的血液循环，孔隙应相互贯通，且孔径应在 100μm 以上。例如，孔径在 150～250μm 之间且孔率较高的多孔材料较适合于骨组织的长入，并具有较高的人工骨与母骨结合强度。在这种要求下，无机材料的强度不能满足指标，于是逐渐发展出多孔金属人工骨以及对人工骨材进行多孔质表面改性处理。临床上可使用的金属多孔质人工骨材料主要有不锈钢、钴铬合金、钛以及钛合金，后来还发展了泡沫钽等。在保持较高力学性能的同时实现人骨所需的较高孔率，即在满足人骨所需较高孔率的同时保证较高的力学性能，这对绝大多数不具备自恢复效应的人工骨材料来说都是极为重要的。

植入材料的强度须足够高，才能在若干年内持续承受施加在其上的生理载荷；同时，须在强度与刚度之间建立合适的平衡，使之与骨骼行为达成最佳匹配。陶瓷的耐腐蚀性优异，但由于其固有的脆性，多孔陶瓷结构难以胜任用于承载植入体。多孔聚合物则不能承受关节替换手术中的作用力，另外使用强度也不够，因此也不适用于承载植入体。所以，研究的热点集中到基于整形外科所用金属材料的泡沫体（图 6.34）上，这是由于其具有承载应用所需要的良好的断裂和疲劳特性，对此《Biomaterials》第 27 卷的“Fabrication methods of porous metals for use in orthopaedic applications”一文予以了介绍。

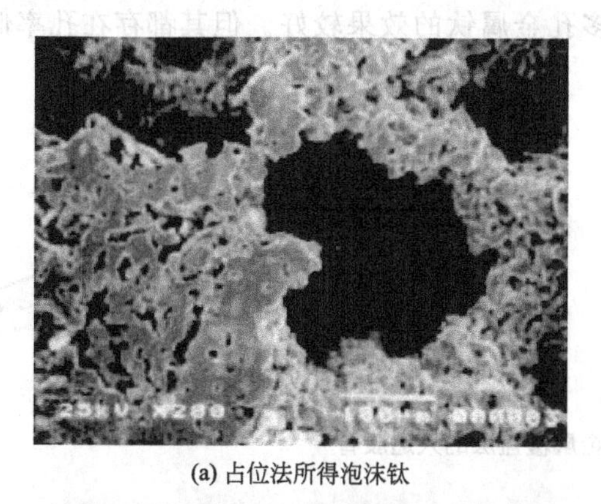

(a) 占位法所得泡沫钛

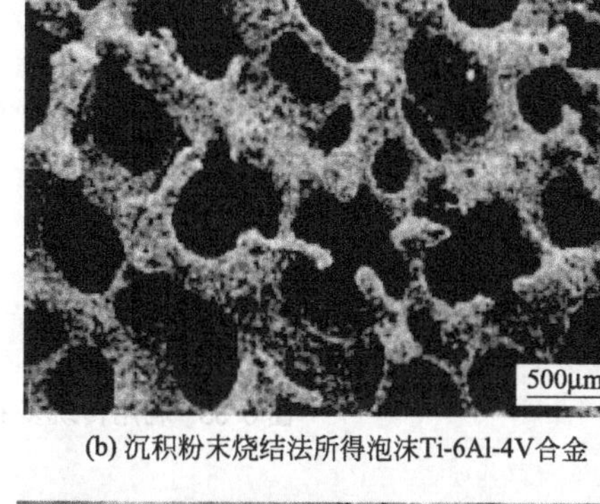

(b) 沉积粉末烧结法所得泡沫Ti-6Al-4V合金

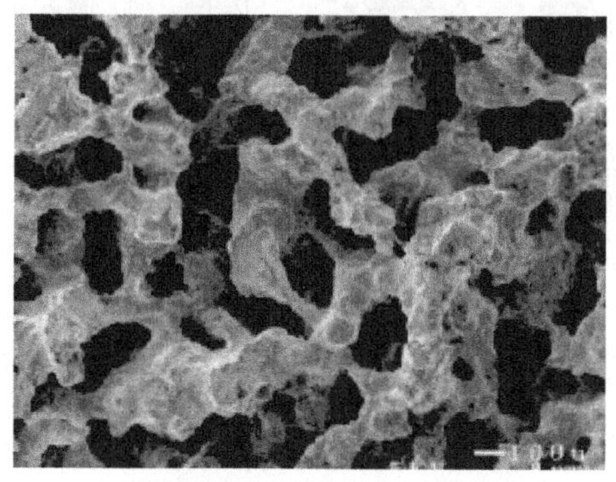

(c) 自蔓延高温合成所得泡沫钛镍合金

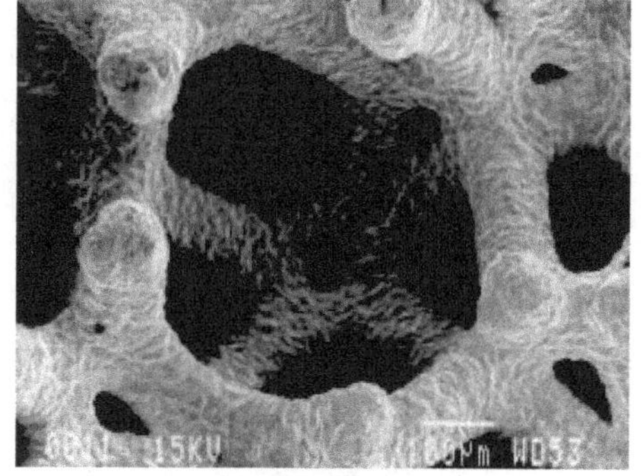

(d) 化学气相沉积法所得泡沫钽

图 6.34　不同工艺所得泡沫金属植入材料形貌（SEM 显微图像）

在高载场合使用多孔植入体的一个主要关注问题即是多孔基体对疲劳强度的影响。有研究表明，Co-Cr 合金和 Ti-6Al-4V 合金用于制作致密芯体结构的多孔覆盖层时都发生了疲劳强度的剧烈降低。泡沫钛合金植入体的设计需要避免在活体中受到较大拉伸应力的表面多孔覆盖层。多孔材料的力学性能可以通过控制孔率、孔隙尺寸、孔隙形状以及孔隙分布而得以改变或优化。

6.4.3 泡沫钛

钛的质量轻、密度小，比强度高，生物相容性好，并且在地壳中具有丰富的含量。多孔钛相对于致密钛材料的显著特征是其拥有大量的内部孔隙和更小的表观密度，可用于航空航天、石油化工、冶金机械、生物工程、原子能、电化学、医药、环保等行业或领域。近些年来，生物材料是材料领域研究的一个热点。理想的骨替换材料应同时具备生物相容性、生物活性、生物力学相容性和三维多孔结构，在实际使用过程中可将载荷由种植体很好地传递到相邻骨组织，从而不会造成植入体周围出现骨应力吸收现象。开孔泡沫钛可很好地适应这种要求。

由多孔钛制成的人造骨，不但力学性能与人体自然骨非常匹配，而且人造骨的压缩性与孔隙有利于原骨的生长，因此能达到更自然的固定。例如，将多孔钛髋关节用于矫形术，将多孔钛种植牙根用于牙缺损的修复等。对此，研究者在《Materialwissenschaft und Werkstofftechnik》第 41 卷的 “Porous metals in orthopedic applications” 一文中进行了讨论。

传统的金属多孔层作为生物材料的应用已有较长时期的临床实践，如在股骨植入修复或矫形、臼假体植入修复或矫形、膝关节植入修复或矫形等实例中都有成功的使用（图 6.35～图 6.37）。其中，结构类似于网状骨质的网状多孔金属钛的效果较好。但其都存在孔率低、

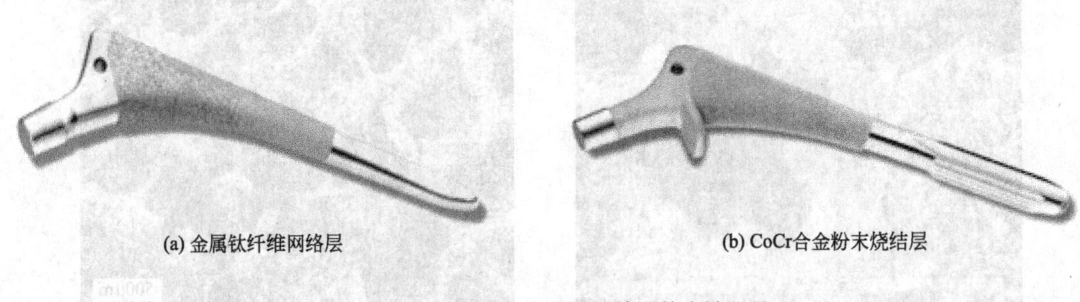

(a) 金属钛纤维网络层　　(b) CoCr合金粉末烧结层

图 6.35　利用传统多孔金属覆盖层的人造股骨

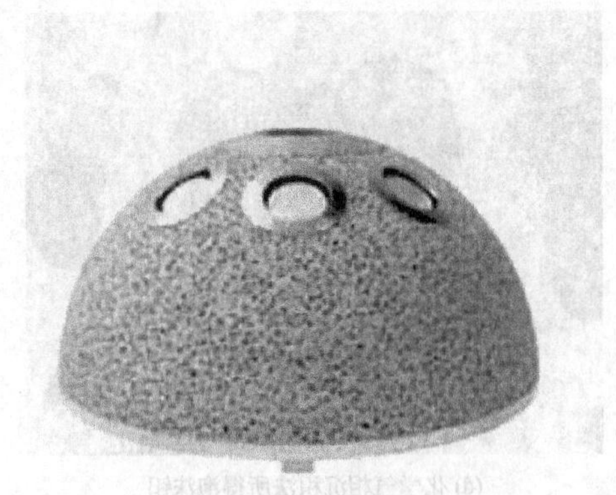

(a) 网状结构金属钛

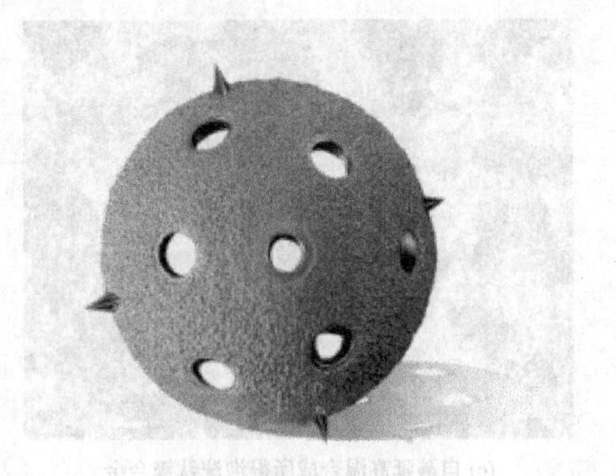

(b) 等离子喷涂钛粉烧结层

图 6.36　利用传统多孔金属覆盖层的人造臼假体

弹性模量高、表面摩擦小等不足，较低的孔率限制了骨质的内生长且需要植入体和骨骼有最大的接触面，高的弹性模量与自然骨骼较低的弹性模量不相匹配，表面摩擦小则会影响植入体与生物组织的结合。此外，传统的金属多孔层的自身强度低，不能作为独立的结构体，需要以覆盖层的形式附着在致密体上，这在制作胫骨骨体等结构时就会大大增加植入体的重量；而且，由于这些传统的材料不能制作大块的结构材料，因此其本身也就不能独自用到增大骨骼以及制作骨骼植入体的场合。

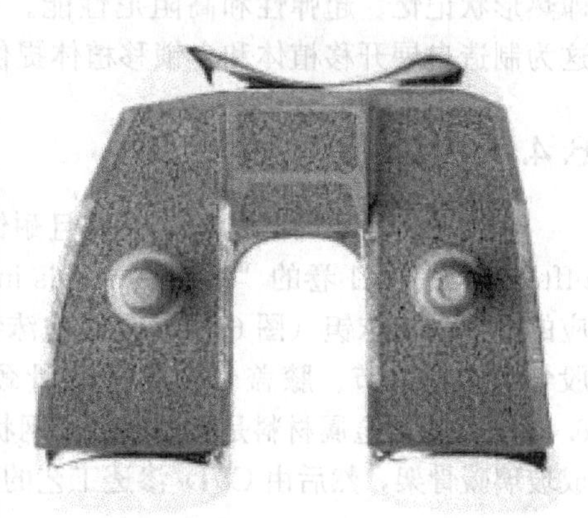

图 6.37 利用网状结构金属钛覆盖层的人造复合膝关节

为了克服上述传统生物材料的缺点，研究者采用金属沉积法制备了网状结构的泡沫钛。该材料具有类似于网状骨质的特性，如高的孔率、低的弹性模量、大的表面摩擦系数等，可以提供一个适于骨质内生长的环境，从而使植入体能够获得良好的持久性结合。

泡沫金属不但可以制成薄片贴合到致密体上获得复合植入体［图 6.38(a)，(b)］，也可制成独立结构的生物植入体［图 6.38(c)］。

(a) 开孔泡沫钛复合膝关节件

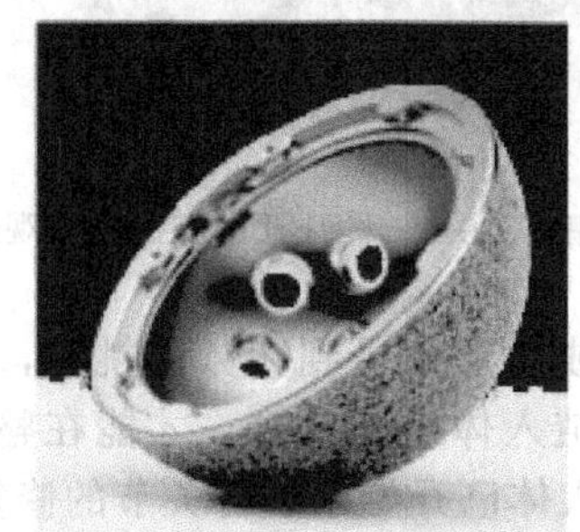

(b) 泡沫金属复合肩臼替换体

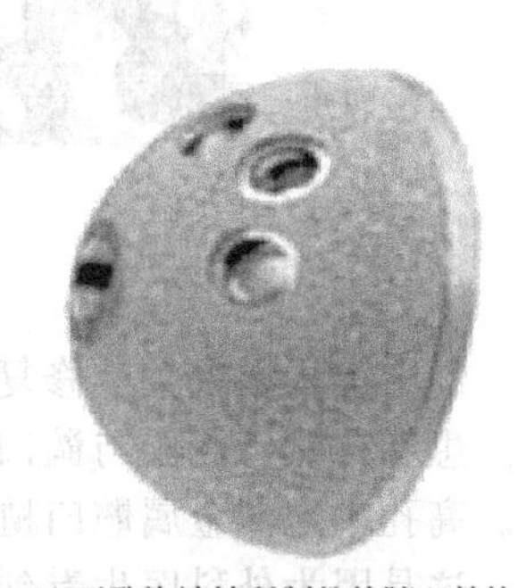

(c) 开孔泡沫钛所制整体膝臼替换体

图 6.38 利用泡沫金属制造的生物植入体

近等原子的 NiTi 金属间化合物具有形状记忆和准弹性以及刚度低、耐蚀性佳等性质，可与人体骨骼有很好的力学性能匹配。有研究者报道了一种制备高孔率泡沫 NiTi 合金植入材料的方法，采用占位体间隙金属熔体注模成型技术获得了具有复杂几何形貌的样品，其孔径、孔形和孔率等孔隙因素易于调节。粉末冶金 NiTi 材料表面性能对人体间叶干细胞的生物相容性检测结果发现，采用平均颗粒尺寸小于 45μm 的 NiTi 合金粉末原料可获得非常适合于间叶干细胞附着和繁殖的表面属性。在制备高孔率泡沫 NiTi 合金所用的占位体中，氯化钠（NaCl）的效果要好于聚甲基丙烯酸甲酯（PMMA）和蔗糖。研究表明，富 Ni 的 NiTi 粉末加上含量为 50%（体积分数）、粒径为 355～500μm 的占位体，所得泡沫体植入材料可达到类似于骨骼的力学性能，间叶干细胞可在其上以及其孔隙内较好地繁殖生长。另有研究者则通过自蔓延高温烧结（SHS）方法制备了医用多孔 NiTi 合金。

作为多孔整形植入体的备选材料，泡沫 NiTi 金属间化合物因其良好的耐蚀性和独特的力学性能而受到关注。与 316L 不锈钢比较，NiTi 合金也可形成表面 TiO_2 氧化物黏附层，从而阻止 Ni 在活体中的溶解和释放。近等原子比的 NiTi 合金具有一般金属材料所不具备的特点，即热形状记忆、超弹性和高阻尼性能。可将 NiTi 拉紧到普通合金的几倍而不发生塑性变形。这为制造自展开移植体和自锁移植体提供了可能。

6.4.4 泡沫钽

钽也是一种无毒、生物惰性并且耐蚀的元素，研究者在《Materialwissenschaft und Werkstofftechnik》第 41 卷的“Porous metals in orthopedic applications”一文中，对泡沫钽也进行了相应的介绍。泡沫钽（图 6.39）是继泡沫钛/钛合金之后的又一大多孔金属生物材料，现可用于股骨颈、膝关节、膝盖骨、肩部肱骨颈、髋臼增大、膝盖骨增大、骨坏死植入等方面（图 6.40）。骨小梁金属材料是一种类似于网状骨质结构的开孔泡沫钽，其制备系由泡沫聚合物热解形成玻璃碳骨架，然后由 CVD/渗透工艺的专利技术将商业纯钽沉积到孔隙连通的泡沫碳骨架上。

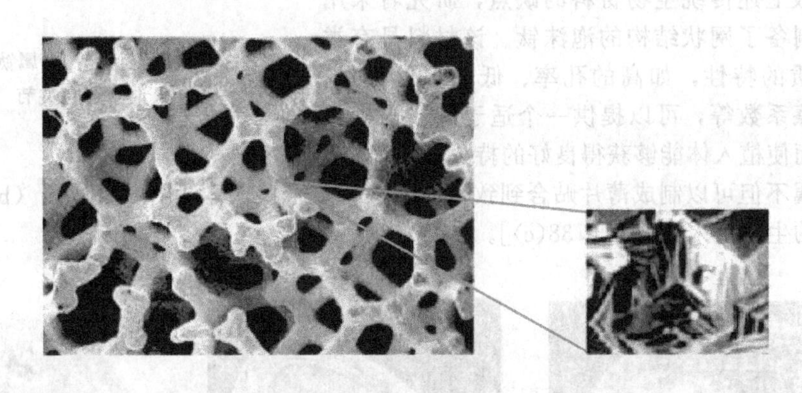

图 6.39 一种开孔泡沫钽的微观结构示例

髋臼重构在臀关节修复或矫形中受到频频的挑战，特别是对于髋臼骨质严重缺失的情况。患者自然骨需要与髋臼植入体密切结合，才能在整个臀关节修复或矫形手术中获得成功。高孔率泡沫金属髋臼植入体已开始用于臀关节的修复或矫形，并在临床上得到了普遍接受。这是因为外科医生看到了越来越多的短期临床成功病例，由此也增加了对泡沫金属植入体力学稳定性的认识。研究结果表明，泡沫钽在整个臀关节手术后表现出了长期的力学稳定性，非常适合于此类手术的植入，特别是对于骨质缺失的复杂性髋臼重构。

复杂的髋臼缺陷是难以修复的。随着臀关节修复需要的不断增长，成功的髋臼缺陷修复手术对整形外科提出了持续挑战。植入体与患者骨骼的生物固定取决于骨质的内生长，高孔率泡沫钽植入体的表面非常有利于骨质的内生长，该技术可成为改进修复或矫正主要缺陷的渠道。泡沫钽植入体为生物组织提供的多孔性内生长环境可在臀部修复中获得效果很好的生物固定，无须异体移植所需的外围组织旋压固定件。因此，具有孔率高、弹性模量低且生物相容等特性的泡沫钽对于整个臀关节的修复或矫正是诱人的备选材料，并可能解决骨质严重损失的问题。

此外，泡沫钽还扩展到脊骨外科领域的应用。初步尝试的结果展现了光明的前景，未来也许是乐观的，但仍需长期的跟踪研究才能确保成功的实践。

6.4.5 泡沫不锈钢

在生物医学领域，泡沫金属以其足够的力学性能而被认为是希望的骨骼植入体。多孔植入体可通过新骨组织长入孔隙空间而较好地固定在病体自然骨上，多孔态的泡沫不锈钢植入体与周围自然骨的弹性模量也有较好的匹配，从而也可改善其固定状态。有研究者以机械合

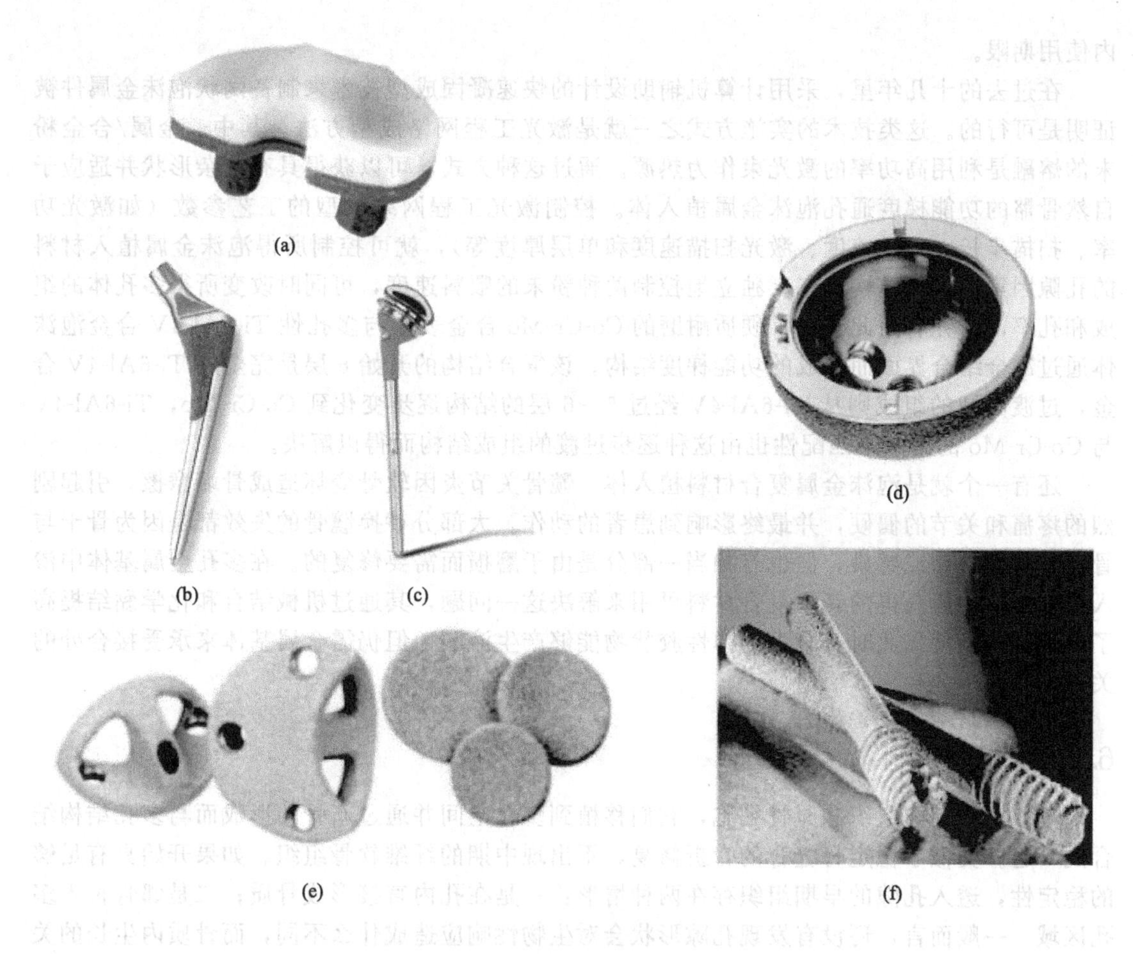

图 6.40 开孔泡沫钽的不同应用示例

(a) 膝关节的胫骨；(b) 臀关节的股骨；(c) 肩关节的肱骨颈；(d) 泡沫钽复合髋臼杯形替代体；
(e) 用于骨质增生臀关节修复或矫形中的髋臼增大植入件；(f) 股骨头坏死修复使用的棒状泡沫钽植入体

金化 18Cr-8Mn-0.9N 不锈钢粉末为原料，通过 1100℃烧结 20 h 后水淬火的热处理，采用粉末冶金工艺制备了 Cr-Mn-N 奥氏体不锈钢泡沫。所得泡沫金属微观结构及其滑动干摩擦特性研究显示，具有生物相容性的多孔不锈钢表现出了远好于 316L 不锈钢样品的耐摩擦性能，这归因于其材质的高硬度及其孔隙的特有构造。

6.4.6 梯度结构与复合体

传统的粉末冶金多孔生物材料往往很脆，孔隙尺寸、孔隙形状、孔隙体积比例以及分布都是难以控制的。这些因素都会对植入体的力学和生物性能产生重大影响。而发泡法以及类似的方法则会遇到污染物、杂质相、预制部件的几何形状局限等问题，而且对孔隙尺寸、孔隙形状、孔隙分布的控制也是有限的。此外，采用高聚物（如超高分子量聚乙烯）衬体的传统臀部替换件的摩擦速度较快，这是造成骨质溶解和无菌环境减弱的重要原因，成为限制臀骨修复寿命的主要因素。有文献介绍了采用激光工程网络成型方法［laser-engineered net shaping，LENS (TM)］获得特定结构多孔承载植入体的工作。新型设计的功能性梯度髋臼外壳采用开孔硬质覆盖层结构，开孔结构与骨骼接触可改善骨质细胞与植入材料的交互作用，硬质覆盖层与股骨头接触可增大耐摩擦力，髋臼无须衬体，所以大大提高了植入体的体内使用期限。

在过去的十几年里，采用计算机辅助设计的快速凝固成型技术来制备网状泡沫金属件被证明是可行的。这类技术的实施方式之一就是激光工程网络成型方法。其中，金属/合金粉末的熔融是利用高功率的激光束作为热源。通过这种方式，可以获得具有复杂形状并适应于自然骨骼的功能梯度通孔泡沫金属植入体。控制激光工程网络成型的工艺参数（如激光功率、扫描步长、喂粉速度、激光扫描速度和单层厚度等），就可控制所得泡沫金属植入材料的孔隙因素和整体结构形态。独立地控制两种粉末的喂料速度，可同时改变所得多孔体的组成和孔率，研究者由此获得了硬质耐磨的Co-Cr-Mo合金表层与多孔性Ti-6Al-4V合金泡沫体通过冶金结合界面而构成的功能梯度结构。该复合结构的开始6层是完全的Ti-6Al-4V合金，过渡区域的组成则从Ti-6Al-4V经过5～6层的结构逐步变化到Co-Cr-Mo，Ti-6Al-4V与Co-Cr-Mo的冶金不匹配性也由这种逐步过渡的组成结构而得以解决。

还有一个就是泡沫金属复合材料植入体。髋骨关节炎因软骨变坏造成骨端摩擦，引起剧烈的疼痛和关节的僵硬，并最终影响到患者的动作。大部分替换髋骨的失效都是因为骨干与骨臼之间的松动或感染，但也有相当一部分是由于磨损而需要修复的。在多孔金属基体中渗入弹性聚合物所获得的新型复合材料可用来解决这一问题，其通过机械结合和化学黏结提高了界面结合强度。此时，其中的弹性胶状物能够产生液膜，但仍需金属基体来承受接合处的关节应力。

6.4.7 成骨机制

毛细血管周围组织和原骨细胞，它们移植到多孔空间并通过新骨的形成而与多孔结构结合到一起。类似于稳定骨缝合的骨折修复，不出现中期的纤维软骨组织。如果开始具有足够的稳定性，透入孔隙的早期组织存在两种情形：一是在孔内直接形成骨质；二是邻骨长入多孔区域。一般而言，还没有发现孔隙形状会对生物性响应造成什么不同，而骨质内生长的关键因素则是连通孔隙的尺寸。尽管植入体固定所需的最优孔隙尺寸并没有确定，但大都认为矿物骨质内生长的最佳孔隙尺寸是在100～400μm之间。大多数植入体的孔率调整原则一般都是既要保证植入体的机械强度，又要为组织内生长提供适当的孔隙尺寸。

尽管钛和Co-Cr合金等是生物惰性的，但其并不是直接与自然骨骼结合。有一个活性层处在植入体和自然骨骼之间。设计生物活性材料来引入特有的生物活性，从而与骨骼牢固地结合起来。要使人造生物材料与活骨结合，须在活体内的生物材料表面形成一个类骨质的生物活性羟基磷灰石层（可以等离子喷涂等方式）。该活性层可加快骨质的内生长速度。

包括羟基磷灰石、生物玻璃、生物玻璃陶瓷等在内的生物活性材料可以通过磷灰石层直接与活骨结合在一起，但其在缺少另外的生骨剂如成骨蛋白（bone morphogenetic proteins，BMPs）的情况下即不具备成骨特性。在《Biomaterials》第25卷的“Osteoinduction of porous bioactive titanium metal”一文中，研究者报道了在泡沫钛（图6.41）的无骨组织孔隙表面形成骨质的工作。其中的成骨机制则不同于较传统的生物材料。其通过特定的化学和热处理得到的生物活性多孔钛，无须另外的原骨细胞或生骨剂，即在活体的体液环境下于多孔体的孔隙表面形成了骨组织。其中，用于实验的植入活体环境是成年猎兔犬的背部肌肉组织，在植入一定时间后发现了新骨的形成。

生物活性泡沫钛植入材料的制备过程如下：先在温度为60℃、浓度为5mol/L的NaOH水溶液中浸泡24h（所得样品表面形貌见图6.42），接着用40℃的蒸馏水浸泡48h，然后以5℃/min的升温速度加热到600℃，并在600℃保温1h，炉内自然冷却。用模拟体液（simulated body fluid，SBF）浸泡检验了样品的生物活性。其中，所用模拟体液的pH值为7.40，

离子浓度为 Na^{+} = 142.0mmol/L、K^{+} = 5.0mmol/L、Ca^{2+} = 2.5mmol/L、Mg^{2+} = 1.5mmol/L、Cl^{-} = 147.8mmol/L、HCO_3^{-} = 4.2mmol/L、HPO_4^{2-} = 1.0mmol/L、SO_4^{2-} = 0.5mmol/L。模拟体液浸泡 7 天后发现样品上出现了磷灰石沉积物，这说明该样品在活体内将具有成骨能力。

图 6.41 等离子喷涂技术所得泡沫钛的多孔结构

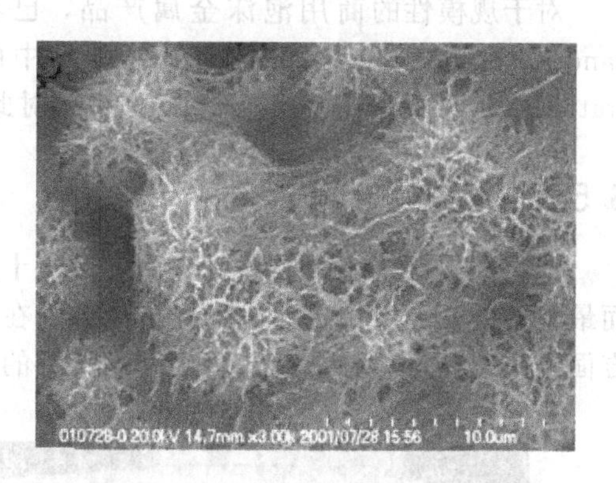

图 6.42 经化学和热处理后泡沫钛块体表面的高倍放大图像

将上述生物活性泡沫钛植入猎兔犬体内 12 个月后，发现多孔样品孔隙内部表面上有骨质形成(图 6.43)。这些结果说明，在孔隙相互连通且孔径尺度合适的多孔结构上，可以长入细胞和组织，未发现结晶和病理钙化现象。泡沫钛内部相互连通的大孔（孔径为 300～500μm）结构对于骨质生成是有效的，其在骨生成过程中起到重要的作用，成骨细胞和生骨成分可成功地捕集在这种大孔结构中。

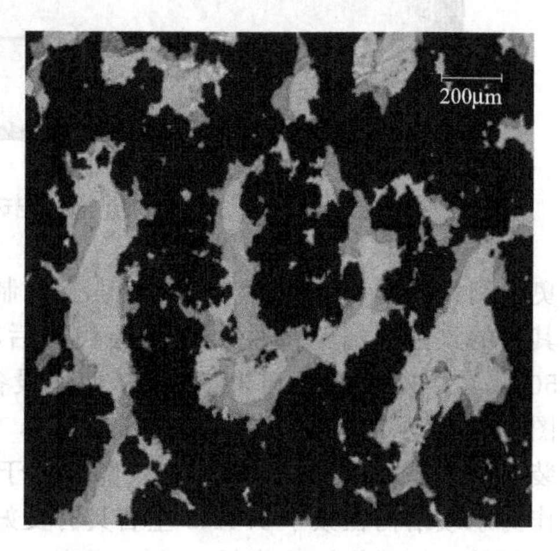

图 6.43 表面用甲苯胺蓝着色后的光学显微照片：显示孔隙内部表面形成的大量新骨组织

该研究显示，如果可以处理成在宏观上和微观上都适当的结构，即使不含钙和磷的金属也可以成为生骨材料。这为生物组织再生翻开了新的一页。

最后需要提及的是，泡沫金属植入体在活体内由于体液的作用会产生一定程度的腐蚀现象。研究指出，有关金属植入体的许多腐蚀现象都为电化学驱动。有别于常规密实金属，多孔结构导致金属的局部腐蚀。除表面积这一影响多孔金属腐蚀速率的主要因素外，还存在依赖于材料几何形状的裂隙腐蚀以及依赖于材料成分和结构的点蚀等现象，所以多孔金属植入体的腐蚀行为是一种复杂的局部腐蚀。其腐蚀速率除与金属表面积有关外，还与内部孔隙的形貌、结构和数量等因素密切相关。因此，还需要通过适当的表面处理，来提高生物医用泡沫金属材料的耐蚀性能。

总的来说，泡沫金属的植入是一个多因素的设计过程，需要考虑耐蚀性、钝化水平和骨质黏附的可能性等材料性能，需要考虑泡沫金属的应力-应变行为和各种载荷条件下的匹配性等力学特性，还需要考虑孔隙尺寸、孔隙形状和孔隙分布等疲劳强度优化参量以及开孔泡沫金属中骨质内生长等参量。只有这样，才能获得成功的植入，更好地为患者解除疾苦。

6.5 商业应用

对于规模性的商用泡沫金属产品，已有一些专题文献介绍。本部分主要根据《Advanced Engineering Materials》第 10 卷中的“Porous metals and metallic foams: current status and recent developments”一文，对此进行一个比较简单的总结。

6.5.1 泡沫铝

泡沫金属已有多年的商业应用，近二十多年重要的商业发展是闭孔泡沫铝的结构用途，而最重要的商业应用仍然是开孔泡沫金属在过滤器、气控设备、电池、生物移植体和轴承等方面的用途。世界各地有许多生产泡沫铝的公司，遍及日本、德国、美国、中国、加拿大、

图 6.44 某公司采用泡沫铝环代替致密金属铝部件制造的真空起重器

奥地利、韩国等地。图 6.44 是某公司制造的真空起重器。其中的致密金属铝部件由泡沫铝代替后将整机的质量减轻 50kg（从 82kg 减轻到 32kg），从而使设备易于搬运和操作。图 6.45 所示的支架为另一泡沫铝部件，其在铸造铝合金中装有两个 Alporas 泡沫铝芯。该部件用于切割和研磨机器中作为承载结构在频率 370Hz 左右具有良好的减振能力，与常规部件相比可将振动降低 60%。此外，Alporas 泡沫金属还可用于其他多种场合，如作为赛车底盘前端的防碰件（图 6.46）等。

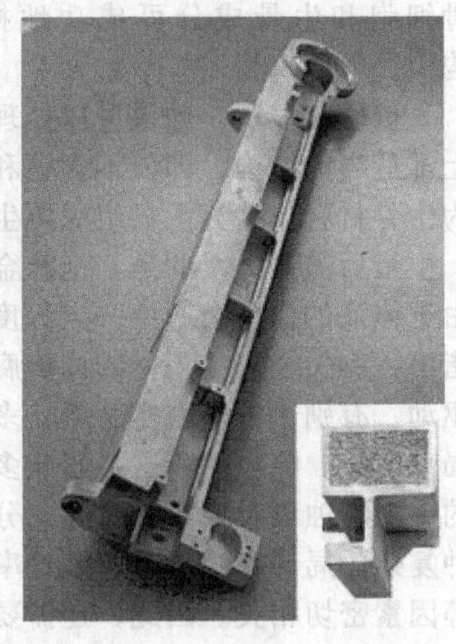

图 6.45 包含 Alporas 泡沫金属芯体的支架（部件整体长度 1900mm，其中，泡沫金属芯体长度 1580mm）

材料结构的选择一般基于其最终的用途。闭孔泡沫金属具有良好的力学性能但不能利用其内表面，因此主要是作为结构、承载应用。而功能应用一般需要涉及材料内部，所以开孔泡沫金属主要是承载能力不作为第一目标的功能用途。近来对于闭孔泡沫金属的绝大多数研究都集中于泡沫铝，其他金属的泡沫体研究也正在开展，包括钢、锌、镁、金等。铁基泡沫被考虑作为泡沫铝的备选材料，这是因为钢具有比铝更高的强度和更大的能量吸收能力。但钢比铝的密度更大，且更高的熔点对低成本泡沫体的生产提出了挑战。

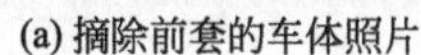

(a) 摘除前套的车体照片

(b) 赛车全貌

图 6.46 赛车模型的防碰件

6.5.2 开孔泡沫产品

当今泡沫金属规模最大的工业应用或许就是 NiMH 电池和 NiCd 电池的多孔电极，该场合所用必须为开孔网状泡沫产品。一些专业性厂家，如美国的 Vale 国际镍业公司等，每年都生产大量的泡沫镍来满足这一用途。随着能源业的发展，今后对其他类型的电池（如锂离子电池）的需求可能将会减少，而结构均匀可控且性价比合适的泡沫镍将可能会获得大规模的其他应用。

生物移植产品是开孔网状泡沫金属结构的又一重要用途。多孔涂层已经成功用于整形外科多年，并不断发展泡沫金属来改进移植体的使用性能，以提升外科治疗水平。有关的制造和应用市场在日益扩大。

开孔网状泡沫金属在汽车工业的商业应用也有重大进展，如用于柴油机排放物的过滤和催化转化。

开孔泡沫金属还已用于燃料电池，并可望随着燃料电池的大规模商业化生产而得到大规模应用。加拿大的 Metafoam 公司是一家生产开孔网状泡沫金属的企业，其主要产品是用于热交换器的泡沫铜和作为多孔电极的泡沫镍。

6.6 结语

作为多孔材料的应用，泡沫金属相对于泡沫塑料具有强度高以及耐热、耐火等优势，相对于泡沫陶瓷则具有抗热震、导电导热、加工性和安装性好等优势，另外还可以回收和再生。其不但以热性能、声性能、电性能和渗透性能等物理指标优良而获得了诸多功能应用，并且由于体密度低、比强度高、比刚度大、热导率优、能量吸收多、阻尼性能好等特点而在结构用途方面也可供选择。力学性能与声、热等物理性能的结合，为泡沫金属的工程应用开创了广阔的前景。泡沫金属可承受大的压缩变形和吸收大量的能量，能量通过孔壁/孔棱的弯曲、屈曲或断裂而耗散，对于给定能量在泡沫体上产生的最大力总是低于对应的致密体。但人们对泡沫金属的力学行为还没有很好了解，一些重要的问题还有待于进一步解答。实验研究显示了为人所需的性能，但定量的结果并没有很好建立。可见，为了进一步优化泡沫金属在不同领域和各个方面的应用，尤其是功能-结构一体化应用，进一步拓宽泡沫金属可能的应用范畴，对其结构指标和性能指标的综合优化组合以开展更深入的研究工作，将具有十分重要的意义。

第7章 泡沫陶瓷的应用

7.1 引言

相对于传统材料来说，多孔结构的泡沫陶瓷是一种新型的陶瓷材料。其制造始于20世纪50年代末，而较显著的发展和工业应用则始于20世纪70年代，初期仅作为细菌过滤材料和铀提纯材料使用。随着制备工艺技术的不断提高以及各种高性能产品的不断出现，多孔陶瓷材料的应用领域和应用范围也在不断扩大。因其透过性好、密度低、硬度高、比表面积大、热导率小以及耐高温、耐腐蚀等优良特性，从而广泛地应用于冶金、化工、环保、能源、生物、食品、医药等领域，作为过滤、分离、扩散、布气、隔热、吸声、化工填料、生物陶瓷、化学传感器、催化剂和催化剂载体等元件材料。此外，多孔陶瓷还可用于防火材料、气体燃烧器的烧嘴、高温膜反应器、制造业中的散气隔板、流态化隔板、电解液隔板、生物发酵器等。其中，由堇青石、莫来石、碳化硅、氧化铝、部分稳定化氧化锆及一些复合材料体系（如SiC-Al_2O_3、Al_2O_3-ZrO_2、Al_2O_3-莫来石，莫来石-ZrO_2等）制造的多孔陶瓷，已在电子学和生物医学等方面有着特殊的用途。

作为一种利用物理表面的新型材料，泡沫陶瓷还可用来制造各种分离装置、流体分布元件、混合元件、节流元件，以及多孔电极、保温材料、轻质结构材料等。

下面对多孔泡沫陶瓷材料的几项主要用途进行逐一的介绍。

7.2 过滤与分离

由多孔陶瓷的板状或管状制品组成的过滤装置，具有过滤面积大和过滤效率高等特点，广泛应用于水的净化处理、油类的分离过滤，以及有机溶液、酸碱溶液、黏性液体、压缩空气、焦炉煤气、甲烷、乙炔等的分离过滤。特别是多孔陶瓷具有耐高温、耐磨损、耐化学腐蚀等优点，因而在高温流体、熔融金属、腐蚀性流体、放射性流体等过滤分离方面，显示出其独特的优势。

7.2.1 熔融金属过滤

随着科学技术尤其是航空航天、导弹和电子技术的迅速发展，对铸件等金属制品的要求也不断提高，故使用过滤方法获得洁净金属的技术受到国内外的普遍重视。而高温过滤正是多孔陶瓷适合应用的特长。在铸造业中，经常使用泡沫陶瓷过滤器以除去熔融金属中的非金属杂质。作为熔融金属过滤器，其服役条件相当苛刻，要求多孔陶瓷不但要有足够的强度和较好的抗热震性，而且要有抗金属冲刷能力并不与过滤金属起高温反应。因此，过滤器材质的选取首先要考虑所过滤金属的性质，通常为多组分金属氧化物（表 7.1），含有硅酸盐、莫来石、堇青石、碳化硅、氧化锆等，将这些原料复合制成两层或三层过滤系统。

表 7.1 熔融金属过滤器及其应用和性能

品牌	组成	适于过滤的金属	性能
Celtrex	55% Al_2O_3 · 38% SiO_2 · 7%MgO	铁合金	除渣率高
Coming	77% Al_2O_3 · 23% SiO_2	低碳钢，不锈钢	适于高温下使用(1675℃)
Cerapor	氧化铝，SiC，堇青石，ZrO_2	铝，铁，铜，青铜，钢，锌	双层或三层结构
Udicell	氧化铝，莫来石，ZTA，PSZ	超耐热合金，低碳钢，不锈钢	容量大(120t)
Alucel	92%的氧化铝和部分莫来石	有色合金	抗热震性好，适于较少量过滤
Selee	氧化铝，PSZ	铝，铁，钢	过滤速度快

开孔的多孔陶瓷最普遍的应用就是熔融金属过滤器、柴油发动机排气过滤器、工业热气过滤器等。相对于聚合物和金属的多孔体，多孔陶瓷在流体过滤用途中有着自身明显的优势，即其更耐高温、更耐苛刻的化学环境和更耐磨损。抗热震性也很重要，其强烈地依赖于孔隙尺寸（随孔隙尺寸增大而提高），而对密度的依赖程度较小（略随密度增大而提高）。

适合于流体中粒子过滤的是孔隙尺寸较大的宏孔陶瓷材料，情况往往是对过滤流体的经过具有最低限度的阻力。因此，过滤器的渗透性高，流体传输方式为流动而非扩散。许多场合下使用挤压成型的蜂窝陶瓷，但也可采用大尺寸孔隙和孔道曲折的网状泡沫陶瓷。对于在铸造之前从熔融金属中过滤出固体粒子的过程，网状泡沫陶瓷（图 7.1）被证明是十分有效的。它们可以除去熔渣、浮渣和其他非金属杂质的粒子，从而减少铸造时的湍流。

图 7.1 用于熔融金属过滤的网状多孔陶瓷元件示例

1978 年美国的研究人员首先研制泡沫陶瓷成功用于铝合金浇铸系统的熔融金属铸造过滤，显著提高了铸件的质量，降低了废品率。我国则从 20 世纪 80 年代初也开始了该方面的泡沫陶瓷研制。进入 21 世纪后，国际上工业较发达国家的铸造行业，已普遍采用对各种金属熔体的过滤工艺，获得良好效果。例如，俄罗斯在生产生钢铁铸件时采用泡沫陶瓷过滤器，很快就将铸件的产品合格率提高到 80%以上；灰口铁和可锻铸铁采用泡沫陶瓷过滤器进行净化生产汽车用曲柄轴，仅机加工废品率就从 35%降低到 0.3%；连续铸钢过程中采用泡沫陶瓷过滤，不锈钢中非金属夹杂物的含量大约减少 20%。

作为举例，表 7.2～表 7.5 分别列出了参考文献提供的当年国内外四个生产商的泡沫陶瓷过滤材料性能参考指标。

表 7.2 美国 Consolldated 铝业公司泡沫陶瓷滤片性能参考指标

材质	网络数 /(pores/in)[①]	体密度 /(g/m^3)	孔率 /%	抗弯强度 /MPa	抗压强度 /MPa	耐温 /℃
氧化铝	20～45	0.35～0.45	85～90	0.9	1.27	1700

① 1in=25.4mm。

表 7.3 日本巴里顿大意亚公司泡沫陶瓷性能参考指标

材质	体密度 /(g/m^3)	抗弯强度 /MPa	膨胀系统 /$(10^{-6}/℃)$	耐温 /℃
堇青石	0.35	1.1	1.4～2.0	1200
堇青石-氧化铝质	0.35	1.5	4.4	1350
氧化铝	0.35	1.8	8.1	1500
碳化硅	0.35	1.85	4.6	1550
氮化硅	0.35	2.95	3.3	1550

表 7.4 山东工业陶瓷研究设计院泡沫陶瓷性能参考指标

材质	网络数 /(pores/in)	体密度 /(g/cm^3)	孔率 /%	抗弯强度 /MPa	比表面积 /(m^2/g)	透气度 /$[m^3 \cdot cm/(m^2 \cdot h \cdot mmH_2O^{①})]$
氧化铝-堇青石	8～70	0.3～0.6	70～90	1.2～3.0	10～80	>400

① $1mmH_2O=9.80665Pa$。

表 7.5 宜兴市芳桥特种耐火材料厂泡沫陶瓷性能参考指标

材质	总孔率 /%	通孔率 /%	抗弯强度 /MPa	热稳定性	荷重软化温度 /℃
氧化铝	90	86.6	3	1000℃投入冷水中不炸裂	1400

各种液态铸造合金在熔炼和浇铸过程中产生的绝大多数夹杂物，均会降低合金产品的使用性能和加工性能，以及铸造成品率。这种影响对铝合金等有色合金和铸钢等尤为严重。铸铁中的夹杂物大都不仅降低产品的力学性能，还显著减小铁水的流动性。分布在晶界上的易熔夹杂物（如 FeS）往往会导致铸件的热裂。另外，夹杂物（如 MnS）的冷却收缩率大于金属而引起缩气孔，并造成局部残余应力。铸件中的非金属硬质点夹杂物还会加大切削刀具的磨损，夹杂物的剥离以及化学和黏附作用则又会影响表面质量。所以，在铸造过程中采用有效的过滤工艺，即可很好地解决这些问题：

（1）铝合金铸造过滤

铝合金在熔化和形成铸件时，易吸入气体和混入非金属杂质，从而降低铸件的使用性能和加工性能。目前研制成功的泡沫陶瓷片，可为铝合金铸件的生产提供高效率的过滤。与通常的单层钻孔筛板和玻璃纤维筛网不同，这种泡沫陶瓷过滤器具有多层网络和弯曲的通孔，可充分滤除铝合金熔体中的细小非金属夹杂物，从而提高铸件的质量。泡沫陶瓷过滤片通常选用堇青石质用于铝合金熔体的过滤，网眼尺寸为 0.8～1.0mm。西安飞机制造公司采用泡沫陶瓷滤片（原参考尺寸：90mm×80mm×20mm），使油泵弯管头、离合器壳体、变扭器壳体等铸件的合格率大大提高。

（2）铜合金铸造过滤

在铸造过程中，有色金属熔体（如黄铜、青铜、锌、锡）同样也会产生氧化和非金属杂物，从而造成大量的废品。如果采用泡沫陶瓷滤片，则可大大降低废品率。用于铜合金熔体过滤的泡沫陶瓷滤片，通常也是选用堇青石质，网眼尺寸为 1.0～1.2mm。西安高压开关厂选用泡沫陶瓷滤片（原参考尺寸：80mm×60mm×15mm）过滤 090、097 高压触头铸件，使废品率由原来的30%～40%降低到3%～4%以下。

（3）钢铁铸造过滤

泡沫陶瓷同样适用于球磨铸铁、合金钢、不锈钢等高温合金的铸造过滤。钢铁合金的密度较大，熔点较高，要求泡沫陶瓷的高温强度、软化温度以及抗热冲击性都要比过滤铝、铜的高。通常选用氧化铝和碳化硅质的泡沫陶瓷过滤片，滤片的网眼尺寸为2～3mm。

泡沫陶瓷过滤片的三维网状结构使其具有以下三种过滤净化机制：一是机械拦截；二是整流浮渣，即过滤片的整流作用使过滤片前的横浇道处于充满状态，使过滤后的铁水呈平稳的层流状态，铁水的氧化和冲刷反应减弱，从而使夹杂物易于上浮和捕获，减少了过滤片后的二次夹杂物；三是深层吸附，即进入过滤片内部的细小夹杂物由于与流动复杂的陶瓷网络充分接触而被吸附于骨架上或被滞留于网络死角中。而耐火纤维过滤网和蜂窝状直孔型陶瓷过滤片的结构则使其只有前两种作用，因此对铁水的净化效果普遍不够明显。

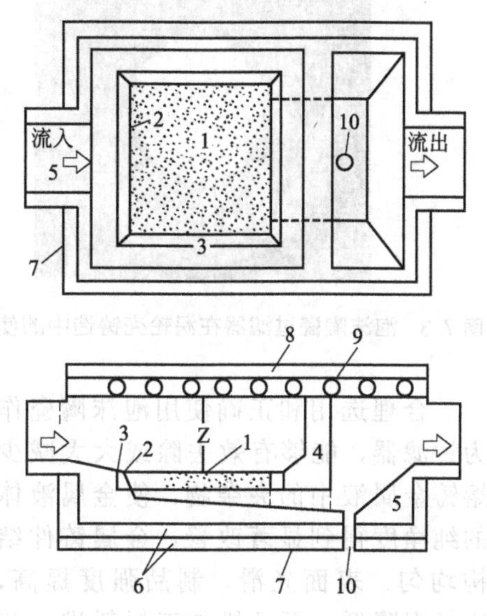

图7.2 熔融金属过滤装置示意图

1—过滤器；2—垫片；3—滤框；4—隔板；5—滤箱；6—隔热材料；7—外壳；8—盖；9—发热体；10—排气孔

过滤熔融金属采用的过滤装置示意于图7.2。

已研制出能够满足有色金属、合金铸件以及铸造、炼钢生产中所需各种性能的泡沫陶瓷过滤器。在进行铝、铜、锌、锡等有色金属及低熔点合金的过滤时，其过滤器通常选用相对密度为0.35～0.55的堇青石/氧化铝混合材料或磷酸盐结合的氧化铝和Cr_2O_3-Al_2O_3系材料。在冶炼黑色金属及其合金时，则因化学活性和浇铸温度较高，而通常使用氧化铝和碳化硅质等具有较高化学稳定性的高温泡沫陶瓷过滤器。因为碳化硅质过滤器在生产黑色金属铸件时不能重复使用，故日、美、英、德等国大多采用氧化铝、二氧化锆以及莫来石制成的泡沫陶瓷过滤器。巴西研制了用无机材料制造的带50nm～1μm厚涂层的陶瓷过滤器，其表面易于被熔融金属所浸润，因此无须金属过剩压头或者大量加热，主要应用于流动性差的熔融金属（如钢）过滤。美国研制了一种由氧化铝制成并带有厚度为0.1～1μm氧化硅涂层的过滤器，几乎可清除金属中含有的全部熔渣夹杂物。

（4）汽车工业过滤

近二十年来，随着汽车产业的发展，汽车铸件需求量占整个铸件产品的比例不断增大，同时对汽车铸件的质量也有了越来越高的要求。夹渣缺陷是汽车铸件中非常重要的一种常见铸造缺陷，降低夹渣比例是汽车铸件生产中遇到的一个重要问题，过滤技术已经成为解决这一问题的有力措施。

过滤技术的日益进步，从简单的多孔过滤片慢慢过渡到过滤效果更好的纤维过滤网，然后再到二维结构的直孔陶瓷过滤片，最终发展到现在的三维结构泡沫陶瓷过滤器，其具有通孔率高、过滤精度高等优点。由于泡沫陶瓷强度适中，过滤效果好，目前在铸造行业特别是汽车铸件中的应用越来越广泛。

泡沫陶瓷过滤器特有的三维结构对提高铸件质量起到了重要作用，其基本功能大致可分为过滤（图7.3）与整流（图7.4）两大类。

过滤的功能和机理已经在本书前面的相关章节进行了论述，下面我们对整流的功能作一个介绍。铁液如果产生紊流，不但会卷入气泡，还会卷入浮出的杂质，从而导致铸造缺陷。泡沫陶瓷过滤器则可有效地防止铁液产生紊流，此外其阻挡作用还可缓和注入铁液对铸型的冲击，从而减少冲砂等铸造缺陷。铁液通过过滤器时，由于过滤器骨架的存在而被分开后又合流，如此产生了搅拌效果，合金添加剂、孕育剂及球化剂等被均匀分散，得到品质均匀的铁液。

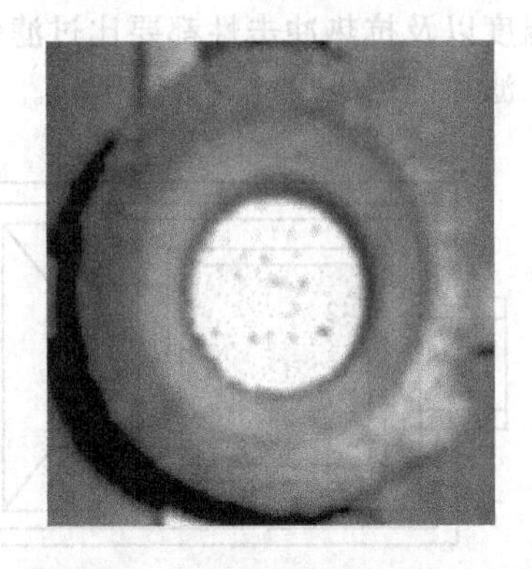

图 7.3　泡沫陶瓷过滤器在涡轮壳铸造中的使用示例

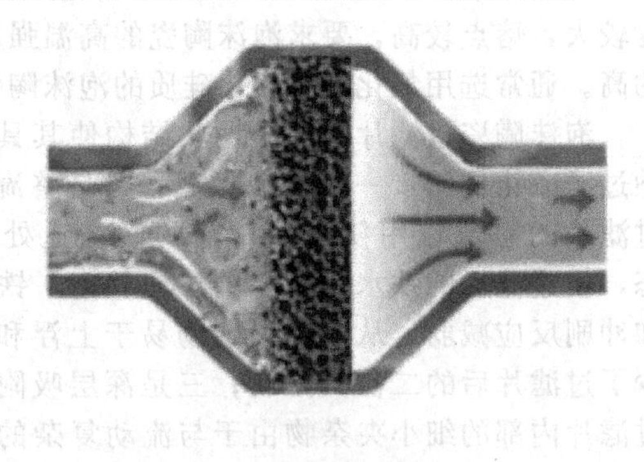

图 7.4　泡沫陶瓷整流机制示意

合理选用和正确使用泡沫陶瓷作为过滤器，能够有效去除或大大减少熔铸金属液中的夹杂物，使金属液体的纯净度得到显著改善，金属铸件结构均匀、表面光滑，制品强度提高，废品率降低，而且机加工损耗进一步减少，劳动生产率进一步提高。

低压铸造 A356.2 铝合金车轮的应用实验表明，泡沫陶瓷过滤器的过滤效果和整流效应都十分明显，可有效解决铸面裂纹，除去熔体中的夹杂，使工件的抗拉强度、屈服强度和伸长率整体趋于稳定，个别粗大夹杂引起力学性能急剧降低的现象得以避免。图 7.5 是通过某泡沫陶瓷过滤器获得的铸件剖面图，显示了良好的过滤效果。

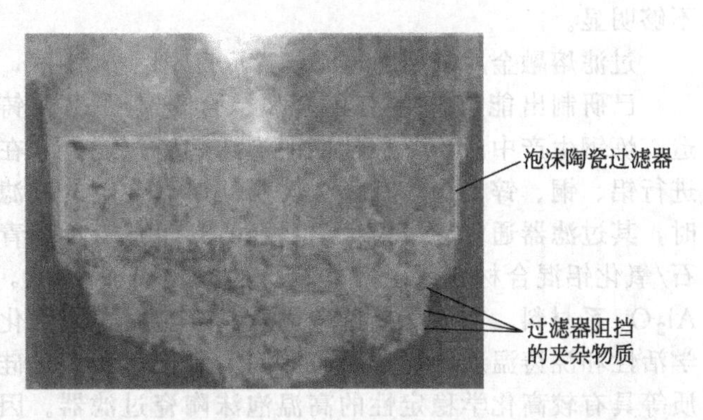

图 7.5　某泡沫陶瓷过滤器的过滤效果图（铸件剖面图）

7.2.2　热气体过滤

在热气过滤方面，滤除高温粒子的高性能多孔陶瓷过滤器，不但可应用于先进的矿物燃料加工工艺，而且还可用于高温工业过程、废物焚化以及柴油机的烟灰过滤。作为一种可行的颗粒清除先进方法，多孔过滤器的成功使用要求两个条件：一是陶瓷材料的热稳定性、化学稳定性和力学稳定性；二是整个过滤器的长期结构持久力（＞10000h）和整体加工设计特性的高度可靠性。这样的过滤器必须经受住气流的化学侵蚀、气流温度和压力的振荡以及夹带微粒的性质和冲击变化，同时保持颗粒清除的高效率、流体的高流量和相对低的流体压力降。在使用过程中，过滤器还必须承受各种机械振动和热应力。这些应用的主要材料有氧化铝、莫来石、堇青石、氮化硅、碳化硅等，而氧化铝/莫来石体系以及堇青石则显示出对非氧化物材料的某些优点。氧化物业已包含了不再进一步发生相变的稳定的氧化物相，它们遇到气相强碱时仍能保持其物理完整性。事实上，长期的蜕变机制可能来自化学反应，特别是与强碱类或蒸汽的反应，它们将影响系统的长期持久力。

在许多场合，清除气体中的颗粒都非常重要：如电厂排出的热气、烃制备的排出物、催化剂再生的排出物、汽车尾气、柴油机排气以及其他工业过程排放的热气等。由煤气化、流化床燃烧和废物焚化过程产生的热气中，普遍在颗粒上存在着碱性沾染物，所以此时通常选用莫来石-氧化铝或黏土-碳化硅来作为多孔陶瓷材料。黏土-碳化硅体系还经常被制造成内部孔径为 40μm 的多孔管道，较小的粒子仍可穿透整个厚度，因此发展了包括表面施加更小孔隙的涂层在内的分层技术。内芯孔隙尺寸为 125μm，而表层孔隙尺寸在 10～30μm 之间。压力降并无太大的增加，仅当表层孔径小至 10μm 时才会出现较高的压力降。

柴油机因其能量利用率高、生产能力大、经济效益好等优点，从而得到广泛的发展。但其排出的有害气体，尤其是气体中黑烟颗粒物对大气环境的污染和对人体健康的危害，也由之加重。许多国家耗费大量资金研究各种控制柴油机排气污染的防治措施。其中，最好的办法还是在排气管路中安装再生型颗粒过滤器。用泡沫陶瓷制备的过滤器排气阻力小、再生方便、过滤效率高，其三维网状结构的孔隙相互连通，孔率达 80%～90%，容重仅 0.3～0.6g/m^3，气体通过压力损失低，颗粒过滤性和吸附性强，是一种理想的颗粒收集器。

7.2.3 微过滤

与柴油机排气和热气过滤器不同，微过滤器工作的流体流速不是很高。用于微过滤的多孔陶瓷孔隙尺寸在 100nm 以上，属于宏孔材料。该孔隙尺寸范围介于细粒子过滤尺寸与大分子筛孔隙尺寸之间。在该尺寸区域，已制出了各种多孔陶瓷材料，有的是用传统方法制备的，有的则是通过溶胶-凝胶法所制备的。使用的材料有氧化铝、氧化锆、堇青石、莫来石等。在食品和饮料工业以及生物技术和药物学应用领域，已生产出用于大分子和生物细胞过滤或捕捉的微过滤器。陶瓷过滤器的功能常常是通过浓缩往往以低浓度存在的反应物，从而以提高化学反应中的物质迁移。所以，这些过滤材料一般称为生物反应器。一个重要的例子即是发酵过程中的酵素固定。其重要特性为流体通过陶瓷传输到捕捉的酵素处并将酵素吸附到陶瓷表面。孔隙尺寸从 5μm 到 100μm 以上，可以比酵素细胞大得多。这就使得酵母可扩散至生物反应过滤器的中央位置。通过陶瓷微过滤生物反应器的使用，发酵时间可减少一个数量级。另外，陶瓷生物反应器还具有易于杀菌消毒和再生的优点，只要加热到 900℃历时 1h 即可。

7.2.4 流体分离

在工业分离过程中，如液-固分离、液-气分离、气-固分离、液-液分离、混合气体分离等，均需大量性能优秀的过滤材料。特别是随着工业的迅速发展，产生出大量气体、液体及固体等形式的有毒性工业废料，造成严重的环境污染，严重影响人类的身心健康，同时也制约了工业的进一步发展。因此，适合上述分离用途的多孔陶瓷过滤分离材料的研究开发，引起人们的高度重视。

无机分离膜是一类孔径范围狭窄的新型开口多孔陶瓷材料，因其分离作用可降低能耗、提高收率、简化操作且处理量大，自 20 世纪 70 年代以来在各工业领域和科学研究中得到越来越广泛的应用。由于无机分离膜具有化学稳定性较好、适于高温高压环境、机械强度充分、清洗简易、再生及抗微生物侵蚀能力强等有机膜所不具备的优点，因而随着科学技术和工业生产的发展，它们在生物工程、医药、化工、食品等工业中展现出广阔的应用前景。

由于孔隙尺寸极小和孔径分布狭窄的需要，无机分离膜通常用溶胶-凝胶法来制备。这些材料一般要由传统粉末加工方法制得的较大孔径（>1μm）的材料加以支撑，其物质传输为扩散方式。这方面具有许多的应用，包括超过滤、反渗透、离子交换凝胶色谱和透析等。

陶瓷膜在食品工业中显示出潜力的超过滤用途有：从酒中分离出石炭酸（苯酚）和丹宁酸，澄清水果汁和醋，以及牛奶的均匀化等。因为在许多工业领域的环境问题变得日益严重，所以也存在着许多其他方面的应用。在不断增长的生物技术工业中，疫苗和酶的浓缩，以及病毒的清除，其应用也颇具意义。有时被称为超过滤的反渗透作用，普遍采用微孔材料。该法一般用于水和其他溶剂的提纯。

微孔材料也可用于气体分离过程。一个主要的用途就是从超过540℃的气化煤、天然气和烟道气中分离出氢来。如果过滤器中的孔隙对氢分子的筛分而言足够小，则可获得高分离效果。这些多孔膜在高温下的应用，将大大提高分离过程的效率。理论预测表明，孔隙尺寸为3nm时将会获得高分离效果。

从分离膜的几何形状出发，可应用宏孔陶瓷制备的多孔管道来支持它。可将凝胶直接铸到多孔管的内侧而形成多孔膜，使用时送入的气体将经过管道的内侧，待分离的物质则通过多孔膜进行扩散并收集于膜壁上（图7.6）。即使对于小如氢的分子分离过程，也可采用这种宏孔陶瓷作支撑体的多孔陶瓷膜。

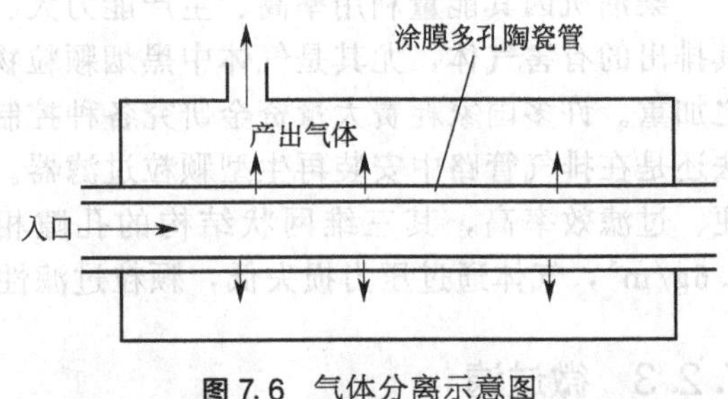

图7.6 气体分离示意图

由于凝胶陶瓷在孔隙尺寸处于微孔或介孔范围时具有吸附水的能力，故还可用于干燥剂。这样的干燥剂要求吸热量低、吸水能力大、水扩散率高，以及化学和物理稳定性好。

多孔玻璃对许多液体和气体都表现出了良好的吸附性。作为粉末型和纤维型多孔体，它们已用于气相和液相色谱的吸附剂。其他用途有用于气体吸附的香烟过滤器，以及有机溶剂的干燥剂和提炼剂。催化用途则包括用于石油提炼的催化剂载体。多孔玻璃还用于酶和病毒的固定，并具有反渗透过滤材料所需的合适孔隙尺寸范围。与其他陶瓷膜一样，相对于像尼龙（聚酰胺）和醋酸纤维素等有机膜来说，多孔玻璃具有良好的热稳定性、机械稳定性和化学稳定性。研究发现，热处理和沥滤条件会对反渗透作用中多孔玻璃的分离效果和渗透性产生影响。由相分离和滤取法制备的多孔玻璃，会增加孔隙尺寸分布狭窄以及玻璃成型性良好的优势。作为反渗透压法用于海水淡化的多孔玻璃，必须对微孔进行必要的表面处理，并将微孔直径控制在数埃（零点几个纳米）之下。

（1）混合气体的分离

为了对混合气体进行分离，多孔陶瓷的微孔尺寸应在10～23nm之间。多孔体的微孔孔径若小到可与气体的平均自由程相比拟（0.3μm左右），则气体在微孔中的流动状况由黏性流（层流）变为分子流，其渗透速度可由下式表示：

$$V=\frac{K\Delta p}{\sqrt{TM}} \tag{7.1}$$

式中 K——比例常数；

Δp——多孔体两侧的压力差；

T——热力学温度；

M——分子量。

从上式可知，气体的透过量反比于气体分子量的平方根，故混合气体通过多孔陶瓷分离器后在多孔体的两侧会出现不同的组成，即在透过侧（低压侧）含有比未透过侧（高压侧）更多的较低分子量组分。

该方面应用的例子如六氟化铀通过α-Al_2O_3隔膜来进行^{235}U的浓缩。

（2）非混合性流体的分离

流体与多孔体的浸润性及表面张力均会影响其透过性能。像水和油这种两相非混溶性液体，若油以微滴的形式分散于水中，则通过多孔体时因油滴粒子尺寸变大，且油与水有不同的密度（油的密度小于水），这样即可将浮于上面的油与在下面的水加以分离。这种因通过多孔体而使油滴变大的现象可称为聚结现象，它可应用于油水分离或药品与水的分离等。

同样的现象还出现在含烟雾的气体中，将这种气体通过多孔体，形成粗大的烟雾粒子，可采用简单的碰撞板将通过多孔体后的气体进行分离。

（3）流体中含有微细粒子的分离

含有微粒子的气体通过多孔体时，其所含微粒即可被多孔体过滤。尺寸大于孔径的固体被直接阻留于多孔体的表面，小于孔径的固体则由于惯性力而沉积于孔道弯曲的多孔体内部。随着沉积层的增大，会出现所谓架桥现象而阻塞微孔的入口。这种被捕集于多孔体上的固体粒子的增多，会增大流体的渗透阻力，因此应视多孔体与固体粒子间或固体粒子相互之间有无黏附性而从其反面进行反吹或反洗。对液固分离可利用架桥现象而进行施加预涂层的涂覆性过滤。由于形成了预涂层，可得到远小于原多孔体孔径的孔道，从而易于使液体澄清过滤。

7.2.5 分离过滤参量

悬浮液过滤是流体通过多孔固体的一项普遍化用途。过滤有两个重要类型。其中一类是在多孔过滤器的悬浮液一侧发生颗粒积聚，其过滤器形成结块的复杂机制当进行流体流动分析时成为一个难以处理的问题。另一类是涉及多孔体本身捕集粒子的深过滤，包括柴油机排气过滤在内的许多环境过滤器均属这一类型。在这个尺寸以下，过滤可为物理化学现象，而在 1μm 时过滤则近乎完全成为物理化学现象。对气体过滤的材料通常采用纤维垫或颗粒堆积床。

膜过滤器具有分子尺度的孔道，物质流为扩散而不是黏滞流。这种过滤器普遍采用超滤和反渗透作用等，其某项重要性能关系到溶质分离的效率。例如，溶质的最大分离因子 $f_{\max}$ 即可定义为流体通过过滤器的反渗透作用：

$$f_{\max}=(m_1-m_2)/m_1 \tag{7.2}$$

式中 m_1——送入过滤器的流体的质量摩尔浓度；

m_2——产出流体的质量摩尔浓度。

分离因子 f 也可根据气体混合物而作如下定义：

$$f=\frac{[x_1/(1-x_1)][(1-x_h)-k(1-x_1)]}{x_h-kx_1} \tag{7.3}$$

式中 x_1——透过气体中物质 x 的浓度；

x_h——送入气体中物质 x 的浓度；

k——由下面的方程给出：

$$k=p_1/p_h \tag{7.4}$$

式中 p_1——透过气体的压力；

p_h——进入气体的压力。

物质传输是一个极其复杂的问题，其所包含的原理也随孔隙尺寸的不同而大不一样。上述讨论只是某些重要问题的简单处理，更全面地理解这一主题将有益于提高多孔陶瓷应用的兴趣。

7.3 功能材料

7.3.1 生物材料

生物材料是人体器官的替换性或修补性材料，自 20 世纪 60 年代以来日益受到人们的重视，其相关研究也日益广泛和不断深入。由于损伤或病变和癌变组织切除而造成组织的重大损失时，只有借助于移植才能痊愈。利用取自患者的不同部位（自移植）、他人捐献者（异体移植）以及其他动物活体或非活体（异体移植）的移植材料进行治疗，不但材料来源有限，还受到割取位置损害处需做复杂的多步外科手术的限制，并有疾病传染的危险。这些因素促成了对人工合成替代材料的巨大需求，该类材料是以满足生物组织工程的功能性和生物相容性准则为条件而特殊设计和制造出来的。

生物活性材料的组织恢复潜力已通过活体研究和临床实践而得以证实，如牙床修复、牙槽骨长大和中耳炎植入体等。将某些含有 SiO_2-CaO-P_2O_5 的生物活性玻璃合成物在没有插入纤维层的情况下结合到软组织和硬组织上，活性种植结果显示，这些复合物无任何局部毒性或系统毒性，也无任何发炎现象和异体反应。生物活性与结晶态羟基磷灰石表面层的形成有关，这层物质结构类似于与体液接触的骨骼无机区域。为了修复大的缺陷，需要三维网架来提供支持组织生长的场所，而不是通常商业生产的生物活性玻璃粉末或颗粒形式。理想的模板必须包括：①具有大孔隙（大于 100μm）的相互连通网络使组织能够向里生长，营养物质能够传输到再生组织的中央；②具有微孔（小于 2nm）或介孔（2～50nm）范围的孔隙以促进细胞的黏附和生物代谢物的吸收，以及在与组织修复相匹配的控制速率下的再吸收。

孔隙尺寸大于 100μm 的多孔陶瓷生物种植已表现出促进骨骼内生长方面的良好性能。这些骨骼替代品具有超越自移植和异体移植的许多优点。在自移植的情况下，并发症出现率较高，骨骼来源不充分，而且手术时间较长。而在异体移植时，又会发生免疫反应、艾滋病的传播或其他传染疾病，还有施体和受体在法律利益与本土风俗之间的问题。

在生物医学应用中作为骨骼替代物的多孔陶瓷，其物理特性取决于生物材料的孔隙体积容量，以及平均孔隙尺寸和相互连接通道尺寸。所以，制造具有优选性能的骨骼替代材料，需要对这些参数实行完美的控制。

在传统生物陶瓷基础上发展起来的多孔生物陶瓷，其同样具备生物相容性好、理化性能稳定以及无毒副作用等特点，用其制作的牙齿及其他植入体均已用于临床。例如，羟基磷灰石陶瓷与人体骨骼及牙齿的无机质成分极为相似，对人体无毒，具有极好的生物相容性和生物活性。将其制成多孔羟基磷灰石生物陶瓷，内含相互连通的孔隙有利于组织液的微循环，促进细胞渗入和生长。前些年研制出来的泡沫陶瓷羟基磷灰石人工骨和义眼用于临床，受到医学界和材料工程学界的极大关注。

近 40 年来，一系列生物实验已证明骨可在多孔羟基磷灰石植入材料中生长。研究还表明：孔径为 15～40μm 时可长入纤维组织，孔径为 40～100μm 时可长入非矿物类骨组织，孔径大于 100μm 时可长入血管组织。而要保持组织的健康生存能力，孔径应大于 100～150μm。大孔径不仅能增加可实现的接触面积以及抗移动能力，还可提供长入生物植入材料连接组织的血液供应。可根据植入需要的不同，制备不同孔径的植入体，在满足生物性能要求的前提下，尽量提高其机械强度。有研究显示，整形植入体的植入可改变周围生物组织在生理功能上的机械应力状态，而这种力学环境与植入体的弹性性能有关。制备多孔植入体可以有效地减小植入材料与周围生物组织之间的弹性不匹配，采用不同的孔率还可对植入体的弹性性能作适当调节。

有研究者研究了在多孔羟基磷灰石陶瓷材料上种植骨髓细胞并植入活体的过程。他们选用孔率约为 60%且连通孔隙平均直径为 430μm 的多孔粒状羟基磷灰石为实验材料，被种植粒子尺寸近似为 3mm×3mm×2mm，实验对象为兔子。首先是将活细胞种在试样颗粒上，然后按两种方式植入活体：第一种方式是将种好细胞的颗粒结构直接植入活体中；第二种方式是将种好细胞的颗粒作进一步培养，经过一定时间后获得体外形成的骨质，再植入活体内。结果表明，包含体外形成基质的多孔体，植入后的骨质形成比种上细胞后即行植入的多孔体要快。这说明当细胞已在体外开始形成骨状组织后，组织工程骨骼植入是更为有效的。此外，研究结果还显示，在种细胞试样直接植入的情况下，经历了比包含体外培养骨状基质试样更长的种植周期，但所达到的骨骼长入程度却更低。图 7.7～图 7.9 示出了上述骨髓细胞在多孔羟基磷灰石上的生长情况。

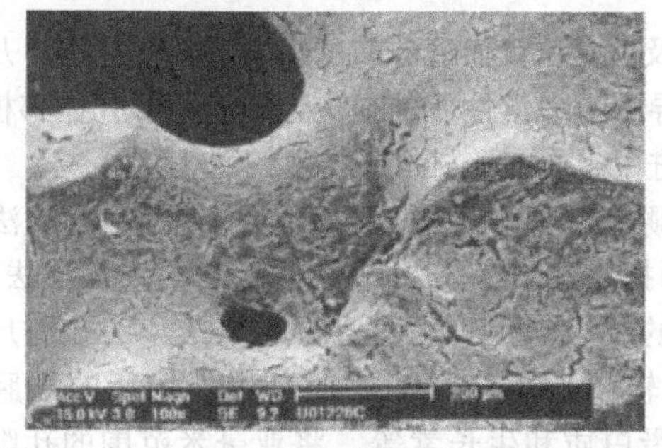

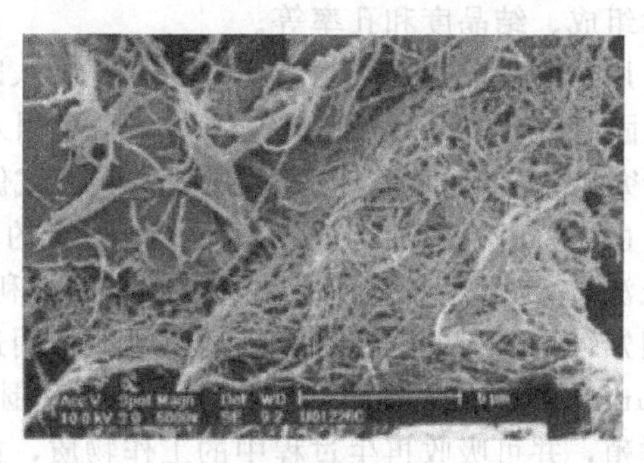

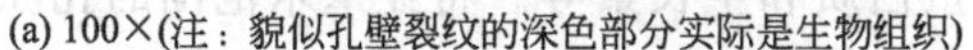

(a) 100×(注：貌似孔壁裂纹的深色部分实际是生物组织)　　(b) 5000×

图 7.7　兔子骨髓细胞在多孔羟基磷灰石颗粒上生长 16h 的形貌示例

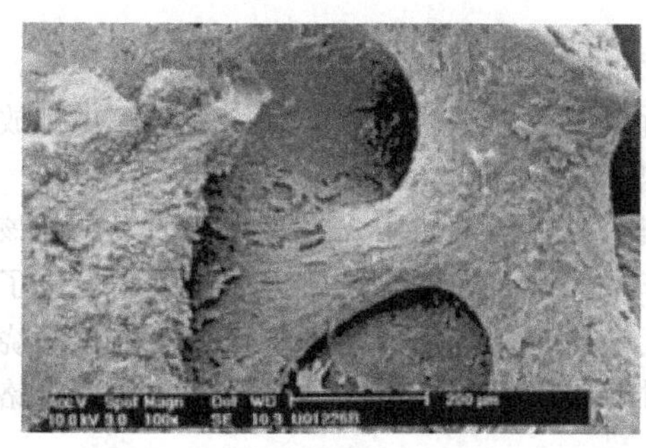

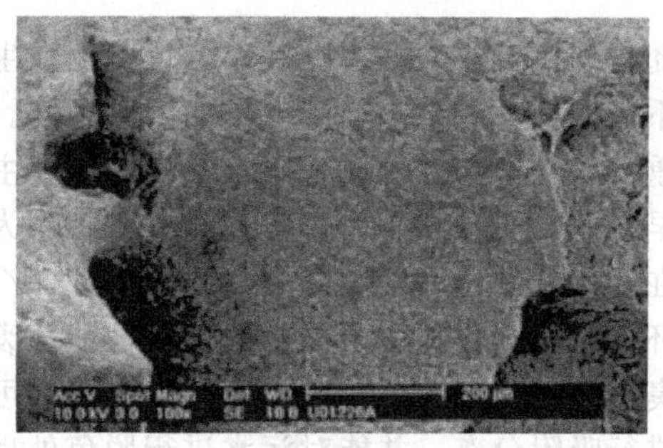

(a) 100×　　(b) 5000×

图 7.8　兔子骨髓细胞在多孔羟基磷灰石颗粒上生长 5 天的形貌示例

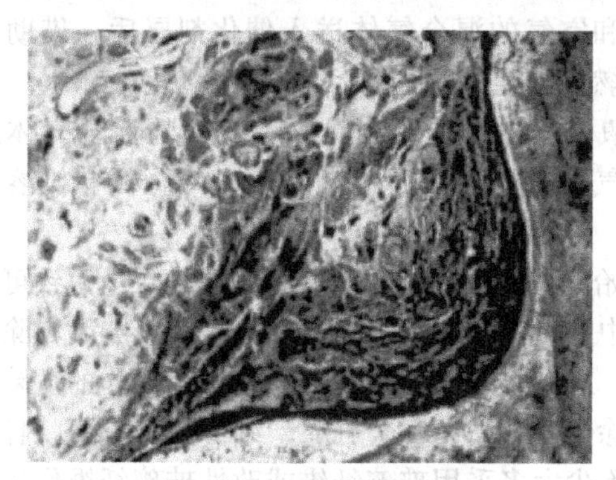

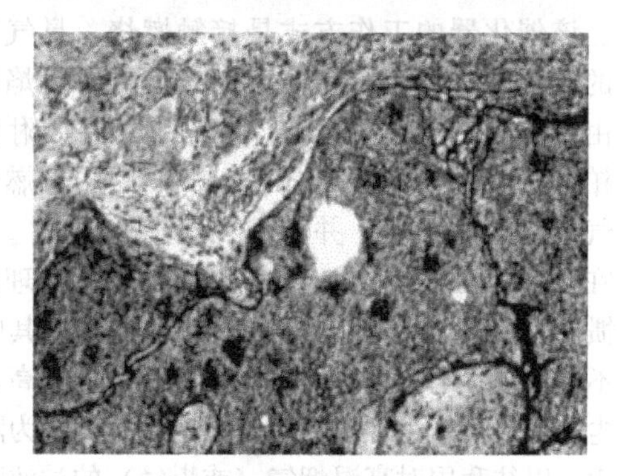

(a) 第一种方式：直接植入(200×)　　(b) 第二种方式：培养后植入(100×)

图 7.9　植入兔子骨髓细胞 2 天后的样品截面光学显微图像示例

尽管陶瓷材料加工复杂且兼固有脆性，但主要由于它们具有高度的生物相容性，故而在骨架修复应用方面仍然得到了广泛研究。一些陶瓷材料因其与体液接触时的高耐磨性和良好的化学稳定性而引起人们的兴趣，另一些陶瓷材料已具吸引力则是因为其反应活性更高，以及能够按控制速度进行再吸收而由新形成的组织所取代。这些均取决于材料的组成。在骨骼修复方面受到很多关注的陶瓷包括广泛用于假体固定结合性材料和骨骼缺损填充材料等含有钙和磷的生物材料。Ca-P组成的成功可归于钙和磷在骨骼再生和增长的自然过程中的本质作用。钙磷基复合物能够在骨骼再生过程中建立起骨骼的理化结合。它们与活性组织的反应程度，关系到生物机体的痊愈能力。而这又依赖于材料的化学性质以及物理结构特性，如矿物学组成、结晶度和孔率等。

用于骨骼修复的材料孔率为骨组织的穿入以及修复位置血管分布的恢复提供了可能，从而提高了固定和痊愈率。尽管陶瓷材料中孔隙的引入导致了力学性能的损失，但利用多孔体移植的活体研究和快速痊愈的临床证据均以肯定的方式促进了生产多孔材料新技术的继续发展。

由制备陶瓷的加工技术来调控，造出的孔隙尺寸可以在纳米级范围（溶胶-凝胶法、干凝胶法），也可以在微米级和毫米级范围（利用挥发相法、有机泡沫体复制法、发泡法）。众所周知，需要大的连通孔隙来适应骨移植用途的组织内生长和血管分布，最小的孔隙尺寸为100μm左右。另一方面，亚微米和纳米范围的较小孔隙，则能够促进植入场所的细胞黏附和增殖，并可吸收再生过程中的工作物质，如蛋白质和生长素等。将亚毫米范围的孔隙和宏孔网架结合起来，可理想地提供类似于骨骼的梯度结构。

7.3.2 环境材料

随着现代工业的高速发展，各行各业在生产中排放的有毒气体和废水也越来越多，如果处理不当，就会严重影响到人类的生存环境。所以，人们对于工业废气废水的净化排放问题日趋重视，环境保护已成为当今社会的一大主题。

早在20世纪70年代，多孔陶瓷就已作为细菌过滤元件使用。经过多年的发展，该材料目前在环保领域已用于工业废气废水处理、汽车尾气排放处理等诸多方面，大大促进了全球性的环保事业。除臭用多孔陶瓷催化器能使废气中的有机溶剂、恶臭气体得以催化燃烧，达到除臭净化功能。在工业废水中，多孔陶瓷可对溶液中的有毒性重金属离子（如六价铬离子等）进行吸附分离，并能对污水进行脱色处理。

除臭用陶瓷催化器中的多孔陶瓷作为催化剂载体，其作用主要有：①提供表面积和合适的孔结构；②增加催化剂的强度和提高催化剂的热稳定性；③提供活性中心和减少活性组分用量。该催化器的工作方式是接触燃烧：臭气和空气的混合气体送入催化剂层后，借助于催化剂的氧化促进作用，在催化剂表面进行无焰燃烧，生成无毒、无味的二氧化碳和水。其原理是由于催化剂（主要为Pt和Pd）具有吸附氧分子的功能。当臭气和空气的混合气体通过时，铂分子吸附大量的氧分子，从而减弱可燃气体分子中原子键的结合力，降低有机溶剂和恶臭气体的起燃温度，并实现无焰燃烧。

在众多的工业部门中，高温含尘气体的处理始终是一个重大课题。高温烟气除尘大致可分为重力惯性除尘、电除尘和过滤除尘三种方式。其中的重力惯性除尘法，设备复杂而庞大，除尘效果也不够理想；电除尘法的一次投资和费用较高，对含尘煤气还存在电火花引起爆炸的危险；过滤除尘则是一种较为理想的除尘方法，其优点为除尘效率高、安全可靠、维修保养方便，且一次投资少。以往我国对高温烟气（或煤气）的过滤除尘大多采用玻璃纤维或改性玻璃纤维作过滤材料，但由于这些过滤材料耐温不能高于400℃，故对400℃以上的高温烟气（或煤气）须先经掺冷空气降温处理后再过滤，这样就得消耗大量的动力。另外，采用玻璃纤维袋时往往因操作不当而致使该纤维袋被高温气体击穿，从而降低除尘效果。如果采用耐高温而且有足够强度和抗热震性能的高渗透性多孔陶瓷材料，则可较好地满足上述的使用要求。

多孔陶瓷在汽车催化转换器上的应用已有较长时间。大量使用的这些陶瓷件通常是挤压成型的堇青石蜂窝体，并在其上刷涂一层氧化铝或氧化硅以增大表面积，最后施加贵金属催化剂如铂等。优选堇青石陶瓷材料（$2MgO \cdot 2Al_2O_3 \cdot 5SiO_2$）是因为其热膨胀低以及抗热震性能高。这在承受汽车尾气排放时出现的严重热震方面是必须具备的条件。柴油发动机的排气温度（150～350℃）一般很低，不足以使其排放物得到充分的氧化。柴油机排放为气体、液体和固体粒子的混合物。其中，二氧化碳、一氧化碳、氮的氧化物、二氧化硫、水以及较轻的烃均呈气态。呈液态的则有未燃烧的和来自润滑油中的可溶性馏分，它们可凝结于固态排放产物之上。除优化发动机设计和使用更清洁的燃油之外，清除排气中的颗粒有以下途径，即使用颗粒过滤器和柴油机氧化催化剂。其中，后者的作用方式是通过降低燃烧温度，使其进入可发生进一步氧化以减少排气粒子的温度区间。但此时将对氮的氧化物排放不产生效果。对于排放颗粒而言，在低排气温度下的过滤手段效率较高（60%～90%）。然而，与催化转换器中的孔道尺寸相比较，捕捉排放粒子所需的孔隙尺寸又是非常小的。这将减小排气流速并会产生背压和较大的压力降。这是一个明显的缺点，因为较大的压力降会增加燃油的消耗。所以，汽车尾气的处理是一个十分复杂的系统性问题，需要对各方面进行综合权衡考虑。

过滤器被捕集的尾气粒子塞满后，可通过加热使粒子氧化而得以再生。常用的普遍加热方法会增加排气系统设计的复杂性，所以又发展了新的微波加热法。

多孔陶瓷还可用于污水处理，此时的应用主要有两个方面：一是利用其吸附性和离子交换性对水中的有机质、细菌等污染物进行物理截留过滤；二是用于固定生物滤池中的生物载体材料。与有机材料相比，多孔陶瓷有着更好的吸附性和对生物的亲和性，作为滤料有处理效率高等优势，但也有质量大、难于加工等不足。

对于城市下水和工业废水，其处理方法之一即是活性污泥的生物学处理。该法是在上述废水中通入好气性微生物——细菌作曝气处理，使废水中的有机物得以分解和净化。其中，曝气处理所用材料即可为多孔陶瓷。提高曝气效果，重要的是使废水中的微小气泡能够均匀分布并发泡。若多孔材料的渗透速度增加，则其气泡直径增大。一般而言，多孔体的孔径越小，气泡就越小，所有气泡的总表面积也就越大。这有利于提高对氧的吸收效率。但孔径太小又影响其渗透量，所以应将气孔孔径控制在一定范围内。

7.3.3 隔热和热交换

（1）隔热材料

由于泡沫陶瓷（闭合孔隙：可减少热辐射和热对流）的热稳定性好、热导率低、密度小、气体吸收少、比热容低以及耐热循环抗热震等特性（相对于其对应的致密体），并可制成各种尺寸和结构形态，所以其主要用途之一就是制造隔热元件。泡沫氧化锆的初步测试表明，等价于太空飞船保护性热瓦的隔热可达到550℃的较高操作温度。另外许多不同的难熔性泡沫材料（如碳、氧化物和非氧化物材料等）也得到了研究。

轻质耐火材料与纤维材料一样广泛用于隔热层。在热工设备中采用表观密度为0.30～0.65g/cm^{3}的优质产品可使燃料消耗降低20%～70%，其制品导热性取决于气孔尺寸、结晶玻璃物组分的导热性和温度等。

泡沫玻璃是将玻璃粉质材料、发泡剂和外掺剂经高温烧结而成的多孔玻璃材料，其孔率为80%～90%，是一种性能优越的新型隔热隔声材料。与其他无机隔热材料相比，具有强度高、热导率小、阻燃、不吸水、抗腐蚀、耐磨损、可锯、可钉、可黏结加工成各种所需形状等优点，从而广泛用于轻工、石油、化工、建筑等部门的保温隔热。

（2）热交换

高温下泡沫陶瓷具有优良的热辐射特性，可用于强化传热和多孔介质的燃烧技术。孔率较高的泡沫陶瓷拥有相当大的热交换面积，将其置于钢坯加热炉的烟道口，炉内高温气体通过泡沫陶瓷进入烟道，并将陶瓷体加热到炉内相近的温度，泡沫陶瓷反过来向炉内辐射热能，从而部分地补偿了炉内向烟道口散失的热量。据日本资料介绍，可节约热能达30%之多。

7.3.4 吸声和阻尼

（1）吸声材料

泡沫陶瓷具有大量三维连通的网状孔隙。声波传入多孔体内部后，引起孔隙中的空气产生振动并与陶瓷筋络发生摩擦。由于黏滞作用，声波转变为热能而消耗，从而达到吸收声音的效果。用于吸声材料的多孔陶瓷，要求有较小的孔隙尺寸（20～150μm）、较高的孔率（60%以上）及较高的机械强度。由于多孔陶瓷优良的耐火性和耐气候性，因而可作为隔声降噪材料用于高层建筑、地铁、隧道等防火要求极高的场合，以及电视发射中心、电影院等有较高隔声要求的场合，并取得了很好的效果。

（2）一种复合氧化物多孔陶瓷制品介绍

众所周知，多孔材料是一类优秀的吸声材料，但金属多孔材料价格昂贵，有机多孔材料又不耐高温，而常用的玻璃棉和岩棉等无机多孔吸声材料则质脆并有害于人体健康。本书作者实验室以天然沸石为主要原材料，添加一定量的其他氧化物和辅料、助剂，研制了一种具有良好吸声性能的复合氧化物多孔陶瓷材料，可克服上述吸声材料的不足，符合某些特殊环境下的应用需求。

① 本多孔制品的吸声性能　改变制备工艺参数，可以获得不同孔率和不同孔径的复合氧化物陶瓷多孔制品（图7.10）。采用驻波管法测试对应样品（表7.6）的吸声性能。使用简便的三分之一倍频程法来测量样品的吸声性能，样品紧贴刚性壁而未留空腔。在驻波管中测出声压的极大值和极小值，再通过 origin 软件的计算得出其吸声系数，实验结果列于表

(a) 孔径为1～2mm

(b) 孔径为3～5mm

(c) 孔径为6～9mm

图7.10　具有不同孔径的复合氧化物多孔制品

7.7，对应作出的直观吸声系数曲线见图 7.11。

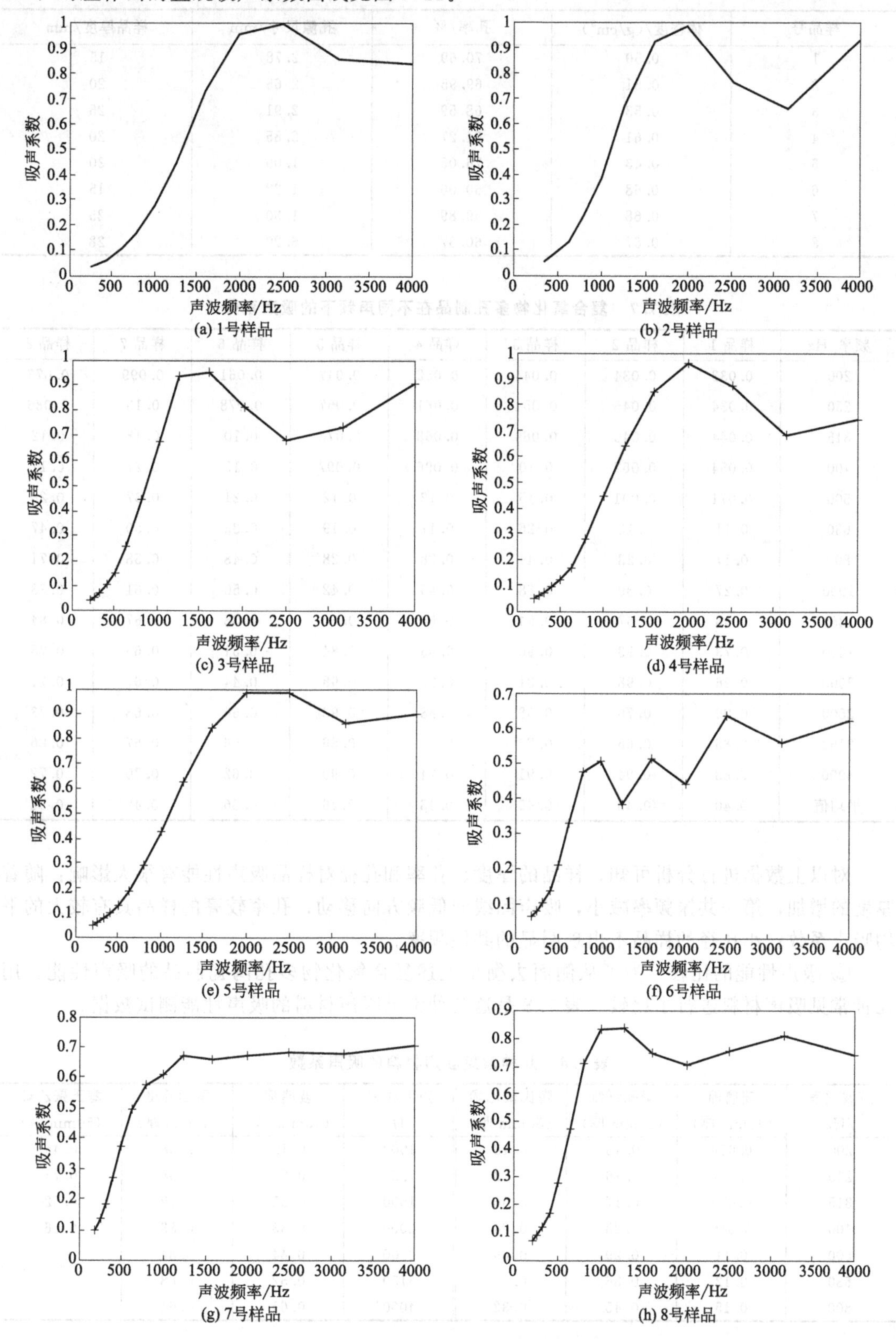

图 7.11 复合氧化物多孔制品的吸声曲线

表 7.6　复合氧化物多孔样品的参数

样品号	体密度/(g/cm^3)	孔率/%	孔隙尺寸/mm	样品厚度/mm
1	0.50	70.69	2.78	15
2	0.51	69.95	2.65	20
3	0.53	68.59	2.91	25
4	0.61	64.27	2.85	20
5	0.43	76.05	1.09	20
6	0.68	60.06	1.22	15
7	0.68	59.89	1.30	25
8	0.67	60.37	6.20	28

表 7.7　复合氧化物多孔制品在不同声频下的吸声系数

频率/Hz	样品 1	样品 2	样品 3	样品 4	样品 5	样品 6	样品 7	样品 8
200	0.032	0.034	0.044	0.052	0.047	0.061	0.099	0.073
250	0.034	0.046	0.054	0.061	0.057	0.078	0.13	0.086
315	0.044	0.046	0.069	0.068	0.073	0.10	0.18	0.12
400	0.054	0.067	0.10	0.096	0.097	0.13	0.27	0.17
500	0.071	0.091	0.15	0.12	0.12	0.21	0.37	0.28
630	0.11	0.13	0.26	0.17	0.19	0.33	0.50	0.47
800	0.17	0.23	0.44	0.28	0.28	0.48	0.58	0.71
1000	0.27	0.39	0.68	0.45	0.42	0.50	0.61	0.83
1250	0.45	0.67	0.94	0.64	0.62	0.38	0.67	0.84
1600	0.73	0.93	0.96	0.85	0.84	0.51	0.66	0.75
2000	0.96	0.98	0.81	0.96	0.98	0.44	0.67	0.71
2500	0.99	0.76	0.68	0.88	0.98	0.64	0.68	0.73
3150	0.85	0.66	0.73	0.69	0.86	0.56	0.67	0.86
4000	0.83	0.94	0.91	0.74	0.90	0.62	0.70	0.72
平均值	0.40	0.43	0.49	0.43	0.46	0.36	0.49	0.52

对以上数据进行分析可知，样品的厚度、孔率和孔径对样品吸声性能有很大影响：随着厚度的增加，第一共振频率减小，吸声图线向低频方向移动；孔率较高的样品具有较大的平均吸声系数；小孔径的样品不出现明显的共振频率。

② 吸声性能的比较　为了从侧面去衡量上述复合氧化物多孔陶瓷制品的吸声性能，用几种常见吸声材料进行了比较。表 7.8 是这几种常见吸声材料的吸声性能测试数据。

表 7.8　几种常见吸声材料的吸声系数

声波频率/Hz	玻璃棉(15mm 厚)	聚酯纤维(45mm 厚)	陶氏聚乙烯(50mm 厚)	声波频率/Hz	玻璃棉(15mm 厚)	聚酯纤维(45mm 厚)	陶氏聚乙烯(50mm 厚)
200	0.058	0.13	0.18	1000	0.19	0.58	0.45
250	0.067	0.16	0.33	1250	0.25	0.68	0.73
315	0.073	0.17	0.66	1600	0.31	0.79	0.52
400	0.086	0.23	0.94	2000	0.33	0.83	0.56
500	0.11	0.29	0.69	2500	0.44	0.84	
630	0.12	0.36	0.41	3150	0.52	0.88	
800	0.15	0.45	0.32	4000	0.61	0.64	

a. 与玻璃棉的比较　玻璃棉吸声材料的形貌见图 7.12。从厚度同为 15mm 的玻璃棉吸声材料样品和上述复合氧化物多孔制品的吸声系数曲线对比图（图 7.13）可以看到，后者的吸声性能大大优于前者。复合氧化物多孔制品的最大吸声系数和平均吸声系数都显著地超过玻璃棉。

图 7.12　玻璃棉形貌照片

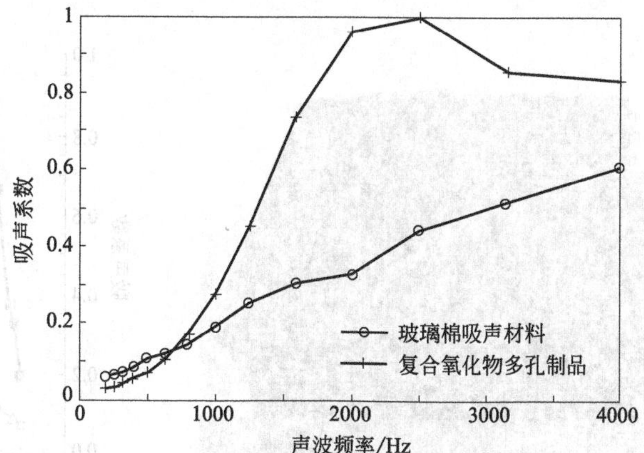

图 7.13　玻璃棉与复合氧化物多孔制品的吸声系数曲线对比图
（两种样品厚度同为 15mm）

b. 与聚酯纤维的比较　聚酯纤维这种吸声材料富有弹性和韧性，因此也可用于吸声填料。在这一对比测试中，复合氧化物多孔制品的厚度为 28mm，与之比较所用的聚酯纤维样品（图 7.14）厚度为 44.14mm。吸声系数曲线对比图（图 7.15）表明，在声频为 500～1600Hz 和 3150～4000Hz 的范围内，复合氧化物多孔制品的吸声系数高于聚酯纤维，其余测试频段内略低于聚酯纤维。总的来看，两种材料的平均吸声系数相差无几，但考虑到聚酯纤维样品的厚度大大超过复合氧化物样品（前者比后者要厚 16.14mm 之多），因此可以认为，复合氧化物制品的吸声性能要好于聚酯纤维。

图 7.14　聚酯纤维形貌照片

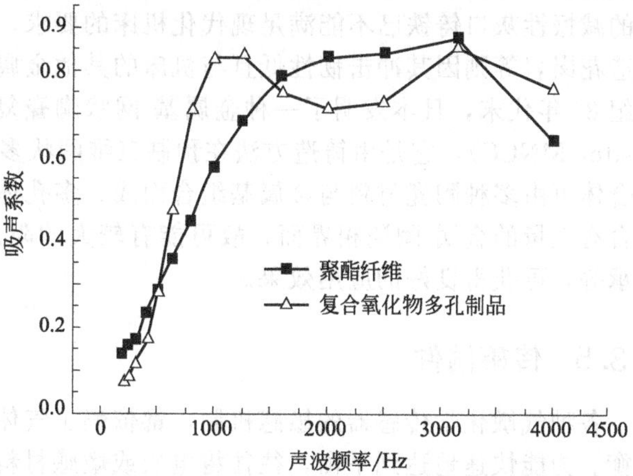

图 7.15　聚酯纤维与复合氧化物多孔制品的吸声系数曲线对比图
（聚酯纤维样品厚度为 44.14mm，复合氧化物多孔制品厚度为 28mm）

c. 与陶氏聚乙烯泡沫材料的比较　陶氏聚乙烯泡沫材料是陶氏化学生产的一种吸声材料（图 7.16），主要用来解决中低频（低于 2000Hz 频段）和潮湿环境的吸声问题。对比聚乙烯泡沫样品厚度为50.48mm，复合氧化物多孔制品的厚度为28mm。由于陶氏聚乙烯泡沫厚度大，并且内部孔壁为穿孔结构，这使得其在中低频范围内具备良好的吸声性能。吸声系数曲线对比图（图7.17）显示，在频率低于500Hz时陶氏聚乙烯泡沫的吸声性能好于沸石多孔材料，而在500～2000Hz范围内则复合氧化物多孔制品的吸声性能更好。鉴于两者的厚度差异，复合氧化物多孔制品在所测频段吸声性能的优势是显而易见的。

图7.16　陶氏聚乙烯泡沫制品形貌照片

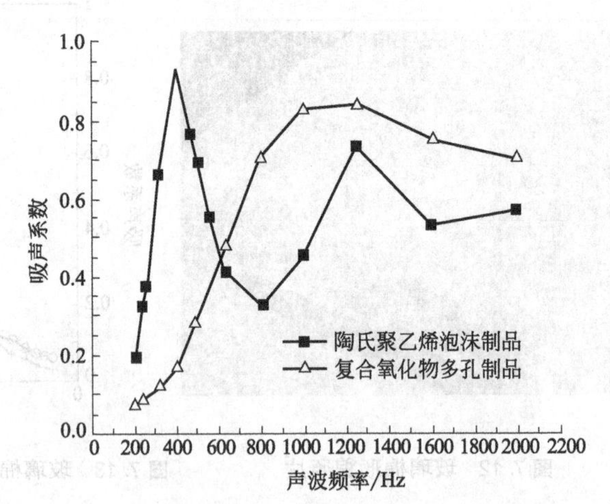

图7.17　陶氏聚乙烯泡沫制品与复合氧化物多孔制品的吸声系数曲线对比图

（陶氏聚乙烯泡沫制品厚度为50.48mm，复合氧化物多孔制品厚度为28mm）

（3）阻尼材料

在机械工程中，尤其是在承受各种动载荷的结构中，都会不可避免地产生一定程度的危害性振动。要解决这类问题，除在结构设计中采取措施外，还应尽可能选择高阻尼的材料。以机床为例，近些年来随着机械加工技术的迅速发展，各种机床都向高精度化、高性能化及高速度化发展，对机床的振动限制也越来越严格。过去机床支撑构件（如床身、导轨等）常用的减振性灰口铸铁已不能满足现代化机床的要求，而采用阻尼系数更高的材料如花岗岩和人造花岗岩等则因其冲击韧性低且与机床的其他金属结构不易配合，故也难以解决问题。20世纪80年代末，日本发明了一种金属基-网状陶瓷复合材料（metal-network ceramics composite，MNCC），它是由铸造方法在预制三维网状多孔陶瓷网络中浇入金属而制成的。这种复合体可由多种陶瓷材料与金属基组合而成，多孔体的密度也可有多种选择。因这类材料内部含有大量的金属-陶瓷相界面，故可能有较大的阻尼系数。如果将其用于机床支承构件或轴承等，可获得良好的应用效果。

7.3.5　传感器件

各种气敏化学传感器的敏感机制，都依赖于气体物质在电极反应区或敏感材料体内达到平衡。为能快速地达到平衡，往往将电极或敏感材料制成具有发达的比表面和气体通道的多孔结构。孔隙结构决定了气体物质在多孔材料中的传输速率，因而也决定了这些传感器的性能。

ZrO_2 气体氧传感器是一种广泛用于燃烧过程控制、气氛控制和气体排放控制的化学传感器，所以其电极常采用多孔结构。电极反应电荷交换场所处于电极/ZrO_2 界面附近，阳极反应产出氧气，阴极反应则消耗氧气。与周边气氛达到平衡的要求，导致气体反应物或生成物的扩散。这些物质将通过多孔电极层到达或离开电极/ZrO_2 界面。当气体扩散跟不上电极反应速率时，传感器的信号变化将会很大。

陶瓷传感器的湿敏和气敏元件的工作原理是将微孔陶瓷置于气体或液体介质中时，介质中的某些成分被多孔体吸附或与之反应，这时微孔陶瓷的电位或电流会发生变化，从而测知气体或液体的成分。

因陶瓷传感器耐高温、耐腐蚀，可适于许多特殊场合，且制造工艺简单，测试灵敏、准确，故具有广阔的开发前景。表 7.9 列出了各种典型的环境气氛传感器。

表 7.9 各种典型的环境气氛传感器

分类	检测材料	检测功能
温度传感器	ZrO_2-CaO，Y_2O_3	温度
	$CoAl_2O_4$	温度
	$NiAl_2O_4$	温度
	Mg(Al，Cr，Fe)$_2$	温度
湿度传感器	$MgCrO_4$-TiO_2	H_2O
	TiO_2-V_2O_5	H_2O
	$ZnCr_2O_4$-$LiZnVO_4$	H_2O
气体传感器	SnO_2+Pd	CH_4，C_2H_6，C_3H_8，i-C_4H_{10}
	γ-Fe_2O_3	C_3H_8，i-C_4H_{10}
	α-Fe_2O_3	CH_4，C_2H_6，C_3H_8，i-C_4H_{10}，H_2O
	ZnO-Ga_2O_3，Pd	H_2，CO
	ZnO-Ga_2O_3，Pt	C_3H_8，i-C_4H_{10}
	$MgCr_2O_4$-TiO_2	H_2S(硫羟系)，NH_3(胺类)，乙醇，酮，醛，羟酸
	ZrO_2-CaO，Y_2O_3，MgO	O_2
	TiO_2	O_2
	CoO-MgO	O_2
多功能传感器	$MgCrO_4$-TiO_2	温度和特定的还原气氛
	$BaTiO_3$-$SrTiO_3$	湿度和温度

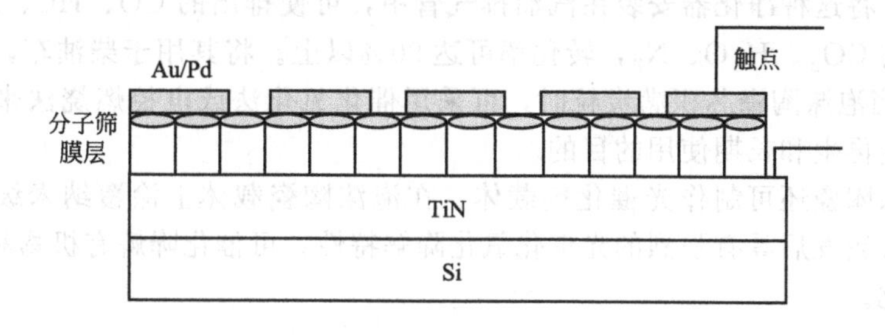

图 7.18 分子筛电容型传感器示意

利用沸石的分子筛性能，也可将其制作化学传感器。一般来说，沸石往往用于表面声波(SAW) 装置以及石英晶体微重分析传感器。这类传感器的工作原理是依据沸石选择性地吸附特殊类型的分子而测出重量变化，但也可能利用吸附分子的极性而获得介电响应。制备对电容量变化敏感的设备，需要一种薄膜构造。通过激光熔融的方法，可在硅基 TiN 膜上得到均匀的沸石薄膜。由此研究了多种基于 $AlPO_4$ 的沸石型薄膜化学传感器。这些刺激了上述材料用以对小分子（如 N_2、CO_2、CO 和 H_2O 等）作探测的研究工作。因为形状和尺寸的可选择性以及可极化性的变化，故沸石薄膜能够用于电容型化学传感器。这些薄膜化学传感器的典型构造形态见图 7.18。

7.4 化学工程

7.4.1 催化剂载体

多相催化剂普遍使用以细分状态存在的金属，这些细微的金属粒子通常可由多孔陶瓷作为催化剂载体来支撑。其必须具备连通的孔隙，且孔隙直径可在 6nm 至 500μm 之间变化。氧化铝是催化剂载体最为流行的选择，但氧化钛、氧化锆、氧化硅和碳化硅等也在另外一些选用对象之列。可将陶瓷粉末挤压成各种形状，如圆筒形、苜蓿叶形或制成中空小球，然后烧结到其最终密度。催化剂载体在促进反应方面承担了主要的作用。在使用同一 Ag/α-Al_2O_3 的系统中，乙烯氧化产物的选择率一度从 65%上升到 80%，其大部分原因是由于氧化铝载体的改善。

泡沫陶瓷还可用于蒸气再生、甲烷重组、氨氧化、多水有机化合物的光催化分解以及焚化过程中的挥发性有机化合物（VOC）破坏等场合的催化剂载体。因为通过这些结构体的曲折路径可引起湍流，从而确保了反应物的良好混合以及径向分散。由于具有大孔和相互连通的孔隙，灰尘的积聚不会造成孔隙的阻塞。与填充堆积粒子的反应器作比较，填充泡沫陶瓷芯座的反应器减少了压力降。若泡沫陶瓷用泡沸石进行涂覆，则比表面积可大大增加。

保持催化剂载体中催化剂与反应物质流的良好接触，就需要有大的表面积，石油的热裂解就需满足这样的要求。

多孔陶瓷具有良好的吸附能力和活性，反应流体通过涂覆催化剂的多孔陶瓷孔道，将大大提高转换效率和反应速率。同时由于多孔陶瓷的抗热震性和耐化学腐蚀性，可在极其苛刻的条件下使用，因而大量用于汽车尾气处理和化学工程的反应器中。而结合多孔陶瓷分离和催化特性的无机分离催化膜，其推广应用可为化学工业带来突破。

随着我国汽车行业的不断发展，汽车尾气排放已成为环境污染的主要来源。由于泡沫陶瓷具有比表面积高、热稳定性好、耐磨、不易中毒、密度低等特点，故广泛用于汽车尾气催化净化器载体。将这种净化器安装在汽油排气管中，可使排出的 CO、HC、NO_x 等有害气体转化成无毒的 CO_2、H_2O、N_2，转化率可达 90%以上。将其用于柴油车，可使炭粒净化率超过 50%。当泡沫陶瓷芯积满炭粒时，可采用催化氧化法或电控燃烧法来消除这些沉积的炭粒，以达到再生和长期使用的目的。

另外，泡沫陶瓷还可制作光催化剂载体。在泡沫陶瓷载体上涂覆纳米级的二氧化钛微粒，其受紫外线激发后具有强烈的光催化氧化降解特性，可催化降解有机物和微生物，从而使空气得到净化。

7.4.2 多孔电极和多孔膜材料

（1）多孔电极

由于固体氧化物燃料电池的 SO_x 和 NO_x 等有害物质排放低且工作效率高，故可替代传统的能量转换系统。其原理是氧通过宏孔 $LaMO_3$ 空气电极并从外循环形成氧离子和电子，然后通过固体氧化锆电解质扩散到多孔的 Ni-ZrO_2 燃料电极，在此处氧离子与燃料中的氢或一氧化碳起反应而完成一个循环。图 7.19 示出的某管形设计空气电极含有大约为 30%的孔隙体积，它须支撑整个管形电池并承受 1000℃下 3.0MPa 的气体压力，同时让空气高速流向电解质。

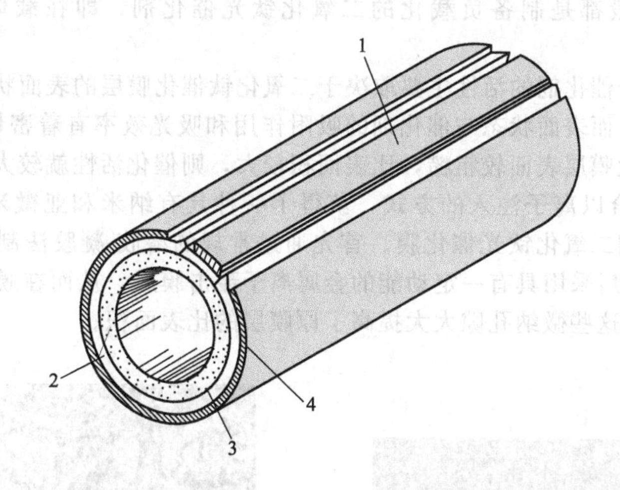

图 7.19　某多孔陶瓷空气电极起支撑作用的管状固体氧化物燃料电池

1—相互结合体；2—电解质；3—多孔空气电极管；4—燃料电极

（2）多孔膜材料

多孔陶瓷与流体（液体和气体）的接触面积大，槽电压远低于一般材料。利用这些特点将其用于优良的电解隔膜材料，可大大降低电解槽电压，提高电解效率，节约电能和电极材料（多为贵金属）。实践中广泛使用的多孔陶瓷膜多为板状和管状，材质有氧化铝、石英、硅酸铝等。多孔陶瓷隔膜在化学电池、燃料电池和光化学电池中均有应用。其中，更引人注目的是固体氧化物电池所用隔膜。

多孔陶瓷膜用于分离膜，可用于化学工业、药品工业、食品工业等领域的油-水分离、固-液分离、气体中粉尘的分离，如菌体或酵母的分离、血球的分离、酒类的澄清等。还可将多孔陶瓷膜制成生物反应器，例如微生物菌体不通过、只回收发酵液的膜。

利用多孔陶瓷膜具备异相、异成分的导入孔的功能，则可以制作化学工业中的陶瓷扩散器、钢铁工业中的吹气耐火部件等。玻璃膜用于单相分散或多相系乳剂的形成，通过孔径的选择可使乳剂的控制自由度大。

多孔陶瓷膜也可用于氧气、燃料气体的化学能以及电能的转换器。例如，氧化锆可用于氧传感器，质子导电陶瓷则可用于氢传感器。此外，还可以氧化铝非对称膜为基础提高膜的精密度及不同膜的形成，如用溶胶-凝胶法（sol-gel）制成小孔径膜，气相法制成氮化硅膜等。

利用静电吸附能够捕集粒度大于 0.01μm（比薄膜孔径小）的微粒。氟系树脂膜长期使用有时会破损，也可能由于压力变化等原因而使膜变形。但陶瓷膜长期使用不变形，且因耐热而可在高温下烘烤。

（3）多孔二氧化钛光催化膜

二氧化钛（TiO_2）不仅具有很宽的价带能级和很高的光催化活性，且具有无毒、性质稳定、耐化学腐蚀和光腐蚀等突出优点，成为更有发展潜力的一种光催化剂，在诸如废水处理、空气净化、石油污染物的清除、抗菌、超级亲水抗雾等有机物降解方面均得到广泛应用。尽管二氧化钛是一种优良的光催化剂，但由于粉体微粒催化剂在实际应用中存在光吸收利用率低，在悬浮相中难于分离回收且易凝聚，气-固相光催化过程中催化剂易被气流带走等缺点，在实际污染治理时使得该项技术的应用受到限制。固定催化剂的负载化技术是解决这一难题的有效途径，也是调变活性组分和催化体系设计的理想形式。因此，目前一般都是制备负载化的二氧化钛光催化剂，即在载体上制备二氧化钛膜层。

负载二氧化钛光催化剂的活性主要取决于二氧化钛催化膜层的表面状态，包括表面积和表面粗糙度等因素，而表面状态与催化剂的吸附作用和吸光效率有着密切关系。研究发现，如果制得的二氧化钛膜层表面较粗糙，比表面积较大，则催化活性就较大。本书作者实验室采用溶胶-凝胶法配合以离子注入的方式，获得了一种具有纳米和亚微米（零点几个微米）孔隙结构的锐钛矿相二氧化钛光催化膜。首先通过常规的溶胶-凝胶法制得密实的二氧化钛膜层（图 7.20），然后采用具有一定动能的金属离子轰击膜层，从而在膜层中形成大量的微纳孔隙（图 7.21）。这些微纳孔隙大大提高了原膜层的比表面积。

图 7.20　一种采用常规溶胶-凝胶法所得二氧化钛膜层的表面形貌

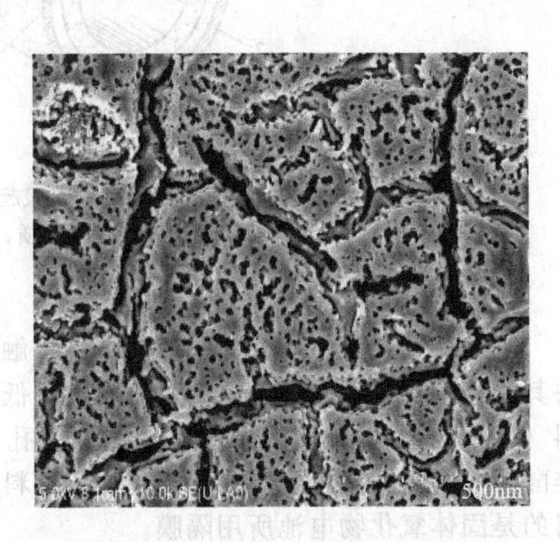

图 7.21　一种通过离子轰击的方式获得的微纳孔隙结构二氧化钛膜层显微形貌

选用甲基橙溶液作为废水模型，光催化实验分为紫外光催化和可见光催化两部分，分别采用 1000W 高压汞灯和 125W 高压钠灯作为紫外光和可见光的光源。在紫外光的光催化实验中，将 1000W 高压汞灯发出的光通过滤波片获得波长为 365nm 的紫外光。溶液的吸光度由 WFJ7200 型分光光度计进行测量分析，使用样品的形状和大小、光催化和分析测试的平行实验条件均对应相同。

二氧化钛膜层的光催化降解甲基橙溶液的对比实验结果见图 7.22。图中显示的是溶液吸光度 a 与光催化时间 t 的关系曲线。其中，图 7.22(a) 对照了紫外光下常规致密膜层与多孔膜层的不同光催化效果，图 7.22(b) 则对照了可见光下这两种膜层的不同光催化效果。图中吸光度随时间的下降越快，即说明降解效率越高，也即光催化效果越好。溶液的吸光度越小，即说明溶液中剩下的甲基橙含量越少，或者说是甲基橙的降解比例越高。光催化降解甲基橙溶液的实验结果表明，无论是在紫外光下还是在可见光下，所得多孔膜层的光催化效果均优于未造孔的二氧化钛膜层。

较高的光催化效果同比表面积增大有关。XRD 分析结果表明，原致密二氧化钛膜层与多孔二氧化钛膜层具有同样的相结构，可见两者的其他条件没有改变，只是孔结构增大了膜层的比表面积。这归因于高速粒子的轰击作用，即具有一定动能的高速离子态粒子轰击二氧化钛膜层后产生了大量的微纳孔隙，这些孔隙增加了体系的总体表面积。

可见，通过常规的离子注入方式，将离子轰击由溶胶-凝胶法制得的二氧化钛膜层，可以得到具有大量微纳孔隙结构的多孔膜层，原膜层保持光催化性能良好的锐钛矿相结

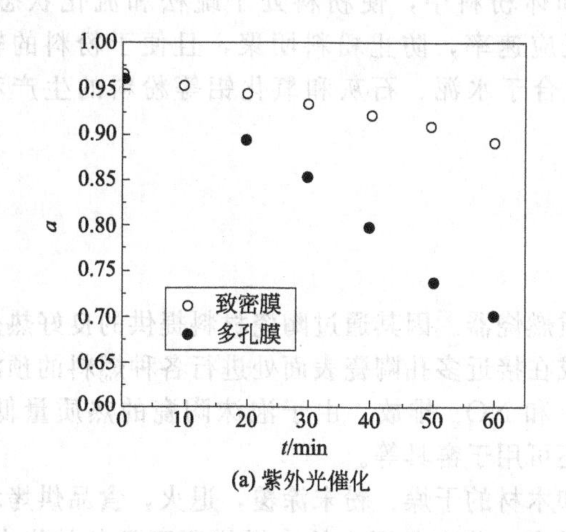

(a) 紫外光催化

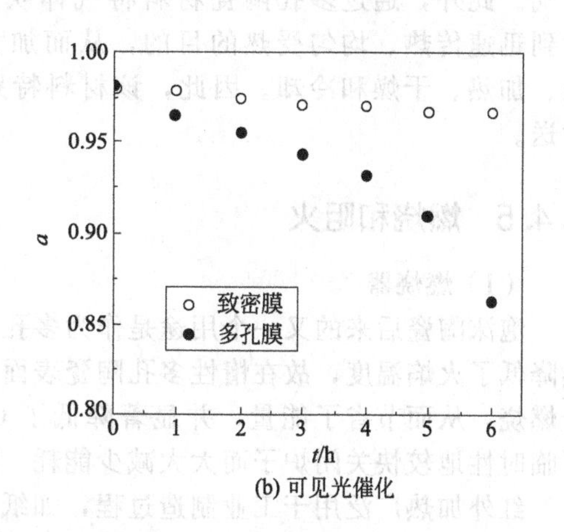

(b) 可见光催化

图 7.22 甲基橙溶液吸光度 a 与二氧化钛膜层光催化时间 t 的关系曲线

构。这些微纳孔隙增加了所得二氧化钛光催化膜的活性表面，从而提高了多孔膜层的光催化效果。

7.4.3 离子交换和干燥剂

（1）离子交换

将沸石作离子交换用途，可避免清除水中 Ca^{2+} 和 Mg^{2+} 而混入磷酸盐杂质的有关环境问题，因而也避免了表面活性剂的析出。这是因为在沸石中的金属离子（如钠）作快速交换，从而清除了水中的 Mg^{2+} 和 Ca^{2+}。沸石也可用于废水和核排出物的处理，在后一种情况下它们的用途是在再加工之前将放射性同位素从储存池水中清除掉。

（2）干燥剂

沸石具有骨架状晶体结构，且孔隙中含有水分子。这些水分子经常发生迁移或被其他分子所置换，水分子通过晶体结构的扩散速率取决于结构中氧环的尺寸。由氧原子的直径和环上氧原子的数量，就可计算出氧环的大小。氧环尺寸是沸石起分子筛作用的基础，它实际上可进行工程设计并生产出在扩散速率方面的某种选择性，不同的分子通过结构的扩散速率也不同。沸石的一个普遍用途即是作为干燥剂，吸收环境中的水分子，如对天然气和其他有机流体等进行干燥。其分子筛作用在许多气体分离应用中也都是重要的，如从天然气中清除 H_2S 等。沸石在环境方面的应用还在不断增多，包括从排气中捕集二氧化硫和氮的氧化物等。

7.4.4 布气

宏孔陶瓷材料的另一个用途是为液体充气和进行压力冲洗等。充气往往是用于气体在液体中的溶解和获得洁净的水，气体在液体中的溶解效率主要取决于气泡的尺寸，而气泡尺寸又取决于气体进入液体所通过的多孔材料孔隙尺寸。液体和固体之间的润湿行为也很重要。例如，孔隙尺寸为 150μm 的酚醛树脂黏结氧化铝产生的气泡尺寸就远大于孔隙尺寸相同的玻璃黏结氧化铝。这归因于酚醛树脂黏结氧化铝的高接触角。

孔隙尺寸为 10～600μm 的多孔陶瓷用于化工和冶金等过程，可增大气-液反应接触面积而加速反应。在城市废水处理的活性淤泥法中，也使用大量多孔陶瓷管（或板）进行布气。此外，通过多孔陶瓷材料将气体吹入固体粉料中，使粉料处于疏松和流化状态，达到迅速传热、均匀受热的目的，从而加大反应速率，防止粉料团聚，且便于粉料的输送、加热、干燥和冷却。因此，该材料特别适合于水泥、石灰和氧化铝等粉料的生产和输送。

7.4.5 燃烧和阻火

（1）燃烧器

泡沫陶瓷后来的又一个用途是作为多孔介质燃烧器。因其通过陶瓷材料提供的良好热交换降低了火焰温度，故在惰性多孔陶瓷表面内或在接近多孔陶瓷表面处进行各种燃料的预混合燃烧，从而节省了能量，并显著降低了 CO_x 和 NO_x 排放。由于泡沫陶瓷的热质量低，可临时性地较快关闭炉子而大大减少能耗，故还可用于窑具等。

红外加热广泛用于工业制造过程，如纸张和木材的干燥，粉末涂覆，退火，食品烘烤和塑料成型等。在多孔介质内部的液体燃料燃烧具有一些在敞开火焰中燃烧所不具备的优点。传统燃烧器必须是相当大并保持高温，以提供液体燃料完全蒸发和燃烧的充分时间。而陶瓷材料的发射率高，故多孔陶瓷燃烧器有很高的辐射输出。孔隙为燃料提供了通过无冷却边界的均匀辐射场的旋绕式通道，确保微滴蒸发并完全反应。因高燃烧率而具有高体积能量输出的燃烧器，可以制成密封的。

液体燃料在多孔陶瓷中燃烧时排放的 NO_x 和 CO 量少。未燃烃类和 CO 排出低，是因为燃料有预热过程，而且排气在高温过燃烧区的滞留时间增长。而 NO_x 排出低则是由于陶瓷介质中的微滴蒸发和混合。这会引起部分的预混合欠燃烧，其火焰温度低于化学计量条件下发生燃烧的扩散火焰。

液体燃料多孔陶瓷燃烧器可用于液态危险废料的焚化。由于这些废料往往是低能含量的燃料，并含有氯化物质，故难以用传统的燃烧器来焚化。因为有较高的体积热释放，所以它们可能会在多孔陶瓷燃烧器中进行有效的燃烧。此外，传统焚化器中形成的烟雾往往成为危险料的凝结场所。排向大气时其本身也变成危险物质。这一问题可由多孔陶瓷燃烧器来解决，因其可在燃烧之前就将液态废料蒸发。其内在设计的燃料-空气混合物辐射预热，也有助于含有较少反应性物质的混合燃料之燃烧。

此外，泡沫陶瓷还可制作煤气灶的节能燃烧板等。

（2）阻火器

在工厂的爆炸喷涂过程中，可能出现工作腔内微爆火焰沿意外方向传播的情况，即火焰沿气体导向燃料传播。为了阻止燃烧和防止突发事故，应安装火焰阻止器即阻火器。这主要是安装在运动气流通道上的多孔隔板，其孔隙必须是开口和相互连通的。其孔隙尺寸则按照确保进入工作腔的气体规定量来作选择，并可熄灭反向传播的火焰。多孔陶瓷即可用来制造这种场合的阻火器。合理的设计还可避免像多孔金属阻火器那样在使用过程中出现局部熔化而造成较快破坏的情况。

7.5 多孔陶瓷应用总体评述

低热导率、耐高温、耐磨、耐蚀等陶瓷材料的固有属性，也成为多孔陶瓷优越于其他多孔材料的特点。因此，在隔热、高温、磨损、腐蚀等场合，多孔陶瓷相对于其他多孔材料而言，具有较大的优势。

鉴于上面已提到的多孔陶瓷材料的特点，有些场合的用途目前主要由该材料来承担，而较少或不能由其他多孔材料承担：如高温气体净化过滤器、柴油机排放物颗粒过滤器、熔融金属过滤器、高温下耐化学品可渗透材料设备、高温隔热件、高温结构镶板芯件、化工过程的分子筛和分离膜、离子交换剂、电磁炉内衬、湿度传感器、气体探测器、热敏电阻、多孔压电陶瓷，以及生物医学方面的骨骼和牙齿功能恢复重组材料等。

多孔陶瓷的各种用途与其孔隙的表面化学特性和尺寸特性密切相关。孔隙的表面化学特性取决于陶瓷的组成、状态（结晶质、非晶质的区别及结晶构造）和孔隙表面处理等因素。如不同氧化物（SiO_2、Al_2O_3、TiO_2 等）的催化作用各不相同，非晶质氧化物中表面的羟基（—OH）等活性基团的有无和多少对表面特性的影响很大。酵素载体是利用表面的硅氨醇中间分子使酵素与玻璃共价结合，而吸附、吸收性能则决定于孔隙表面的化学组成、结晶构造、非晶质、羟基的有无。利用这种吸附特性的不同可作为色谱的充填材料以及吸附尼古丁的烟草过滤器，利用对各种成分的吸附特性不同则可进行有机溶液混合体的分离。孔隙的尺寸特性中最突出的是孔径。小于孔径的物质可通过孔隙而大于孔径的物质则不能进入，由此可对微粒子、微生物和病毒进行分离和过滤。当然，孔隙的分布、形式、比表面积对分离、过滤性能也会产生影响。表 7.10 列出了一些与孔隙特性对应的多孔陶瓷用途，表 7.11 则列出了研究者们总结的一些对应于孔隙形态的多孔陶瓷应用。其中，最为普遍的应用之一就是用氧化硅含量高的多孔陶瓷制造铁合金（黑色合金）的熔融金属过滤器以及用氧化铝含量高的多孔陶瓷制造非铁合金（有色合金）的熔融金属过滤器。

表 7.10　对应于孔隙特性的多孔陶瓷用途

孔隙特性	对应用途	孔隙特性	对应用途
尺寸特性	过滤、分离 微生物的固定 反渗透膜特性 微细发泡	表面化学特性	催化剂载体 吸附、吸收 酵素固定 吸附产物物性变化

当多孔材料作传输用途时，其孔隙的连通性十分重要。它从生物反应器中的多相催化剂和细菌隔离膜，一直到热燃气和柴油发动机排出物的环境过滤器这一应用范围，都是关键的因素。气体分离、隔热、化学传感器、催化剂和催化剂载体、细菌固定、颗粒过滤器等用途，全都涉及多孔体的传输性能。

表 7.11　对应于孔隙形态的多孔陶瓷应用

孔隙形态	对应用途	孔隙形态	对应用途
开口孔隙	金属熔化过滤器 排气过滤器 催化剂载体 多孔燃烧器 气体扩散器 火焰阻止器 骨骼替换材料 细胞/酶/菌的载体 渗透复合材料基体 液体充气元件	闭合孔隙	隔热 冲击能吸收 药物传输系统 高温下的声音衰减 加热元件
闭合孔隙	轻质夹层结构 窑具材料	各向异性孔隙/梯度孔隙	热交换器 气相反应器 分离膜 化学传感器 铸模 功能梯度材料

7.6 结语

不同多孔材料由于其孔隙结构形态的差异和各种材质的互补，以及宽广的孔率范围和一定的孔径分布，它们已得到广泛应用，此外它们还可制作多种复合材料，从而进一步拓展其应用范围。在金属、陶瓷、聚合物这三大种类的多孔材料中，多孔陶瓷具有最高的耐热性、耐磨性和化学稳定性，尤其适合于温度特别高、磨损大、介质腐蚀性严重的场合，但其存在质脆、不易加工和密封以及安装困难等不足。因此，多孔陶瓷增韧、多孔陶瓷件成型和多孔陶瓷件安装等方面都值得加强研究。

第8章 泡沫塑料的应用

8.1 引言

由于泡沫塑料具有质轻、比强度高、隔声、隔热和吸收冲击能等优点，故广泛应用于工业、农业、交通运输、军事、建筑及日常用品等部门，作为包装材料、吸声材料、保暖材料、农用制品、建筑材料、电器材料、医疗用品、机械零件和日用杂品等。在日常生活中，泡沫塑料是一种使用极为普遍的多孔材料。人们对其一般性的典型形态也是极为熟悉的。

泡沫塑料在力学、热学和声学等方面具有良好的综合性能，可用于航空航天、风力发电、体育器材、包装、建筑、冷藏、船舶制造等领域。泡沫塑料的性能及应用主要取决于其基体的物理、化学性质和多孔体的孔隙结构。其孔隙结构特性主要通过孔隙密度、孔隙形状、孔隙尺寸、各向异性率和开孔/闭孔率等参量来表征，这些结构参量对泡沫体的宏观性能有很大的影响。

8.2 隔热保温与包装

隔热是闭孔泡沫塑料的最大用途之一。因为除真空隔热外，在所有传统的隔热体中，闭孔泡沫材料的热导率最低。限制泡沫材料的热流有如下因素：①低的固相体积分数，其实质是固体的热导率大于组成泡沫塑料的另一相——气体；②小的孔隙尺寸，其实质是对应有较大的比表面积，通过孔壁的反复吸收和反射而抑制热对流和减少热辐射；③封闭的气相孔隙，其实质是封闭气相的对流小且气体的热导率低。

现代建筑、交通系统（冷藏车和有轨电车等），甚至是船只都在应用膨化泡沫塑料的隔热性能，小的方面还有日常的冰箱、冰柜和可处理的饮料杯等。

8.2.1 隔热性能的影响因素

用热导率低于空气的气体（如三氯氟甲烷 CCl_3F 等）取代孔隙中的空气，可提高泡沫塑料的隔热性能。一般而言，泡沫体的热导率随孔率增大而减小，但孔率超过某一限度后又会使热导率上升。图 8.1 示出了研究者们总结出来的这一规律。前一个变化规律当然是由于孔率越大，含热导率高于气相的固体成分减少所致。后一个变化规律则是由两个原因造成：一是孔率过大则孔壁太薄而使辐射的穿透性增强；二是孔率过大时，孔壁可能破裂而使孔隙中气相的对流加剧。

热传输还会随孔隙尺寸的增加而增大（图 8.2 是研究者得出的实验结果）。其原因一是在具有大孔隙的泡沫塑料中孔壁总表面积减小而造成对辐射的反射较少，二是直径大于 10mm 左右的孔隙中会开始发生对流作用。

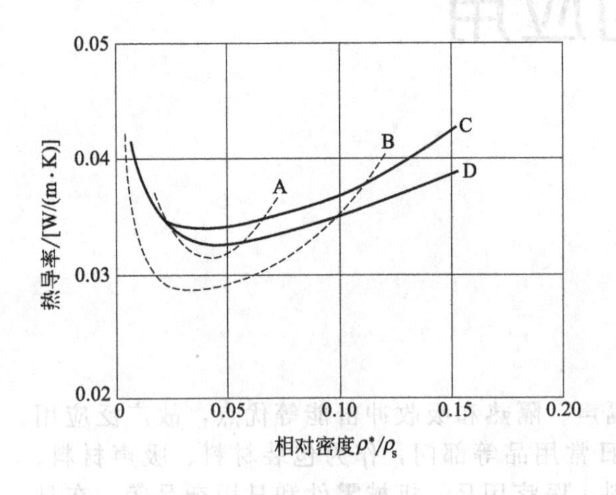

图 8.1 泡沫塑料热导率随相对密度（相对密度越小则孔率越大）的变化规律

A—聚氨酯（PU）；B—酚醛树脂（PF）；C，D—聚苯乙烯（PS）

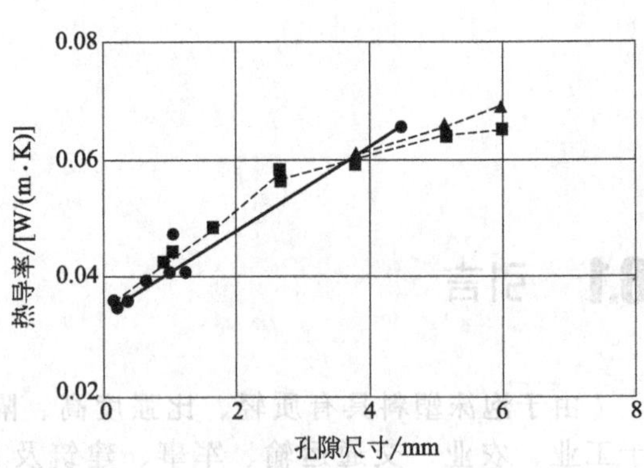

图 8.2 聚苯乙烯（PS）泡沫塑料的热导率随孔隙尺寸的变化

●—相对密度为 0.024；▲、■—相对密度为 0.025

泡沫塑料的时效也会影响其热导率。因为泡沫塑料的热导率大大依赖于其孔隙内气体的传导率，而许多泡沫体都用低导率的气体发泡，封闭气体随着时间的推移慢慢从孔隙中扩散出来，空气则扩散进去。这样就会造成较高热导率的空气逐渐取代原孔隙中的低导率气体，所以整个泡沫材料的热导率会增加。环境温度的提高则可加速上述扩散过程，从而使泡沫塑料的热导率增加较快。

8.2.2 隔热保温与建筑节能

近些年低碳观念的深入使得建筑材料领域的节能、环保问题深受关注。统计结果显示，我国大多数建筑都属于高能耗。

建筑节能要求在建筑物的设计、建造和使用过程中使用节能型的建筑材料，提高建筑物的保温隔热和气密性能，提高采暖供热系统的运行效率，从而减少能源的消耗。建筑节能包括建筑围护结构的节能和供热系统的节能。前者主要有墙体、屋面以及门窗的保温隔热，后者主要有供热热源的节能和供热管网的节能。我国的建筑能耗较大，发展高效保温隔热材料是改善建筑热环境的主要措施。泡沫塑料具有轻质、保温的特性，是理想的节能材料。为此，泡沫塑料与承重材料结合起来在国内外大量用于建筑物的节能复合墙体，其阻燃型产品尤其是聚氨酯泡沫塑料和聚苯乙烯泡沫塑料可以满足密度小、热导率低和吸水率低的选材原则而大量用于屋面保温隔热材料，泡沫塑料还可通过窗框材料的选择以及门窗密封条等方式而用于门窗节能环节。

目前，我国建筑保温材料以聚苯乙烯（PS）泡沫塑料和聚氨酯泡沫塑料为主。其中，聚苯乙烯泡沫塑料质量轻、强度高、保温隔声效果好，通过挤出成型、压缩成型、浇注成型等工艺可生产各种管件、彩钢板、铝箔复合板等，因而其阻燃型产品广泛用于保温风管、墙体、地面、顶面等。而硬质聚氨酯泡沫塑料（RPUF）具有比聚苯乙烯泡沫塑料更低的热导率、更高的抗压强度、更少的产烟量，因而更适合作为隔热保温材料用于建筑节能。

在供热管网保温方面，由于硬质聚氨酯泡沫塑料的密度小、比强度高、耐磨蚀好、吸水率低、隔热效果佳、成型工艺简单、可采用现场灌注和快速施工，因而在管道保温工程中广泛使用。管中管保温结构是指钢管外壁以硬质聚氨酯泡沫塑料为保温层、以高密度聚乙烯为防水保护层的复合结构。该结构耐热、耐腐蚀、质轻、强度高、热导率低、使用寿命长，广泛应用于热力管道上，获得了明显的节能效果。

8.2.3 包装材料

包装是泡沫塑料的又一个重大用途。随着运输工业现代化的不断提高，包装越来越受到重视。特别是对于精密仪器、易碎品和工艺品等，为了便于运输且在运输搬动过程中不受损坏，更要选择合适的包装材料。有效的包装必须能够吸收冲击能或由于减速力而产生的能量，而不让里面的物品受到损害应力的作用。

人们周围到处都有包装：食品要包装，邮递包裹要包装，汽车或飞机上的乘客也需仔细地“包装”安全。包装花费以及由于不适当的包装而造成损坏的物品价值，两者所涉及的总额是巨大的。

保护性包装的本质是将作用于物品的动能转换成某些其他种类的能量，通常是由塑性、黏滞性、黏弹性或摩擦而产生热量。这样便可将作用于包装对象的峰值力控制在造成损害的阈值以下。当泡沫材料承载时，施加于其上的作用力就会做功而消耗动能。在使泡沫体变形至应变 ε 过程中的单位体积功，即为应力-应变曲线之下一直到应变 ε 时的面积（图 8.3）。在短暂的线弹性区，几乎没有吸收什么能量。如图 8.3 中所示，正是应力-应变曲线上长的平台，使得在近乎恒定的载荷下出现大的能量吸收，该平台来自孔隙由屈曲、屈服或压损而产生的坍塌。图 8.3 中吸收同样的能量 W，在三种密度（ρ_1^*、ρ_2^* 和 ρ_3^*）的泡沫材料内产生的峰应力分别为 σ_{p1}、σ_{p2} 和 σ_{p3}，密度最低的泡沫体在吸收完能量 W 之前即产生高的峰应力，密度最高的泡沫体也在吸收完能量 W 之前产生了高的峰应力。在这两者之间有一个优选密度，它在最低的峰应力 σ_{p2} 时就将能量 W 吸收掉。

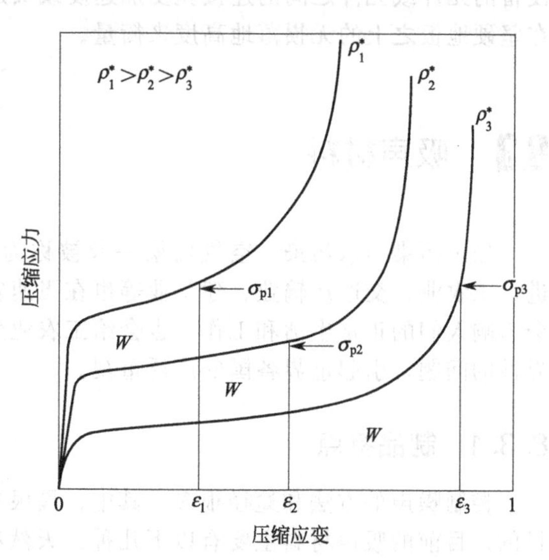

图 8.3 不同密度泡沫材料吸收同样能量 W 的应力-应变曲线

能量吸收有许多作用机制。其中，有的与孔壁的弹性或塑性变形有关，有的还与孔隙内部的流体压缩或流动有关。具体泡沫材料作用机制取决于孔壁材料的性能，以及孔隙是开口的还是闭合的。弹性体泡沫材料（用于衬垫和软垫）的坪应力由孔隙的弹性屈曲来决定，在加载过程中储存下来的许多外部功就会在泡沫体卸载时重新释放。但因弹性体材料会表现出阻尼或滞后现象，故而不是所有的外部功都能恢复，一部分以热的形式耗散掉。塑性泡沫体和脆性泡沫体则不同，其平台区域所做的功完全以塑性功或断裂功或孔壁断裂碎片之间的摩擦等形式而耗散掉。这些材料在高性能包装应用中特别有效，可产生大的可控性能量吸收，而不会出现像初始冲击本身那样的损坏性回弹。

能量的吸收和耗散还有与孔隙内部流体变形相关的其他机制。在开孔泡沫材料受到压缩时，孔隙中的流体即会排出而产生黏滞耗散，它强烈地依赖于应变速率。如果孔隙不小且孔隙流体不是十分黏滞，它仅在高应变速率（$10^3 s^{-1}$ 或更高）下才成为重要的因素。当闭孔泡沫材料发生变形时，孔隙流体受到压缩，储存的能量大都能在泡沫体卸载时即得以恢复。不像黏滞耗散，这种储存机制几乎与应变速率无关。

如前所述，包装的目的是吸收被包装物体的动能，使作用于其上的力保持在某一极限之下。图 8.3 表明，对于给定的包装，存在一个优选的泡沫材料密度，密度太低和太高都会使泡沫材料在足够的能量得到吸收和耗散之前就产生超过临界值的作用力。一般而言，“理想”泡沫材料即应该具有恰好低于临界损坏水平的坪应力，且具有的在应力-应变曲线之下直至密实化开始时应变的面积，恰好等于包装材料每单位体积吸收的动能。

总之，开孔弹性体泡沫材料受到压缩时，能量在孔壁的弯曲和屈曲过程中，以及孔隙流体的挤出过程中得以吸收。而闭孔弹性体泡沫材料受到压缩时，能量则是通过孔壁的弯曲、屈曲和延展，以及包含在孔隙之内的流体（通常是气体）的压缩来吸收。气体压缩产生的应力-应变曲线随应变而上升。当泡沫体的密度低时，气体的相对作用则大，且可以完全控制泡沫体的性能行为（如聚乙烯包装材料中的气泡所起作用）。当密度高，或泡沫体由刚性材料制备时，气体压缩的相对作用就要小得多。所以，对于给定的泡沫材料，存在一个在特性密度下从气体控制性能到孔壁控制性能的转变。

塑性泡沫材料受到压缩时，孔壁因弯曲和延展而做功。孔隙内流体所起作用不如在弹性体泡沫材料中那么重要，因为塑性泡沫体的刚度和强度都要大得多。

如一些精密电子设备的输运，一般都用模制的聚苯乙烯泡沫塑料来包装。这样可以保护设备的元件或元件之间的连接免受加速度或负加速度可能造成的损害，包装效果可通过系统在坚硬地板之上的无损落地高度来衡量。

8.3 吸声材料

噪声污染与水污染、空气污染一起被称为当代三大污染。随着人类社会经济的不断推进，工农业、交通运输业、建筑业等也在飞速发展，噪声污染随之也就越来越严重。它不仅会影响人们的正常生活和工作，也会给工农业生产带来极大危害。因此，噪声污染是当代世界性的问题，引起世界各国的广泛重视。

8.3.1 制品特点

控制噪声的方法和途径很多。其中，最根本的方法即是利用吸声材料来达到吸声降噪的目的。目前的吸声材料主要有以下几种：天然有机物类，如棉、麻和兽皮等；无机纤维类，如岩棉、玻璃棉和矿棉等；金属类，如泡沫铝、金属吸声尖劈等。棉、麻、兽皮等天然有机材料是最早的吸声材料，由于其不防火、易腐烂等原因而使其应用受到很大限制，因此逐渐被玻璃棉、矿棉等无机材料所取代。无机材料虽有耐火、耐蚀和优良的中高频吸声性能，但其质脆、不易施工且会刺激皮肤，所以其应用也有一定的局限性。泡沫金属和吸声尖劈等金属材料的强度高，韧性好，吸声性能优秀，但成本较高。此外，这些吸声材料有一个共同的不足之处，即其低频吸声性能不够理想。

近些年来研制的以聚合物为基体的泡沫塑料吸声材料，如聚苯乙烯泡沫、聚氨酯泡沫和聚丙烯泡沫等，具有优异的中低频吸声性能，并且成本较低，成型工艺简单方便。这些吸声泡沫塑料的吸声机理综合了多孔结构和柔性材料的特征，具有质量轻、加工方便、防水防潮的优点，还可作为贴面材料。

8.3.2 吸声原理

人的听觉频率范围约为20～20000Hz，对应于空气中的波长为17m～17mm。产生声音的振动引起空气压力的变化范围是10^{-4}Pa（低幅声音）至10Pa（疼痛阈值），通常以相对的对数标度来测量，单位为分贝（dB）。分贝尺度是运用闻阈（threshold of hearing）作参考量级（0dB）来比较两个声强。

根据惠更斯原理，声波入射到多孔体表面，通过声波振动引起孔隙内的空气与孔壁发生相对运动而产生摩擦和黏滞作用，部分声能转化为热能而衰减。孔隙内空气与孔壁的热交换引起的热损失促进了声能的衰减。此外，泡沫塑料属于高分子材料，其较长的分子链段易产生卷曲和相互缠结，受声波振动作用时链段通过主链中单键的内旋转不断改变构象，导致运动滑移、解缠而发生内摩擦，由此将外加能量转变为热能而散逸。这种附加的能量损耗使其具有更好的吸声性能。

因为即使是十分强烈的噪声其声功率也是很小的，所以多孔材料吸收声波而将其转换成热量的热值很低，因此泡沫塑料吸声过程中的温度提高可以忽略不计。多孔的或者非常柔软的材料如泡沫塑料，其吸声性能都不错；以地毯和垫子的形式编织的聚合物也是这样。这里发生作用的吸声机制主要有两种：①当空气压入或抽出开口多孔结构时，会产生黏滞损耗，而闭孔则会大大减小吸收；②材料内存在着内在的阻尼耗散，即波在材料自身内部传播时每个周期波的部分能量损耗。大多数金属和陶瓷的内在阻尼能力都较低，而聚合物及其泡沫体的内在阻尼则要高得多。表面的声音吸收比率称为吸声系数。吸声系数为0.8的材料吸收掉传入其上80%的声音，而吸声系数为0.03的材料仅仅吸收掉3%的声音，反射掉97%的声音。

在用于建筑物的声控以及音乐设施（乐器）的声屏和反射器等场合时，多孔固体的声性能显示出其重要性。降低给定的封闭空间（如房间）内声强的途径，取决于它来自何处。若它产生于室内，则可用吸声的方法；而若出自空运和来自室外，则可用隔声的方法。如果声强是通过结构本身的框架进行传输的，则可寻求将振动源分隔开来的途径。泡沫材料具有良好的吸声性能，若与其他材料结合，能有助于隔声。但泡沫材料本身的隔声效果很差，即泡沫材料主要用于吸声而不是隔声。

泡沫材料可制备良好的吸声器，但其隔声效果却不佳。因为隔声程度与声音通过的墙壁、地板或屋顶的质量成比例，此即质量定律：材料越重，其隔声效果越好。现代建筑物的轻质墙壁设计是为产生好的隔热效果，它们的隔声性能一般都不好。而利用超层的砖头、混凝土或铅镶面来增加墙壁或地板的质量可获得很好的隔声效果。

冲击性噪声可直接地传入建筑物的结构内。这种噪声能够穿过弹性材料尤其是钢材构架的建筑物而传输其声振动。与空运声音不一样，这类噪声不为附加质量所降低。因为它由结构的连续固体部分传送，将其减小的途径可通过分离地板以打断声音路径，或将地基建于有回弹力材料之上等，此时即可用上多孔材料。在较大的规模上，建筑物可通过将整个结构建立于有回弹力的衬垫填料之上而达到隔声的目的。

汽车上的热塑性硬质泡沫复合顶内饰，具有吸声性好、重量轻、尺寸稳定、有自增强作用等特性，应用不断扩大。例如，国产热塑性硬泡（硬质泡沫塑料常简称为硬泡）组合料制成的顶内饰已成功用于上海大众汽车有限公司。

8.3.3 聚氨酯泡沫塑料

聚氨酯泡沫塑料作为吸声、隔声和隔热材料等广泛应用于运输、建筑、包装和冷藏等行业：硬质制品以闭孔为主，其隔声和隔热性能优良；半硬质制品为半开孔、半闭孔结构，具有一定的隔声和吸声性能；软质制品以开孔为主，其隔声性能较差，但吸声性能优异。

8.4 分离富集

聚氨酯泡沫塑料自1952年开发后的相当一段时间内，主要是用于包装和织物层合等。由于该泡沫材料的孔率高、比表面积大、孔隙连通，故具有良好的流体力学性能和特殊的吸附、捕集与过滤功能。因此，到1970年即有人开始将其引入分析领域，用于萃取富集卤化物水溶液中具有高极化率的自由分子I_2、芳香化合物、连二硫酸盐和汞、金、铁、铑、锑、钼、铊、铼等金属的卤配离子。此后泡沫塑料的分离富集技术在分析化学中被广泛研究和应用。还有人利用泡沫塑料的上述特殊性能，将其用于捕集大气和水中的有机污染物，如农药、多氯联苯、二酚聚合物等。到目前为止，分析工作者将泡沫塑料的应用主要是放在金属离子的富集和分离，以降低检测下限和测定的选择性要求，实现对痕量或超痕量离子的测试。迄今为止可用泡沫塑料分离富集的元素约有60种之多，且主要集中在元素周期表中的ⅢA～ⅦA区和ⅠB～ⅧB族的元素离子。

8.4.1 工作原理

泡沫塑料分离富集的原理源于其对某种离子的选择性吸附。吸附方式可以通过物理吸附(分子间力，或称范德华力或范德瓦尔斯键合)、离子缔合以及螯合作用等途径来实现。通过改进和选择处理泡沫塑料的试剂，采用合适的洗脱剂及其洗脱方法，可达到较好的分离富集目的。

研究结果表明，一般配阴离子的离子势比简单阴离子的强，与泡沫体的亲和力较大；某些贵金属配阴离子也有较强的亲和力，且有很大的稳定常数，与泡沫塑料具有较大的结合牢固度。静态吸附时，泡沫塑料内部孔隙中的空气会阻碍配阴离子向泡塑（即泡沫塑料）表面的扩散和交换，为此可采用减压方法除去泡塑孔隙中的空气，从而缩短吸附时间，简化操作并改善吸附效果。

在泡沫塑料动态快速分离富集金的过程中，先用去离子水煮沸泡塑10min，再用10%盐酸煮沸10min，并用去离子水洗至中性，用这种方法处理后的泡塑吸附效果良好。分离富集铂、钯、铑、铱和金时，依次用1.0mol/L的HCl、0.6mol/L的KI、0.01mol/L的$SnCl_2$对泡塑进行处理，吸附率近100%。对泡塑作不同方式的处理还可实现对铊的选择性吸附。

对各类金属吸附达饱和后的富集物进行中红外（400～4000cm^{-1}）和远红外（150～

500cm^{-1}）光谱分析，可得出如下结论：①贵金属-碘化亚锡配阴离子与泡塑骨架上的-CH_2-O-CH_2-和-O-C-NHR活性基团有键合作用，且键合作用的性质不随贵金属元素的不同而改变；②泡塑与贵金属配合物之间无配位键生成；③键合作用使贵金属配阴离子与泡塑的活性基团通过静电引力形成离子缔合物。

研究还发现，在I^-存在的条件下，泡沫塑料可定量富集磷酸介质中以$[CdI_4]^{2-}$形式存在的镉，并且富集后的镉可在硫脲溶液中得到完全解脱。

8.4.2 改性应用

为了拓宽泡塑的分离、富集范围，提高其吸附的选择性，人们开始对泡塑进行改进，将萃取剂、螯合剂和显色剂等负载在泡塑上制成负载泡塑。如配合泡塑、螯合泡塑、离子交换泡塑和生色泡塑等。这样既克服了吸附容量小及选择性差的缺点，又能提高分析灵敏度，降低检测下限。如将磷酸三丁酯（TBP）负载在泡塑上可改善对金的吸附能力；以树脂、异氰酸酯和二苯基硫脲为原料，经缩聚、发泡和固化后形成含二苯基硫脲螯合基团的开孔弹性泡塑，与Au^{3+}和Pd^{2+}能形成稳定的内络盐而将其吸附；将1-(2-吡啶偶氮)-2-萘酚（PAN）负载到泡塑上，对Cu^{2+}、Zn^{2+}、Cd^{2+}、Mn^{2+}、Fe^{2+}、Co^{2+}和Pb^{2+}等7种离子具有良好的吸附效果（注：PAN泡塑的制备方法是用0.5%的PNA丙酮液，以2～5mL/min的速度流过泡塑柱，然后用去离子水洗至流出液无色）；将双硫腙负载到聚氨基甲酸酯泡塑（简称PF）上制得的双硫腙-PF，对金的富集倍数达40，回收率在90%以上［注：双硫腙-PF的制备是将PF用水浸洗，挤干后依次用2mol/L HCl、2mol/L NaOH、无水乙醇浸泡各1h，烘干后在双硫腙的氯仿溶液和增塑剂（邻苯二甲酸二壬酯）中溶胀，于50℃烘干，在干燥器内避光保存备用］；将8-羟基喹啉（HO_x）和二苯甲酰甲烷（DBM）组成的协萃体系负载于泡塑，可萃取微量铋；将HO_x-酚酞负载于开孔聚氨酯泡沫塑料上对水中痕量镉进行富集，吸附率高于90%（注：该泡塑的制备方法是将PF用水洗净，挤干后依次用2mol/L HCl、2mol/L NaOH、无水乙醇浸泡各1h，烘干后在HO_x无水乙醇溶液中溶胀，再烘干，用时再加入酚酞）；将1-苯基-3-甲基-4-苯甲酰基吡唑酮-5（PMBP）和邻-噻吩甲酰三氟丙酮（TTA）协萃剂负载于聚醚型聚氨酯泡塑上，可富集微量钪、钇、铵、铒。

另有研究者则利用互穿网络形式，将带有对重金属离子有较强螯合作用的功能基团的线型聚苯乙烯高分子与甲苯二异氰酸酯等共混发泡，得到新型聚氨酯功能泡塑。该泡塑对Cu^{2+}和Ni^{2+}的饱和吸附容量大大提高，可作为湿法冶金的分离富集介质。分离富集Cu^{2+}和Ni^{2+}时除发生物理吸附（范德华力）外，主要是金属离子与功能基的螯合作用。该泡塑还可作为管端控污的新型填充材料，有效捕集来自工厂和矿山废水中的有毒重金属离子，从而有效地保护环境。

金矿的普查勘探对金的分析提出了更高要求，要求分析方法简便、快速、易于掌握且成本低廉。地质样品中金的测定大多采用原子吸收法和分光光度法，有研究者用王水溶矿，在20%王水介质中用聚醚型泡沫塑料对金进行分离富集，以电感耦合等离子体原子发射光谱法(ICP-AES) 测定，得到了较为满意的结果。还有研究者用稀王水溶液加入泡沫塑料吸附金，经硫脲水溶液解脱后用火焰原子吸收分光光度计测定，方法简便易行。通过这种泡沫塑料富集金原子吸收法分析矿石中的金，方法简便易操作，成本低、污染少、分析速度快，可大批量分析样品，并能较好地消除碳、硫及有机物对金的测定干扰。

8.4.3 有机毒性物质富集

20世纪70年代有人将泡塑用于捕集水中污染物，如农药、多氯联苯、二酚聚合物、多环芳烃等，到20世纪90年代又有文献陆续报道用泡塑富集水中的杀虫剂和苯酚等污染物。后来还有人用泡塑对蒸馏水、自来水和河水中的多环芳烃进行富集。

近几十年来，对于作为吸附、分离、富集被测物质以备分析的泡沫塑料，广大分析工作者的主要研究工作集中在以下两个方面：一是设法改进泡塑的预处理及泡塑的吸附和解脱过程，使泡塑具备吸附的选择性；二是将一些萃取剂、螯合剂和显色剂等负载到泡塑上，以形成高吸附率和高选择性的负载泡塑，从而拓宽泡塑分离富集的应用范围。还有待于加强的方面有：进一步提高泡塑吸附的选择性和吸附率；减少洗脱时的损失以提高回收率；探知不同离子和有机物的特效负载吸附剂；将泡塑分离富集技术更好地应用于环境污染的治理；等等。

8.5 其他用途

8.5.1 灰尘捕集

在工作场所或周围大气中关联人体健康的浮质取样，应以生物学的有关内容为基础。有三个方面的浮质是可以确定的，即可吸入部分、进入胸腔肺部部分和进入呼吸道部分。其中，可吸入部分是通过口腔和鼻孔吸入的空气传播尘粒总量中的大部分，进入胸腔肺部部分是可吸入浮质中穿透喉管的大部分，进入呼吸道部分是可吸入浮质中透过纤毛过滤风道的大部分。制造新的取样仪器，需要与这些规则相匹配。过去十几年的一些工作表明，多孔的泡沫塑料介质对浮尘的尺寸选择性取样十分有用。由此可制得有效的局部和区域性取样器，并建立了利用泡沫塑料对浮质进行尺寸选择性取样以测定粉尘和其他浮质的标准。通过浮质取样的检测对照，证明在不同材料的除尘测试中泡沫塑料具有高的灰尘捕集容量。当然，空气取样介质的分离效率还会受到泡沫体中灰尘粒子的载荷量影响。所以，泡沫塑料不但可制造生物环境方面取样的灰尘颗粒尺寸选择器，也可以作为某些场合的空气过滤装置，如防尘口罩等。

8.5.2 结构材料

硬质泡沫塑料具有一定的刚度和强度，可以用于某些要求条件下的轻质结构部件。通过增强来改善泡沫塑料，可达到良好的综合性能，以获得一些重要的结构用途，如代替金属和木材等。例如，曼彻斯特的Rolix用增强复合泡沫塑料生产出完整的小汽车外壳，使用效果良好。意大利已具有500t压力下注塑的玻璃纤维增强泡沫塑料的成型设备。这些材料中制成的部件可采用木制品常用的装配工艺，如以螺钉固定、以U形钉嵌紧等措施。

现代飞机采用的夹层板使用玻璃或碳纤维复合材料蒙皮，蒙皮由金属铝或纸张-树脂蜂窝材料作芯层隔开，也可由刚性泡沫塑料作芯部材料，制成的夹层镶板具有很大的比弯曲刚度和比弯曲强度。还可将这种技术用到另外一些重量为关键指标的场合，如太空飞船、雪橇、赛艇和可移动的建筑物等。

用于建筑的硬质泡沫塑料，美国以聚异氰脲酸酯泡沫塑料为主，而欧洲则以聚氨酯硬泡为主。前者自身即具有较高的阻燃性，而后者则要通过增加阻燃剂用量和在泡沫分子中引入聚异氰脲酸酯结构来提高阻燃性。因从健康角度考虑不宜加入过多的阻燃剂，故欧洲硬泡生产也有向聚异氰脲酸酯泡沫塑料转移的趋势。最近十几年我国深圳、上海、牡丹江等地引进的硬泡复合板材生产线，采用聚氨酯改性聚异氰脲酸酯加适量阻燃剂的配方，制得的硬质泡沫塑料可满足建筑业的要求。目前，我国建筑用聚氨酯硬泡日益受到重视，如拱形彩钢硬泡保温屋面，集结构、防水、保温、装饰等功能于一体，施工方便，建筑物跨度可达 36～40m，具有良好的市场环境。

8.5.3 防火抑爆

飞机的燃油系统一直是整机安全的最薄弱环节。因航空燃油的闪点极低，且携带量不断增大，故燃油存在着难以避免的火灾和爆炸危险。此外，飞机燃油箱有时还受到雷击和静电威胁。所以，燃油箱的防火抑爆是一个非常重要的问题。

早在 1968 年，美国空军就开始在飞机油箱中以充填聚氨酯泡沫塑料的方式来防止燃油的起火和爆炸。这种材料经多次改进和发展，已形成泡沫充填材料的系列产品。20 世纪 80 年代，美国国际收割机公司苏拉分公司研制的“聚酰亚胺”弹性泡沫塑料，在 400℃时仅发生焦化和分解，放出大量阻燃气体。该材料不仅大大降低了重量，而且将寿命提高至基本接近飞机寿命的水平。继美国之后，苏联、比利时和日本等相继仿制成功此类泡沫材料，如苏联的米格-29 和苏-27 等战斗机的燃油箱都充填该材料。

现在对飞机燃油箱的防火抑爆措施很多。其中，在油箱中充填网状聚氨酯泡沫塑料的技术发展较快，也较成熟，且防火抑爆性能好，故在 F-15 和苏-27 及以后的机种中被广泛采用。

上述网状泡沫充填材料采用特殊工艺制造，是一种孔隙全部连通的三维网络结构。该材料结构对于燃油箱内火焰或爆炸的传播相当于三维的防护屏蔽，既可吸收点火能又可控制火焰传播。当飞机燃油箱被击中时，箱内压力升高被遏制，同时箱内泡沫块在高温作用下会积聚成较大的整块，在油流冲击下很快堵在被击中的洞口，防止了燃油向机外喷出，减小了燃油箱起火、爆炸的可能性。另外，泡沫块还可防止燃油的剧烈晃动，防止燃油箱内静电的产生和聚积。泡沫体出厂时多制成块状。安装时切割成所需形状由加油口放入燃油箱中，泡沫块一般占油箱容积的 70%左右。

8.5.4 漂浮性

多孔材料的最早使用市场之一是海上浮标。今天，闭孔泡沫塑料被广泛用于漂浮结构以及船体漂浮。与浮袋或浮腔相比较，泡沫材料的耐损性要好得多，闭孔结构使其甚至在严重损坏时仍能保持浮力。它们不会受到水浸的影响，也不会生锈或腐蚀。漂浮物一般由聚苯乙烯、聚乙烯、聚氯乙烯或硅树脂等泡沫塑料制成。所有这些聚合物都易于获得闭孔泡沫体结构，从而具备优异的防水和抗一般污染物的能力。泡沫材料的漂浮性能可由漂浮因子 B 方便地表征。B 被用来计算对于给定应用场合所需的泡沫体积，其定义为：

$$B=\frac{\rho_{\text{water}}-\rho_{\text{foam}}}{\rho_{\text{water}}} \tag{8.1}$$

式中 ρ_{water}——水的密度，kg/m^3；

ρ_{foam}——泡沫塑料的表观密度，kg/m^3。

取水的密度为 $1000kg/m^3$，取典型的漂浮泡沫塑料密度为 $40kg/m^3$，则得典型的漂浮因子为 0.96。在现代帆船设计中，多孔材料已被用于夹层镶板结构的芯材。这种结构提供了船只甲板和壳体的结构刚性以及浮弹性。

8.5.5 其他

在作透气防水膜方面，泡沫塑料有其特殊的优势。开孔的聚四氟乙烯（PTFE）透气防水布料，可缝制多微孔的防水高质量运动服装和休闲服装。类似的材料被用于人造皮肤，可免烧伤但又透气。因其特殊力学性能，泡沫塑料还可用于广告牌以及其他需要摁拔钉子的场合。它们的表面有点粗糙，故具有较高的摩擦系数，因此可用于盘子、桌子或地板的防滑表层。泡沫塑料片材则可作为墨水、颜料和润滑剂等物质的载体。将这些物质充满泡沫体的孔隙后，当泡沫块受压或受撞击时它们就会慢慢地渗出或排出。

此外，泡沫塑料还具备有用的电性能。例如，电磁波的衰减取决于其传播媒质的介电损失。聚合物泡沫材料的低密度使其具有极低的单位体积损耗因子，适作天线罩和无线电发射的外壳。配以合适的填料，聚合物泡沫体还能制成导体，使其用于抗静电屏蔽层以及价格低廉的传感器。

8.6 不同品种泡沫塑料的用途

软质泡沫塑料的主要特点是柔软、弹性好、开孔率高，适作各种坐垫、衬垫、床垫、服装衬里、过滤材料、吸油材料等。其中，块状软泡（软质泡沫塑料常简称为软泡）塑料则主要用于家具、垫材、复合面料、服装鞋帽与箱包衬里材料等，模塑软泡塑料则主要用于汽车坐垫、靠背、头枕、摩托车坐垫、运动器材等。汽车和摩托车工业的大力发展为聚氨酯模塑软泡提供了广阔的市场。

硬质泡沫塑料的主要特点是热导率低、强度大、闭孔率高，适作冰箱、冷库、冷藏车辆、工业管道和输油管等方面的保温隔热材料、包装材料、衬垫材料、建筑用夹层板等。硬泡塑料作为绝热材料和结构材料，应用得越来越广泛。除冰箱、冷库、冷藏集装箱、管道保温等领域外，在建筑和运输等方面也有较大发展。彩镀钢板硬泡夹层材料已用于体育馆、游泳馆、影剧院、大型厂房的屋顶，保温效果好，施工效率高。某些特种硬泡塑料还可用于直升机机翼填充结构。

半硬质泡沫塑料具有一定的强度，并能吸收冲击能，因此适作防振动材料、汽车保险杠、汽车仪表板衬芯材料等。

下面根据相关文献对几种主要的泡沫塑料用途予以综合介绍。

8.6.1 热固性泡沫塑料

（1）聚氨酯泡沫塑料

该材料用途广，用量大，其主要用于包装、建材、汽车、航空航天、医疗卫生和日用品等领域的消声隔热和防振动降噪等方面。国内近十几年其用量和制品有较大幅度的增长。其中，主要是服装、装饰、包装、消声隔热、防振动降噪、过滤、玩具等用途。

（2）酚醛泡沫塑料

该多孔材料是一种研制较早的开孔性品种，优点是阻燃、耐热、耐火且自熄性好，主要用于建筑保温隔热、核燃料容器隔热（玻璃纤维增强体耐温达1200℃）、花卉保鲜（利用开孔体的吸水特性插入鲜花）及产品包装等。其中，湿法酚醛泡沫塑料主要用于建筑、保温货车、卡车和船舱的绝缘材料、板材和夹层镶板，用氯丁橡胶和聚氯乙烯作保护层或用油毡和沥青覆盖可作低温绝缘材料。干法酚醛泡沫塑料与铝板制成复合件可作为战车的隔板和吊篮底盘以及导弹的尾翼等，以供隔热、降噪、减重之用。隔热酚醛泡沫塑料具有优异的隔热与阻燃性能，广泛用于建筑方面的屋顶保温层及天花板，与其他材料制成复合板还可用于地板下隔层及冷库地板等。由钢、铝复合做成的夹层镶板广泛用于防火隔离墙、野外作业及海上建筑的墙体和屋面材料。此外，优异的阻燃性能还使酚醛泡沫塑料大量用于造船业中，化工容器及管道也用其隔热保温，并开始用于易燃易爆气体容器的保温层和在供热系统取代硬质聚氨酯泡沫塑料。

（3）脲甲醛泡沫塑料

该材料的应用在许多方面已被聚氨酯或聚苯乙烯泡沫体所替代，但因其价格低、密度小及某些独特性能而在某些方面仍有使用。如利用其隔热性能，在建筑、交通运输和化工等领域作保温材料；利用其吸水性和吸附含有机成分液体的性能，用于农业和园艺业植物或花卉的培养以及花卉展览和运输；还可代替部分木浆制成吸液量大、吸水速度快的高吸收性特种纸张，用于防潮带和医用绷带。对其进行增塑和消毒，也可制成吸收性外科手术用海绵和包扎用品，以及妇女卫生用品等。

（4）环氧泡沫塑料

该材料在300℃下仍保持刚性，热稳定性优良，且具有小泡孔结构。其主要用途之一即为制造轻质且冲击强度高的夹层复合板材。此外，利用其耐高温和强度好的特点，可制成用于特殊场合的保温隔热材料；利用其耐油和溶剂侵蚀性好的特点，可制成尺寸稳定的含填料制品，用于检验装置的轻型基础体。其他用途还有防振动包装材料和飞机吸声材料等。采用浇注法可生产飞机用大尺寸和结构复杂的制件。高密度复合环氧泡沫塑料则常用来生产水下装置部件、电子工业用灌封材料和绝缘体。另外，环氧泡沫塑料还可用于管路材料、漂浮材料以及水陆两用坦克浮筒和弹药箱等。

（5）不饱和聚酯泡沫塑料

该材料应用少、用量小，其主要用于制造复合夹层板的芯材。这种夹层板可用于特殊场合的消声、隔热、减振和建材。另外，该泡沫塑料在填充水分后可用于模塑灯具、装饰标牌、制作家具零部件等。

8.6.2 热塑性通用泡沫塑料

（1）聚苯乙烯泡沫塑料

该材料系闭孔结构，隔热性佳，吸水性小，介电性能好，机械强度高，根据制备工艺的不同分为可发性聚苯乙烯泡沫塑料和聚苯乙烯泡沫塑料。对于可发性聚苯乙烯泡沫塑料，一般有：密度为0.015～0.020g/cm^{3}的制品可用于包装材料；密度为0.020～0.050g/cm^{3}的制品可用于防火隔热材料；密度为0.03～0.10g/cm^{3}的制品可用于救生圈芯材和浮标。厚度为0.2～0.5mm的聚苯乙烯纸状制品，可用于航空防滑纸、防潮纸和装饰纸。厚度为1～2mm的发泡片材经热压或热真空成型，可制成各种用途的制品。乳液聚合的粉状聚苯乙烯，在加入固体发泡剂后制成的泡沫制品，密度大（0.06～0.2g/cm^3），可作电气电讯元件等。

（2）聚氯乙烯泡沫塑料

该泡沫塑料具有良好的物理性能、耐化学性能和电绝缘性能，且隔声、防振动，原料来源丰富，价格低廉。根据制备工艺的不同，该材料可分为软质和硬质两种。其中，添加增塑剂的为软质，不加增塑剂的为硬质。前者可作精密仪器的包装衬垫，火车、汽车、飞机和影剧院的坐垫，密封材料，导线绝缘材料，以及衣服、手套、鞋、帽和室内装潢用品等。后者则可用于建筑、车辆、船舶和冷冻、冷藏设备的隔热材料、防振动包装材料和救生漂浮材料等。

（3）聚乙烯泡沫塑料

该材料有交联型和非交联型两大类之分，一般是在发泡剂的作用下产生蜂窝结构。其特点是孔隙闭合、热导率低、吸湿和透湿性小、抗腐蚀等。可用于照相机、电视机、电子计算机、玻璃和陶瓷器皿以及较大机械设备的减振包装，也可用于冷藏车、工业管道、容器以及冬季花木的保温隔热材料，还可用于救生筏、救生圈、救生衣和渔网浮球、踢水板、冲浪板等漂浮材料。利用其优良的电绝缘性能，可通过挤出包覆发泡法制成电线、电缆的泡沫绝缘层。在日常生活中，可用发泡2～10倍的片材，制成密封性好的容器和瓶塞的密封垫片；利用其不变质和无毒性的特点，热成型为食品包装盒，制造暖水壶和保暖饭盒；还可用真空成型法制成安全帽。

（4）聚丙烯泡沫塑料

聚丙烯具有较高的强度、刚度、硬度、透明性和耐热性，还有突出的延伸性和抗弯曲疲劳性，其成型加工性极好。它属结晶型聚合物，类似于聚乙烯，在结晶熔点以下几乎不流动，结晶熔点以上其熔体黏度急剧变小，由此在发泡过程中易形成开孔结构。高发泡聚丙烯可作隔热材料、汽车顶棚材料、包装缓冲材料等。低发泡聚丙烯的挤出制品可用于板材（如门板、屋面板、墙板等）、合成木材、建材、家具、仪器包装、电缆电线包覆层等；注塑制品可用于电器、家具、车辆、日用品等代木、装饰或包装品；吹塑制品可制作合成纸、大型容器等，也可挤拉成型泡沫网、扁线、单丝捆扎材料及鞋跟等。

（5）乙烯-乙酸乙烯酯共聚物泡沫塑料

这是一种密度小且富弹性的软质泡沫塑料，并有一定的物理机械强度。该泡沫塑料常用于鞋底、鞋帮、包装材料和日用制品等。

8.6.3 热塑性工程泡沫塑料

（1）聚酰胺泡沫塑料

该制品具有回弹性，可用于人造假肢、减振垫、绝缘体和弹性密封垫等，还适于制造浸油支撑件等。

（2）聚四氟乙烯泡沫塑料

聚四氟乙烯是氟塑料中最重要的一种，其氟碳键的键能很高，因而具有良好的热稳定性、耐化学腐蚀性、介电性、耐气候性及优良的力学性能，不燃不黏，摩擦系数低，使用温度范围宽。其泡沫体柔软且略有弹性，主要用于催化剂支架、蒸馏塔填料、腐蚀性液体过滤滤芯等，特别适用于液-气和液-液色层分离仪的支承垫，并已成为石油、化工、地质勘探、仪器仪表及医药等工业部门分离强腐蚀性介质不可或缺的过滤材料。

（3）聚乙烯醇缩甲醛泡沫塑料

因其无毒性和生物相容性，可在医学上用于胸腔术后的残腔填塞和面部伤病所致的缺损凹陷填塞。还可代替毛毡作玻璃和金属等的抛光材料。其层压制品则可用于飞机和坦克的防护板等。

（4）ABS泡沫塑料

其韧性和拉伸强度高于聚苯乙烯泡沫塑料，而刚性、硬度、抗蠕变、弯曲强度等性能则优于聚乙烯和聚氯乙烯泡沫塑料，属于结构用材。主要用于结构材料或制造构件，也可作为木材的代用品。挤出成型板材和夹层板材可制造汽车和轮船壳体、游艇船体、装饰板和家具部件，也可挤出管材、棒材用于建筑方面。注塑成型制品则可用于电气零部件和日用品，如伞把、碗、盆、筷子、把手、勺子等。

（5）酚醛泡沫塑料

酚醛泡沫塑料（EPF）是近些年开发的第三代新型保温材料，它比其他热塑性泡沫塑料具有更优异的阻燃性、低发烟、耐高温、隔热、隔声、易成型加工等优良性能。

8.6.4 耐高温泡沫塑料

耐高温（使用环境温度高于200℃）泡沫塑料主要内容如下。

（1）聚酰亚胺泡沫塑料

其具有优良的耐热和阻燃性能，不燃烧，水蒸气渗透率低，高温力学性能好。可用于雷达罩、电绝缘材料、保温防火材料、飞行器防辐射和耐磨的遮蔽材料、高能量的吸收材料等。

（2）聚苯并咪唑泡沫塑料

其耐高温性能和介电性能极佳，可用于耐磨耐热的防护板材、绝缘体和雷达罩等。

（3）聚异氰脲酸酯泡沫塑料

可制造用于建筑行业和耐燃性要求很高的大型厚板材。

（4）聚乙烯咔唑泡沫材料

具有电绝缘性好、介电损耗低、耐热性佳、软化温度高等优良性能，较广泛地应用于电子、电气工业中的绝缘结构件。

（5）有机硅泡沫塑料

其粉末发泡型制品可用于喷气机和导弹中热敏元件的绝热保护材料，以及航空、火箭中推进剂、机翼、机舱的填充材料和绝缘件等。在电子元件和组合件的封包方面，可作防潮、防振动和防蚀的包装材料，在医学方面可作矫形外科的填充和修补材料。另外，还可作绝热夹层的填充材料及盐雾气氛中的漂浮材料及密封材料。双组分液状发泡型制品则主要用于绝热封装材料。

耐温隔热的聚异氰脲酸酯硬泡塑料一般耐温等级为150℃。Elastogran公司开发了一种耐温等级达180℃的聚异氰脲酸酯硬泡塑料，可作长距离输送液体管道的保温材料。其短期能经受500℃高温，有可能用于宇宙飞船燃料储罐的隔热材料。

8.6.5 功能泡沫塑料

功能泡沫塑料指除有一般泡塑性能外，还具有某种功能特性（如阻燃自熄、抗静电等）的泡沫塑料。这种功能特性可由泡沫塑料的整体具备，也可由其中某一部分具备。应用于工程领域的泡沫塑料，一般应具有阻燃、自熄功能和抗静电功能。

（1）自熄性泡沫塑料

泡沫塑料的自熄性是指移去外界火焰后能停止燃烧或在几秒钟内可自行熄灭。自熄性泡沫塑料即为在一定时间内离开火源能自行熄灭的泡沫塑料。制备方法可以是在泡沫表面涂饰防火涂层或耐热层、隔热层，也可以是将自熄性物质（如卤素化合物）引入泡沫塑料的结构组分中去，还可以是混合添加在化学反应中能起自熄作用的阻燃剂（如磷化合物）等。

（2）抗静电泡沫塑料

普通泡沫塑料是非导电体，其制品表面往往带有大量静电荷，表面易吸尘即为一种静电现象。若在煤矿、隧道中存在静电，则遇瓦斯就会引起爆炸。抗静电剂可将不导电的泡沫塑料表面变成可导电，以防止电荷积累而产生静电。可使泡沫塑料表面导电的物质有金属、金属氧化物、炭黑及表面活性剂等。其中，金属和炭黑用于生产屏蔽电磁波的泡沫塑料。抗静电剂的引入方法可以是泡沫塑料成型后的外部涂布，也可以是模塑加工之前的内部共混。

8.6.6 其他泡沫塑料

（1）醋酸纤维素泡沫塑料

该硬质泡沫塑料广泛用于轻质增强塑料件中的加强肋结构、制造复合夹层板的芯材。其中，金属、木材、玻璃等面层材料与纤维素泡沫塑料芯材有良好的黏结性。还可用于飞机操纵仪表板的加强材料、油箱垫块等。目前应用最广的是作为飞机壳体芯材、雷达罩、仪表盘、阻水器、水陆坦克浮筒、仪器壳体和防弹防护板、框架和支撑架等。利用其良好的浮力特性也可制造救生艇和浮标等漂浮装置。

（2）丙烯酸类泡沫塑料

主要有辐射交联型和化学交联型两种。根据需要可制成软质体，也可通过交联制成硬质体。交联型的机械强度、耐溶剂性、加工性能均优于其他泡沫塑料，广泛用于装饰件、结构件和承载件。一般而言，它们可作为板材、隔板、绝热材料、防护材料、化学试剂储存箱壁芯材、浇注型材、真空成型的型材，以及天花板和墙壁装饰板等。

（3）吡喃泡沫塑料

常用于冷冻设备、冷却设备、仪器仪表的隔热绝缘层或结构件，也可用于层压板材芯料或漂浮件。

（4）聚乙烯醇缩甲醛泡沫塑料

该材料为开孔结构，在低密度和干态情况下具有高的吸水性和力学强度与刚度，而在湿态情况下则具有良好的耐磨性和弹性。可用于过滤材料，如空气压缩机、内燃机的吸气过滤，室内空气净化器的滤材，各种油、有机药品滤材，滤水材料等；用于洗刷材料，如汽车、浴用、厨房、擦地用材等。在聚乙烯醇发泡组分中加入碳化硅类磨料可制成泡沫塑料砂轮，尤其适合金属面的研磨。

目前应用较普遍的泡沫塑料有酚醛、脲醛、硬质聚氯乙烯、聚氨酯和聚苯乙烯等，但这些材料的综合性能还是不够理想。例如，酚醛和脲醛泡沫塑料虽有较高的耐热和自熄性能，但脆性较大；聚氯乙烯泡沫塑料的力学性能较好，能阻燃，但高温或燃烧时会产生出熔滴并放出有毒气体；聚氨酯、聚苯乙烯则耐热性较低，材料尺寸稳定性较差；等等。应用领域对泡沫塑料不断提出更高的新要求，这就使得其产品需要不断改进和研究出性能更好的新品种。

8.7 新型功能泡沫塑料

8.7.1 微孔泡沫塑料

微孔塑料的设计思想，是在高分子材料内部产生比原有缺陷更小的气泡，这种泡孔的存在不会降低材料的强度，反而可使材料中原有的裂纹尖端钝化，阻止裂纹在应力作用下的扩展，从而提高制品的力学性能。与不发泡的纯塑料相比，闭孔微孔塑料的耐冲击性是其2～3倍，比强度是其3～5倍，韧性和疲劳寿命是其5倍，并且热稳定性好、介电常数低、绝缘性能佳，在建筑、电器、航空和汽车等行业可作为结构材料使用，具有广阔的应用前景。相关行业已成功地采用注塑、挤出、中空成型工艺制造出聚乙烯（PE）、聚丙烯（PP）、聚氨酯（PU）、聚苯乙烯（PS）、聚氯乙烯（PVC）、聚碳酸酯（PC）、聚甲基丙烯酸甲酯（PMMA）、聚对苯二甲酸乙二酯（PET）等常用高聚物的微孔塑料。微孔塑料的泡孔直径很小，可制成厚度小于1mm的薄壁发泡制品，如微电子线路绝缘层、导线包皮和内存条密封层等。

随着加工技术的不断进步，后来又开发出泡孔直径为0.1～1μm、泡孔密度为10^{12}～10^{15}个/cm^{3}的超微孔塑料（supermicrocellular plastic）和泡孔直径小至0.01～0.1μm、泡孔密度高达10^{15}～10^{18}个/cm^{3}的极微孔塑料（ultramicrocellular plastic）。这些微孔塑料可用于染色塑料用品和计算机芯片用微小绝缘板，且由于其泡孔直径小于可见光波长而可制成透明体，大大扩展了泡沫塑料的应用范围。

8.7.2 磁性泡沫塑料

磁性泡沫塑料是一种新型的功能材料，其综合了磁性塑料（20世纪70年代发展起来的一种新型高分子材料）和泡沫塑料的性能特点，部分磁性泡沫塑料还具有导电性和金属性（如在聚氨酯泡沫塑料的表面通过化学电镀法沉积上Ni-P合金而形成的产品）。该材料在隔声、减振和保温方面具有优势，在电子工业、磁屏蔽材料、吸波隐身材料、仪器仪表和通信设备等领域的应用前景广阔。电子系统的辐射会对电子控制系统形成干扰而引起设备故障，同时还可能对处于这种辐射环境中的人体健康造成危害。隐身目的则是要吸收探测设备发射出来的电磁波。这些都对吸波材料提出了越来越高的要求。目前防止雷达探测所用的微波吸收剂多为无机铁氧体，但因其密度大而难以应用到飞行器上。磁性泡沫塑料的体密度小，结构设计性好，可兼顾隐身和承载双重作用，是一种质量轻、频带宽、吸收率高的隐身材料。此外，在环境保护方面的污水处理和活性污泥处理过程中，放入纳米磁性粒子与塑料载体混合形成的磁性泡沫塑料可保持活性污泥中微生物生长和死亡的动态平衡，同时提高污水处理效率，阻止污泥体积膨胀。

8.7.3 多孔自润滑塑料

多数自润滑材料都是通过混合法将固体润滑剂作为填料加入基体中，混合难以均匀，且因固体润滑剂强度较低以及与基体的结合力较差而降低材料的强度、韧性和耐磨性。多孔自润滑塑料的内部多孔结构可在常态下吸入并储存润滑油，使用时在温度和压力的作用下则能够长时间连续稳定地提供润滑油，从而实现优越的自润滑性能。目前常见的多孔自润滑塑料主要有聚酰亚胺（PI）、聚酰胺（PA）、聚四氟乙烯（PTFE）、超高分子量聚乙烯（UHMWPE）和聚醚醚酮（PEEK）等。其中，聚酰亚胺的热稳定性高、力学性能好且可耐溶剂腐蚀，聚酰胺和聚四氟乙烯的自润滑性能突出，超高分子量聚乙烯具有比其他人体植入聚合物材料更优越的耐磨、自润滑和生理适应性等性能，聚醚醚酮则可在无润滑、高载低速、固体粉尘污染等恶劣环境下使用。这些材料可用于自润滑轴承、密封圈、齿轮、压缩机活塞环以及人骨关节等，都可以作为比较理想的多孔自润滑塑料的基体。

8.8 泡沫塑料应用总体评述

随着科学技术的不断发展，泡沫塑料的用途也在逐步扩大、改善和提高。目前泡沫塑料的应用已遍及各行各业，特别是包装、建筑、生活日用品和高科技等领域，泡沫塑料已占有不可取代的地位。

泡沫塑料质轻且能吸收冲击载荷，因而是极好的包装材料，如发泡聚苯乙烯（PS）用于音响、电视机、洗衣机等包装，聚乙烯（PE）的发泡片、模、网则已广泛用于细、软、不规则外形的各种电器、仪器、水果等包装。泡沫塑料的隔热隔声特性对建筑行业是很重要的。用发泡板制作的各种面板、隔板，既质轻，又有显著的隔热隔声性能。以固态空心球为填料，可在现场直接浇注成型建构各种隔热隔声墙，所得墙体具有良好的保温效果。用发泡塑料异型材料制作的门窗，除保留塑料异型材料门窗的各种优点外，质更轻，隔热隔声性能更好，形状更稳定。由于泡体可缓解内应力，低发泡塑料能以塑代木，可与木材一样钉、锯、铯。泡沫塑料的生活使用面更宽，弹性好的软质泡沫塑料大量用于制作各种坐垫、床垫、枕芯、衬里、服装，也用于保温、缓冲、防振动。用发泡人造革制作的包、外套、鞋和各种日用品，既美观，手感又好，而且使用舒适。另外，开孔泡沫塑料还可用于过滤器、载油体、载水体、人造土壤等。目前所用地拖不少是泡沫塑料所制，吸水力强，清除方便。上述泡沫塑料的各种特性，如载油、载水、隔热、隔声、轻量、缓冲等，在高科技领域也得到应用。

聚乙烯泡沫塑料、聚氯乙烯泡沫塑料、聚苯乙烯泡沫塑料和聚氨酯泡沫塑料，被称为四大泡沫塑料。作为例子，表 8.1 列出了文献提供的典型性泡沫塑料——聚氨酯泡沫塑料于 1997 和 1998 两个年度在美国的不同用途对应消费量。

表 8.1　美国聚氨酯泡沫塑料的各类用途对应消耗量　　单位：10^4 t

泡塑类型	用途	1997 年	1998 年
软泡	家具	35.9	39.4
	交通运输	25.5	25.7
	地毯背衬	13.1	13.7
	床具	11.9	13.1
	其他	7.9	8.8
	小计	94.3	100.7
硬泡	建筑绝热	31.9	35.5
	冰箱设备	14.2	14.7
	包装	4.7	5.0
	工业绝热	4.4	4.8
	交通运输	4.1	4.5
	其他	3.5	3.9
	小计	62.8	68.4
软硬泡合计		157.1	169.1

8.9 结语

在所有的多孔材料中，泡沫塑料具有最低的密度、最大的柔软性和最高的液体吸收性能，是包装、吸水以及一般性隔热和日常缓冲衬垫等用途的最优选择，缺点是高温性能差、强度小、耐蚀性能低。可以相信，随着聚合物材料的不断改性和复合水平的不断提高，高性能、高综合的新型泡沫塑料将会不断出现，泡沫塑料作为一大类别的多孔材料将会为各行各业提供越来越多的优质应用。

第9章 多孔材料吸声性能

9.1 引言

噪声污染与水污染、空气污染一起被称为当代三大污染。随着人类社会经济的不断推进，工农业、交通运输业、建筑业等也在飞速发展，噪声污染随之也就越来越严重。它不仅会影响人们的正常生活和工作，也会给工农业生产带来极大危害。因此，噪声污染已成为一种全球性公害，是当今社会经济发展中不可忽视的问题。目前，解决噪声问题的主要方式还是采用吸声材料进行吸声降噪处理。

吸声材料通常为多孔材料，可分纤维类吸声材料和泡沫类吸声材料。纤维吸声材料主要分为有机纤维吸声材料、无机纤维吸声材料、金属纤维吸声材料等。传统的有机纤维吸声材料在中、高频范围具有良好的吸声性能，如棉麻纤维、毛毡、甘蔗纤维板、木质纤维板、水泥木丝板等有机天然纤维材料，聚丙烯腈纤维、聚酯纤维、三聚氰胺等化学纤维材料。但这类材料防火、防腐、防潮等性能较差，因而在应用时受环境条件的制约。无机纤维材料主要有岩棉、玻璃棉、矿渣棉以及硅酸铝纤维棉等，由于其质轻、不蛀、不腐、不燃、不老化等特点而在声学工程中得到广泛应用。但其纤维性脆而易于折断，产生飞扬的粉尘会损伤皮肤、污染环境、影响呼吸。金属纤维材料有较大改善。其中，较常见的有铝质纤维吸声材料、变截面金属纤维材料以及不锈钢纤维吸声材料等。泡沫吸声材料主要有泡沫塑料、泡沫玻璃、泡沫陶瓷和泡沫金属等。泡沫塑料如聚氨酯泡沫材料等吸声性能优良，但易老化、防火性差；泡沫玻璃耐老化、不燃、耐候性好，但强度低、易损坏；泡沫陶瓷防潮、耐蚀、耐高温，但韧性差、质量重，运输、安装不便。泡沫金属则同时具有强度高、韧性好、防火、防潮、耐高温、无毒无味等优点，安装方便，并可回收利用，但目前由于价格等原因还未进入大规模使用。此外，有机纤维材料、无机纤维材料以及泡沫聚合物材料等传统的吸声材料有强度低、性脆易断、使用寿命短、易潮解、吸尘易飞扬、易造成二次污染等不足，从而限制了其在工业上的应用。泡沫金属可以同时适于室内和户外工程的吸声降噪，因而在交通、建筑、电子及航空工业等领域有着广阔的应用前景。

本章介绍多孔材料的吸声机制、吸声应用以及吸声性能表征和检测，还介绍关于该类材料吸声性能的若干相关研究。多孔材料应用于吸声方面有很多优点，且用于计算多孔材料吸声性能的理论模型也有很多。本章运用关于多孔材料的代表性吸声模型即 Johnson-Champoux-Allard 模型（JCA 模型）来计算一种泡沫铝的吸声系数，结果表明在声波频率低于某一频率（3500Hz）时模型与实验数据吻合良好，但当声波频率高于该频值时模型与实验数据偏差较大。为了拓宽模型对声波频率的适用范围，本章引入了一个 e 指数修正因子对模型进行改进。其中，包含多孔材料的吸收峰频率和内部孔隙比表面积两个相关子因子。修正结果显示，改进后的模型计算值与实验数据在整个实验频率范围内均符合良好。另外，在泡沫金属材料吸声系数进行数据拟合的基础上，探讨了该材料吸声性能与声波频率之间的关系规律，并根据多孔材料比表面积公式建立了该材料最大吸声系数与孔隙因素的联系。此外，通过对泡沫镍的相关研究还发现，三维网状泡沫金属本身的吸声性能不佳，但设计组成合适的复合体后可获得吸声效果良好的吸声结构。

9.2 吸声原理及其应用

9.2.1 多孔材料吸声机理

（1）多孔材料吸声机理总述

多孔材料的吸声机制主要是孔隙表面的黏滞损耗和材料的内在阻尼。首先，当空气压入或抽出开口多孔结构时，会产生黏滞损耗，而闭孔则会大大减小吸收；其次，材料中存在着内在的阻尼耗散，即声波在材料自身内部传播时每个周期波的部分能量损耗。大多数金属和陶瓷的内在阻尼能力都较低（一般为 $10^{-6}\sim10^{-2}$），而聚合物及其泡沫体中的内在阻尼则较高（范围为 $10^{-2}\sim0.2$）。

在多孔材料中，声波的衰减机制可分为几何因素和物理因素两个部分。几何因素包括由于波阵面的扩展，声波通过界面时的反射、折射以及通过不均匀介质（不均匀尺度与波长尺度可相比拟）时造成的散射所引起波动振幅的衰减；物理因素是与多孔材料的非完全弹性直接有关的衰减，也称为固有衰减或内摩擦。

第一类因素（几何因素）：由于孔隙介质的厚度有限，由波阵面的扩散引起的衰减可以忽略。其中，主要是反射及散射所引起的波动振幅的衰减。声波是P波，入射后经不均匀介质产生散射，在介质内部经过不规则的反射，除产生反射的P波外，同时还会出现反射的S波成分，向不同的方向传播并彼此干涉，最后转化为热能而消耗，使声波发生衰减。

第二类因素（物理因素）：主要是指多孔材料内部的耗散，包括摩擦、黏滞效应等，内在耗散主要与多孔材料的微结构（比表面积、孔隙表面的粗糙程度和孔隙的连通性）、孔隙内部流体以及声波频率等均有关系。Biot 理论指出，孔隙中的流体对于声波的传播有重要的影响。黏滞流体中，在流体与固体之间的分界面上会出现耦合力，这种力使流体和流体与固体组合之间产生某种差异运动，从而引起能量的损耗，造成衰减。

如果流体无黏滞，则在流体与固体之间的分界面上不出现黏滞耦合力；如果流体非常黏滞，则存在巨大的耦合力阻止差异运动。衰减与流体的黏滞性有关。对于空气，由于黏滞性较低，此时主要考虑内部摩擦所引起的能量耗散，主要的影响因素为多孔材料的微结构。

（2）多孔材料吸声机理展述

在多孔材料中，固体部分组成材料的骨架，而流体（液体或气体）可在相互连通的孔隙中运动。研究发现，当声波入射到多孔材料表面时，一部分被表面反射，另一部分则透入内部向前传播。在声波进入开孔泡沫体的传播过程中，其产生的振动引起孔隙内部的空气运动，造成空气与孔壁的相互摩擦。由于摩擦和黏滞力的作用，相当一部分声能转化为热能，从而使声波衰减，达到吸声的目的。另外，孔隙中的空气和孔壁之间的热交换引起的热损失，也使声能衰减。研究还发现，多孔材料也可通过声波射入多孔体的孔隙表面发生漫反射而干涉消声。此外，通过结构设计，在多孔材料后面设置空腔（背腔），也可提高其低频吸声特性，其机理主要是亥姆霍兹吸声共振器原理：入射声波的频率与多孔结构的固有频率相吻合，产生共振，从而引起较大的能量损耗。

声波进入多孔材料后碰到孔壁会发生反射和折射，能量较小的低频声波产生弹性碰撞而有较小的能量损失，因此吸声系数（吸收声能与入射声能之比）较低；能量较大的高频声波则因其振幅较大而可能产生非弹性碰撞，于是具有较大的能量损耗。反射或折射后的声波如仍有较高能量，则可再次与孔壁产生非弹性碰撞，直至原有入射声波的大部分能量变成热能散失到环境中。

如上所述，多孔材料的吸声机制主要包括材料本身的阻尼衰减、流体在孔隙间的热弹性压缩和膨胀、孔隙内流体与孔壁摩擦的黏滞耗散等。在声波的传播和吸收过程中，作用机制需要考虑材料的结构形态和应用环境，情况不同则各个影响机制发挥作用的程度也不同。

按照吸声机理，吸声材料可分为共振吸声结构材料和多孔吸声材料两大类。目前所研究的吸声材料平均吸声系数均大于 0.2，而平均吸声系数大于 0.56 的称为高效吸声材料。

共振吸声结构材料主要为亥姆霍兹共鸣器式结构，其利用入射声波在结构内产生共振而使大量声能得以耗逸。而多孔吸声材料则能使大部分声波进入材料，具有很强的吸声能力，进入的声波在传播过程中逐渐消耗。共振吸声结构利用了共振原理，因而吸声频带较窄，而多孔材料的吸声频带就较宽。

共振吸声结构材料的主要应用为微穿孔板（厚度小于 1mm，穿孔率约 1%～5%，孔径为 0.1mm 级），其与后背空腔（背腔）组成微穿孔吸声体。图 9.1 所示为穿孔板的共振吸声结构——许多并联的亥姆霍兹共振器。单层的穿孔板具有很强的共振效果，入射声波频率与系统共振频率一致时穿孔板颈的空气产生激烈振动摩擦，加强了吸收效应并形成吸收峰，声能得到显著衰减；入射声波频率远离共振频率时吸收作用减小。

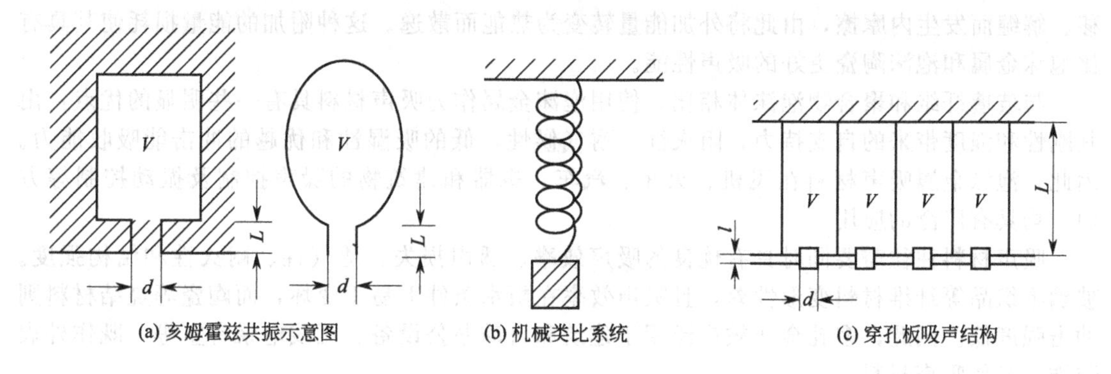

图 9.1 穿孔板共振吸声结构

许多工程场合都希望在较宽范围内均有较大的吸声系数。为了提高穿孔板吸声结构的吸声系数和拓宽其吸声频率范围，通常在穿孔板背后的空腔内填充多孔性材料。穿孔板和吸声材料的常见组合方式有三种，一是吸声材料紧贴刚性壁而和穿孔板间留有空腔。二是吸声材料紧贴穿孔板而和刚性壁间留有空腔，三是吸声材料与穿孔板和刚性壁间都留有空腔。工程上出于节省空间的考虑而常常采用前两种组合方式。

9.2.2 多孔材料吸声应用

（1）多孔材料消声降噪概述

多孔材料的开口孔隙和半开口孔隙使其具备了声音吸收的能力。该类材料的阻尼能力和固有振动频率都高于制备它所用的固体材质。声音吸收即意味着入射声波在材料中既不被反射也不被穿透，其能量被材料所吸收。只有多孔材料内部的孔隙相互连通且对表面开放，才能有效地吸收声能。产生声音吸收的方式是多种多样的：①吸收体中孔隙内压力波充气和排气过程中的黏滞损耗；②热弹性阻尼；③亥姆霍兹型谐振器；④锐边溢出的涡流；⑤材料本身直接的机械阻尼等。

多孔材料中曲折相连的孔隙，改变了声音的直线传播，由于黏滞流动而使其能量损失。多孔体内部存在许多的孔隙表面，在气流压力作用下彼此之间能相对地发生很短距离的微移，这种移动即造成内耗。因此，多孔材料具有良好的声音阻尼能力，是理想的降噪材料。

多孔材料的消声、压力脉冲阻尼和机械振动控制等用途，在工业上是很普遍的。具有一定开孔率的多孔材料，都能对通过它们的不同频率声音产生选择性的阻尼作用（择频阻尼）。多孔元件可抑制压缩器或气动设备中发生的突然性压力变化。熔模铸造泡沫金属材料和沉积法所制备的泡沫金属体具有更低的成本和更高的使用效率，可用来取代传统的粉末烧结元件。

很多泡沫材料都是各向异性的，弹性各向异性固体的声速与方向有关。随着相对密度的减小，波的传播逐渐受到孔隙内气体的弹性响应以及孔壁的多重反射所影响。对于等轴泡沫材料，其中的声速随着密度的减小而陡然降低。这就使得低密度泡沫材料具有低的声速，常常不比空气中的声速大多少。

（2）不同材质多孔吸声材料

根据惠更斯原理，声波入射到多孔体表面，通过声波振动引起孔隙内的空气与孔壁发生相对运动而产生摩擦和黏滞作用，部分声能转化为热能而衰减。孔隙内空气与孔壁的热交换引起的热损失促进了声能的衰减。属于高分子材料的泡沫塑料，其较长的分子链段易产生卷曲和相互缠结，受声波振动作用时链段通过主链中单键的内旋转不断改变构象，导致运动滑移、解缠而发生内摩擦，由此将外加能量转变为热能而散逸。这种附加的能量损耗使其具有比泡沫金属和泡沫陶瓷更好的吸声性能。

与玻璃纤维和聚合物泡沫体相比，使用泡沫金属作为吸声材料具有一些明显的优点：由其刚性和强度带来的自支持力，阻火性，耐气候性，低的吸湿性和优越的冲击能吸收能力。因此，泡沫金属吸声材料在飞机、火车、汽车、机器和建筑物的噪声控制及振动控制等方面，均具有广泛的应用。

吸声材料往往需要同时具有优良的吸声效率、透声损失、透气性、耐火性和结构强度。玻璃毛织品等纤维材料变形性差，且吸声效率在雨水条件下易于变坏，而陶瓷等烧结材料则冲击强度低。因此，多孔金属被广泛用于建筑和自动办公设备、无线电录音室等，既作外表装饰，又作吸声材料。

在燃气轮机排气系统等一些特殊的工作条件下，其排气消声装置要满足高效、长寿和轻型化的要求。一般常规的吸声构件和材料不能适用，而具有耐高温高速气流冲刷和抗腐蚀性能优越的轻质多孔钛可满足其要求，可应用于燃气轮机进气、排气噪声控制。

在发展火车的加速和减重技术这一过程中，有轨车辆的加速减重会带来振动和噪声的增加，故控制汽车和火车发出的噪声的要求也随之不断提高，成为发展这项技术的重要课题。由此开发的泡沫铝合金具有良好的消声吸振效果，可作汽车与火车等减振、消声的阻尼材料，从而解决上述问题。

此外，在长距离高压管道送气时会产生高密噪声，并可沿管道传播，换用泡沫金属进行扩散气体方式的送气，即几乎可完全消除噪声。泡沫金属也可用于其他减压场合，如蒸汽发电站和气动工具等的消声器。用于消声器时须在获得消声效果的同时保证足够的空气流通量。

如果用刚性开孔材料如泡沫金属等制成透镜状或柱形元件，则可作为声波控制设备。通过这种声学设备，可对声波进行传导和改变传播路径。另外，闭孔泡沫材料则被研究用来作为超声波源的阻抗拾音器。在超声检测方面，因泡沫金属的超声阻抗处于合适的范围，可用于接收器。

（3）建筑领域吸声降噪

在用于建筑物的声控以及音乐设施（乐器）的声屏和反射器等场合时，多孔固体的声性能显示出其重要性。降低给定的封闭空间（如房间）内声强的途径，取决于它来自何处。若它产生于室内，则可采用吸声的方法；而若出自空运和来自室外，则可采用隔声的方法。如果声强是通过结构本身的框架进行传输的，则可寻求将振动源分隔开来的途径。多孔材料具有良好的吸声性能，若与其他材料结合，能有助于隔声。但多孔材料本身的隔声效果很差，即多孔材料主要用于吸声而不是隔声。

多孔材料可制备良好的吸声器，但其隔声效果却不佳。因为隔声程度与声音通过的墙壁、地板或屋顶的质量成比例，此即质量定律：材料越重，其隔声效果越好。现代建筑物的轻质墙壁设计是为产生好的隔热效果，它们的隔声性能一般都不好。而利用超层的砖头、混凝土或铅镶面来增加墙壁或地板的质量可获得很好的隔声效果。

冲击性噪声可直接地传入建筑物的结构内。这种噪声能够穿过弹性材料尤其是钢材构架的建筑物而传输其声振动。与空运声音不一样，这类噪声不为附加质量所降低。因为它由结构的连续固体部分传送，将其减小的途径可通过分离地板以打断声音路径，或将地基建于有回弹力材料之上等，此时即可用上多孔材料。在较大的规模上，建筑物可通过将整个结构建立于有回弹力的衬垫填料之上而达到隔声的目的。

因为即使是十分强烈的噪声，其声功率也是很小的。所以，多孔材料吸收声波而将其转换成热量的热值很低，因此其吸声过程中的温度提高可以忽略不计。

（4）汽车工业噪声控制

常用聚合物泡沫材料来控制噪声，因此也可方便地评价泡沫金属在这方面的用途。泡沫铝可采用不同的方式来降低噪声，所以要注意区分各不相同的作用方式。第一个问题是结构（机器、车辆等）产生的不利振动，它能引起结构损坏并发射噪声。因为泡沫金属的弹性模量低于对应的致密块体金属，故其结构的共振频率一般会低于常规结构的频率。另外，泡沫体的损耗因子（损失因子）至少为普通金属体的10倍，所以振动将更为有效地受到抑制，振动能转换成热量。因此，尽管泡沫金属的损耗因子仍比大多数聚合物的低得多，但泡沫体还是提供了解决噪声问题的可能性。

然而，有时人们的任务是要将伴随性或短暂性的声波进行衰减，保护乘客免受来自外部声源的噪声损害，也要防止机器发出的噪声自由传播到外部环境中去；到达多孔材料上的声波部分被反射，部分则进入结构。进入的声波有一部分被吸收，而保留的则被传导并产生共振。反射波由非全闭孔泡沫体表面发生的相消干涉而衰减。但是，如果孔隙深度平均在毫米级的范围，那么这台机械仅对相当高的频率才有效。进入结构的声音在泡沫体内部受到衰减，尤其是在孔隙有小孔道相互连接的情况下。声波通过这些孔道每秒钟压缩孔道中的气体许多次。当空气流过孔道时，空气与孔壁之间的摩擦和湍流即耗散掉能量。如果所有机制都发生作用，泡沫金属对某些频率（通常在1～5kHz之间）的吸收水平可高达99%。若为开孔结构，则泡沫体与泡沫体后面的固定壁面之间的空气间隙会引起向较低频率的转换。

在汽车工业中，声音吸收和隔声是一个非常重要的问题。吸声元件往往需要耐热并有自支撑的能力。现行工艺制得的泡沫铝一般是闭孔隙占多数，其吸声性能还有待进一步改善，但可以耐热和自支撑。若能充分改进其孔隙结构以提高其吸声性能，就可以得到耐热的优秀吸声材料。

日本将 Alporas 泡沫体用于高速公路的声音吸收装置以减弱声音振动波。为此目的，要对切割后的泡沫板材进行辊轧。辊轧后厚度减小，在孔壁上产生大量的裂纹和其他缺陷，从而大大提高其吸声性能，但仍然比不上聚合物泡沫体和玻璃纤维等吸声材料。然而，对于给定的吸声性能，结合防火、耐气候以及遇火不产生有害气体等特性的综合指标，多孔金属材料则表现得更为优越。此外，多孔金属泡沫镶板还可用于公共建筑的室内声音吸收等方面。

（5）泡沫金属吸声应用举例

与其他材质的多孔吸声材料相比，使用泡沫金属作为吸声器材料具有一些明显的优点，如由其刚性和强度带来的自支持力，阻火性，耐气候性，低的吸湿性和优越的冲击能吸收能力等。因此，泡沫金属吸声材料在飞机、火车、汽车、机器和建筑物的噪声控制及振动控制等方面，均具有广泛的应用。用于建筑和自动办公设备、无线电录音室等，既作外表装饰，又作吸声材料。

滤音器是将声音减小或控制全部声音衰减的一种元件。其应用从喷射工程中的吸声装置，到助听装置中的衰减器，很多场合都可以见到此类器件。利用已有的理论和技术，可设计出预定声阻值的滤音器。与电阻类似，声阻也可用欧姆定律表达：声阻（Ω）＝声压/声速。一般可闻声压为0.00002Pa左右，最强声压为20Pa。声阻值与多孔体的孔率、孔隙形状等结构因素有关，并随元件的厚度增加而增大，随元件的面积增大而减小。泡沫金属元件在电话机的送话器和受话器中作声学阻抗，以提供必要的声阻（图9.2）。

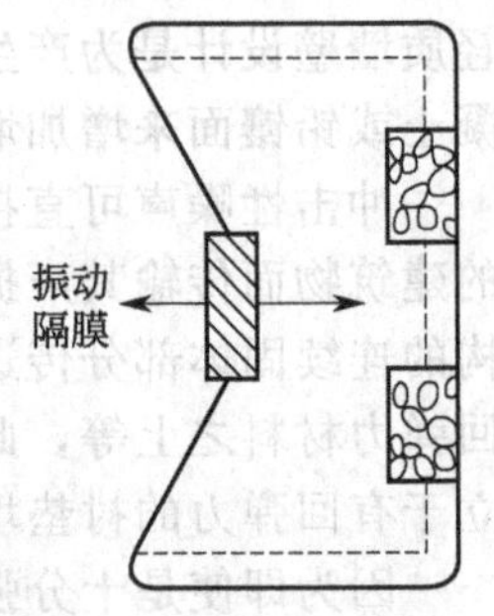

图9.2　电话机送话器中的泡沫金属声阻元件

火车的加速和减重带来了振动和噪声的增加，故控制车辆发出噪声的要求也随之提高。具有良好的消声吸振效果的泡沫金属可作汽车与火车等减振、消声的阻尼材料，从而解决上述问题。例如，日本将泡沫金属用在高速列车的发电机室、无线电录音室及新干线吸声等方面，获得了很好的效果。

声波也是一种振动，声波透过泡沫金属时可在材料内发生散射、干涉，从而使得声能被材料吸收。作为吸声材料，泡沫金属在气体管道和蒸汽管道中都可获得应用。例如，长程高压管道送气时会产生高密噪声，并沿管道传播，换用泡沫金属进行扩散式送气可将噪声基本消除。泡沫金属也可用于蒸汽发电站和气动工具等其他减压场合，如用相对密度为5%的泡沫铜作气动工具的消声器，此时既能获得消声效果又可保证足够的空气流通量。

粉末冶金多孔金属材料的消声、压力脉冲阻尼和机械振动控制等用途在工业上是常见的，如用来抑制压缩器或气动设备中发生的突然性压力变化等。具有一定开孔率的材料都能对通过的声波频率产生选择性的阻尼作用，熔模铸造和沉积工艺所得泡沫金属具有更高的使用效率，可用来取代传统的粉末烧结多孔元件。

用泡沫金属等刚性开孔材料制成的透镜状或柱形元件可作为声波控制设备，通过这种声学设备可控制声波的传导和改变传播路径。在超声检测方面，因泡沫金属的超声阻抗处于合适的范围，可用于接收器，闭孔泡沫体则被研究用来作为超声波源的阻抗拾音器。

不同的吸声材料各具其自身的特色和使用价值，吸声性能较好的纤维制品在一些物理性能上差于泡沫金属，降噪功能较好的木质纤维板、微穿孔板等在实际应用上经常受到强度和刚度不够的限制。泡沫金属则具有比较全面的优良性质，在汽车、船舶以及航空飞行结构中的阻尼减振、消声降噪等方面都有着良好的应用前景，在欧美已被用于大城市高架桥吸声底衬、高速公路隔声屏障、隧道壁墙、室内天花板等。作为一种优良的吸声降噪材料，泡沫金属可有效地用于噪声控制。

由于某些金属材料具有高的机械强度和热稳定性，由其所制泡沫金属不仅具有一般吸声材料的特性，而且还有机械强度高、导热性良好等特点。泡沫金属的声性能比得上聚合物泡沫这一最好的声控材料，并能在高温下加以保持。因此，泡沫金属吸声材料可在高温及特殊环境中使用，如泡沫铜可在高于900℃的温度下使用，而钨铬金属制得的泡沫材料则可在更高的温度条件下使用。在燃气轮机排气系统等一些特殊的高温工作条件下，其排气消声装置高效、长寿和轻型化的要求排除了一般性常规吸声构件和材料的使用，而具有耐高温高速气流冲刷和抗腐蚀性能优越的轻质泡沫金属（如多孔钛）可满足其要求，可应用于燃气轮机进气、排气噪声控制。

矿物棉、玻璃纤维以及穿孔板等传统的多孔吸声材料一般用于空气介质环境中，而在压力和温度的变化都更为明显的水下则不能有效使用。此外，这些材料与水的界面阻抗不匹配性通常也要大于与空气的不匹配性。橡胶的阻抗与水相当，使其成为水下吸声材料。但其会由于水下的压力而变形，从而引起吸声频率的改变。泡沫金属的重量相对较轻，强度相对较大，阻抗水平接近于水。如果充入合适的黏性流体，则可能用很少的空间就可以有效地吸收水下的低频声音（波长通常在“米”的量级）。可见，泡沫金属在解决阻抗匹配以及水温水压影响方面独具优势，同时还避免了化学纤维的易污染性。

（6）改进型泡沫金属吸声材料

价格低廉的玻璃棉等多孔纤维是最常用的吸声材料，但这类材料的耐候性差、质软、强度低，且其声学特性随着使用时间的延长而变差。在生产和安装过程中，多孔纤维材料还极易伤害操作工人的皮肤、呼吸系统、眼睛和黏膜等。与其他吸声材料相比，泡沫金属的声学性能稳定，长期使用吸声系数变化很小，是新一代生态环保型声学材料。尽管如此，根据泡沫金属的上述吸声特点，可见仍存在吸声行为不够理想的一面。为了进一步提高泡沫金属的吸声性能，又发展了改进型的泡沫金属吸声材料。

① 梯度孔隙结构泡沫金属　在相同的厚度下，宽频范围内梯度孔径通孔泡沫铝合金的吸声系数波动平缓，整体吸声性能在现有泡沫铝合金（孔径等于梯度多孔铝的平均孔径）的基础上提高约55%；试样厚度增加时吸声系数曲线向低频偏移，整体吸声性能增强。此外，梯度结构的纤维多孔材料还可有效地改善低频吸声性能：不同孔率的排布方式对梯度结构的吸声性能有着显著的影响，按孔率从高到低排布有利于提高吸声性能。对孔结构周期调制的通孔泡沫铝合金研究表明，孔径的调制分布对以上的宽频声波吸收有较大影响，但对低频吸收没有明显改善。随着小孔径层与大孔径层厚度比的增大，吸声性能逐渐提高；对于相同厚度的样品，声波先进入小孔径层时声波吸收明显。

有文献报道用渗流技术制备了孔结构周期调制通孔泡沫铝吸声材料，其制备基本原理是熔体在渗流驱动力作用下进入可去除的周期性堆积颗粒多孔介质间隙，冷却凝固后形成铝-渗流介质调制体，除去填料颗粒即得到孔结构周期调制的多孔金属体。

② 其他复合结构泡沫金属　除上述分层孔隙结构的泡沫金属外，研究者们还研究了可明显拓宽吸声频带和提高吸声性能的双层电解多孔铁镍薄板复合结构、中间夹芯为瓦楞加筋板的泡沫金属三明治板周期性结构、穿孔板背面紧贴吸声薄层的结构以及泡沫金属复合吸声结构的优化模型等，都取得了相应的效果。

高阻尼结构材料要求在足够强度和刚度的前提下具有较高的阻尼损耗因子。高分子黏弹性材料有最高的阻尼损耗因子，但弹性模量过低，故一般不能单独作为结构材料。

阻尼合金虽有良好的力学性能，但阻尼损耗因子远低于黏弹性材料，因此也不适合于高阻尼要求的场合。将二者结合起来，则可最大限度地发挥出全部材料的阻尼能力。选用具有高阻尼的合金制成开孔泡沫基体，然后渗入黏弹性材料，即可制备出满足上述综合性能要求的复合材料。该复合体的力学性能主要取决于多孔基体中合金本身性能及孔率和孔径。

振动和噪声是伴随着现代工业与高技术发展而带来的严重问题，其可导致电子器件失效、机械零部件寿命缩短、人体疲劳、工作效率降低等不良结果。因此，减振降噪技术受到普遍的关注，并带来了激烈的竞争。既有黏性材料阻尼本领，又有金属材料力学性能的功能结构一体化高阻尼材料，即泡沫金属基与黏弹性材料的复合体，是解决振动和噪声问题的有效手段。

9.2.3 吸声性能的影响因素

多孔材料的吸声性能可用吸声系数（参见本章下节）来表征，影响多孔材料吸声特征的因素主要有材料的厚度、密度、孔率、结构因子、空气流阻和声波频率等。其中，结构因子反映的是多孔体内部的孔隙状态和组织结构，空气流阻是单位厚度多孔体两侧空气压力差和空气流速之比。

（1）空气流阻

空气流阻定义为材料两面的静压差和气流线速度之比，单位厚度的流阻称为流阻率，其反映空气通过多孔材料时的透气性。流阻越大，材料的透气性就越小，空气振动越不易传入，声波越不易深入材料内部，吸声性能随之下降；但流阻太小则空气振动容易穿过，使声能转化为热能的效率过低，吸声性能也会下降。可见多孔材料存在一个最佳的流阻值，过高和过低的流阻值都难以获得良好的吸声性能。开孔泡沫金属具有复杂的孔隙连接结构以及粗糙的内孔表面，因而流阻较高，吸声性能相对于闭孔泡沫有很大提高。

（2）入射声波频率

声波是一种依靠空气振动而向外传播的波，声波进入多孔材料的孔隙后引起空气振动，由于空气与孔壁的摩擦而造成能量损失。低频时声波的波长较大，能量较小，碰到孔壁时发生反射、折射，若是弹性碰撞则能量损失较小；而高频时声波的能量较大，进入多孔体后与孔壁发生相撞，因其振动幅值大，有可能发生非弹性碰撞，能量损耗大，加之反射或折射后的声波仍有较高能量，与孔壁发生二次或多次的非弹性碰撞。再经过多次反射、折射之后，损失的能量就可以占到原入射声波能量的大部分，损失的能量变成热能而耗散。因此，高频时多孔材料的吸声系数较大。

频率较低的声波波长较大，穿透性较好。当$ka<0.01$（k为波数，a为多孔体中孔和棱的尺度）时，声波进入多孔体后处于散射中的准均匀态，在孔隙内的散射概率低，多孔体对声波的阻碍较小，吸收率低。随着声波频率的逐渐增大，多孔体内发生不规则散射的概率提高，各散射声波相互干涉，消耗一定的能量，从而吸收率升高。当入射声波频率增大到$0.01<ka<0.1$时，声波在遇到多孔体表面棱柱的阻碍后，发生瑞利散射，其散射波包含P波与S波两部分。当ka值继续增加后，散射波进入材料减少，内部用于内耗散吸收的部分也减少，吸收系数降低，从而吸收曲线呈现出二次曲线特征，存在一个吸收系数随频率变化的峰值。

大量文献表明，多孔材料在低频段的吸声效果要差于其在高频段的吸声效果。如何进一步提高多孔材料低频段的吸声效果，如何使多孔材料在整个频段都具有优异的吸声效果，如何利用最少的材料以及最小的占用空间来达到最佳的吸声效果，这些问题的研究对多孔材料的吸声应用有着十分重要的意义。

（3）多孔体的孔率和孔径

结构的本征频率与外界声波或振动频率发生共振时，声波或振动会被衰减。结构阻尼衰减的原因是内摩擦导致的振动使机械能转化为热能而产生大量的内耗，多孔体随着孔率提高、孔径减小、比表面增多和应变振幅增大而使内耗增加。其中，孔率是内耗的主要影响因素。

孔率是多孔体中孔隙体积与多孔体表观总体积之比值，泡沫金属的吸声系数一般随孔率增大而提高。这主要是因为孔率较大者孔隙的表面积一般也较多，此外孔率较大者孔隙的曲折度也可能越大，导致其内部通道越复杂。所以，声音进入后发生漫反射和折射的机会增多，并且孔隙中的空气随之振动而引起与孔壁的摩擦加剧，空气黏滞阻力加大，于是有更多的声能转化为热能而被耗散。

对于孔率相同、孔隙形貌相同、厚度也相同的多孔材料，孔径越小，高频吸声性能越高，低频吸声性能则变化不大。孔隙较大时声波进入后不易发生二次或多次反复碰撞，因而能量损失较少；孔隙减小则声波发生多次碰撞的可能性增大，每次反射、折射都要消耗一定能量，如此反复的结果可消耗更多的入射声能。因此，高频时的孔径尺寸对吸声性能影响较大。但孔径太小则声波不易进入，吸声性能也会下降。有研究表明，孔径尺寸在亚毫米量级最好。

有研究发现，泡沫铝的孔率可显著地影响其吸声性能，而且孔率高的吸声性能明显好于孔率低的泡沫铝。孔径的大小则直接影响着泡沫金属的吸声系数，孔径增大时空气流阻变小，黏滞力和摩擦力的效率也相应变小，相应材料的吸声系数降低；孔径减小时空气流阻相应增加，所以泡沫金属的吸声系数也相应增加。但孔径过小则空气流阻过大，空气的流通变小就不利于声波的传播，黏滞力和摩擦力也相应变小，最终使得材料的吸声变得很差。可见，泡沫金属存在一个最佳的孔径使得吸声系数最大。

（4）多孔体的厚度

当试样的厚度加大时，在各个频率时多孔材料的吸声系数都随之增大。这是因为多孔体厚度增加时，孔隙通道延长，进入孔隙中的声波经更多次能量损失之后，才可以穿过多孔体而到达其另一侧。此外，有研究工作还发现泡沫铝的吸声系数峰值频率随多孔体厚度增加而向低频方向移动，试样厚度与频率呈现如下的近似关系：

$$f_{\omega 1}\delta = 常数 \tag{9.1}$$

式中，$f_{\omega 1}$ 为多孔体吸声系数大于 0.6 的起始频率；δ 为多孔体的厚度。

（5）背腔的影响

在致密材料背后加上空腔可以作为亥姆霍兹共振腔，在多孔材料背后加上空腔则可以提高材料的低频吸声性能。提高空腔的深度可以提高吸收峰的宽度和高度，并使峰值向低频方向移动。无空腔时的耗散机制主要是黏滞和热损耗，有空腔后的亥姆霍兹共振吸收占主要部分。

（6）温度和湿度

温度的变化可明显地影响到多孔材料的吸声性能。吸收峰随温度升高而移向高频，温度降低则移向低频。这是由于温度变化会引起声速和声波波长的变化，还会引起空气介质黏性的变化而导致流阻的改变。湿度对吸声性能也可以发生作用，泡沫金属吸湿后会改变材料的性状、降低多孔体的有效孔率，因而吸声性能下降。

近二十几年来，国内外许多科研工作者对多孔材料吸声特性的影响因素进行了研究，包括材料的流阻、厚度、孔径、孔率以及材料背后空腔的厚度等。研究结果显示，空气流阻可作为评价多孔材料吸声性能的标准，多孔材料存在一个最佳流阻值。当材料厚度不大时，流阻越大，空气穿透量越小，吸声性能会下降；若流阻太小，声能因摩擦力、黏滞力而损耗的功率也将降低，吸声性能也会下降。此外还发现，当材料厚度足够大时，比流阻越小，吸声系数就越大。已有的研究表明，多孔材料在低频处的吸声性能都比较差。材料厚度较小时，低频和高频处的吸声系数都不高；厚度增加时，吸声频谱峰值随之增大，并向低频方向移动；厚度继续增加到一定时，吸声频谱变化不大，平均吸声系数变化也不大。

闭孔胞状结构的泡沫金属材料以闭孔泡沫铝为代表，因声波很难到达孔隙内部，所以其吸声系数较低，故本身并不能作为良好的吸声材料。有文献研究了闭孔泡沫铝吸声性能的影响因素，对闭孔泡沫铝进行打孔和背后加空腔处理，大大提高其吸声性能。在闭孔泡沫铝后设置空气层，不但泡沫体本身的亥姆霍兹共振器以及微孔和裂缝可以消耗声能，而且组成了穿孔板吸声结构。由于每个开口背后均有对应空腔，这一结构也可视为许多并联的亥姆霍兹共振器。

开孔泡沫铝可通过高压渗流法制备，后来提出将旋转发泡法和颗粒浸出法结合起来制备。通过调整颗粒形状和尺寸可最终控制多孔产品的孔率和孔隙形状，获得孔率为90%的高孔率材料。由于开孔泡沫材料具有复杂的孔隙通道结构以及表面粗糙的内部空隙，导致其具有较高的流阻，因此开孔泡沫铝的整体吸声性能要远好于闭孔制品。

对开孔泡沫铝的声学性能进行研究还发现，当泡沫金属背后有空腔时，声波在低频区吸声系数比无空腔时有显著增大。研究认为，泡沫金属内部存在着大量的相互连通的孔隙通道，这些通道相当于共鸣器的短管，空气层相当于容器，因此这些通道和背后封闭的空腔就构成了大量的亥姆霍兹共振器，且这些共振器的共振频率多处在低频附近。正是由于这些大量复杂的亥姆霍兹共振器的存在，声波入射材料时引起泡沫金属的结构共振，从而使大部分的低频声波被耗散。此外还发现，随着背后空腔厚度的增加，最大吸声系数峰值的频率也向低频方向移动。

9.3 多孔材料吸声系数的计算模型

由于多孔材料在吸声降噪方面的优良表现，其吸声性能早已获得关注。声波在多孔材料内的传播较为复杂，基于平面波假设，可以使其吸声系数的计算变得较为容易。为了对多孔材料的吸声系数进行计算，早期广泛应用的有从理论推导得到的 Biot 模型和从大量实验数据拟合得到的 Delany-Bazley 模型。然而，这些模型都有很大的实践性限制。例如，比较常用的 Delany-Bazley 经验公式模型，虽然该模型通过实验数据拟合得到了特性阻抗和传播常数关于流阻率的简单幂律关系，但它没有给出声波和多孔材料作用的物理机制，并且较适于孔率接近于100%的纤维结构多孔材料。

研究者们通过改进工作，后期又发展出 Johnson-Champoux-Allard 模型（JCA 模型）。该模型是在 Biot 理论基础上发展起来的计算多孔材料吸声系数的半唯象理论模型。在该模型中，把刚性骨架充满空气的多孔材料看成等效流体，并且提出相应的等效密度和等效模量的概念，获得了良好的实践效果。本节应用 JCA 模型进行计算，将计算结果与实验数据相比较，发现在峰值频率后有较大的偏差。故引入一个 e 指数的因子来调节，根据原模型计算结果与实验数据的偏差，对模型进行了改进，修正后所得计算结果与实验数据符合良好，因此该改进是有效的。

9.3.1 实验材料和检测结果

多孔结构对于噪声控制和振动衰减都是有效的，声音吸收是多孔材料的重要用途之一。

相较于泡沫塑料和泡沫陶瓷，泡沫金属在强度、延展性、耐火、防潮、安装、循环利用等综合性能方面具有优势。其中，泡沫铝得到了大量研究，但关于其声性能的工作却不多见。这里我们介绍的实验材料和测试结果，即都是直接出自《宇航材料工艺》第 28 卷中“多孔铝合金材料吸声性能的研究”一文。其多孔铝合金（即一种泡沫铝）由加压铸造法制备。该法是将熔炼好的金属液浇铸到金属模具中，并施加一定的压力驱使液态金属渗入预制块的孔隙中，待金属液凝固后，得到金属-颗粒复合体。预制块由烧结黏结剂结合的盐粒而形成，盐粒预先在石墨模具中压紧。溶水除去预制块中的盐粒，即获得孔隙连通的开口胞状泡沫金属[参见图 9.3(a)，本书作者实验室制备的泡沫不锈钢样品也有类似的孔隙结构，见图 9.3(b)]。所得样品结构参数见表 9.1，用驻波管法测得泡沫铝样品的吸声系数见表 9.2。表中列出的频率范围有限，很遗憾我们没有更多的数据，因为这些实验数据是由原文献引过来的，我们在这里的工作仅仅是提出模型并作数据分析。此外，1/3 倍频程法测试过程中应该是以 3.15kHz 而不是表 9.2 中的 3.5kHz 为中心频率，但原文献中出现的是这个数据。

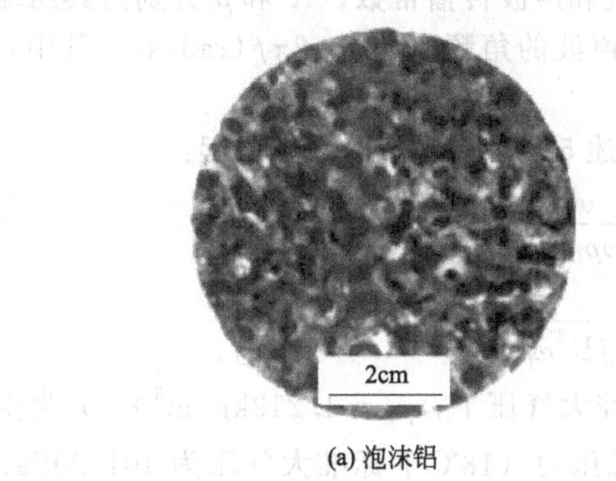

(a) 泡沫铝　　(b) 泡沫不锈钢

图 9.3　泡沫金属样品示例

表 9.1　泡沫铝样品的结构参数

样品号	孔隙尺寸/mm	样品厚度/mm	孔率/%
1	3.3	15	62.2
2	2.4	15	63.2
3	1.6	15	64.7
4	1.6	20	65.3
5	1.4	15	68.4
6	1.4	15	78.9
7	1.4	15	81.2
8	0.8	15	87.0

表 9.2　不同声频下泡沫铝样品的吸声系数

样品号	2.0kHz	2.5kHz	3.0kHz	3.5kHz	4.0kHz
1	0.07	0.12	0.13	0.26	0.18
2	0.07	0.14	0.20	0.46	0.33
3	0.08	0.24	0.30	0.54	0.39
4	0.23	0.37	0.45	0.61	0.44
5	0.22	0.26	0.47	0.56	0.48
6	0.24	0.34	0.55	0.63	0.50
7	0.27	0.37	0.64	0.70	0.55
8	0.40	0.60	0.85	0.92	0.82

9.3.2 吸声系数理论模型

声波在多孔材料中的传播是非常复杂的现象，在Biot理论基础上发展起来的JCA模型（等效流体模型）对该现象有相对成功的模拟，被长期广泛地应用于多孔材料。该模型在频率域中引入若干物理参量来描述声波在多孔材料中的传播，视孔隙为圆柱状，将孔隙充满空气的多孔材料视为一种等效流体，其对应密度（ρ）和压缩模量（K）这两个参量由孔率（θ）、流阻（σ）、曲折因子（α_∞）、黏滞特征长度（Λ）和热损耗特征长度（Λ'）5个宏观参量所决定。

当声波入射到有刚性后壁的多孔材料样品时，其特征阻抗（Z_C）和传播常数（k）与等效密度（ρ）、压缩模量（K）和声波角频率（ω）将有如下关系：

$$Z_C=\sqrt{K\rho} \tag{9.2}$$

$$k=\omega\sqrt{\rho/K} \tag{9.3}$$

式中，Z_C和k分别为多孔材料的特征阻抗和声波传播常数；K和ρ分别为其压缩模量（compressibility modulus）和等效密度；ω为声波的角频率［$\omega=2\pi f$(rad/s)，其中，f为声波频率］。

JCA模型将等效密度及等效弹性模量与上述5个宏观参量联系在一起：

$$\rho=\alpha_\infty\rho_0\left[1+\frac{\sigma\theta}{j\omega\rho_0\alpha_\infty}G_J(\omega)\right] \tag{9.4}$$

$$K=\gamma p_0\Bigg/\left[\gamma-(\gamma-1)\left[1+\frac{\sigma'\theta}{jB^2\omega\rho_0\alpha_\infty}G'_J(B^2\omega)\right]^{-1}\right] \tag{9.5}$$

式中，ρ_0是空气密度（在18℃和一个标准大气压下，$\rho_0=1.213\text{kg/m}^3$）；$\gamma$为空气绝热常数（对于18℃空气，$\gamma=1.4$）；$p_0$为大气压力（18℃下标准大气压为101320Pa）；B^2为空气的普朗特数（Prandtl数，在18℃和一个标准大气压下，$B^2=0.71$）；$G_J(\omega)$和$G'_J(B^2\omega)$是两个与角频率相关的变换函数：

$$G_J(\omega)=\left(1+\frac{4j\alpha_\infty^2\eta\rho_0\omega}{\sigma^2\Lambda^2\theta^2}\right)^{1/2} \tag{9.6}$$

$$G'_J(B^2\omega)=\left(1+\frac{4j\alpha_\infty^2\eta\rho_0\omega}{\sigma'^2\Lambda'^2\theta^2}\right)^{1/2} \tag{9.7}$$

式中，η为空气的动力黏滞系数（在18℃和一个标准大气压下，$\eta=1.8\times10^{-5}\text{Pa}\cdot\text{s}$）。在上述公式中，特征长度（$\Lambda$和$\Lambda'$）以及参数$\sigma'=c'^2\sigma$都与多孔材料的孔率（$\theta$）、静态流阻率（$\sigma$）和曲折因子（$\alpha_\infty$）有关：

$$\Lambda=\frac{1}{c}\left(\frac{8\alpha_\infty\eta}{\theta\sigma}\right)^{1/2} \tag{9.8}$$

$$\Lambda'=\frac{1}{c'}\left(\frac{8\alpha_\infty\eta}{\theta\sigma}\right)^{1/2}=\left(\frac{8\alpha_\infty\eta}{\theta\sigma'}\right)^{1/2} \tag{9.9}$$

式中，c和c'都是与孔隙结构相关联的常数（c'要小于或者等于c，对于圆形孔隙结构，c取1）。当声能主要通过黏滞损耗而衰减时，黏滞特征长度（Λ）即表示孔隙网络收缩区域的尺度水平；类似地，当声能主要通过热损耗而衰减时，热损失特征长度（Λ'）即相应表示表面积较大区域的尺度水平。由此，Λ'将大于Λ，因而c'将小于c。

由上述公式解出多孔材料的特征阻抗和传播常数后，多孔材料在空气中的表面阻抗（Z_0）、反射因子（R）以及吸声系数（α）都可得到计算：

$$Z_0=-j\cdot\frac{Z_c}{\theta}\cdot\cot(kt) \tag{9.10}$$

$$R=\frac{Z_0-\rho_0c_0}{Z_0+\rho_0c_0} \tag{9.11}$$

$$\alpha=1-|R|^2 \tag{9.12}$$

式中，t 是样品厚度；ρ_0 是空气密度（$\rho_0=1.186\text{kg/m}^3$）；$c_0$ 是空气中的声波速度（在25℃和一个大气压下，$c_0=340\text{m/s}$）。

9.3.3 模型计算和相关分析

（1） JCA模型的应用和计算

在运用JCA模型的过程中，本实验数据并不完全，因此需要用到一些近似关系，首先是关于流阻率的关系。流阻率是表示多孔材料对空气黏滞能力影响的一个重要参数，因此它的大小对多孔材料的吸声效果至关重要。把孔隙形状考虑成圆柱状，则有如下的流阻率表达式（泡沫金属吸声材料的研究）：

$$\sigma=\frac{8\mu}{\theta r^2} \tag{9.13}$$

式中，σ 为流阻率，$\text{N}\cdot\text{s/m}^4$；$\theta$ 为孔率；r 为孔隙半径；μ 为流体的动力学黏滞系数，其物理意义是表示孔隙内壁的粗糙程度。纤维状的多孔材料流阻率也有类似的表达式，而且都是与孔隙半径的平方成反比。这一点在纤维状材料中已经得到了证实，纤维状材料的微结构也可以看成为圆柱状。

曲折因子（α_∞）的近似表达式为：

$$\alpha_\infty\approx1/\sqrt{\theta} \tag{9.14}$$

根据经验，对于孔隙连通性较高的多孔材料来说，其曲折因子应在1～2范围内。

Allard曾提出对于孔率接近于1即100%的多孔材料，黏滞特征长度（Λ）与热损耗特征长度（Λ'）有以下的关系：$\Lambda'=2\Lambda$，对于本节中用到的实验数据在孔率较高时大致符合。对于圆柱形孔隙，Λ 和 Λ' 可近似为孔隙半径。根据式(9.2)～式(9.12) 计算时，可取 $p_0=1.0132\times10^5\text{Pa}$，$\gamma=1.4$，$B^2=0.71$。经实验数据对理论模型的拟合分析，可知流体的动力学黏滞系数 μ 值大约为 $3.5\times10^{-4}\text{kg/(m}\cdot\text{s)}$。该常数取决于所用流体的类型。这些分析得以进行，是通过结合表9.2中的实验数据而借助于式(9.2)～式(9.13) 的系列计算。

通过以上说明，对样品进行理论计算，所得JCA模型计算结果与实验结果的比较如图9.4所示。图中曲线显示为非单调性，最大值出现在样品的对应共振频率处。

研究发现，对于不同孔率、不同孔径、不同厚度的泡沫金属样品，在频率小于某一特征值时JCA模型计算的吸声系数与实验结果较为符合，但在高于该特征值时则有较大的偏差。由图9.4所示，对于不同结构参量的本泡沫铝样品，该特征频率为3500Hz。造成高频偏差的原因可能是该模型的限定条件（波长要远大于样品的孔隙尺度），另外样品的孔率也不高。因此可以认为，该模型只能在频率不高的范围内才能用来计算泡沫金属的吸声性能。本书作者研究小组通过系列实验结果的数据拟合，发现引入一个 e 指数因子对上述计算模型进行改进（INT代表取整函数）可以解决这一问题。下面予以介绍。

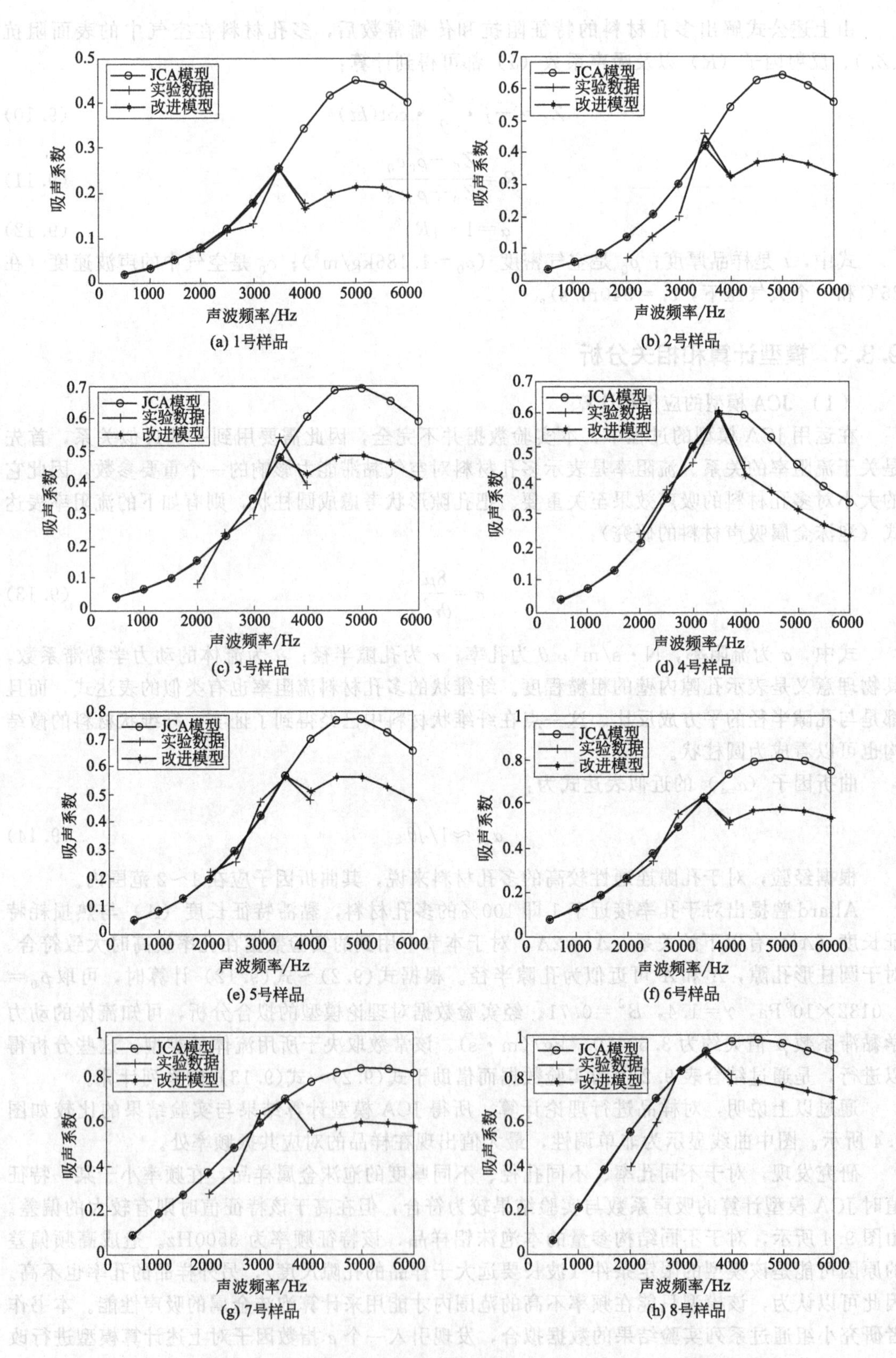

(a) 1号样品　(b) 2号样品　(c) 3号样品　(d) 4号样品　(e) 5号样品　(f) 6号样品　(g) 7号样品　(h) 8号样品

图 9.4　吸声系数与频率关系：JCA 模型及其修正模型计算值与实验数据的对比

（2） JCA模型的改进及改进效果

由上述结果可知JCA模型可适于计算泡沫铝合金在中频某范围（2000～3000Hz）内的吸声性能，但在高于某一频率如在3500Hz以上的频率区间，则出现较大的偏差。因此，我们通过系列实验结果的数据拟合，发现引入一个 e 指数因子对上述计算模型进行改进（INT代表取整函数）可以解决这一问题。修正后的表达式如下：

$$\alpha=(1-|R|^2)\exp\{-\mathrm{INT}[f/(f_m+a)]/b\} \tag{9.15}$$

式中，f_m 为与多孔材料结构和材质相关的吸声特征频率，即吸声结构的特征频率（在本样品中对应于第一共振频率或吸声系数的峰值频率）；a 为与测量方法以及测量仪器有关的常数，b 是与比表面积有关的因子，它们都是实验常数。其中：

$$b=S_V/c \tag{9.16}$$

式中，c 为泡沫金属吸声材料的特征常数；S_V 为泡沫金属的体积比表面积，cm^2/cm^3。将该式代入式(9.15) 得：

$$\alpha=(1-|R|^2)\exp\{-\mathrm{INT}[f/(f_m+a)]/(S_V/c)\} \tag{9.17}$$

在上述关系式中，S_V 由下式计算：

$$S_V=\frac{K}{d}[(1-\theta)^{0.5}-(1-\theta)](1-\theta)^n \tag{9.18}$$

式中，d 和 θ 分别为泡沫金属的孔径和孔率；K 为取决于多孔体的材质和制备工艺条件的材料常数；n 为表征多孔体孔隙结构形态的几何因子（也取决于材料的种类和制备工艺)。对于胞状泡沫铝，取 $K=281.8$，$n=0.4$，可获得满意的计算结果：

$$S_V=\frac{281.8}{d}[(1-\theta)^{0.5}-(1-\theta)](1-\theta)^{0.4} \tag{9.19}$$

经过与实验数据的拟合比较（表 9.3），本工作取 $a=500$，$c=10$ 即 $b=S_V/10$（具体取值参见表 9.4)，将其代入式(9.15) 可得：

$$\alpha=(1-|R|^2)\exp\{-\mathrm{INT}[f/(f_m+500)]/(S_V/10)\} \tag{9.20}$$

于是得到了吸声系数与声频和多孔体比表面积相关的式子。在本工作中，取 f_m 为本样品的吸声系数峰值频率，即 $f_m=5000$Hz，用此改进模型的计算结果与原JCA模型以及实验数据进行比较，并对更高和更低频率的吸声系数进行了预测，均见于图 9.4。该图显示出改进模型的理论计算与实验数据符合良好，这说明引入 e 指数因子是合适的。

这里要说明的是，式(9.20) 的获得完全是出于数学上的考虑和需要，而公式内在的相关物理机制目前还没能澄清。希望后期能够开展这样一项工作，但很遗憾我们目前人手短缺。

表 9.3 样品吸声系数（α）检测值和模型预计值的差异

序号	E① 式(9.12)	E① 式(9.15)	2.0kHz 检测值	2.0kHz 预计值式(9.12)	2.0kHz 预计值式(9.15)	2.5kHz 检测值	2.5kHz 预计值式(9.12)	2.5kHz 预计值式(9.15)	3.0kHz 检测值	3.0kHz 预计值式(9.12)	3.0kHz 预计值式(9.15)	3.5kHz 检测值	3.5kHz 预计值式(9.12)	3.5kHz 预计值式(9.15)	4.0kHz 检测值	4.0kHz 预计值式(9.12)	4.0kHz 预计值式(9.15)
1	30.0	1.32	0.07	0.080	0.076	0.12	0.125	0.120	0.13	0.180	0.130	0.26	0.260	0.260	0.18	0.343	0.176
2	41.4	0.40	0.07	0.140	0.072	0.14	0.210	0.140	0.20	0.300	0.200	0.46	0.420	0.460	0.33	0.547	0.327
3	25.8	1.03	0.08	0.158	0.086	0.24	0.230	0.230	0.30	0.345	0.300	0.54	0.478	0.540	0.39	0.605	0.390
4	12.9	0.10	0.23	0.210	0.230	0.37	0.340	0.370	0.45	0.500	0.450	0.61	0.60	0.610	0.44	0.600	0.440
5	17.1	0.50	0.22	0.200	0.220	0.26	0.300	0.260	0.47	0.420	0.470	0.56	0.571	0.570	0.48	0.700	0.480
6	15.5	0.88	0.24	0.270	0.240	0.34	0.370	0.350	0.55	0.500	0.550	0.63	0.620	0.620	0.50	0.730	0.500
7	19.6	0.10	0.27	0.376	0.270	0.37	0.490	0.370	0.64	0.600	0.640	0.70	0.700	0.700	0.55	0.780	0.550
8	13.1	0.58	0.40	0.565	0.400	0.60	0.720	0.600	0.85	0.845	0.845	0.92	0.940	0.930	0.82	0.980	0.830

① $E=\left\{\left[\sum_{n=1}^{N}|\alpha^{\exp}(f_n)-\alpha^{\mathrm{th}}(f_n)|\right]\Big/\sum_{n=1}^{N}\alpha^{\exp}(f_n)\right\}\times 100$

式中，N 是研究的频率数量。

表 9.4 不同样品的 b 因子值

样品号	孔隙尺寸/mm	孔率/%	$S_V/(cm^2/cm^3)$	b 值
1	3.3	62.2	13.6	1.4
2	2.4	63.2	19.2	1.9
3	1.6	64.7	27.6	2.8
4	1.6	65.3	27.5	2.7
5	1.4	68.4	32.3	3.2
6	1.4	78.9	30.3	3.0
7	1.4	81.2	29.6	3.0
8	0.8	87.0	46.4	4.6

（3）其他讨论

由上可见，对于吸声系数峰值对应频率为 5000Hz 的这种胞状泡沫铝样品（只有其中的 4 号样品例外），式（9.17）取 $f_m=5000Hz, a=500, c=10$，改进的 JCA 模型得到的吸声系数计算结果与实验数据有很好的符合，直观比照见图 9.4。

关于吸声系数与孔隙尺寸的关系，我们考察了其中的 1、2、3 号样品，其孔隙尺寸分别为 3.3mm、2.4mm 和 1.6mm。样品厚度相同，孔率也大致相同。如图 9.4 所示，在频率小于 3500Hz 时，理论计算值和实验结果都是随着孔隙尺寸的减小而增加。孔隙尺寸越小，越有利于产生多次散射和碰撞，使能量损耗增加。

关于吸声系数与孔率的关系，考察了其中的 5、6、7 号样品，其孔率分别为 68.4%、78.9%、81.2%。样品孔径相同，厚度相同。如图 9.4 所示，模型计算得出的吸声系数随着孔率的增加而增加，在频率小于 3500Hz 时，实验数据也有相应的变化。这是因为孔率的增加会使孔隙的数量增多，内部孔道更为复杂，产生更多的散射和漫反射，引起更多的声能损耗。

关于吸声系数与样品厚度的关系，考察了其中 3 号和 4 号样品，其厚度分别为 15mm 和 20mm。样品孔径相同，孔率也近似相等。如图 9.4 所示，随着样品厚度的增加，模型计算的吸声系数在相同的频率下也会相应增加，与实验数据相符合。这是因为随着样品厚度的增加，孔隙通道也会延长，因此声波进入后产生的损耗会增加。

随着现代工业的发展以及人类环保意识的增强，噪声污染问题已越来越受到人们的关注，吸声降噪已成为人类社会协调发展急需解决的重要课题。为此，泡沫金属作为吸声材料的应用前景十分光明。另外，泡沫金属吸声性能除应用于噪声控制，还可利用其研究材料的渗透性、黏弹性、剪切模量等其他性能。因此，对泡沫金属的声学性能进行研究与开发有着重要的实际意义。

9.4 泡沫金属吸声性能数学拟合

以不同工艺制备的泡沫铝样品为代表，探讨泡沫金属材料的吸声性能。根据泡沫金属材料样品吸声系数的实验数据，对其吸声数据与声波频率的关系进行了非线性拟合，以期找到有益于设计应用的吸声性能关系规律。结果发现，利用高斯函数的形式获得了很好的拟合效果。拟合函数表征显示，该泡沫金属的吸声系数与声波频率的平方呈 exp 指数关系，而且吸声系数曲线对于声波频率在低频段有一条水平渐近线。此外，利用多孔材料比表面积公式进行计算得出，当该泡沫样品厚度相同时，其最大吸声系数随比表面积增大而大致呈线性增大。在此基础上，还确立了此类泡沫金属材料最大吸声系数与孔率和孔径的数学关系。

9.4.1 吸声系数与声波频率的关系

（1）加压铸造法所得泡沫铝样品

本模拟所用多孔材料测试结果源于《宇航材料工艺》第 28 卷中“多孔铝合金材料吸声性能的研究”一文。其中，样品为加压铸造法制备的泡沫铝，其结构参数见表 9.5，采用驻波管法测出的样品吸声系数见表 9.6。

表 9.5 加压铸造法所得泡沫铝试样的结构参数

样品编号	孔隙尺寸/mm	厚度/mm	总孔率/%	总孔率中的通孔度/%
1	1.40	15	68.41	91.37
2	1.40	15	78.92	90.92
3	0.83	15	86.98	89.16

表 9.6 不同频率下加压铸造法所得泡沫铝试样的吸声系数测量结果

样品编号	2.0kHz	2.5kHz	3.0kHz	3.5kHz	4.0kHz
1	0.220	0.260	0.470	0.565	0.480
2	0.245	0.340	0.550	0.630	0.500
3	0.400	0.600	0.850	0.915	0.820

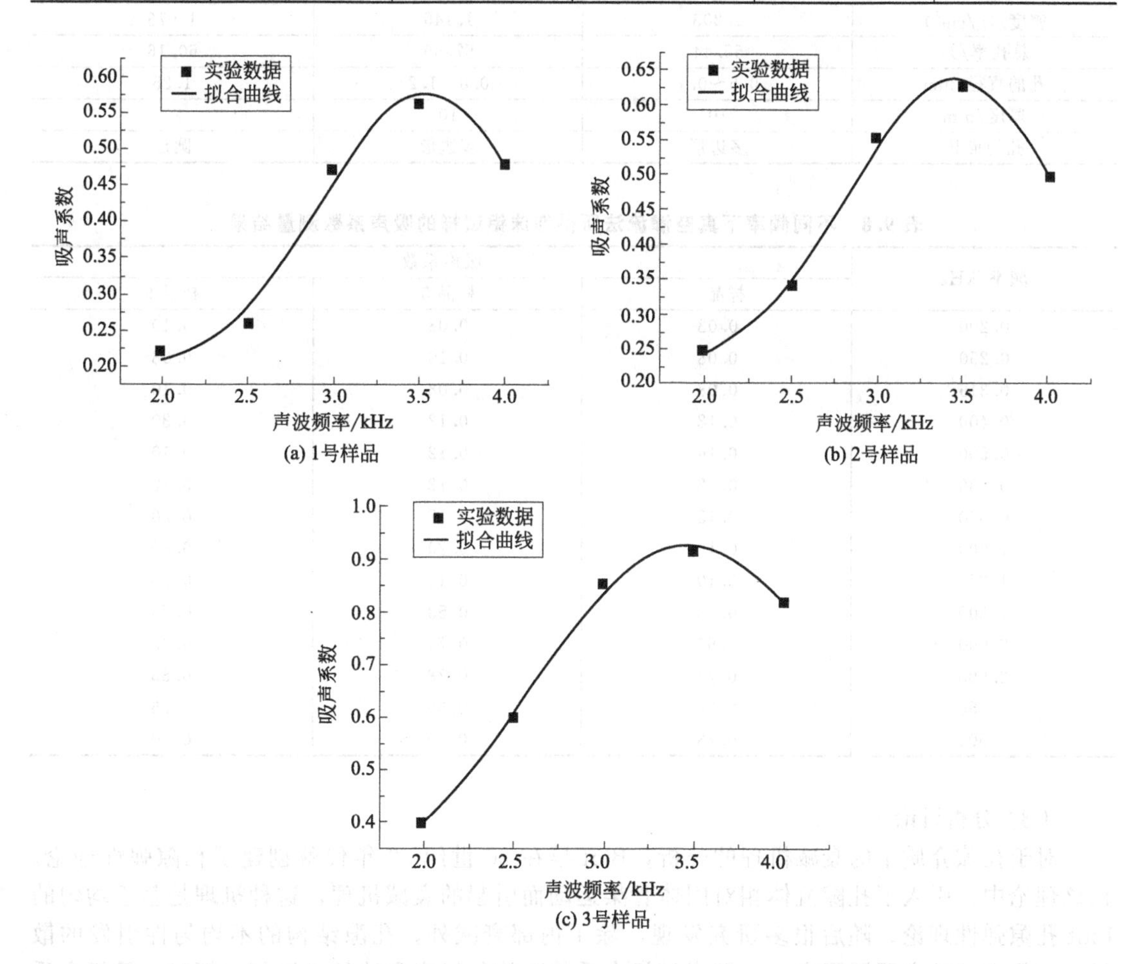

(a) 1号样品 (b) 2号样品 (c) 3号样品

图 9.5 加压铸造法所得泡沫铝各试样的拟合曲线图

为便于分析，选择部分孔隙尺寸相同、厚度也相同的样品的实验数据进行拟合。运用数学上若干常见的函数形式，经过反复尝试，找到了较适合的拟合函数表达。拟合曲线见图9.5，对应的拟合方程均可以表达为高斯函数的形式：

$$\alpha=\alpha_0+A\exp\left[-\frac{(f-f_c)^2}{2\omega^2}\right] \tag{9.21}$$

式中，α_0 是吸声系数曲线的渐近线对应值；f_c 是吸声系数最大点的声波频率；ω 是函数图的半宽；A 是函数图的幅值。

（2）真空渗流法所得泡沫铝样品

真空渗流法是将所需的颗粒装入铸型，并在保温炉内预热一定时间，置于浇铸室内，浇铸室一端连接真空室，当真空室阀门打开时，液态金属在压力差的作用下，渗入铸型中，完成渗流过程。孔隙的形状由颗粒的形状所决定，所得产品结构参数见表9.7，测得样品的吸声系数见表9.8。表9.7和表9.8数据源于《热加工工艺》第1卷中“多孔泡沫铝的制备及其吸声性能的测定”一文。通过上述相同的方式和过程进行数据拟合，得出图9.6的实验数据拟合曲线，对应的拟合方程也可表达为与式（9.21）相同的高斯函数形式。

表9.7 真空渗流法所得泡沫铝试样的结构参数

样品编号	4	5	6
密度/(g/cm^3)	1.203	1.145	1.076
总孔率/%	55.44	57.59	60.16
孔的直径/mm	0.5～0.7	0.8～1.2	1.25
厚度/mm	10	10	25
孔的形状	多边形	多边形	圆形

表9.8 不同频率下真空渗流法所得泡沫铝试样的吸声系数测量结果

频率/kHz	吸声系数		
	样品4	样品5	样品6
0.200	0.08	0.08	0.10
0.250	0.08	0.10	0.08
0.315	0.08	0.08	0.10
0.400	0.18	0.12	0.30
0.500	0.16	0.12	0.10
0.630	0.12	0.13	0.12
0.800	0.15	0.17	0.20
1.000	0.18	0.20	0.30
1.250	0.10	0.15	0.30
1.600	0.43	0.53	0.78
2.000	0.60	0.74	0.95
2.500	0.71	0.78	0.86
3.150	0.78	0.66	0.76
3.500	0.78	0.50	0.70

（3）分析讨论

对于孔隙介质中的衰减机理的分析，Biot早在20世纪50年代就创建了孔隙弹性理论。在该理论中，引入了孔隙流体相对固体骨架运动而引起的衰减机理，这种机理是基于均匀的Biot孔隙弹性理论。随后很多研究发现，除了内部衰减外，孔隙结构的不均匀性引发的散射，也是衰减的主要原因之一。即当随机介质的不均匀尺度和波长可以相比拟时，随机介质引发的散射可能产生很大的衰减。

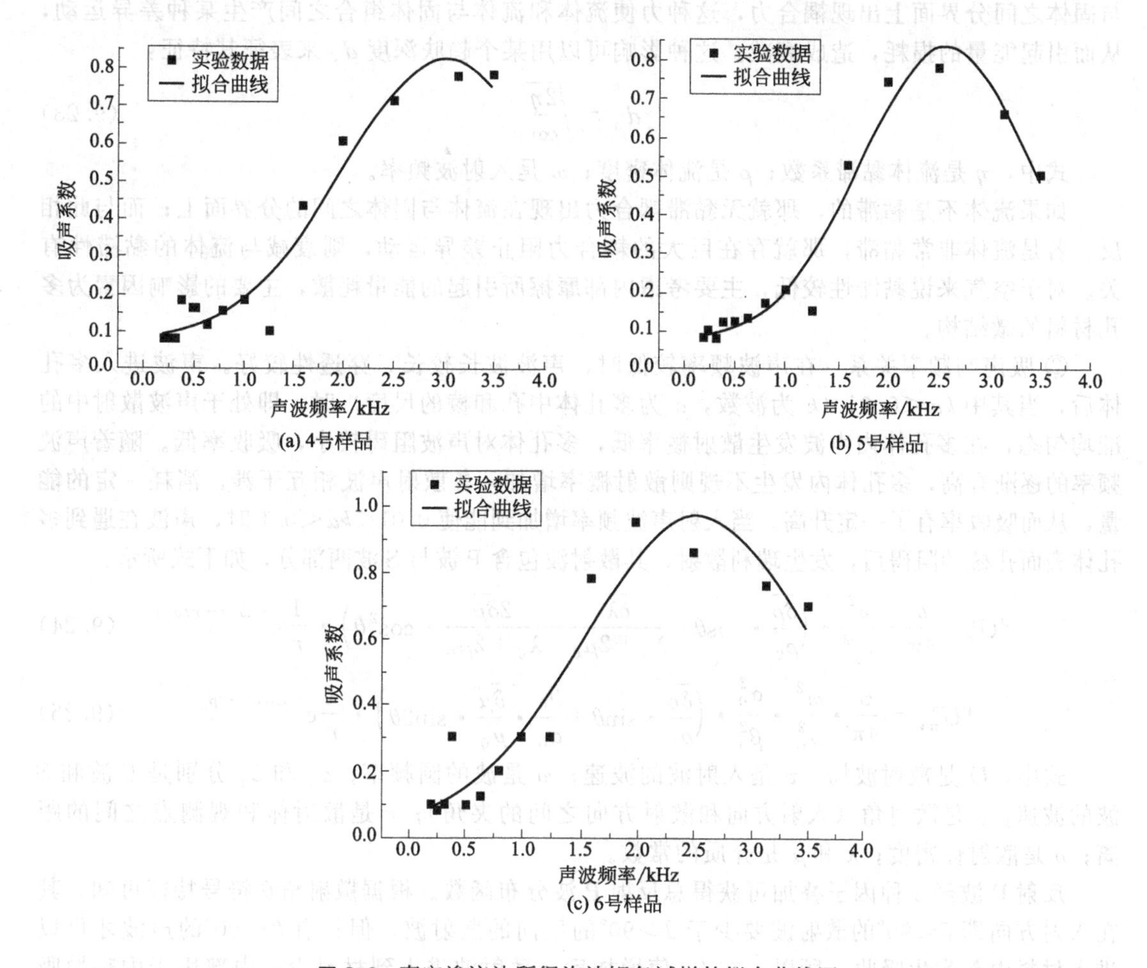

图 9.6 真空渗流法所得泡沫铝各试样的拟合曲线图

① 两类影响因素 振动波在多孔体中以复杂的路线传播，产生衰减，表征其衰减的一个重要物理参量即是介质的品质因子 Q。当波传播一个波长 λ 的距离后，原来储存的能量 E 与消耗能量 ΔE 之比的 2π 倍定义为介质的品质因子：

$$Q^{-1}=\frac{1}{2\pi}\frac{\Delta E}{E_{\max}} \tag{9.22}$$

这种衰减的机制可以分为两部分。一部分归结为几何因素。其中，包括由于波阵面的扩展，声波通过界面时的反射、折射以及通过不均匀介质（不均匀尺度与波长大小可以相互比较）时造成的散射所引起波动振幅的衰减；另一部分是物理因素，即与多孔体的非完全弹性直接有关的衰减，也称为固有衰减或内摩擦。

第一类因素由于孔隙介质的厚度有限，由波阵面的扩散引起的衰减可以忽略。其中，主要是反射及散射所引起的波动振幅的衰减。声波是 P 波，在入射后，经过不均匀介质产生散射，在介质内部经过不规则的反射，除了产生反射的 P 波外，同时还会出现反射的 S 波成分，向不同的方向传播并彼此干涉，最后转化为热能消耗掉，使声波发生衰减。

第二类因素主要指的是多孔材料内部的耗散，包括摩擦、黏滞效应等。内在耗散主要与多孔材料的微结构（比表面积、内表面的粗糙程度和孔隙的连通性）、孔隙内部流体和声波频率有关。Biot 理论指出，孔隙中的流体对于声波的传播有重要影响。在黏滞流体中，流体与固体之间分界面上出现耦合力，这种力使流体和流体与固体组合之间产生某种差异运动，从而引起能量的损耗，造成衰减。这种影响可以用某个趋肤深度 d_s 来表征其特征：

$$d_s=\sqrt{\frac{2\eta}{\rho\omega}} \tag{9.23}$$

式中，η 是流体黏滞系数；ρ 是流体密度；ω 是入射波频率。

如果流体不是黏滞的，那就无黏滞耦合力出现在流体与固体之间的分界面上；而与此相反，若是流体非常黏滞，那就存在巨大的耦合力阻止差异运动，则衰减与流体的黏滞性有关。对于空气来说黏滞性较低，主要考虑内部摩擦所引起的能量耗散，主要的影响因素为多孔材料的微结构。

② 吸声与频率关系　在声波频率较低时，声波波长较长，穿透性较好。声波进入多孔体后，当其中 $ka<0.01$（k 为波数，a 为多孔体中孔和棱的尺度）时，即处于声波散射中的准均匀态，在多孔体内声波发生散射概率低，多孔体对声波阻碍较小，吸收率低。随着声波频率的逐渐升高，多孔体内发生不规则散射概率增加，各散射声波相互干涉，消耗一定的能量，从而吸收率有了一定升高。当入射声波频率增加到能使 $0.01<ka<0.1$ 时，声波在遇到多孔体表面孔棱的阻碍后，发生瑞利散射，其散射波包含 P 波与 S 波两部分，如下式所示：

$$^{\mathrm{P}}U_{\mathrm{r}}^{\mathrm{p}}=\frac{v}{4\pi}\cdot\frac{\omega^2}{{\alpha_0}^2}\cdot\left(\frac{\overline{\delta\rho}}{\rho_0}\cdot\cos\theta-\frac{\overline{\delta\lambda}}{\lambda_0+2\mu_0}-\frac{2\overline{\delta\mu}}{\lambda_0+2\mu_0}\cdot\cos^2\theta\right)\cdot\frac{1}{r}\mathrm{e}^{-i\omega(t-r/\alpha_0)} \tag{9.24}$$

$$^{\mathrm{P}}U_{\mathrm{mer}}^{\mathrm{s}}=\frac{v}{4\pi}\cdot\frac{\omega^2}{\alpha_0^2}\cdot\frac{\alpha_0^2}{\beta_0^2}\cdot\left(\frac{\overline{\delta\rho}}{\rho_0}\cdot\sin\theta+\frac{\beta_0}{\alpha_0}\cdot\frac{\overline{\delta\mu}}{\mu_0}\cdot\sin2\theta\right)\cdot\frac{1}{r}\mathrm{e}^{-i\omega(t-r/\beta_0)} \tag{9.25}$$

式中，U 是散射波场；v 是入射波的波速；ω 是波的圆频率；α_0 和 β_0 分别是 P 波和 S 波的波速；θ 是散射角（入射方向和散射方向之间的夹角）；r 是散射体和观测点之间的距离；ρ 是散射体密度；λ 和 μ 是介质的常数。

反射 P 波经 3 种因子叠加可获得总反射 P 波分布函数。根据散射角 θ 符号特征可知，其在入射方向即 $\theta<90°$ 的散射波要少于 $\theta>90°$ 的反向的散射波，但只有 $\theta<90°$ 的声波才可以进入材料内部发生吸收。所以，在 ka 值增加后，散射波进入到材料少，内部用于内耗散吸收的部分减少，吸收系数降低，从而吸收曲线呈现出二次曲线特征，存在一个吸收系数随频率变化的峰值。

9.4.2　最大吸声系数与孔隙因素的关系

多孔材料具有体密度小、孔率高、比表面积大等特点，作为一种有效的吸声降噪材料，已经得到了广泛应用。泡沫金属是多孔材料中一个重要的种类，它既具有金属材质的特征，又具有泡沫材料的孔隙结构；相对于有机泡沫吸声材料来说，具有较高的强度和良好的耐热性。

多孔材料的比表面积和吸声性能有着较为直接的关系：比表面积越大，相应的声波与多孔材料作用面积就可以越大，从而产生的能量损耗也就越大，这有利于声音的吸收。本部分以加压铸造法所制备的泡沫铝为研究对象，利用其结构参量和吸声数据，通过有关比表面积计算公式，初步探讨了该泡沫材料最高吸声系数与比表面积的关系，进而找到了其最高吸声系数与孔率和孔径等孔隙因素的关系。

(1) 理论准备

材料的比表面积是其单位体积或单位质量所具有的表面积，前者为体积比表面积，后者为质量比表面积。对于上一部分提到的影响吸声性能的第二类因素，孔隙表面的粗糙程度应考虑到材料的结构常数中，孔隙连通性应考虑到通孔率中。我们在这里只考虑结构状态相同

（即结构常数相同）的材料的比表面积对吸声性能的影响。

根据上一章我们建立的多孔材料比表面积计算公式如下：

$$S_V=\frac{K_s}{d}\left[(1-\theta)^{1/2}-(1-\theta)\right](1-\theta)^n \tag{9.26}$$

式中，S_V（cm^2/cm^3）为多孔体的体积比表面积；d（mm）和 θ（%）分别为多孔体的平均孔径（或有效孔径）和孔率；K_s 为取决于多孔体的材质和制备工艺条件的材料常数；n 为表征多孔体孔隙结构形态的几何因子（或说结构因子）。

（2）数据基础

我们利用上述《宇航材料工艺》一文中介绍的加压铸造法所得泡沫铝的实验数据。该文献给出的泡沫铝样品结构参数和对应吸声系数测试结果见表 9.9 和表 9.10。

表 9.9　泡沫铝试样的结构参数

样品编号	孔隙尺寸/mm	样品厚度/mm	总孔率/%	总孔率中的通孔度/%
1	3.33	15	62.15	100.00
2	2.36	15	63.23	97.64
3	1.65	15	64.74	94.21
4	1.40	15	68.41	91.37
5	1.40	15	78.92	90.92
6	1.40	15	81.19	90.45
7	0.83	15	86.98	89.16

表 9.10　不同频率下泡沫铝试样吸声系数的测量结果

样品编号	2.0kHz	2.5kHz	3.0kHz	3.5kHz	4.0kHz
1	0.070	0.115	0.130	0.260	0.175
2	0.070	0.140	0.200	0.460	0.330
3	0.085	0.240	0.295	0.540	0.390
4	0.220	0.260	0.470	0.565	0.480
5	0.245	0.340	0.550	0.630	0.500
6	0.270	0.370	0.635	0.700	0.550
7	0.400	0.600	0.850	0.915	0.820

（3）计算与拟合

利用上述公式计算多孔样品的比表面积。对于经过加压铸造法制得的泡沫铝，其孔隙结构为胞状。根据上一章的结果，计算公式中的指数项在这里可近似地借用 $n=0.4$。对于同种方法制备的样品，公式中的材料常数 K_s 相同。把表 9.9 的数据代入上述公式（9.26），经过计算可知：在样品厚度相同的情况下，泡沫铝样品的最大吸声系数（α_{max}）随比表面积的变化，大致呈线性增加的趋势（见表 9.11 和图 9.7）。这种变化关系易于解释，即比表面积越大，多孔体内部对于吸声有效的孔隙表面越大，则声波进入后与材料的作用面积增加，相应的能量损耗也会增加。

表 9.11　样品最大吸声系数与比表面积的对应数据

样品序号	$S_V/K_s(n=0.4)$	最大吸声系数(α_{max})
1	0.0479	0.260
2	0.0681	0.460
3	0.0946	0.540
6	0.1145	0.565

续表

样品序号	$S_V/K_s(n=0.4)$	最大吸声系数(α_{max})
7	0.1073	0.630
8	0.1050	0.700
9	0.1652	0.915

根据表 9.11 中的数据，样品最大吸声系数与比表面积的关系可粗略地近似拟合成：

$$\alpha_{max}=BS_V+C \tag{9.27}$$

式中，B、C 为待定常数，也都是对某种工艺方法所得制品的特定材料常数。

基于上式，对该最大吸声系数与比表面积作线性拟合的结果直观地示于图 9.7。

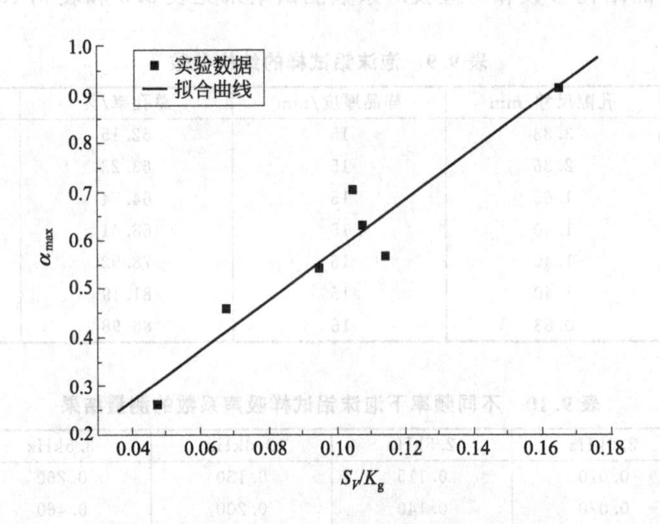

图 9.7 样品最高吸声系数与比表面积的关系

把式（9.26）代入式（9.27）得到最大吸声系数与孔率和孔径的关系：

$$\alpha_{max}=\frac{K_{max}}{d}[(1-\theta)^{1/2}-(1-\theta)](1-\theta)^n+C \tag{9.28}$$

式中，$K_{max}=K_sB$。

前面的式（9.26）得到了最大吸声系数关于孔径和孔率的函数关系。其中的常数 n 还是表征多孔体孔隙结构形态的几何因子，可以通过测定比表面积来确定。K_{max} 和 C 是用来描述多孔材料的材质和制备工艺的常数，可以通过两组最大吸声系数数据来确定。

9.4.3 分析总结

本部分研究了两类不同加工工艺制造的多孔铝合金材料的吸声数据。为探索其吸声系数与声波频率的关系规律，采用数学上的常见函数形式进行反复尝试，对数据进行非线性拟合，发现高斯型函数的拟合效果良好；并利用地震波在岩石孔隙介质中的衰减理论对函数的变化趋势进行了分析。在探索其最大吸声系数与孔隙因素关系的过程中，发现在样品厚度相同条件下，泡沫体最大吸声系数可近似符合比表面积指标的线性拟合，从而获得其最大吸声系数与孔率和孔径的数学关系。

最后要提及的是，本工作仅仅是数学拟合的尝试，虽然获得了良好的拟合结果，但其中诸多内在的物理意义还不清楚，需要进一步研究。当然，拟合得到的泡沫金属吸声性能关系规律，仍可对吸声结构设计提供一定的帮助。

9.5 复合型多孔结构吸声性能研究举例

9.5.1 泡沫镍复层结构的中频吸声性能

虽然对泡沫金属的吸声性能已有一些研究，但基本都是集中在胞状泡沫铝的工作。目前，在市场上闭孔结构的泡沫铝占据了很大份额，但开孔泡沫金属对某些用途更为合适。因为人们普遍认为胞状泡沫体的胞状孔隙结构以及丰富的孔隙表面赋予了其可期待的吸声效果，而对三维网状泡沫金属的吸声性能则少有兴趣。

金属镍具有良好的延展性和韧性，而且在800℃高温下接触空气不氧化，对强碱不反应，对稀酸反应微弱，拥有极高的稳定性和抗腐蚀性。不少国家都已采用电沉积法大批量生产泡沫镍，产品主要用于电极材料。由于产品为厚度较小的三维网状薄板材料，其吸声效果远不如胞状结构的开孔泡沫金属，因此有关其声学性能的研究甚少。

一般来说，人类可闻声波频率范围约为20～20000Hz(对应于空气中的波长介于17m和17mm之间)，而听觉最重要的频率范围约为500～4000Hz。另外，还考虑到我们的吸声系数测试系统将驻波管分为200～2000Hz、2000～4000Hz、4000～6300Hz三个级段。因此，我们将研究范围内的2000～4000Hz波段称为中频段，而200～2000Hz和4000～6300Hz分别称为低频段和高频段。前述中频段2000～4000Hz是听觉最为敏感的频段。本部分即探讨泡沫镍及其复合结构在此人耳敏感频段的吸声性能，包括这种泡沫镍片材的多层叠合体以及其分别与空腔和穿孔板进行穿插叠合所形成的夹层结构。通过调整这些叠合结构的组合方式和结构参数，以期获得良好的吸声效果。结果发现，该泡沫镍在相关声频下完全可以很好地用于吸声材料。

(1) 实验材料和检测方法

① 实验材料　制作试样的实验材料是广泛用于多孔金属电极的三维网状泡沫镍片材，由电沉积工艺制备，其产品的电性能和力学性能已有相关研究。其片材厚度为1.5mm左右，孔率为0.96，平均孔径约为0.65mm，裁切成直径为50mm的圆片(图9.8)。

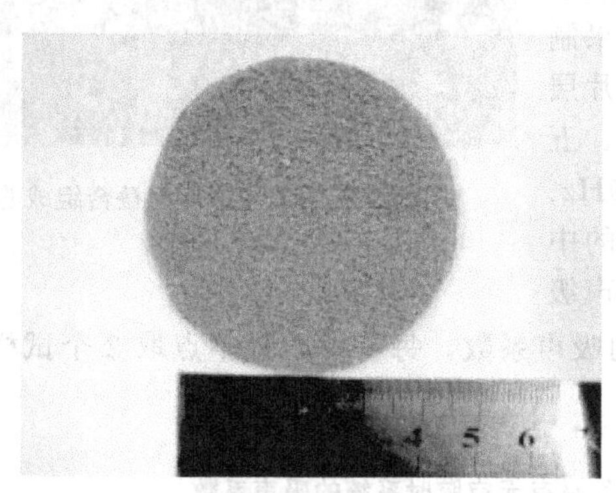

(a) 圆形样品宏观形貌

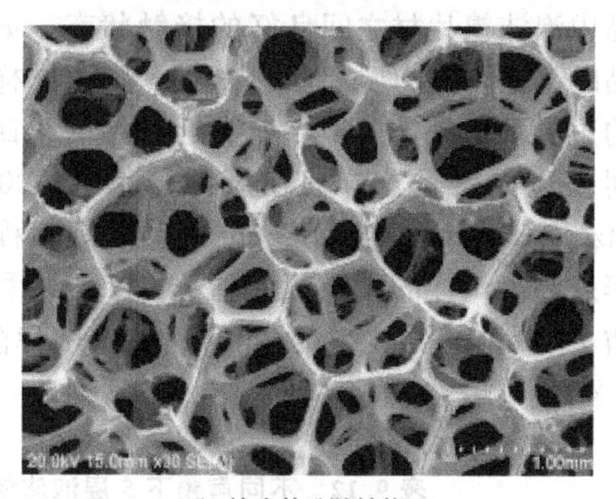

(b) 放大的孔隙结构

图9.8　用于吸声系数测试的泡沫镍片材试样

② 测试设备与方法　本工作采用北京世纪建通科技发展有限公司生产的JTZB吸声系数测试系统，利用驻波管法检测样品的吸声系数。其原理是扬声器向管内辐射的声波在管中

以平面波形式传播时，在法向入射条件下入射正弦平面波和从试样发射回来的平面波叠加，由于反射波与入射波之间具有一定的相位差，因此叠加后在管中产生驻波。于是，从材料表面开始形成驻波声场，沿管轴线出现声压极大 $p_{\max}$、极小 $p_{\min}$ 的交替分布，利用可移动的探管接收这种声压分布，得出材料的垂直入射吸声系数表达如下：

$$\alpha_{\mathrm{N}}=\frac{4p_{\max}/p_{\min}}{(1+p_{\max}/p_{\min})^2} \tag{9.29}$$

本测试系统符合国家标准 GB/T 18696.1—2004，同时参考了国际标准 ISO 10534—1：1996，可以用来测试吸声样品法向入射声波的吸声系数和声阻抗。这是一种利用驻波的特性来进行测试的设备，其装置组成的主体是一根内表面光滑的刚性圆管（驻波管），圆管一端安置扬声器，另一端安装待测试样，试样表面垂直于驻波管的轴线。当扬声器向管内辐射的声波在试样表面反射后，就会在管中建立一个驻波声场。移动探管可以测出驻波声场中的声压极大和极小，并在仪表中直接转换成声级最大值 L_{M}（dB）和声级最小值 L_{m}（dB），由此即可通过下式计算出试样的吸声系数：

$$\alpha=\frac{4\times10^{(L_{\mathrm{M}}-L_{\mathrm{m}})/20}}{(1+10^{(L_{\mathrm{M}}-L_{\mathrm{m}})/20})^2}=\frac{4\times10^{\Delta L/20}}{(1+10^{\Delta L/20})^2} \tag{9.30}$$

可闻声频范围为 20～20000Hz。其中间频段 2000～4000Hz 对于人耳听觉最为重要。本部分工作通过驻波管三分之一倍频程法测量结构的吸声系数，根据 1/3 倍频规律，选用 2000Hz、2500Hz、3150Hz 和 4000Hz 四个中心频率进行该中间频段的定频测试。测试时，先将接收的声音信号调节到合适的分贝数，测试并记录同一周期内的最大分贝值 L_{M} 和最小分贝值 L_{m}，然后改变初始分贝数，重复上述步骤，得出 L_{M} 和 L_{m} 两者差值的平均值，最后用该平均值根据式（9.30）计算吸声系数。

（2）实验结果与分析讨论

① 实验结果

a. 泡沫镍片材叠合体及其空腔叠合结构　将如图 9.8 所示厚度为 1.5mm 左右的泡沫镍圆片试样 5 层叠在一起，形成总厚度为 7.5mm 左右的泡沫镍圆板，紧贴试样管的刚性壁装入。图 9.9 展示了样品中泡沫镍片材之间良好的接触状态：如果制作样品时不让切割力引起切边内收，则不同样片层之间的边界都不易被发现，如靠近标尺的第四、五层之间的边界就是这样。在声源分别为 2000Hz、2500Hz、3150Hz 和 4000Hz 四个 1/3 倍频程的中心频率点测出试样的声级最大值 L_{M}（dB）和声级最小值 L_{m}（dB），按式（9.30）计算出试样的吸声系数，每一中心频率点取 2 个试样的平均值，结果列于表 9.12。

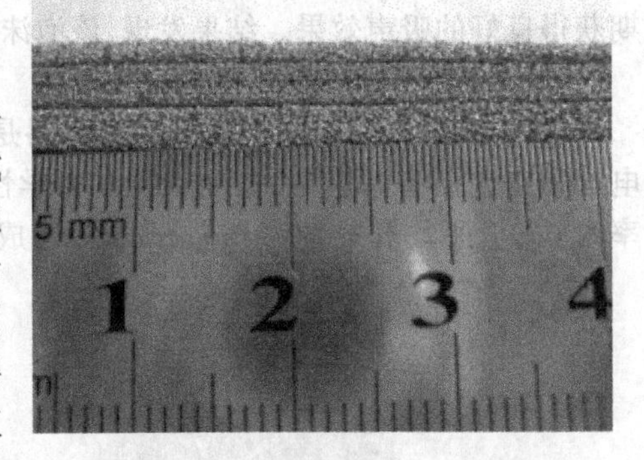

图 9.9　五层泡沫镍片材叠合组成的样品侧面照片

表 9.12　不同声频下 5 层泡沫镍片材有无空腔时系统的吸声系数

序号	声波频率 f/Hz	泡沫厚度 /mm	空腔厚度 /mm	ΔL /dB	α	α 的平均值
1	2000	7.5(5层)	0	21.7	0.281	0.21
2	2000	7.5(5层)	0	28.4	0.141	
3	2500	7.5(5层)	0	17.9	0.401	0.29
4	2500	7.5(5层)	0	26.3	0.176	

续表

序号	声波频率 f/Hz	泡沫厚度 /mm	空腔厚度 /mm	ΔL /dB	α	α 的平均值
5	3150	7.5(5层)	0	19.2	0.356	0.29
6	3150	7.5(5层)	0	23.9	0.226	
7	4000	7.5(5层)	0	7.7	0.827	0.79
8	4000	7.5(5层)	0	9.4	0.756	
9	2000	7.5(5层)	18.5(5层)	17.9	0.401	0.38
10	2000	7.5(5层)	18.5(5层)	18.9	0.366	
11	2500	7.5(5层)	18.5(5层)	15.1	0.509	0.51
12	2500	7.5(5层)	18.5(5层)	15.1	0.509	
13	3150	7.5(5层)	18.5(5层)	14.8	0.521	0.54
14	3150	7.5(5层)	18.5(5层)	13.7	0.568	
15	4000	7.5(5层)	18.5(5层)	8.9	0.777	0.80
16	4000	7.5(5层)	18.5(5层)	7.9	0.819	

基于上述操作，在试样与试样管的后端刚性壁之间设置空腔（试样背腔）。空腔通过 5 个有机玻璃圆环（图 9.10）叠在一起构成，圆环内外径分别为 ϕ40mm 和 ϕ50mm，厚度约为 3.7mm，构成厚度约为 18.5mm 的空腔。此时的测试结果一同列于表 9.12。

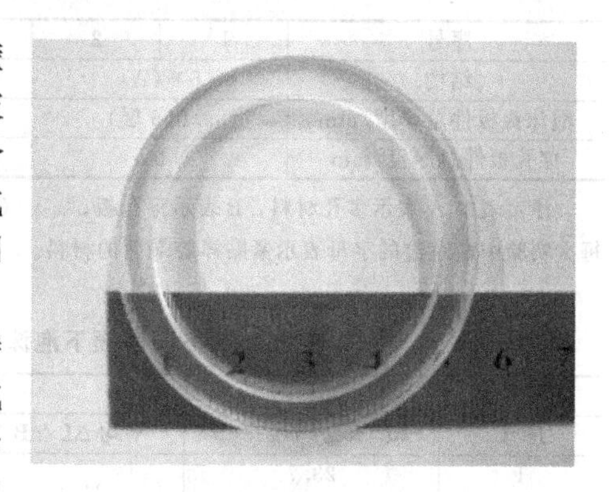

图 9.10　用于构建空腔的有机玻璃圆环

为了考察空腔与试样的组合效果，我们按照待测试样选取泡沫镍片与空腔交替叠加的方式，形成 5 层厚度为 1.5mm 的泡沫镍片与 5 个厚度为 3.7mm 的空腔相互叠加这种结构方式，其泡沫镍片的总厚度仍为 7.5mm 左右，空腔厚度仍总计为 18.5mm 左右。测试结果列于表 9.13。

表 9.13　不同声频下空腔与泡沫体交替叠加对系统吸声系数的影响

序号	声波频率 f/Hz	泡沫厚度 /mm	空腔厚度 /mm	ΔL /dB	α	α 的平均值
1	2000	7.5(5层)	18.5(5层)	15.9	0.476	0.49
2	2000	7.5(5层)	18.5(5层)	15.0	0.513	
3	2500	7.5(5层)	18.5(5层)	14.9	0.517	0.52
4	2500	7.5(5层)	18.5(5层)	14.9	0.517	
5	3150	7.5(5层)	18.5(5层)	14.6	0.529	0.54
6	3150	7.5(5层)	18.5(5层)	14.2	0.546	
7	4000	7.5(5层)	18.5(5层)	9.8	0.739	0.75
8	4000	7.5(5层)	18.5(5层)	9.5	0.752	

b. 泡沫镍片材与穿孔板的叠合结构　与泡沫镍圆片试样相配合，304 不锈钢穿孔板也制成直径为 50mm 的圆板（图 9.11），厚度约 1mm，孔径约 4mm，孔密度约 1/cm^2。泡沫镍片材与穿孔板的组合方式列于表 9.14，测出其在 2000Hz、2500Hz、3150Hz 和 4000Hz 声频作用下的吸声系数列于表 9.15。

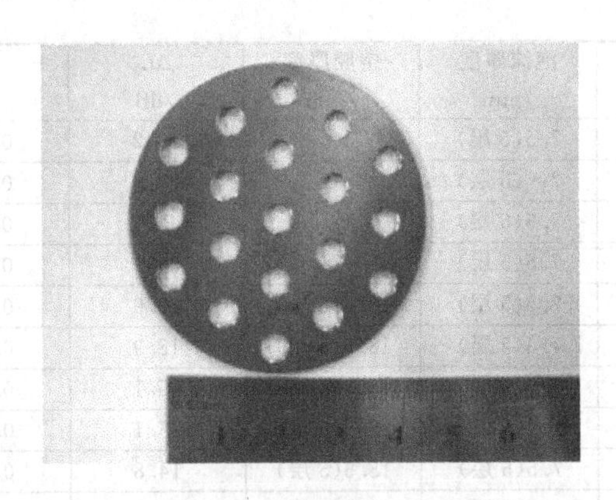

图 9.11 不锈钢穿孔板

表 9.14 泡沫镍片材与穿孔板的组合结构方式

序号	1	2	3	4	5	6	7	8
结构	6 * (A)		BAAAAAA		2 * (BAAA)		3 * (BAA)	
泡沫镍板件总厚度/mm	9.0(6层)		9.0(6层)		9.0(6层)		9.0(6层)	
穿孔板件总厚度/mm	0		1		2		3	

注：表中 A 表示多孔材料，B 表示穿孔板；x * (BA) 表示 x 个 (BA) 叠加，即组合方式为 BABA…BA (x 个)；每次实验中最左边的字母表示紧贴样腔端面的材料。

表 9.15 不同声频下泡沫镍与穿孔板组合结构的吸声系数 (α)

声波频率	2000Hz			2500Hz		
序号	$\Delta L(L_M-L_m)$/dB	平均 ΔL/dB	α	$\Delta L(L_M-L_m)$/dB	平均 ΔL/dB	α
1	23.7	24.1	0.22	25.7	22.5	0.26
2	24.4			19.3		
3	23.4	25.1	0.20	24.4	22.5	0.26
4	26.8			20.6		
5	20.7	19.5	0.35	15.7	15.9	0.48
6	18.2			16.1		
7	19.7	20.0	0.33	17.3	16.3	0.46
8	20.3			15.2		
声波频率	3150Hz			4000Hz		
序号	$\Delta L(L_M-L_m)$/dB	平均 ΔL/dB	α	$\Delta L(L_M-L_m)$/dB	平均 ΔL/dB	α
1	24.1	22.2	0.27	9.2	9.2	0.76
2	20.3			9.2		
3	19.8	21.9	0.28	8.8	8.3	0.80
4	24.0			7.8		
5	12.9	15.8	0.48	7.1	10.9	0.69
6	18.8			14.7		
7	14.2	14.2	0.55	8.2	10.2	0.72
8	14.2			12.2		

② 讨论分析

a. 泡沫镍片材叠合体及其空腔叠合结构

(a) 有无空腔对吸声性能的影响　泡沫金属的吸声机制主要包括孔隙内流体与孔壁的摩擦及其引起的流体黏滞耗散以及材料本身的阻尼衰减等，各个机制根据材料的结构形态和应用环境的不同情况而发挥不同程度的作用。声波进入开孔泡沫体产生的振动引起孔隙内部的空气运动，造成空气与孔壁的相互摩擦。摩擦和黏滞力的作用使相当一部分声能转化为热能，其次是孔隙中的空气和孔壁之间的热交换引起的热损失。此外，泡沫金属还可通过声波在孔隙表面发生的漫反射而干涉消声。

声波进入多孔金属后，能量较小的低频声波在泡沫金属孔壁上发生反射时产生弹性碰撞，能量损失较小，因此吸声系数较低；能量较大的高频声波则因其振幅较大而可能产生非弹性碰撞，于是具有较高的吸声系数。如果此时还发生了体系与声波的共振，则可以获得很好的吸声效果。

从表 9.12 中的数据可以看出：在没有空腔的情况下，由 5 层泡沫镍板叠在一起形成的厚度为 7.5mm 的多孔吸声体系，在声波频率为 2000Hz、2500Hz 和 3150Hz 时，虽然可以看到试样吸声系数随声频升高而增大的趋势，但总的来说吸声系数都很低，其值都小于 0.3。然而，当声波频率达到 4000Hz 时，多孔体系的吸声系数迅速接近于 0.8，成为高效吸声体系。

多孔吸声体是多共振器，具有很多共振频率。可以断定，4000Hz 应该接近或者就是该多孔体系的一个共振频率，而该频率处于人耳的听觉敏感区。因此，如果噪声源的频段覆盖 4000Hz 左右时，本多孔体系可以具有良好的吸声降噪功能。

在上述泡沫镍片叠层体后面构造一个大约 18.5mm 厚的空腔，当声波频率为 2000Hz 时体系的吸声系数接近于 0.4，2500Hz 和 3150Hz 时提高到 0.5 以上，具有显著的增幅。但当声波频率增大到 4000Hz 时，体系的吸声系数变化很小。可见，该体系的空腔能够大大改善低频噪声的吸收性能，而对中频噪声也保持了良好的吸收，仍然处于高效吸声的指标。

空腔对体系吸声性能的影响，主要是改变了整个体系的共振参量，并增加了声波在多孔体表面与刚性壁之间的相互反射和振荡次数，由此带来了材料内部机械阻尼的附加增量。

共振吸声主要是亥姆霍兹共鸣器式结构，其利用入射声波在结构内产生共振而使大量声能得以耗逸。在多孔材料背后加上空腔可以优化材料的吸声性能，无空腔时的耗散机制主要是黏滞和热损耗，有空腔后的耗散机制则还有亥姆霍兹共振吸收。有研究认为，泡沫金属内部相互连通的孔隙通道相当于共鸣器的短管，这些通道和背后的空腔构成大量的亥姆霍兹共振器，且这些共振器的共振频率多处在低频附近。正是由于这些大量的、复杂的亥姆霍兹共振器的存在，声波入射材料时引起泡沫金属的结构共振，从而使大部分的低频声波被耗散。

声波与体系的共振不但增大了材料本身的阻尼衰减，同时加剧了空气与孔壁的摩擦损耗以及流体的黏滞损耗，因此可望在共振频率处出现很高的吸声系数。

(b) 空腔厚度与吸声性能的关系　空腔厚度会影响材料的吸声性能。根据科学出版社出版的《现代声学理论》，带有空腔的穿孔板吸声体系的吸声系数可表达为：

$$\alpha_\theta=\frac{4r\cos\theta}{(1+r\cos\theta)^2+[\omega m\cos\theta-\cot(\omega D\cos\theta/c_0)]^2} \tag{9.31}$$

式中，θ 是声波的入射角，在声波为正入射的条件下，有 $\cos\theta=1$；r 为穿孔板的相对声阻率；ω 为入射声波的角频率（rad/s），$\omega=2\pi f$，其中，f 是入射声波的频率（Hz）；m 为穿孔板的相对声质量；ωm 为穿孔板的声抗比；D 为空腔的厚度，即穿孔板到刚性壁的距离；c_0 为声波在空气中的传播速度，常温下 $c_0\approx340\text{m/s}$；$\cot(\omega D/c_0)$ 为空腔的声抗比，而且：

$$r=\frac{32\eta\delta}{\theta\rho_0c_0d^2}\cdot\left[\sqrt{1+(k^2/32)}+\sqrt{2}kd/(32\delta)\right] \tag{9.32}$$

$$m=\frac{\delta}{\theta c_0}\cdot\left[1+1/\sqrt{9+(k^2/2)}+0.85d/\delta\right] \tag{9.33}$$

式中，η 是空气的动力学黏度，常温下 $\eta \approx 1.85 \times 10^{-5} \mathrm{kg/(m \cdot s)}$；$\delta$ 是穿孔板的厚度；θ 是穿孔板上穿孔面积与板面积之比，即等于多孔体的孔率（孔隙体积与总体积之比）；ρ_0 是静态空气密度，$\mathrm{kg/m^3}$，常温下 $\rho_0 \approx 1.2 \mathrm{kg/m^3}$；$d$ 是穿孔板上的圆孔直径；k 是多孔板常数，而且：

$$k = d\sqrt{\omega \rho_0 / (4\eta)} \tag{9.34}$$

在推演的简化过程中，常常将泡沫金属的连通孔隙视为连通的直孔来处理。若将通孔泡沫金属代替上述穿孔板，其等效直径为 d，则带空腔的三维网状泡沫镍的吸声系数也同样可由式（9.31）来进行近似表征。由于式（9.31）中的余切函数是以 π 为周期的周期函数，因此在其余条件和参数都相同的情况下，空腔厚度 D 的变化对多孔吸声结构的影响即是周期性的。最合理的结构要求吸声体系在最节省空间的前提下获得最大的吸声系数，所以基于式（9.31）空腔厚度 D 的最佳值是：

$$D = c_0 [\mathrm{arccot}(2\pi f m)] / (2\pi f) \tag{9.35}$$

根据式（9.35）和前面的式（9.33）、式（9.34）可知，空腔厚度 D 的最佳取值不但与所需吸收的声波频率有关，同时还与多孔吸声体的厚度以及孔率、孔径等因素有关。因此，在此类吸声结构的设计过程中，首先要考虑噪声的频段，然后在此基础上选择厚度、孔率、孔径合适的多孔吸声材料，最后计算出空腔厚度的最佳值。

(c) 空腔组合方式对吸声性能的影响　表 9.13 显示，采取泡沫镍片与空腔交替叠加的方式，所用泡沫镍片同为 5 层，试样总厚度同为 26.0mm，体系在声频为 2000Hz 时的吸声系数接近于 0.5。相对于前面的 5 层泡沫镍片叠加后在其前设置一个 18.5mm 厚的大空腔所构成的体系，吸声效果有明显提高，当然更优于只有 5 层泡沫镍片叠加的体系。但在声频为 2500Hz 和 3150Hz 的情况下，空腔交替体系与大空腔体系的吸声效果几乎没有差别。可见，空腔交替体系有利于低频吸声，但对中频吸声产生的作用不大。

b. 泡沫镍片材与穿孔板的叠合结构

传统的穿孔板吸声结构有吸声频段狭窄的缺点，而穿孔板与多孔性吸声材料的常规组合结构是它们和空腔这三者的简单交叉组合，性能设计比较单一。本工作尝试将穿孔板与泡沫金属进行多层次的穿插叠合，形成不同层次组合的叠加式夹层结构，通过调整叠合层厚度控制吸声效果，弥补泡沫镍本身结构性能的不足。

从表 9.15 可以看到，在 2000Hz、2500Hz 和 3150Hz 这 3 个频率，6 层泡沫镍叠合的样品的平均吸声系数均低于 0.27，而在叠合样品与刚性后壁间加入一层穿孔不锈钢板而形成的组合结构的吸声系数也基本相同。当频率继续增高的时候，吸声系数开始提升，两种组合样品在 4000Hz 频率下的吸声系数分别为 0.76 和 0.8。结果表明单纯的泡沫镍在声频较低时的吸声性能很差，只有在 3150Hz 以上时才会出现较高的吸声系数，吸声系数的峰值应出现在 4000Hz 以上的频段，这对于实际的降噪应用而言并不理想。而紧贴刚性后壁的一层穿孔板对叠合层吸声效果几乎没有影响。根据声音吸收机理判断，无穿孔板的泡沫镍叠合样品，主要依靠黏滞耗散作用吸收声波；而增加穿孔板后，虽然形成了小型的共鸣腔，产生了共振耗散和阻抗匹配效应，对内部透射声波产生了吸收，但腔体体积较小，吸收增幅作用微弱，并不能提升叠合样品的吸声性能。

当加入两层穿孔板，即在泡沫镍的底层和中间层都放置了穿孔板之后，对 2000Hz、2500Hz 和 3150Hz 的频率的吸声系数都有显著提升：在 2000Hz 频率的吸声系数提高到 0.35，2500Hz 和 3150Hz 频率下的吸声系数都达到 0.45 以上。而 4000Hz 的吸声系数则与 1～4 号样品数据无明显区别。从吸声系数变化趋势判断，加入双层穿孔板的样品的吸声系数峰值频率应比 1～4 号样品低，而平均吸声效果更高。5 号和 6 号样品的泡沫镍总厚度与纯镍泡沫样品相同，穿孔板孔隙面积与表 9.14 中第 3、4 号样品相同，可以认为入射声波总量与黏滞耗散比例并没有增加，区别在于两层穿孔板之间形成了新的共鸣腔，声波在射入第一层穿孔板之后经过镍泡沫芯层吸收，并被第二层穿孔板反射，之后在两层穿孔板间产生亥姆霍兹共鸣腔。穿孔板孔洞中的空气与泡沫镍内的空气组成一维运动系统，对空气声波产生共振现象。在共振频率下，内部空气振动速度最大。实际情况中，穿孔板的每个开孔都可以视为与泡沫镍芯材组成一个独立的亥姆霍兹共鸣腔，每个共鸣腔之间会产生干涉，同时穿孔板间泡沫镍芯材的多孔结构减少了腔内空气的流动性，增加了弹性形变耗损的声能，使得吸声系数的最大值频率发生偏移。在靠近无穿孔板介入的单纯泡沫镍叠合体吸声系数峰值的频率范围内，所有频率的吸声系数都得到了增加，吸声性能得到大幅提升。

保持泡沫镍的总厚度不变，并加入三层穿孔板的样品，在 2000Hz 和 2500Hz 频率上的吸声系数为 0.33 和 0.46，在 3150Hz 和 4000Hz 时的吸声系数为 0.55 和 0.72，与加入两层穿孔板基本相同。

根据吸声系数的变化趋势可以判断，所有样品的吸声系数峰值应该出现在 3150Hz 以后，并且显示了在人耳可听范围内良好的吸声效果。加入穿孔板结构，可以明显提高较低声频下的吸声效果。综合表 9.15 的数据可以看出，增加泡沫镍样品内部插入的穿孔板数量，会提升复合结构在低频的吸声效果，令吸声系数峰值向低频移动。

c. 其他

闭孔胞状泡沫金属的吸声性能相对较低，这是由于闭孔结构造成的结果，因此常常采用辊轧的方式来降低闭孔率。另一方面，网状泡沫金属的吸声性能也很低，这是因为多孔结构过于开放，以至于流阻很低。其吸声能力甚至要远低于一般的胞状结构泡沫金属。为了克服网状泡沫金属这一劣势，实践中可以使用相对较厚的制品以及采取合适的复合结构。

（3）本节工作总结

本工作建构了不同泡沫镍复层结构用于声频在 2000～4000Hz 范围内的吸声研究，发现了一些有效的吸声结构方式。

① 总厚度在 7.5mm 左右的三维网状泡沫镍叠层结构在较低的声频区（如在 3150Hz 以下）吸声效果不佳，但到中频段可以表现出优秀的吸声性能，如在 4000Hz 左右可以出现吸声系数接近 0.8 的声频共振。

② 总厚度在 7.5mm 左右的三维网状泡沫镍片材，配合一定厚度的空腔，可以将三维网状泡沫镍在较低频段的吸声效果大大提高，如在 2500Hz 和 3150Hz 等声频下吸声系数可大幅增加到 0.5 以上；如果采取泡沫镍片与空腔交替叠加的方式，则可在低频获得更好的吸声性能，如在 2000Hz 下可使吸声系数接近 0.5。

③ 在表层增加穿孔板对吸声效果的影响微弱，而在内层增加穿孔板可以明显提升整个复合结构的吸声性能。当内层的穿孔板数量继续增加的时候，穿孔板的整体影响逐渐降低，但仍可提升复合结构在较低声频下的吸声效果。然而，从结构成本和改善作用来看，加入穿孔板的效果不如加入空腔。

9.5.2 泡沫镍复层结构的低频吸声性能

商业网状泡沫镍主要用于多孔电极材料，开拓其他用途是令人感兴趣的，比如用于吸声。但其空气流阻小，因此其低频吸声性能不佳。然而，若将其设计组成合适的复合体，则可望获得吸声效果良好的吸声结构。

对于人耳最为敏感的声频区域是500～4000Hz。本部分在前面探讨电沉积泡沫镍及其复合结构在2000～4000Hz范围内的吸声性能的基础上，继续探讨此类泡沫镍及其不同复层结构在低频区200～2000Hz内的吸声行为。结果发现，孔率为89%，厚度为2.3mm，平均孔径为0.57mm的泡沫镍，一层到五层的吸声效果都很差。加入背后空腔后可提高吸声系数，但数值仍然不高：五层叠加再加入5cm厚的背腔，最大吸声系数在1000～1600Hz内达到0.4左右。前面贴合穿孔薄板，泡沫镍结构的吸声性能可在一定程度上提高，但效果也不明显。在前面贴合穿孔薄板的同时，又在后面加入空腔，则泡沫镍结构的吸声性能可明显提高：双层泡沫镍加5cm空腔的结构，吸声系数在1000Hz左右达到了0.68。

（1）实验材料和检测方法

① 实验材料　如同前一部分，用于实验的多孔材料仍采用广泛用于多孔金属电极的三维网状泡沫镍，由电沉积工艺制备，其产品的电性能和力学性能已有相关研究，其产品的中频（2000～4000Hz）吸声性能也已在前一部分有初步的探讨。本部分讨论低频吸声性能，样品选用孔率为89%、平均孔径为0.57mm、厚度为2.3mm左右的泡沫镍片材，裁切成直径为100mm的圆片（图9.12）用于吸声测试。

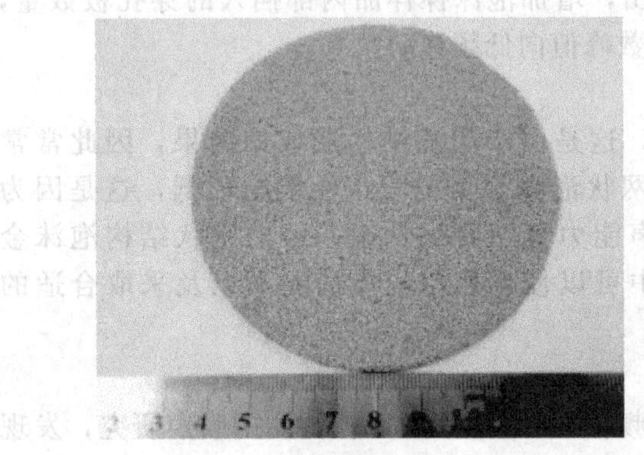

(a) 样品整体形貌

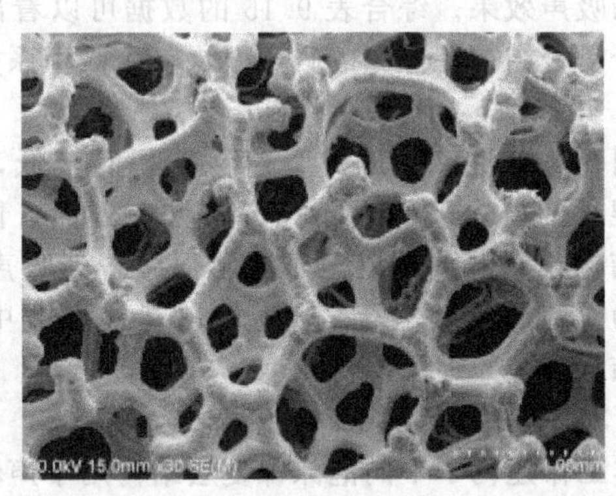

(b) 放大的孔隙形貌

图9.12　用于吸声系数测试的泡沫镍片材试样

② 测试设备与方法　与上一部分相同，本部分的工作也采用驻波管法检测泡沫镍及其复合结构的吸声系数。

可闻声频范围在20～20000Hz之间。前一部分已对2000～4000Hz这一典型的听觉频段研究了上述泡沫镍结构的吸声性能，本部分在此基础上研究基于泡沫镍的复层结构在可闻声波低频段即200～2000Hz范围内的吸声性能。利用驻波管三分之一倍频程法，在200Hz、250Hz、315Hz、400Hz、500Hz、630Hz、800Hz、1000Hz、1250Hz、1600Hz和2000Hz 11个频率点进行定频测试。

（2）实验结果与分析讨论

① 泡沫镍片材叠合体及其空腔叠合结构　单层泡沫镍的吸声系数随频率的变化关系如图9.13所示。从图中的数据可以看出，单层的泡沫镍或者泡沫镍后加5cm以内的空腔基本上都不具备吸声性能，单层泡沫镍以及和空腔的复合结构的最大吸声系数仅为0.10。吸声系数低主要是因为泡沫镍是开孔结构，孔率又很高，并且两层泡沫镍片材的样品厚度很薄，声音很容易透过，所以样品对声音的吸收能力很弱。这是因为孔壁的面积小，即声波与孔壁的相互作用面积小，因此黏滞损耗很小。

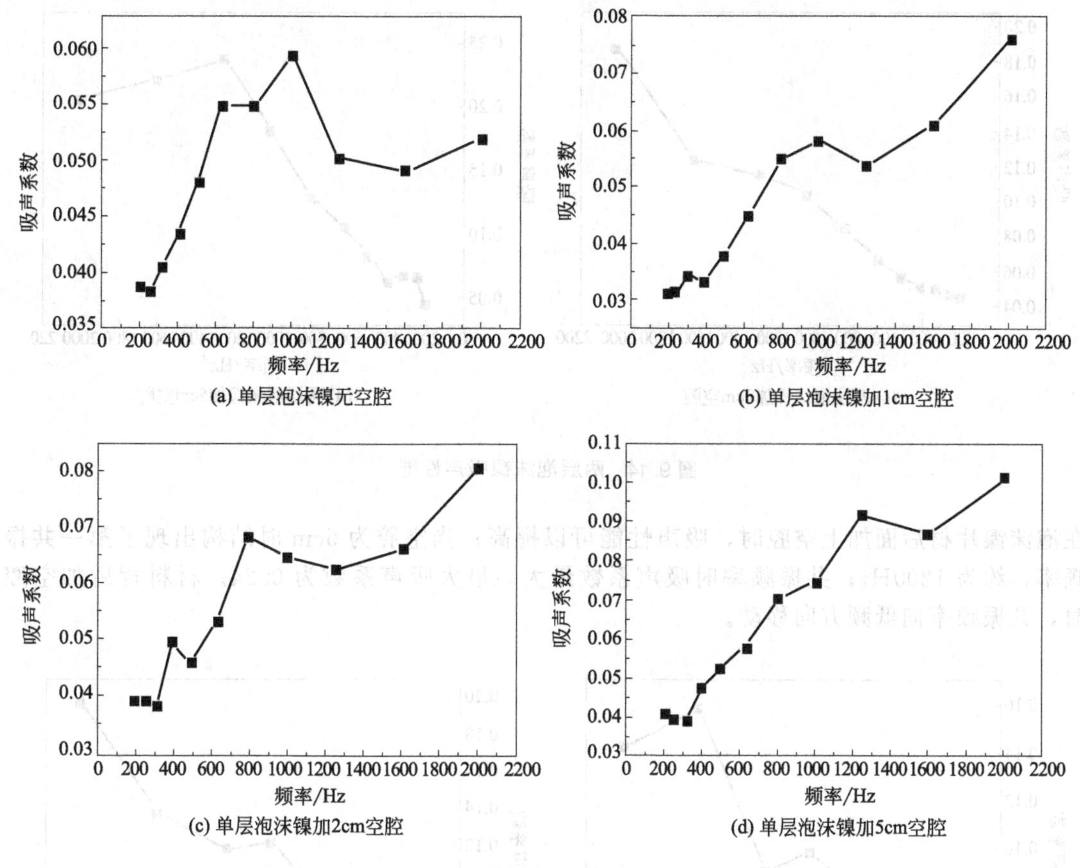

图 9.13 单层泡沫镍吸声性能

试样与试样管后端刚性壁之间的空腔（试样背腔）由若干个硬胶圆环叠合构成，圆环内外径分别为 $\phi 80$mm 和 $\phi 100$mm。每个圆环的厚度约为 1cm，构成厚度约为 5cm 的空腔即需要 5 个这样的圆环进行叠合。

泡沫镍和背腔形成了复合吸声结构。由于声波在复合结构中产生共振损耗，因此吸声性能得以提高。两层泡沫镍紧贴叠加后面有空腔和无空腔的吸声系数曲线如图 9.14 所示。当

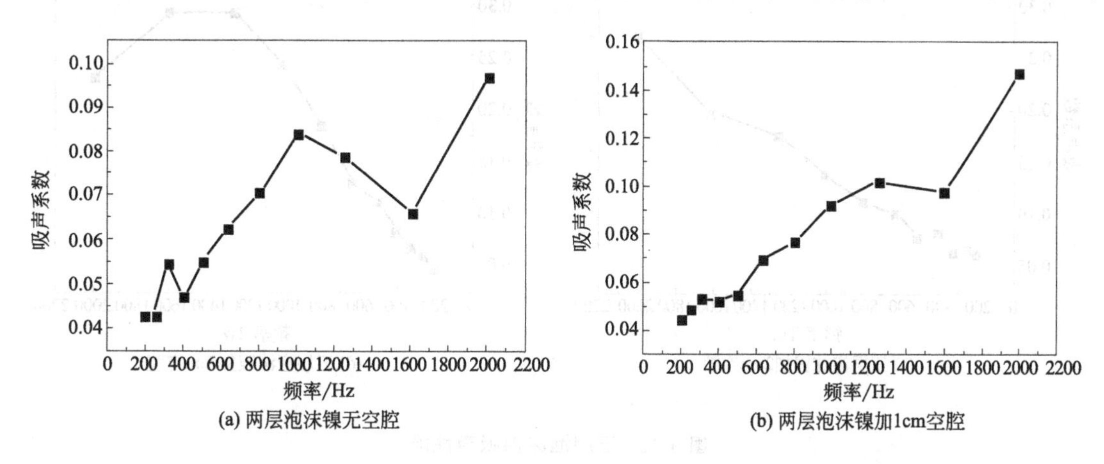

图 9.14

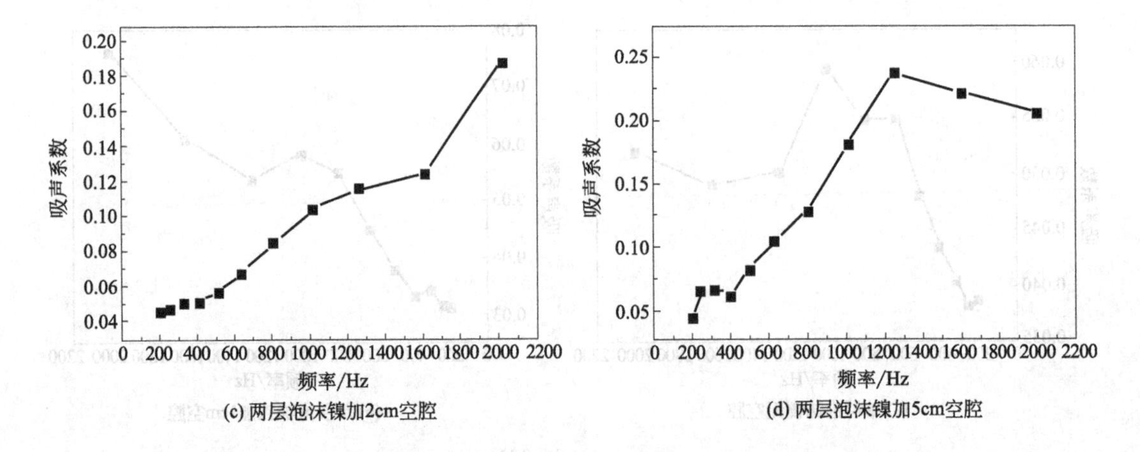

图 9.14　两层泡沫镍吸声性能

在泡沫镍片材后面加上空腔时，吸声性能可以提高；当空腔为 5cm 时结构出现了第一共振频率，约为 1200Hz；共振频率时吸声系数最大，最大吸声系数为 0.24。材料背后加空腔时，共振频率向低频方向移动。

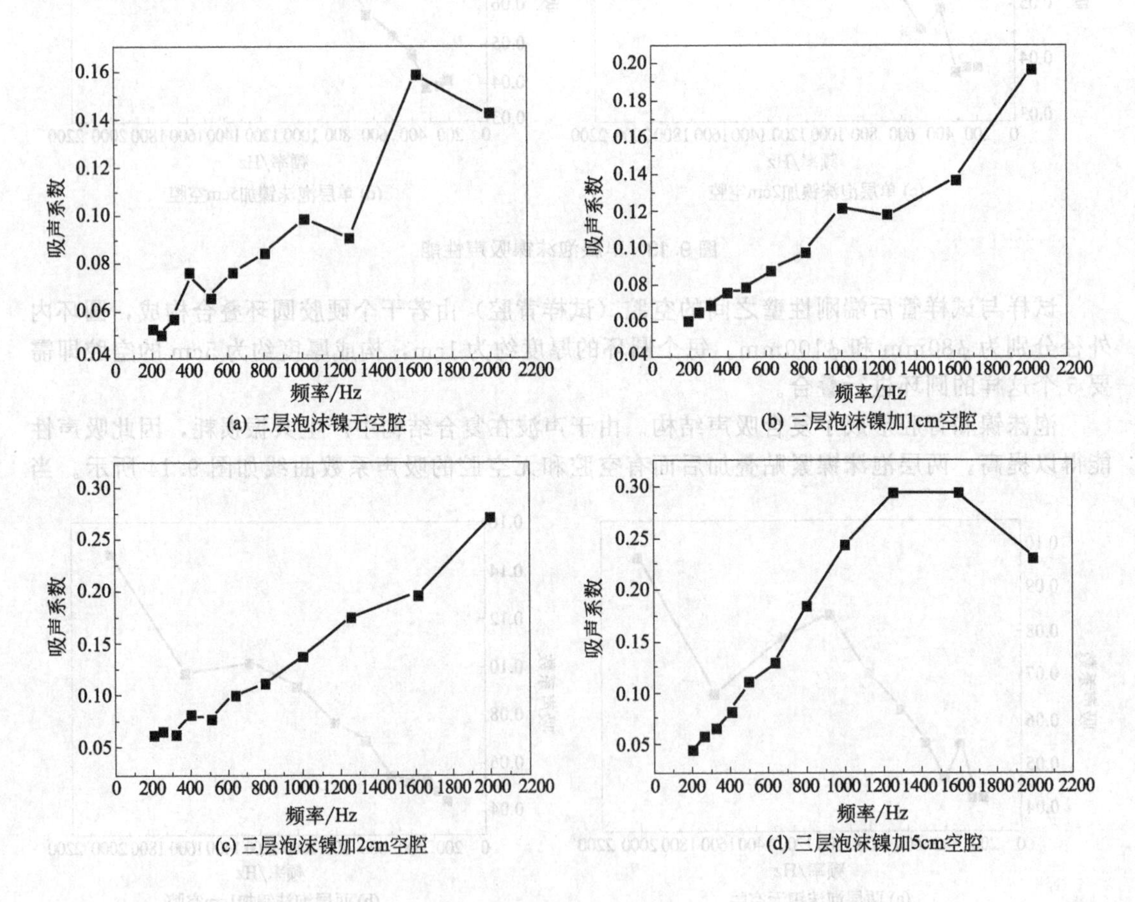

图 9.15　三层泡沫镍吸声性能

随着泡沫镍层数的增加，孔壁和声波的互作用面积增加，因而黏滞损耗增加。在两层泡沫镍的基础上再增加一层泡沫镍，形成三层泡沫镍紧贴叠加。三层泡沫镍紧贴刚性壁以及背后空腔逐渐增加时的吸声曲线如图 9.15 所示。对比前面两图的结果可见，三层泡沫镍叠加起来的吸声性能整体要优于两层叠加的。在 2000Hz 以内，背后加 5cm 空腔时，出现了明显的第一共振频率，最大吸声值为 0.29，吸声频带宽度也比两层时加宽了。如图 9.14 和图 9.15 所示，两图的吸声性能相似。

四层泡沫镍紧贴叠加的吸声曲线如图 9.16 所示。四层泡沫镍叠加后的总厚度大概有 1cm，在紧贴刚性壁和加空腔后，吸声性能并没有很大改观。当材料紧贴刚性壁时，最大吸声系数为 0.16，这时只是泡沫镍本身的阻抗起到吸声的作用，可见材料的阻抗值较小，流阻率不高。同样空腔 5cm 时，最大吸声系数为 0.36，比之前的有所提高，主要是背后的空腔起到了共振吸声的效果。

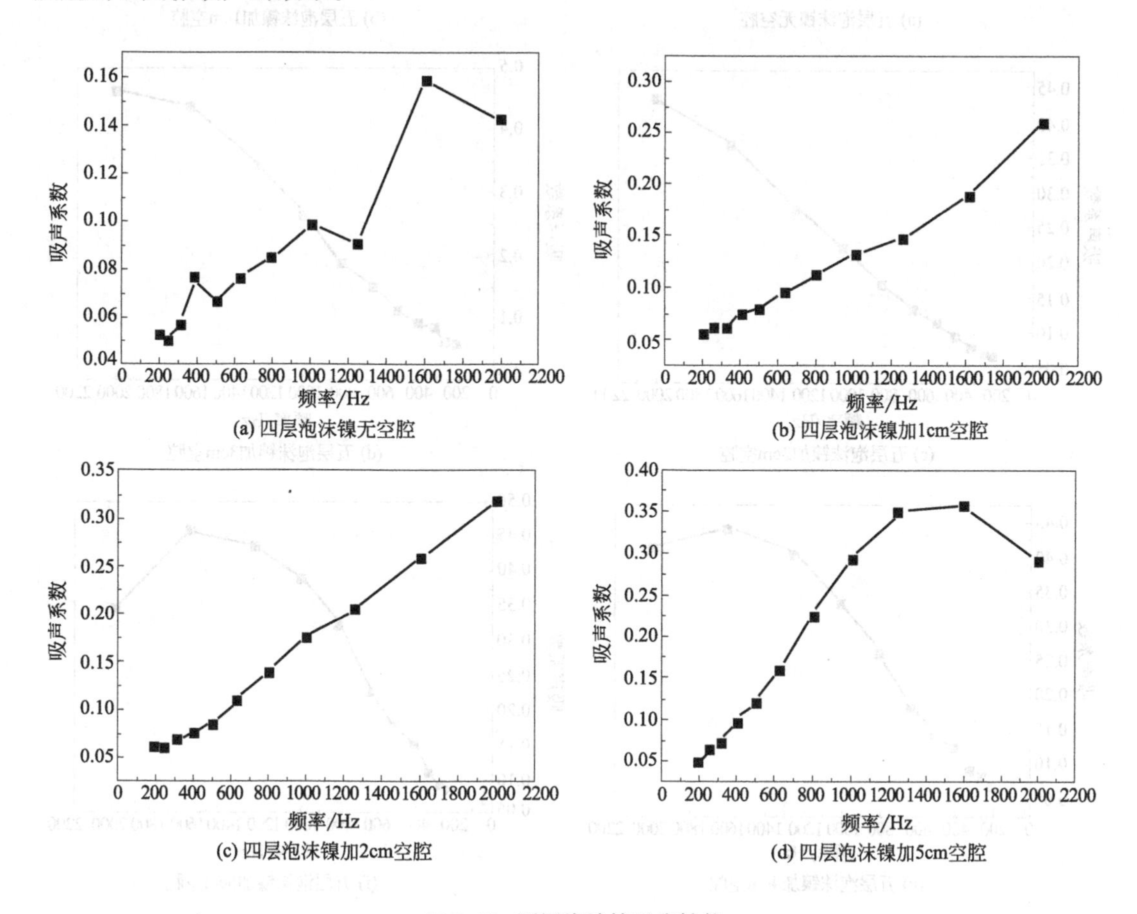

图 9.16　四层泡沫镍吸声性能

五层泡沫镍紧贴叠加后的吸声曲线如图 9.17 所示。五层泡沫镍叠加，在紧贴刚性壁时吸声系数最大值不到 0.2，而在材料背后添加空腔后，吸声系数逐渐增加，出现了第一共振频率，且随着空腔厚度的增加逐渐向低频移动。5cm 空腔时，最大吸声系数为 0.45。

② 泡沫镍片材加贴穿孔薄板的改进结构　上面对多层叠加的泡沫镍的吸声性能进行了研究，发现即使背后加空腔，吸声系数并没有很大提高。这里对泡沫镍的吸声结构进行了进一步改进，在泡沫镍前紧贴泡沫镍处添加了一层厚度为 0.1mm 的高分子穿孔薄板

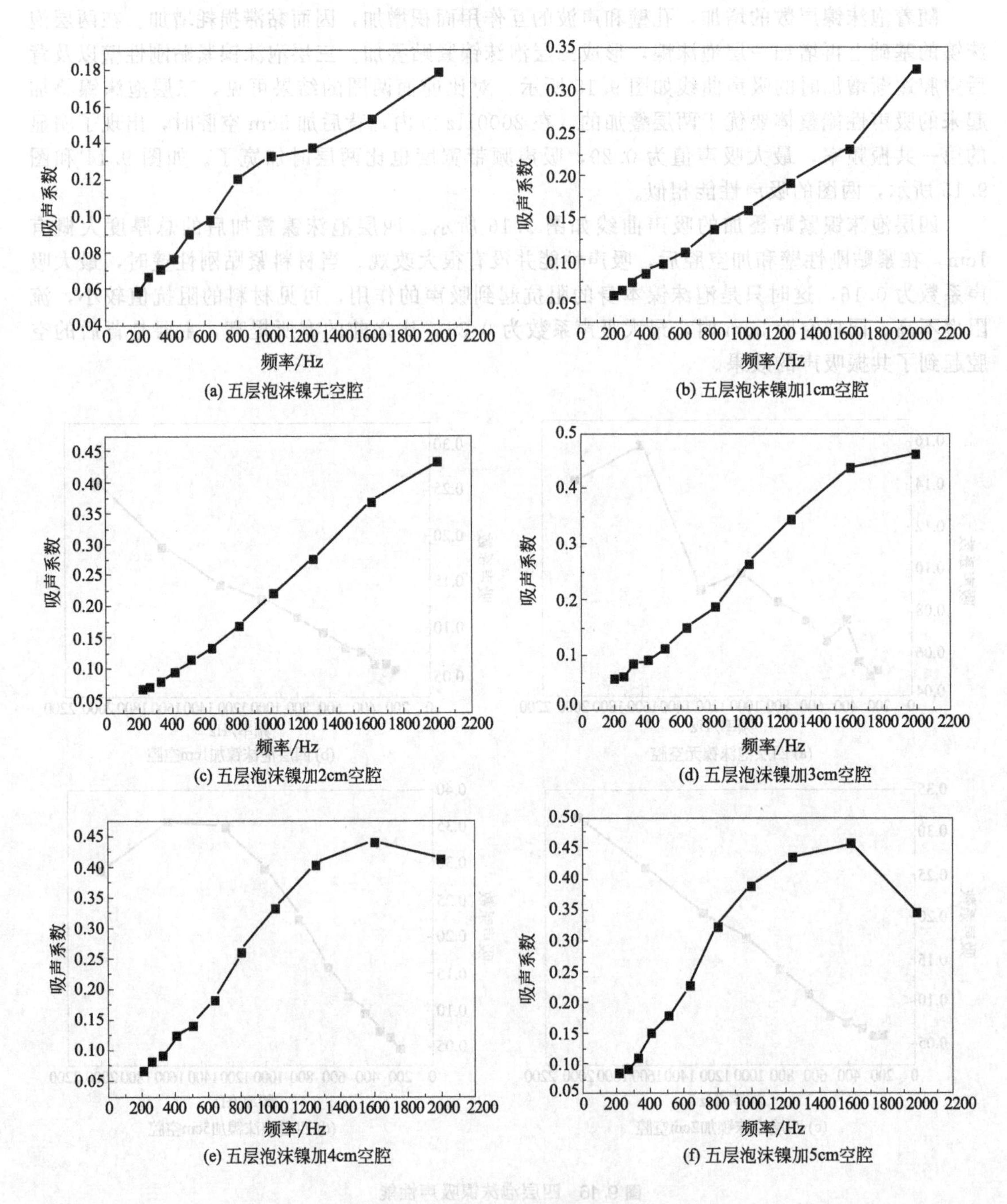

图 9.17 五层泡沫镍吸声性能

(图 9.18)，穿孔的直径大约在 2～3mm，孔间距为 1cm，经过实验测试，较之前的结构吸声系数有了较大的改进。前置穿孔薄板，叠层结构更适合于声音吸收，孔隙内部发生的声波共振衰减明显增强。此外，由于穿孔薄板对声波传播造成的阻抗，黏滞损耗也增大。

带穿孔薄板的单层泡沫镍的吸声曲线如图 9.19 所示。紧贴刚性壁时与无穿孔薄板时相比较几乎没有变化。当空腔从 1cm 增加到 5cm 时，吸声系数比没有添加穿孔薄板时有了很

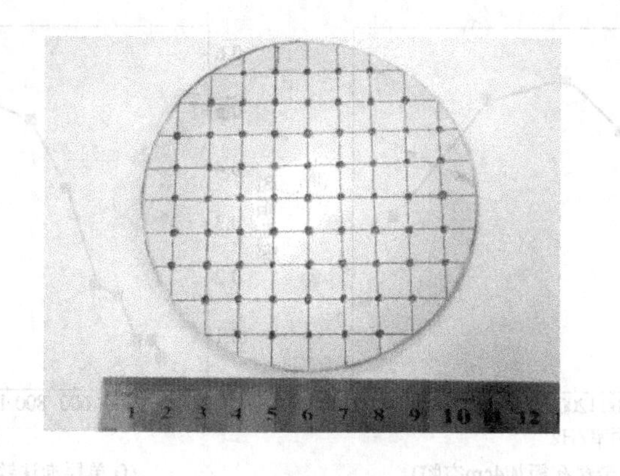

图 9.18 穿孔薄板

大提高。在背后为 2mm 空腔时，吸声系数最大值从没添加穿孔薄板时的不足 0.08 提高到现在的 0.5 以上。

如图 9.19 所示从无空腔到 1cm 空腔，整体的吸声性能有了很大提高，这主要是因为前面添加了穿孔薄板，形成了“穿孔板＋吸声材料＋空腔”的结构，即多孔材料与共振结构的复合吸声结构。

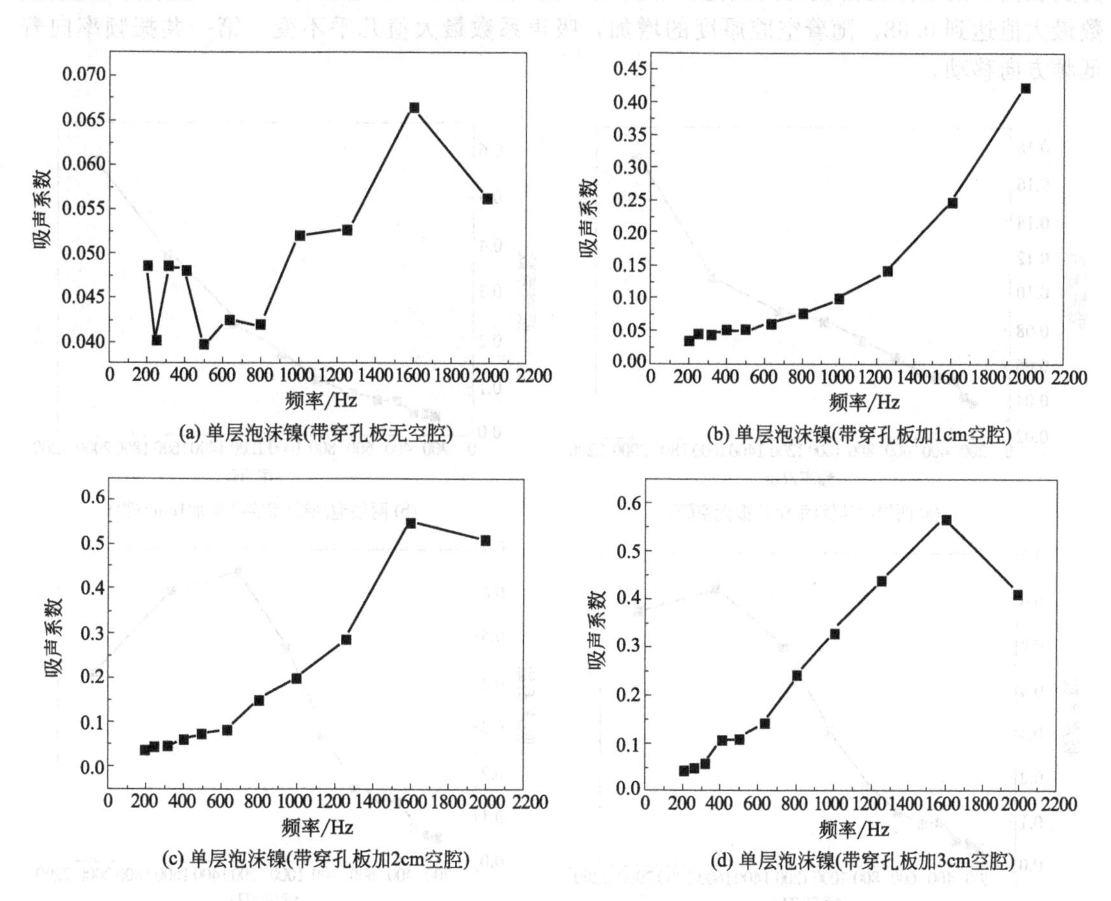

(a) 单层泡沫镍(带穿孔板无空腔)

(b) 单层泡沫镍(带穿孔板加1cm空腔)

(c) 单层泡沫镍(带穿孔板加2cm空腔)

(d) 单层泡沫镍(带穿孔板加3cm空腔)

图 9.19

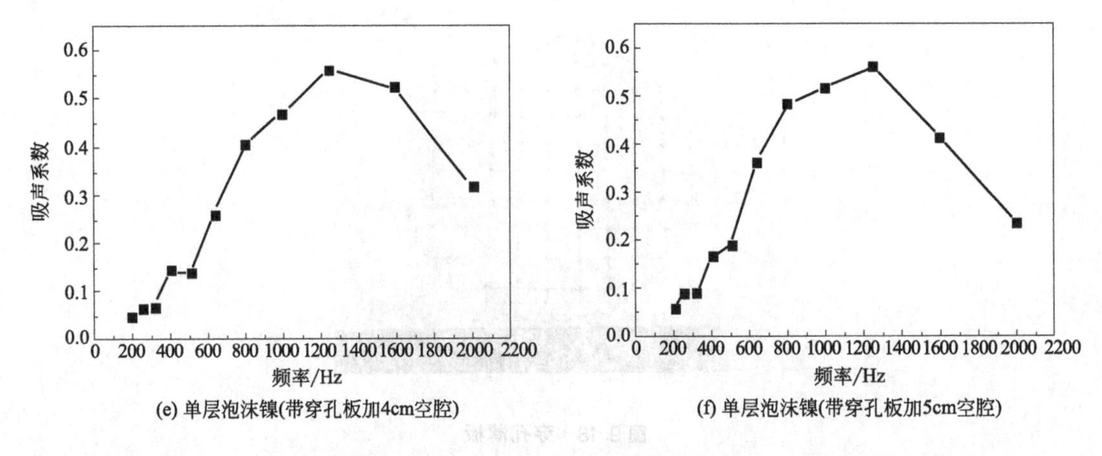

(e) 单层泡沫镍(带穿孔板加4cm空腔)　　(f) 单层泡沫镍(带穿孔板加5cm空腔)

图 9.19　带穿孔薄板的单层泡沫镍吸声性能

改进后的两层泡沫镍的结构为穿孔薄板紧贴两层泡沫镍，在泡沫镍背后空腔从无增加到5cm，这个结构的吸声机理与上述改进后的单层是一样的，都是利用了“穿孔板＋吸声材料＋空腔”的结构，只不过多孔材料的厚度增加了一倍，相应的吸声性能也有所提高。图 9.20为实验测得的带穿孔薄板的两层泡沫镍的吸声曲线。可见，改进后的两层吸声结构，吸声系数最大值达到 0.68。随着空腔厚度的增加，吸声系数最大值几乎不变，第一共振频率向着低频方向移动。

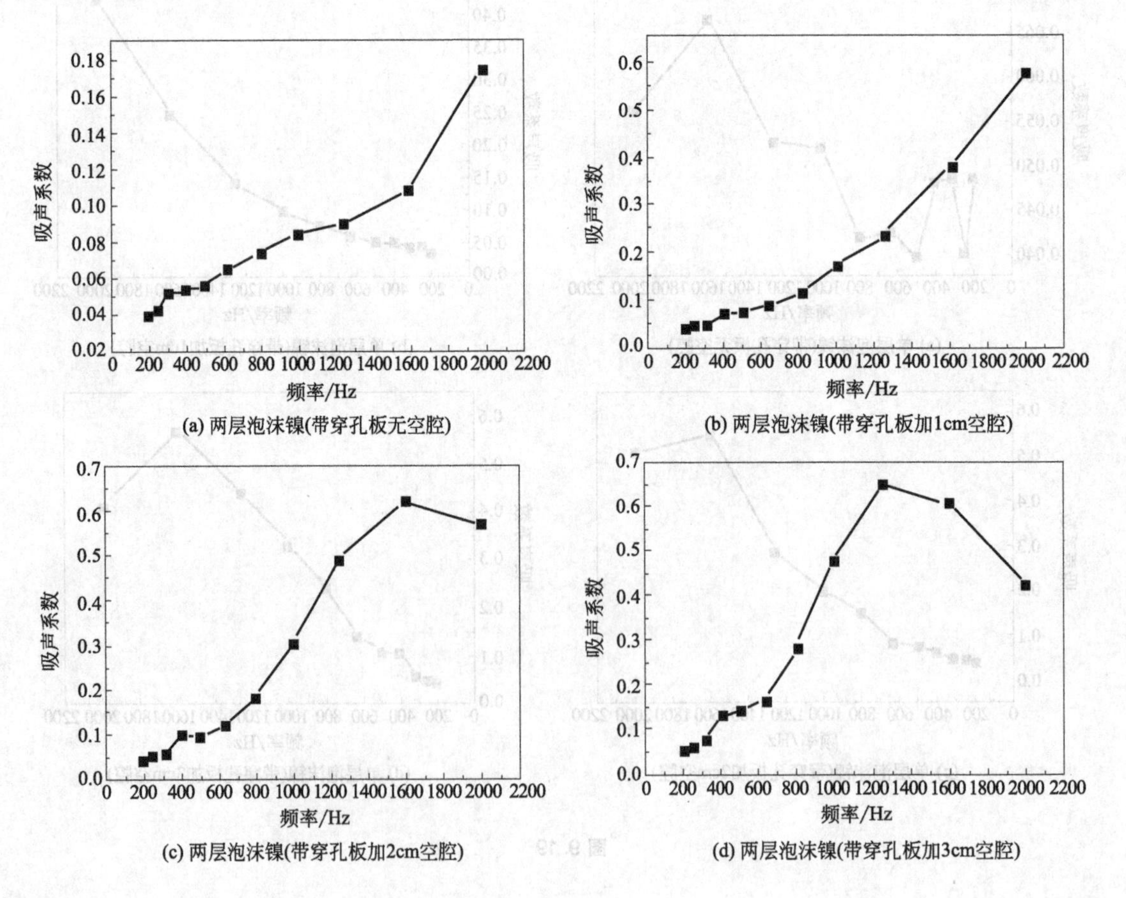

(a) 两层泡沫镍(带穿孔板无空腔)　　(b) 两层泡沫镍(带穿孔板加1cm空腔)

(c) 两层泡沫镍(带穿孔板加2cm空腔)　　(d) 两层泡沫镍(带穿孔板加3cm空腔)

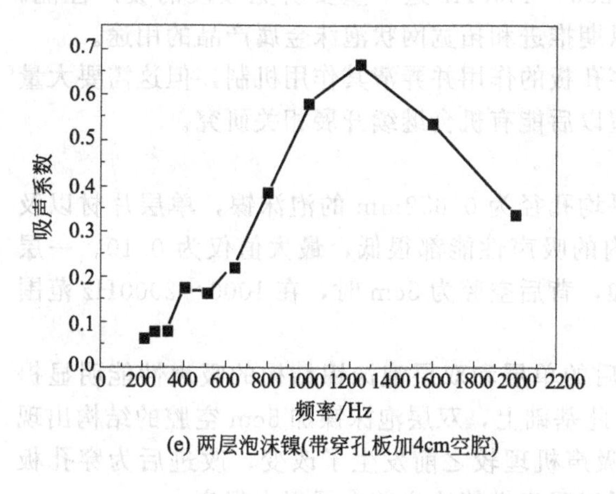

(e) 两层泡沫镍(带穿孔板加4cm空腔)

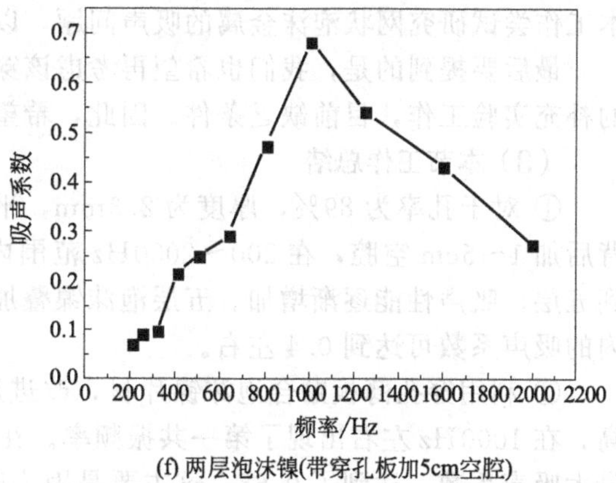

(f) 两层泡沫镍(带穿孔板加5cm空腔)

图 9.20 带穿孔薄板的两层泡沫镍吸声性能

③ 总体性讨论　泡沫金属复合结构的吸声机理主要包括四种。一是泡沫金属本身的黏滞耗散：声波在射入开孔泡沫材料内部时，引起空隙间空气的振动，而紧靠孔壁的空气受到固体孔壁的黏滞力作用而不易振动，因此产生空气分子间的摩擦，声波的能量由黏滞力引起的摩擦做功，转化为热能而耗散掉，使得声波能量衰减，从而达到吸声降噪的效果。二是泡沫金属本身及其复合结构的共振耗散：利用多孔结构形成的各种空腔的共振实现声波耗散，部分声波会在网状结构空腔中逐步从纵波转化为横波，实现声波的耗散。三是复合结构的阻抗匹配：通过对多种不同阻抗材料的组合，形成阻抗梯度或者渐变空腔等结构，令声波最大限度地进入吸声材料内部，而减少其射出材料的比例。声波在多层结构中由于不同的阻抗变化，发生多次散射、反射和透射，达到降噪吸声的效果。四是弹性耗散：通过材料内部固体结构的摩擦和弹性振动，吸收声波的振动，转化为热能，达到吸能降噪的作用。一般对于刚性开孔泡沫材料而言，黏滞耗散、共振耗散和阻抗匹配承担主要降噪作用，弹性耗散的影响较小。对于泡沫金属来说，其中的黏滞耗散机制在很多场合都会起到主要作用。

例如，胞状泡沫铝内部具有很大的孔隙表面积，因为空气流阻较大，所以其声波与孔壁之间相互作用的黏滞损耗不能忽略。此时具有良好的吸声性能。作为比较而言，三维网状泡沫镍内部的孔棱表面积则要小得多，流阻很小，声波的黏滞损耗可以忽略。此时声音难以被吸收，特别是在低频情况下。一般来说，胞状结构的开孔泡沫金属都具有良好的吸声性能，但三维网状的通孔泡沫金属则吸声效果不佳，因此有关其声学性能的研究很少。然而，泡沫镍能够用于更高的温度环境，因为其熔点远高于泡沫铝。

电沉积泡沫镍已在世界各地很多国家实现了连续化的大规模生产，其产品主要用于多孔电极和催化剂载体。由于该产品结构均匀，孔隙因素可控，生产工艺成熟，成型加工性好，成本经济，因此在其他方面的开发与利用具有很好的市场价值，例如在吸声降噪方面的利用等。但由于这种泡沫金属是三维网状结构，因此其固体孔壁的表面积较小，而且其相互连通的孔隙使得内部的空气流阻大大降低，上述吸声原理中发挥作用的机制往往受到很大限制，所以对声音的吸收能力很弱。为此，对这种三维网状泡沫金属进行复合设计，如空腔的设置、穿孔层的叠加等。

通过合适的结构设计，也可得到基于三维网状泡沫金属的良好吸声结构。一般来说，声波频率越低，多孔吸声材料的吸声性能越差。就报道情况来看，高、中频吸声性能研究稍多，而低频吸声性能研究甚少。可闻声频范围在 20～20000Hz 之间，在本部分和上一部分，我们初步探讨了泡沫镍及其相关复合结构在200～4000Hz这一重要听觉频段的吸声性能。本工作尝试研究网状泡沫金属的吸声问题，以期推进和拓宽网状泡沫金属产品的用途。

最后要提到的是，我们也希望再考虑该穿孔板的作用并弄清其作用机制，但这需要大量的补充实验工作，目前缺乏条件。因此，希望以后能有机会继续开展相关研究。

（3）本节工作总结

① 对于孔率为89%，厚度为2.3mm，平均孔径为0.652mm的泡沫镍，单层片材以及背后加1～5cm空腔，在200～2000Hz范围内的吸声性能都很低，最大值仅为0.10。一层到五层，吸声性能逐渐增加。五层泡沫镍叠加，背后空腔为5cm时，在1000～2000Hz范围内的吸声系数可达到0.4左右。

② 利用穿孔薄板贴合泡沫镍片材，改进后的单层和双层泡沫镍结构的吸声性能明显提高，在1000Hz左右出现了第一共振频率。在此基础上，双层泡沫镍加5cm空腔的结构出现最大吸声系数，达到了0.68。这主要是因为吸声机理较之前发生了改变，改进后为穿孔板和多孔材料加空腔的共同作用的吸声结构，所以吸声性能比之前有了很大提高。

③ 单一结构的三维网状泡沫镍不能作为可闻声波低频区的吸声材料，但通过结构的适当改进设计，在该声频区也可获得良好的吸声效果。

9.6 结语

① 应用Johnson-Champoux-Allard模型对某泡沫铝样品的吸声性能进行了探讨。经过计算，此类泡沫金属在峰值频率（3500Hz）以下时，所得出的模型计算结果与实验符合良好，超过峰值频率时与实验数据偏差较大。引入一个e指数因子对上述模型进行改进，得出如下所示的JCA改进模型数理关系：

$$\alpha_N=(1-|R|^2)\exp\{-\mathrm{INT}[f/(f_{max}+a)]/b\} \tag{9.36a}$$

式中，相关因子a的取值与测量方法和仪器有关，在本工作中取500；另一相关因子b的取值与比表面积有关，在本书中为比表面积的1/10。将赋值的e指数因子代入上述吸声系数公式，最后得出了本工作中吸声系数与比表面积的具体关系：

$$\alpha_N=(1-|R|^2)\exp\{-\mathrm{INT}[f/(f_{max}+500)]/(S_V/10)\} \tag{9.36b}$$

改进后的模型可成功地应用于更宽频率范围的泡沫金属，没有了低于峰值频率的限制。运用改进模型进行计算，得到的计算结果与整条实验曲线符合良好。

② 泡沫金属的吸声系数随着声波频率的变化会在频率特定值出现极值，而且在声波低频段有一条水平渐近线。根据实验数据得出的多孔铝合金泡沫材料吸声系数与声波频率的关系为：

$$\alpha=\alpha_0+A\exp\left[-\frac{(f-f_c)^2}{2\omega^2}\right] \tag{9.37}$$

式中，α是泡沫金属的吸声系数；α_0是吸声系数曲线的水平渐近值；f_c是对应吸声系数最大点的声波频率；ω是函数图的半宽；A是函数图的幅值。

③ 泡沫金属比表面积与吸声系数的影响关系较为直接，大致是简单的线性关系，符合比表面积越大，吸声系数越高的关系。将比表面积用孔率和孔径表达出来，即可得到本泡沫铝样品最大吸声系数与孔隙因素的关系：

$$\alpha_{max}=\frac{K_{max}}{d}[(1-\theta)^{1/2}-(1-\theta)](1-\theta)^n+C \tag{9.38}$$

式中，K_{max} 和 C 都是取决于多孔体的材质和制备工艺条件的材料常数；d（mm）和 θ（%）分别为多孔体的平均孔径（或有效孔径）和孔率；n 为表征多孔体孔隙结构形态的几何因子（或结构因子），对于胞状孔隙结构的多孔材料约取 0.4。

④ 探讨了电沉积工艺规模化生产得到的三维网状泡沫镍及其复合设计结构在人耳听觉最为敏感的声频区（2000～4000Hz）的吸声性能。结果发现，对于孔率为 96%，厚度为 1.5mm，平均孔径为 0.65mm 的泡沫镍，五层叠合成总厚度约为 7.5mm 的泡沫镍样品在 4000Hz 时表现出优秀的吸声效果，其吸声系数达到 0.8 左右。层间交替加入空腔组成总厚度 18.5mm 的叠层结构，可以大大改善相对较低频段 2000～3150Hz 的吸声性能，吸声系数提高到大约 0.5 甚至更高。此外，研究还显示，在泡沫板之间交替堆积穿孔板，也可在相对较低频段获得较好的吸声效果。

⑤ 探讨了上述泡沫镍及其复合设计结构在声波低频区 200～2000Hz 范围内的吸声性能。结果发现，对于孔率为 89%，厚度为 2.3mm，平均孔径为 0.57mm 的泡沫镍，一层到五层的吸声效果都很差。加入背后空腔和前置穿孔薄板都可提高吸声系数：五层叠加再加入 5cm 厚的背腔，最大吸声系数在 1000～1600Hz 内达到 0.4 左右；双层泡沫镍加入 5cm 厚的背腔后，同时再在前面贴合一层穿孔薄板，其吸声系数在 1000Hz 左右时甚至达到了 0.68。

参考文献

[1] 刘培生,崔光,程伟. 多孔材料性能模型研究 1:数理关系. 材料工程,2019,47(6):42-62.
[2] 刘培生,夏凤金,程伟. 多孔材料性能模型研究 2:实验验证. 材料工程,2019,47(7):35-49.
[3] 刘培生,杨春艳,程伟. 多孔材料性能模型研究 3:数理推演. 材料工程,2019,47(8):59-81.
[4] 刘培生,周茂奇. 多孔金属材料失效模式的数理分析. 中国有色金属学报,2021,31(2):384-400.
[5] 刘培生,崔光,陈靖鹤. 多孔材料性能与设计. 北京:化学工业出版社,2020.
[6] Liu P S,Chen G F. Porous Materials:Processing and applications. Elsevier Science,2014.
[7] 田莳. 材料物理性能. 北京:北京航空航天大学出版社,2018.
[8] 刘培生. 多孔材料引论. 2版. 北京:清华大学出版社,2013.
[9] 刘培生,陈祥. 泡沫金属. 长沙:中南大学出版社,2012.
[10] 刘培生,陈国锋. 多孔固体材料. 北京:化学工业出版社,2013.
[11] 奚正平,汤慧萍,等. 烧结金属多孔材料. 北京:冶金工业出版社,2009.
[12] Allard J F,Atalla N. Propagation of Sound in Porous Media:Modeling Sound Absorbing Materials. New York:Elsevier Science,2009.
[13] 刘培生,李言祥,王习术,译. 泡沫金属设计指南. 北京:冶金工业出版社,2006.
[14] Liu P S. Chapter 3:Porous Materials. Materials Science Research Horizon. NOVA Science,2007.
[15] 刘培生,马晓明. 多孔材料检测方法. 北京:冶金工业出版社,2005.
[16] 刘培生,田民波,译. 多孔固体结构与性能. 北京:清华大学出版社,2003.
[17] 左孝青,周芸,译. 多孔泡沫金属. 北京:化学工业出版社,2005.
[18] Degischer H P,Kriszt B. Handbook of Cellular Metals:Production,Processing,Applications. Weinheim:Wiley-VCH,2002.